500kV架空线路大跨越设计与施工关键技术

国网浙江省电力有限公司　组编

中国电力出版社
CHINA ELECTRIC POWER PRESS

内 容 提 要

本书依托舟山 500kV 联网输变电工程西堠门大跨越——世界第一输电高塔的科研、设计、加工、施工等方面的成果，全面介绍了大跨越工程的设计技术、制造加工技术和施工技术。全书共 9 章，包括概述，大跨越工程设计，大跨越导地线与金具研制，大跨越输电塔风荷载，大跨越新型构件设计，大跨越节点设计，大跨越输电塔加工技术，大跨越施工技术，大跨越专项施工技术。理论与工程实践相结合，图表等工程技术资料翔实。

本书可供从事大跨越设计、建设、加工、施工的相关技术人员阅读使用，也可供电力专业广大师生阅读。

图书在版编目（CIP）数据

500kV 架空线路大跨越设计与施工关键技术 / 国网浙江省电力有限公司组编. —北京：中国电力出版社，2022.2

ISBN 978-7-5198-5527-7

Ⅰ. ①5… Ⅱ. ①国… Ⅲ. ①超高压输电线路–架空线路–大跨越杆塔–设计–浙江②超高压输电线路–架空线路–大跨越杆塔–架线施工–浙江 Ⅳ.①TM726②TM75

中国版本图书馆 CIP 数据核字（2021）第 060346 号

出版发行：中国电力出版社

地　　址：北京市东城区北京站西街 19 号（邮政编码 100005）

网　　址：http://www.cepp.sgcc.com.cn

责任编辑：崔素媛（010-63412392）　代　旭

责任校对：黄　蓓　李　楠

装帧设计：郝晓燕

责任印制：杨晓东

印　　刷：三河市航远印刷有限公司

版　　次：2022 年 2 月第一版

印　　次：2022 年 2 月北京第一次印刷

开　　本：787 毫米×1092 毫米　16 开本

印　　张：23.5

字　　数：520 千字

定　　价：138.00 元

版 权 专 有　侵 权 必 究

本书如有印装质量问题，我社营销中心负责退换

编委会名单

主　任　黄晓尧

副主任　胡列翔　钟晓波　张　弓

委　员　程光明　徐剑佩　汪国林　高志林　朱云祥

　　　　姚耀明　姜继双

编写组名单

编写组组长　钟晓波

编写组副组长　张　弓　程光明

主　　　编　徐剑佩

副　主　编　汪国林　高志林　沈海军　段福平　王亚耀

参　　　编　郭　勇　商善泽　朱彬荣　王轶文　但汉波

　　　　　　葛晓峰　龚　飞　周锋增　张大长　沈国辉

　　　　　　陈　驹　陈　勇　姚剑峰　齐　翼　卢彬芳

　　　　　　缪姚军　陈作新　杨　昀　徐国其　李捍平

　　　　　　彭立新　李少华　陈文翰　韩军科　丁鹏杰

　　　　　　郭　华　陈　哲　叶建云　陈建飞　扶达鸿

　　　　　　程隽瀚　童　军　秦沈峰　张黎军　杨　昊

　　　　　　吴　将　谭勇锋　郑　海　徐　斌　周峥栋

　　　　　　陶耀东　武丙洋　黄超胜　段溢剑　高优梁

主　审　人　王景朝　朱天浩　段松涛　楼文娟　吴尧成

前　　言

　　我国的电力资源分布和地方经济发展极不平衡，加上我国幅员辽阔，江河纵横、海岛星布，决定了国内输电线路跨江、跨海的现实需求众多，大跨越工程、大跨越技术将是目前乃至未来输送电能的重要方式之一。

　　大跨越工程是指架空输电线路跨越通航江河、湖泊或海峡等，因档距较大（在1000m以上）或铁塔较高（在100m以上），导线选型或铁塔等设计需予以特殊考虑的工程，是一项需要集成电气、机械、加工制造、气象等多项专业技术的大型系统工程。世界上最早的输电线路大跨越是建造于1925年的美国塔科马跨越，我国最早的输电线路大跨越是建造于1957年的220kV皖中裕溪口长江大跨越。我国在大跨越研究及应用方面虽然起步较晚，但经过60多年的发展，目前已成为世界上输电大跨越最多的国家。

　　2016年12月，舟山500kV联网输变电工程开工建设。工程采用架空线路跨越西堠门主航道，大跨越跨越档距达到2656m，2基跨越塔全高380m，同塔混压四回路设计，为世界最高输电塔。国网浙江省电力有限公司牵头本次大跨越工程的建设实施及大跨越技术的"产学研用"，组织浙江省电力设计院、浙江省送变电工程有限公司、浙江盛达铁塔有限公司、中国电力科学研究院、浙江大学、南京工业大学、江苏中天科技股份有限公司、南京线路器材有限公司等参建单位和高校开展联合攻关，对大跨越工程的导地线设计、超高跨越塔抗风设计、新型构件、节点设计、超高跨越塔加工和组立、特大跨越架线施工等关键技术问题开展了专项技术攻关，取得了丰硕的研究成果，并在工程中予以应用和检验。该工程的成功投运，标志着我国已完全掌握了具有自主知识产权的、国际领先的大跨越技术，为输电线路大跨越建设和岛礁电网互联互通提供了"中国方案"。

　　为全面总结舟山500kV联网输变电工程中有关大跨越技术攻关研究成果和实践经验，组织参与技术攻关和工程建设的部分专家编写了本书，以飨读者，分享成果和经验，希望能为今后大跨越工程建设提供有益参考。

　　全书共分为9章：

　　第1章介绍了大跨越工程的发展历程和应用现状。

　　第2章介绍了大跨越工程设计，包括气象条件、导地线选型、导地线防振和防舞措施、绝缘配合和防雷接地、绝缘子串和金具、塔高及塔头布置、杆塔设计、基础设计、附属设施设计。

第 3 章介绍了大跨越导地线与金具研制，详细介绍了大跨越导线结构和参数设计、导线试制与试验、导地线防振防舞及次档距布置、金具串型优化及研制。

第 4 章介绍了大跨越输电塔风荷载的确定，通过风洞缩尺模型试验和风致响应分析计算，给出了跨越塔体型系数、风振系数和等效风荷载。

第 5 章介绍了大跨越新型构件设计技术，详细介绍了内配钢骨钢管混凝土构件的承载性能和计算方法。

第 6 章介绍了大跨越节点设计，包括内外法兰设计与钢管加劲相贯焊节点设计。

第 7 章介绍了大跨越输电塔加工技术，包括原材料采购、放样、零部件加工、钢管加工、装配定位焊焊接、试组装、镀锌、包装、运输及质量控制及安全保障措施。

第 8 章介绍了大跨越施工技术，包括基础施工、跨越塔组立和大跨越架线。

第 9 章介绍了大跨越专项施工技术，包括特高塔组立施工技术、特大跨越架线施工技术、直升机跨海展放钢导引绳施工技术钢管混凝土施工技术和斜置式插入钢管基础施工定位测量技术。

本书依托舟山 500kV 联网输变电工程大跨越的建设，系统阐述了 500kV 大跨越工程的设计、加工、施工等方面的科研成果和实践经验，可供从事大跨越设计、建设、加工、施工的相关技术人员参阅。限于编者的水平和经验有限，书中难免存在不足之处，恳请广大读者批评指正。

感谢所有在本书编写过程中提供帮助的人。

编　者

2021 年 10 月

目　　录

第1章
概　　述

1.1　我国大跨越工程的发展历程

近年来，我国国民经济及基础设施建设得到了飞速发展，对电力能源的需求也随着经济的发展而不断增长。我国的电力资源分布和地方经济发展极不平衡，全国可开发水电资源近 2/3 在西部的四川、云南、西藏，煤炭保有量的 2/3 分布在山西、陕西、内蒙古，而全国 2/3 的用电负荷却分布在东部沿海和京广铁路沿线以东等经济发达地区。这一独特的受电需求条件，加上我国幅员辽阔、江河纵横、海岛星布，决定了国内跨江、跨海的大跨越工程众多。

在输电线路专业设计上，对大跨越通常有 2 个限定条件：① 跨越通航江河、湖泊或海峡等；② 跨越档距在 1000m 以上，或者塔高在 100m 以上。

20 世纪 60～90 年代初，受当时国内钢材紧张的影响，大跨越输电塔主要采用钢筋混凝土烟囱塔，分布在长江中下游地区。1957 年由中国电力工程顾问集团华东电力设计院有限公司（简称华东电力设计院）设计的 220kV 皖中裕溪口钢筋混凝土烟囱塔，全高116.5m，是全国第一座钢筋混凝土输电高塔；1990 年中国电力工程顾问集团中南电力设计院有限公司设计的 500kV 南京大胜关 257m 高跨越塔，是当时世界上最高的钢筋混凝土输电塔。钢管混凝土跨越塔施工工期长、材料用量大，随着时代的发展，逐渐由更高强度的组合角钢跨越塔替代。

组合角钢跨越塔在国内外应用十分广泛，就国内来说，比较有代表性的如塔高 180m的 500kV 徐上线镇江大跨越、塔高 236m 的珠江大跨越，均采用了组合角钢断面型式，国内规模较小的跨越工程也大多采用了加工和施工相对简单的组合角钢铁塔的结构型式。由华东电力设计院设计的江阴大跨越，塔高 346.5m，采用组合十字厚钢板焊接断面型式，钢板最大厚度达到了 65mm，钢材强度等级为 ASTM A572Gr.65（屈服应力约450MPa），为特大型高塔选材提供了新的解决思路。

从 20 世纪 80 年代末期开始，钢管结构以其良好的截面特性、简洁的结构、美观的外形而被广泛应用于大跨越工程中，华东电力设计院在 1974 年设计的长江燕子矶大跨越工程中，第一次将钢管结构用于大型输电塔上，跨越塔高193m，为拉线钢管塔，斜材采用柔性拉条。国内已经建成投运的较大规模大跨越工程中，除了早期采用钢筋混凝土塔以及少量的组合角钢结构外，80%以上的大跨越输电塔均采用了钢管塔结构。

随着跨越塔设计条件（电压等级、跨越档距及导线截面等）的不断提高，跨越塔塔高已经超过了 300m，这使得结构构件越来越大型化。受到构件承载性能、加工制造、施工安装能力的限制，钢管单管规格不能无限制地放大，钢管混凝土结构是一种有效的解决方案。在输电塔中采用钢管混凝土构件，最早由瑞士莫托·哥伦布（Motor-Columbus）公司开发，1995 年日本关西电力公司引进采用。1993 年，由中国能源建设集团浙江省电力设计院有限公司（简称浙江省电力设计院）设计的 159m 高 220kV 瓯江大跨越拉线塔采用了薄壁钢管离心混凝土构件。1996 年，该院设计 220kV 椒江大跨越主材采用了薄壁钢管离心混凝土构件，该塔高 175m，为自立式输电塔。2010 年，由浙江省电力设计院设计的 370m 高螺头水道大跨越输电塔，采用了钢管混凝土构件；2019 年，该院设计的 380m 高西堠门大跨越输电塔，采用了钢骨钢管混凝土构件。钢管混凝土输电塔的结构型式已经在超大型跨越铁塔设计中占据越来越重要的位置，发展前景广阔。

1.2 大跨越工程应用现状

1.2.1 国外应用现状

世界上最早的大跨越，是靠近美国西雅图的塔科马（Tacoma）跨越，建造于 1925 年，电压仅 20kV，跨越档距 1920m，塔高 96m。不久之后，世界各国纷纷开始建造大跨越工程。随着电力输送网络的迅速发展，大跨越的跨越档距越来越大，铁塔高度越来越高，截至 2019 年底，跨越档距最长的是格陵兰（Greenland）的阿梅拉里克峡湾（Ameralik Fjord）大跨越（如图 1.2-1 所示），跨越档距长达 5374m，建于 1993 年；耐张段档距最长的是孟加拉国（Bangladesh）的贾木纳河（Jamuna River）大跨越（如图 1.2-2 所示），耐张段档距长达 13.6km，建于 1983 年；塔高最高的是巴西（Brazil）的亚马逊（Amazonas）大跨越塔（如图 1.2-3 所示），塔高 296m，建于 2013 年。

图 1.2-1 阿梅拉里克峡湾，丹麦（塔高 18m）

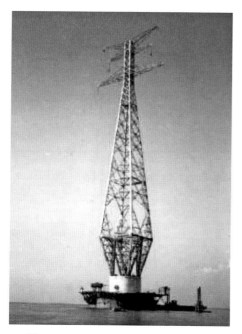

图 1.2-2　230kV 贾木纳河大跨越，
孟加拉国（塔高 111m）

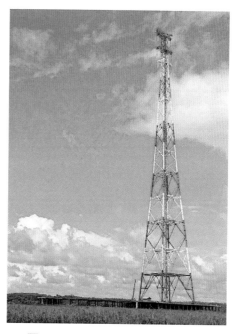

图 1.2-3　500kV 亚马逊大跨越塔，
巴西（塔高 296m）

表 1.2-1 列出了国外典型的大跨越工程。大跨越塔的结构型式主要采用了钢筋混凝土塔、组合角钢塔、钢管塔和拉线塔。日本是建造大跨越工程较多的国家，早在 1965 年就建成了高达 226m 的 220kV 输电跨越塔。日本跨越塔主要采用钢管、型钢混合结构，其中跨海线路工程普遍采用钢管结构，钢管有圆形和方形两种，主要用于主材和塔身斜材，型钢包括角钢和槽钢，主要用作横担和塔头斜材；欧美国家基本采用组合角钢跨越塔。典型代表如日本的 500kV 大崎海峡跨越（塔高 223m）和德国的 380kV 易北河跨越（塔高 227m）。

表 1.2-1　　　　　　　　　　国外典型大跨越工程一览表

序号	国家	跨越名称	电压（kV）	塔高（m）	跨越档距（m）	耐张段档距（m）	建设时间（年）
1	加拿大	圣劳伦斯河	110	106.4	1463	—	1918
2	美国	诺克斯维尔河	150	20.8	1527	—	1919
3	美国	塔科马	110	152	1900	—	1925
4	美国	密西西比河	132	86	1304	—	1925
5	美国	密西西比河	110	75	1828	—	1938
6	美国	萨克拉门托河	230	132.5	1185	—	1944
7	美国	邦纳维尔湖	230	152	1145	—	1948
8	日本	濑户内海	110	—	1452	—	1951
9	苏联	伏尔加河	220	90.8	1286	—	1951
10	加拿大	库特尼河	161	111.5	3248	—	1952

续表

序号	国家	跨越名称	电压（kV）	塔高（m）	跨越档距（m）	耐张段档距（m）	建设时间（年）
11	美国	詹姆斯河	230	122	560	—	1953
12	加拿大	圣劳伦斯河	230	122	1463	—	1955
13	挪威	松恩峡湾	66	—	5012	5012	1955
14	意大利	墨西拿	220	223.7	3646	4927	1955
15	法国	蒙特乔利	150	51	2600	—	1956
16	德国	易北河	220	189	1140	—	1958
17	美国	特拉华河	220	100	839.4	—	1959
18	美国	密西西比河	230	128	1193	—	1959
19	土耳其	博斯普鲁斯海峡	154	113	1599	—	1960
20	美国	哈德逊河	230	134	1303	—	1960
21	西班牙	加的斯湾	220	146.16	1639	—	1960
22	英国	泰晤士河	400	192	1371	—	1961
23	日本	鸣门海峡	187	146	1716	—	1961
24	日本	Chusi 跨越	220	226	2357	—	1962
25	挪威	松恩峡湾 I	300	—	4552	4552	1967
26	挪威	朗峡湾	132	—	3973	3973	1968
27	加拿大	圣劳伦斯河	735	154	1394	4920	1968
28	挪威	森达尔斯峡湾	132	—	3800	3800	1971
29	挪威	森达尔斯峡湾 I	300	—	3785	3785	1972
30	挪威	松恩峡湾 II	300	—	4735	4735	1975
31	孟加拉国	贾木纳河	230	111	1220	13 640	1983
32	挪威	松恩峡湾	132	68	4600	4600	1985
33	委内瑞拉	奥里诺科河	230	240	2537	—	1992
34	丹麦	阿梅拉里克峡湾	132	18	5374	5374	1993
35	日本	大户之濑户海峡	500	214.5	1463	—	1993
36	委内瑞拉	奥里诺科河	115	246	2537	5836	1994
37	委内瑞拉	马拉开波湖	115	148.2	1500	8750	1996
38	埃及	苏伊士运河	500	221	600	—	1996
39	日本	大崎海峡	220	223	2145	—	1997
40	比利时	安特卫普港	—	178	—	—	2000
41	巴西	亚马逊河	—	295	—	—	2013
42	秘鲁	利马卡帕龙戈–卡拉巴洛	—	176	—	—	2015
43	美国	伊利诺斯河	—	149.35	—	—	2017
44	比利时	杜尔斯凯尔特河 II	—	192	—	—	2019

1.2.2 国内应用现状

我国大跨越的建设虽然起步较晚，但是发展的速度和建设的数量在世界上一直名列前茅。经过 60 多年的发展，全国电网建设取得了举世瞩目的成就，最高电压等级从 220、500kV 逐步发展到当前的 1000、±1100kV，电压层级分布日趋完善。截至 2020 年 3 月，全国 220kV 及以上输电线路总长达到 83.4 万 km，多条线路跨越长江、黄河、淮河、珠江等大江大河，相继建造了一批输电线路大跨越工程。据不完全统计，我国 220kV 以上的输电线路大跨越工程就有 200 余处，成为世界上输电大跨越最多的国家，国内典型500kV 大跨越工程信息见表 1.2-2。代表性的大跨越工程如图 1.2-4~图 1.2-9 所示。

表 1.2-2　　　　　　　　　国内典型大跨越塔一览表

序号	大跨越名称	电压（kV）	塔高（m）	跨越档距（m）	建设时间（年）
1	平武线中山口汉江大跨越	500	120.5	1279	1981
2	平武线金口长江大跨越	500	135.5	1411	1981
3	淮上线荻港大跨越	500	160	1221	1985
4	葛上线沙洋汉江大跨越	±500	99.5	965	1987
5	葛上线沱盘溪长江大跨越	±500	99.5	1229	1987
6	葛上线吉阳长江大跨越	±500	181.5	1605	1987
7	徐上线镇江五峰山长江跨越	500	179.8	1820	1988
8	平洛线淮河大跨越	500	202	1478	1988
9	平繁线淮河大跨越	500	163	1065	1988
10	沙江线狮子洋珠江大跨越	500	235.7	1547	1988
11	沙增线新塘大跨越	500	107	980	1992
12	核增线陈屋大跨越	500	107	941	1992
13	南京大胜关长江大跨越	500	257	2053	1992
14	焦郑线黄河大跨越	500	114	1055	1992
15	天广线小塘北江大跨越	500	161	1027	1992
16	罗江线古老西江大跨越	500	142	1144	1993
17	伊大冯线嫩江大跨越	500	80	954	1995
18	娄云线湘江大跨越	500	107	809	1995
19	哈大线松花江大跨越	500	109	1160	1996
20	达丰线黄河大跨越	500	108.5	1026	1997
21	来罗二回芦苞北江大跨越	500	154	1478	1998
22	来罗二回蟠龙口西江大跨越	500	154	1820	1998
23	阳淮线东明黄河大跨越	500	—	1063	1998
24	双玉线沿山头汉江大跨越	500	120.5	1160	1998
25	天广直流线白沙西江大跨越	±500	136	1180	2000

续表

序号	大跨越名称	电压（kV）	塔高（m）	跨越档距（m）	建设时间（年）
26	天广直流线丰平洲北江跨越	±500	147	1255	2000
27	鄂赣线马力洲赣江跨越	500	89.8	818	2000
28	岗长线香炉洲湘江跨越	500	107.8	826	2000
29	三万Ⅰ回线秭归长江大跨越	500	142.5	1065	2002
30	三万Ⅰ回线巴东长江大跨越	500	149.5	1658	2002
31	杭兰线钱塘江大跨越	500	128	1150	2003
32	龙政直流线芜湖长江大跨越	±500	229	1919	2003
33	龙政直流线王家滩汉江跨越	±500	119	1201	2003
34	荆益线李埠长江大跨越	500	163.9	1490	2003
35	荆益线沅水大跨越	500	108	1023	2003
36	贵广线大塘北江大跨越	500	140	1350	2003
37	杭兰线钱塘江大跨越	500	128	1150	2003
38	贵广直流线西江大跨越	±500	138	1065	2004
39	三广直流线大埠街长江跨越	±500	175	1533	2004
40	三广直流线康家吉沅水跨越	±500	132	1166	2004
41	柳罗线界牌北江大跨越	500	140	1570	2004
42	杨斗线江阴长江大跨越	500	346.5	2303	2004
43	荆孝线马良汉江大跨越	500	122	1170	2004
44	赣江西、中、东支跨越	500	79.5	829	2005
45	张家洲赣江跨越	500	112.5	1032	2005
46	三万Ⅱ回线秭归长江大跨越	500	142.5	1376	2005
47	三万Ⅱ回线巴东长江大跨越	500	142.5	1840	2005
48	三沪直流线荻岗长江大跨越	±500	202	1755	2006
49	三沪直流线塔坪桥长江大跨越	±500	155.5	1514	2006
50	三沪直流线沙洋汉江大跨越	±500	101	984	2006
51	右——荆州邓家溪长江跨越	500	113	1405	2006
52	蔡荆线塔坪桥长江跨越	500	154	1478	2006
53	潜咸线石矶头长江大跨越	500	202.5	1660	2006
54	马鞍山大跨越	500	257	1960	2006
55	潜咸Ⅲ回线赤壁长江大跨越	500	202.5	1644	2008
56	水潜线观音寺长江大跨越	500	191.5	1555	2008
57	黄黄线刘家渡长江大跨越	500	181.5	1450	2008
58	江北—龙潭三江口长江跨越	500	249.5	1770	2008
59	乐清温东瓯江第四大跨越	500	185	1517	2008
60	舟山螺头水道大跨越	500	370	2756	2010

续表

序号	大跨越名称	电压（kV）	塔高（m）	跨越档距（m）	建设时间（年）
61	葛上线沙洋汉江大跨越增容	±500	99.5	965	2012
62	葛上线沱盘溪长江跨越增容	±500	99.5	1229	2012
63	葛上线吉阳长江大跨越增容	±500	181.5	1605	2012
64	襄樊电厂线刘集汉江大跨越	500	108	1251	2013
65	玉环乐清线乐清湾大跨越	500	254	1984	2014
66	六横电厂送出海上大跨越	500	246.5	1865	2014
67	泚孔线淮河大跨越	500	194	1334	2016
68	舟联工程西堠门大跨越	500	380	2656	2019
69	原松线淮河大跨越	500	274.9	1918	2020

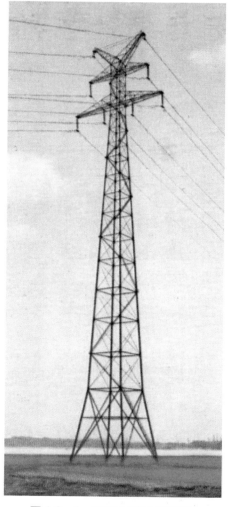

图 1.2－4　220kV 南京燕子矶
大跨越塔（塔高 195.5m）

图 1.2－5　500kV 吴淞口大跨越塔（塔高 178m）

图 1.2－6　500kV 马鞍山长江大跨越塔（塔高 257m）

图 1.2-7　江阴长江大跨越塔（塔高 346.5m）

图 1.2-8　220kV 舟山螺头水道大跨越塔（塔高 370m）

图 1.2-9　舟山西堠门大跨越塔（塔高 380m）

1957 年我国建成了第 1 座 220kV 皖中裕溪口长江大跨越，跨越档距 1411m，塔高 116.5m，为钢筋混凝土烟囱塔。同一时期，还相继建成了 110kV 武汉沌口长江大跨越和 110kV 镇江长江大跨越。110kV 沌口大跨越塔为钢筋混凝土烟囱塔，档距 1722m，塔高 146.75m。110kV 镇江大跨越的建设恰逢三年困难时期，在钢材、水泥等建筑材料极为紧张的情况下，合理利用山丘地形，建造了一座高 84.5m 跨长江木塔，使用木材 65m³，可谓大跨越建设史上的一个奇观。

20 世纪 70~80 年代，我国进入了一个新的发展时期，相继建成了 193.5m 高的 220kV 南京燕子矶长江大跨越、146m 高的 220kV 阳逻长江大跨越、135.5m 高的武昌大军山长江大跨越以及 190m 高的广州黄浦江大跨越等一批大跨越工程。20 世纪 80 年代改革开放以后，输电大跨越的建设更是迅猛发展。在此期间，先后建造了一批高度超过 200m 的 500kV 大跨越工程，如 235.5m 高的珠江大跨越、257m 高的大胜关长江大跨越及 257m 高的马鞍山长江大跨越。2004 年 11 月，随着江苏扬州电厂—斗山 500kV 江阴长江大跨越工程 346.5m 高塔建成投运，刷新了当时输电塔世界最高高度。在不到 6 年的时间里，即 2010 年 6 月，220kV 舟山螺头水道大跨越工程建成后，将这一世界高度定格在 370m。2019 年 1 月，浙江舟山西堠门大跨越建成投运，跨越塔高 380m，为 500、220kV 混压跨海输电工程，是当时世界上最高的输电线路跨越塔。

1.3　舟山 500kV 联网输变电工程

截至 2019 年底，世界各国已建成超过 300 处大跨越工程，特别是最近 20 年，我国电网建设迅速崛起，随着舟山 500kV 联网输变电工程（简称舟联工程）西堠门大跨越的建成投产，将跨越塔高度的世界纪录提升到 380m，为大跨越工程建设增添了光彩。

舟联工程位于浙江省宁波市、舟山市，其架空输电线路全长 33.36km，包括 4 个大跨越，路径长度 9.8km，分别为沥港、西堠门、桃夭门、响礁门大跨越，除沥港大跨越为 500kV 同塔双回路架设外，其他大跨越均为 500kV 和 220kV 同塔混压四回路架设。

沥港大跨越采用"耐-耐"跨越方式，跨越档距 1050m；2 基耐张塔全高均为 65.5m，主航道通航 3000t 船舶，最大通航净高 35m。

桃夭门大跨越采用"耐-直-耐"跨越方式，跨越档距 956m-1570m，跨越耐张段全长 2526m，跨越塔全高 224.4m。主航道通航 2000t 船舶，通航净高 32m。

响礁门大跨越采用"耐-直-直-耐"跨越方式，跨越档距 251m-1285m-451m，跨越耐张段全长 1987m。其中，富翅岛耐张塔与桃夭门大跨越共用，全高 145m，2 基跨越塔全高均为 176.55m。主航道通航 500t 船舶，通航净高 24m。

西堠门大跨越位于舟山市金塘岛和册子岛之间，采用"耐-直-直-耐"的方式一档跨越西堠门航道，跨越档距 1016m-2656m-521m，跨越耐张段长度 4193m。主航道通航 30 000t 船舶，通航净高 49.5m。西堠门大跨越断面示意图如图 1.3-1 所示。

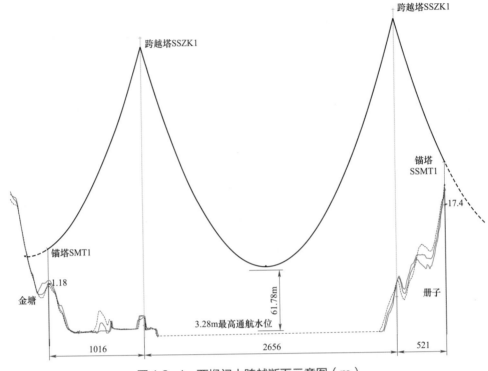

图 1.3-1　西堠门大跨越断面示意图（m）

工程 500kV 系统每回输送能力为 1100MW。大跨越设计基本风速按 50 年一遇取值，为 41m/s，A 类地貌，设计覆冰厚度 10mm。西堠门大跨越段和桃夭门大跨越段，500、220kV 导线均采用 4×JLB23-380 铝包钢绞线；其他大跨越段 500kV 导线采用 2×JLHA1/EST-800/100 特强钢芯铝合金绞线，220kV 导线采用单根 JLHA1/EST-1000/80 特强钢芯铝合金绞线；地线均采用两根 48 芯 OPGW 光缆。

沥港、桃夭门、响礁门大跨越杆塔均采用自立式钢管塔。

西堠门大跨越耐张塔为高强钢管结构，其中金塘侧采用 2 基混压双回耐张塔，塔型 SMT1-36，呼高 36m，全高 76.6m；册子侧采用 1 基混压四回耐张塔，塔型 SSMT1-39，呼高 39m，全高 94m。

西堠门大跨越 2 基跨越塔塔型均为 SSZK1，呼高 293m，全高 380m。跨越塔根开 69.024m，塔头宽度 14m。采用 4 层横担结构，500kV 与 220kV 导线均为三角排列，最大横担长度 46.5m。跨越塔采用钢管塔结构，262.3m 以下主材采用钢管混凝土构件，钢管材质 Q345，混凝土强度等级 C50，154.9m 以下钢管混凝土内部居中布置角钢格构式钢骨。262.3m 以上主材采用钢管，主材材质 Q420。跨越塔斜材采用钢管，材质 Q345 和 Q235。跨越塔主材最大管径达到 2.3m，壁厚 28mm；斜材最大管径 1m，壁厚 22mm。塔身 281.5m 以下主材采用内外法兰连接，其他主材通过普通刚性法兰连接，主斜材通过加劲相贯节点、球节点和插板连接。西堠门跨越塔单线图如图 1.3-2 所示。

大跨越塔位地貌单元均为海岛丘陵，根据覆土厚度不同，主要采用承台式岩石锚杆基础，个别塔位采用了挖孔桩和灌注桩基础。西堠门跨越塔基础采用承台式岩石锚杆基

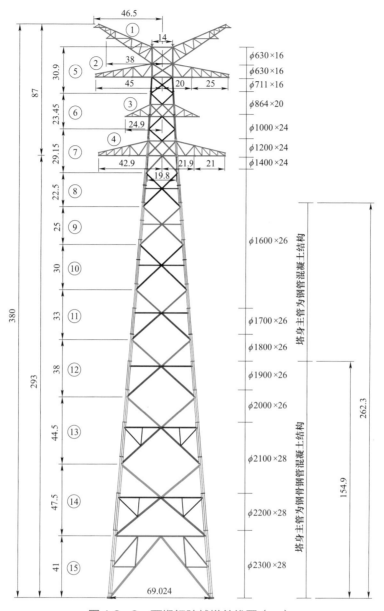

图 1.3-2 西堠门跨越塔单线图（m）

础，如图 1.3-3 所示，基础通过插入钢管与跨越塔塔腿连接。基础插入钢管规格与塔腿
主材相同，为 ϕ2300mm×28mm。基础承台平面尺寸为 16m×16m，承台与立柱均采用斜
置式，与塔中心呈内低外高布置，倾斜角度 6.774 64°。基础混凝土强度等级 C40，单个
基础混凝土体积为 1159m³，钢材用量 138.4t。基础底部设置抗拔锚杆，共 280 根，锚杆
采用 HRB400ϕ36 钢筋，锚杆直径为 ϕ120mm，单根锚杆设计长度 5.9m，锚入中风化岩
石长度为 4.0m，锚杆与基础钢管平行，与基坑底面呈垂直布置。

　　西堠门大跨越跨越塔中央设置井筒式电梯，提升高度 300m，300m 以上采用中央井
架内置旋梯登塔。其他跨越塔采用井架悬梯和攀爬机登塔。

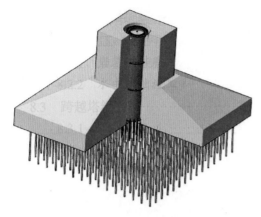

图 1.3-3　承台式岩石锚杆基础

面对大跨越工程电压等级升高、输送容量增大、跨越档距和跨越塔高度增加带来的种种挑战，国网浙江省电力有限公司等参建单位工程技术人员依托舟联工程建设，对大跨越工程的导地线设计、超高跨越塔抗风设计、新型构件设计、跨越塔节点设计、特大型跨越塔加工和施工等技术方面的问题开展了大量研究。

基于舟联工程，本书对大跨越工程建设实践和研究成果进行了全面总结，介绍了大跨越工程的设计技术、制造加工技术和施工技术，并重点呈现了特大跨越设计、加工和施工的专项研究成果。

参考文献

[1] 国网能源研究院有限公司. 中国电力供需分析报告 [M]. 北京：中国电力出版社，2020.

[2] 刘振亚. 中国特高压交流输电技术创新 [J]. 电网技术，2013，37（03）：567-574.

[3] 杨力. 特高压输电技术 [M]. 北京：中国水利水电出版社，2011.

[4] 董建尧. 输电线路超高度大跨越铁塔结构选型之多因素探讨[J]. 建筑结构，2016，46（14）：36-41.

[5] CIGRE. Large Overhead Line Crossings [R]. 2009，10.

[6] 杨元春，张克宝. 输电跨越塔设计回顾与展望 [J]. 特种结构，2006，23（3）：70-76.

[7] 郭惠勇，李小晶，李正良. 大跨越输电塔的结构优化分析 [J]. 河海大学学报（自然科学版），2010（01）：97-101.

[8] 徐荣轩. 500kV 黄河大跨越工程铁塔基础型式概述 [J]. 电力建设，1995（08）：20-22.

[9] 董建尧，何江，刘丽敏，等. 输电线路大跨越钢管塔的应用和结构设计 [J]. 武汉大学学报（工学版），2007（S1）：214-218.

[10] 董建尧，何江，魏顺炎. 输电线路大跨越钢管塔的应用和结构设计探讨. 电力勘测设计，2008，2（1）：53-58.

[11] 谢平. 直流跨越杆塔选型与结构优化 [J]. 电力建设，2008（03）：44-47.

[12] 石华军，胡列翔，叶尹，等. 钢管混凝土构件在输电线路大跨越铁塔中的应用 [J]. 电力建设，2011，32（3）：5-9.

[13] 徐建国，叶尹，钱晓倩，等. 自密实混凝土在大跨越输电高塔应用中的试验研究 [J]. 电力建设，2008（7）：24-28.

[14] 钟善桐. 钢管混凝土构件 [M]. 北京：清华大学出版社，2011.

[15] 王属于. 华东电网 500kV 大跨越输电线路工程汇编 [K]. 华东电网有限公司.

[16] 申斌，傅剑鸣，李勇，等. 舟山与大陆联网大跨越工程施工关键技术 [J]. 电力建设. 2011（03）：24-28.

[17] 杨趣贤. 南京长江大跨越钢管高塔设计 [J]. 电力技术，1980（11）：5-12.

[18] 王志源. 珠江大跨越 500kV 线路张力架线 [J]. 山西电力技术，1994，014（001）：33 – 42.

[19] 熊织明，钮永华，邵丽东. 500kV 江阴长江大跨越工程施工关键技术 [J]. 电网技术，2006，30（1）：28 – 34.

[20] 杨元春. 世界最高大跨越铁塔设计 [J]. 电力设备，2006，7（1）：39 – 43.

[21] 徐国林，叶尹. 温州瓯江大跨越拉桅塔设计介绍[C]. 第十一届高耸结构学术交流会论文集. 1992，90 – 95.

[22] 孙大同. 送电线路大跨越高塔施工方法和分析 [J]. 浙江电力，1995（06）：10 – 14.

[23] 石涛，范龙飞. 外附着 JL—150 塔吊组立跨江高塔 [J]. 电力建设，1999（5）：54 – 57.

[24] 谢芳. 钢管混凝土结构及其在输电塔中的应用 [D]. 浙江大学，2010.

[25] 朱天浩，徐建国，叶尹等. 输电线路特大跨越设计中的关键技术 [J]. 电力建设，2010（04）：30 – 36.

第2章
大跨越工程设计

大跨越工程跨越档距大，杆塔高度高，设计条件远较一般线路复杂，且安全性要求较一般线路更高，工程单位投资是一般线路的十几倍甚至数十倍。大跨越工程均需开展专项设计，充分进行设计优化，同时推广应用新技术、新工艺、新材料，以降低工程投资和节约材料用量，提升设计方案的经济效益和社会效益。大跨越设计除依据相关规程规范外，必要时还需进行专题试验研究。本章针对大跨越方案设计的主要影响因素，对大跨越工程设计技术进行了介绍。

2.1 气象条件

2.1.1 气象条件的确定

根据 DL/T 5485—2013《110kV～750kV 架空输电线路大跨越设计技术规程》，设计气象条件应根据跨越点附近气象资料的数理统计结果，并考虑附近已有工程的运行经验确定，基本风速、设计冰厚重现期应符合下列规定：

（1）500、750kV 输电线路大跨越工程 50 年；

（2）110～330kV 输电线路大跨越工程 30 年。

确定基本风速时，应按当地气象台站 10min 时距平均的年最大风速为样本，并宜采用极值 I 型分布作为概率模型，取最大风速统计值。统计风速的高度取历年大风季节平均最低水位以上 10m。

大跨越基本风速，如无可靠资料，宜将附近陆上输电线路的风速统计值换算到跨越处历年大风季节平均最低水位以上 10m 处，并增加 10%。考虑水面影响，基本风速还应增加 10%。大跨越基本风速不应低于附近一般线路设计风速。

大跨越设计覆冰冰厚，除无冰区外，宜较附近一般输电线路的设计覆冰厚度增加 5mm，必要时还宜按稀有覆冰条件进行验算。

2.1.2 气象条件的针对性分析

大跨越设计气象条件取值与导地线弧垂张力、杆塔荷载计算密切相关，直接关系到大跨越工程的可靠性与经济性。随着我国经济、社会的发展，气象观测资料日益完善，大跨越工程设计中，除按照上述标准确定大跨越气象条件之外，可根据工程现场实际情况，有针对性的分析相关气象要素，进一步优化大跨越工程的可靠性及经济性。

1. 风速随高度的变化分析

DL/T 5485—2013《110kV～750kV 架空输电线路大跨越设计技术规程》中规定大跨越基本风速取值时，考虑水面影响，基本风速应增加 10%。这是由于一般线路的地面大都属于 B 类粗糙度，而跨越处的宽阔水面近似于 A 类粗糙度。大跨越塔高一般在 130～400m 之间，100m 以上的塔身、横担的风荷载和导地线荷载对铁塔和导线的设计起到关键的作用。在 100～400m 的高度范围内，A 类粗糙度与 B 类粗糙度比值约为 1.05～1.148。因此，考虑大跨越处水面影响，将最低水位以上 10m 处的风速增加 10%，大跨越线路可按 B 类粗糙度设计。

对于沿海地区的大跨越工程而言，直接按上述规定显得过于粗略。2009 年浙江省气象局陆续架设了 13 个梯度风测风塔用于风能资源评估。以舟联工程为例，大跨越设计过程中，利用浙江沿海及岛屿的梯度风测风塔数据计算分析粗糙度指数，并在此基础上结合气象台站统计风速得出线路的基本风速和粗糙度指数。利用各测风塔 10、30、50、70、100m 和 120m 高度的风速资料，经计算分析后，最终确认工程所在地区台风条件下粗糙度指数在 0.07～0.1 之间，该工程设计参考 A 类地貌，风速剖面指数按 0.12 取值。

2. 小风速概率分析

大跨越导线截面通常根据系统极限输送容量选择。根据 DL/T 5485—2013 的《110kV～750kV 架空输电线路大跨越设计技术规程》要求，验算导线载流量时，环境气温采用最高气温月的最高平均气温，风速采用 0.6m/s，由于风速对导线载流量影响较大，有条件时通过数据统计分析进行取值将更加合理。以舟联工程为例，大跨越设计过程中，对工程沿线 27 个自动气象站和 6 个常规气象站 2009 年 1 月～2015 年 4 月共 76 个月的逐时 10min 平均风速进行分档统计，当工程区域出现 35℃ 以上高温时，气象站风速低于 1.0m/s 的概率均在 0.2% 以内。考虑到大跨越导线平均高度较高，导线高度处小风速出现概率更低，最终确定工程导线载流量计算时风速采用 1.0m/s，较按规范取值进行设计减小了导线截面积，降低了工程投资。

2.2 导地线选型

大跨越导地线的选型和设计是否经济合理，关系到大跨越线路的安全可靠性及工程造价指标的合理性。

大跨越导地线的选择，应通过综合技术经济比较确定，并尽量采用已有运行经验的产品，同时考虑绝缘子、金具、杆塔荷载、电能损耗、施工、运行等因素的影响。

2.2.1 导线型式及分裂方式

1. 导线材料

钢绞线（或钢绞线复绞的钢丝绳）的抗拉强度高、弧垂特性好，但抗腐蚀能力差，且导电率仅为 9%国际退火铜标准（International Annealed Copper Standard，IACS），载流能力差，运行中电能损耗大。国外自 1956 年以后，国内自 1980 年以后，钢绞线均不再用于大跨越导线，仅用于大跨越工程地线。在大跨越工程中应用的导线材料有钢芯铝绞线、特强钢芯铝合金绞线、超高强钢芯铝合金绞线、特强钢芯耐热铝合金绞线、铝包钢绞线等，其主要特点见表 2.2-1。

表 2.2-1　　　　　　　　　　大跨越不同材料导线的主要特点

项目	类型				
	钢芯铝绞线	特强钢芯铝合金绞线	超高强钢芯铝合金绞线	特强钢芯耐热铝合金绞线	铝包钢绞线
强度特性	国标导线，强度一般	强度高	强度很高	强度中等	强度高，可随导线性能调整
钢丝特性	强度在 1400MPa 左右	强度可达 1770MPa，1%伸长应力在 1520MPa 左右	强度 1940～2040MPa	强度可达 1770MPa，1%伸长应力在 1520MPa 左右	强度随铝包钢单丝导电率不同，在 800～1800MPa 之间
铝/铝合金线特性	强度 160MPa 左右，导电率 61%IACS	强度 280～325 MPa，导电率（52.5%～53%）IACS	强度 280～325 MPa，导电率（52.5%～53%）IACS	强度 210～260 MPa，导电率（55%～58%）IACS	导电率（14%～40%）IACS
适用范围	跨距较小，有地形可利用，对通航要求不高的跨越段	可以在跨距较大跨越段使用，延展性好	可以在跨距较大跨越段使用，延展性好	在跨距较大跨越段或短时最大负荷起控制作用的地区使用，优势明显，但重负荷时电能损耗相对较高	可以在跨距较大跨越段使用，但自重大，导电性欠佳

关于大跨越导线材料有如下结论：

（1）我国在 20 世纪 60 年代前后，受当时条件限制，大跨越采用了镀锌钢绞线。随着我国导线制造技术的提高，20 世纪 80 年代开始，镀锌钢绞线已不再应用于大跨越工程导线。

（2）我国大跨越导线的使用，形成了铝（及其合金）与铝包钢两大系列，其比例大致为 3:1。近年来铝（及其合金）系列导线在大跨越工程中的使用有增加的趋势，1980 年以后两大系列的使用比例超过 4:1。

（3）我国铝包钢绞线的生产水平已达到国际先进水平。由于其导电能力稍差，限制了其在大跨越工程中的使用。但在要求导线有较好力学特性和防振性能的大跨越工程中，铝包钢绞线仍具备一定的优越性。

（4）经过我国导线制造厂的努力，大跨越线路采用的高强（或特强）钢芯铝合金绞线已实现国产化。钢芯铝合金绞线在 1980 年以后的工程中所占的份额超过 80%。近年来 500kV 及以上电压等级的重要大跨越工程基本上都采用了特强钢芯铝合金绞线。从其特性分析，特强钢芯铝合金绞线在 1000m 跨距以上、输送负荷大的大跨越工程中有明显的技术经济优势。

2. 分裂导线根数

在国外，日本大跨越线路工程有较大比例采用大截面积单导线或二分裂导线，苏联大跨越线路工程多采用三分裂导线，在《超高压架空线路机械部分设计》（［苏］泽利琴科，1981 年，莫斯科）一书中叙述到："超高压架空线大跨越段上相分裂的根数，常常比线路其余线段用得少。"

对大跨越工程而言，相导线分裂数的选择已不是一个单纯的电气问题，它和工程的跨越规模、荷重条件、导线制造能力、施工组织等密切相关。

由于大跨越杆塔高度高，导线对地距离大，风荷载往往是控制工程量及造价的重要因素，所以在同等截面积下，应尽可能选择分裂数少的导线形式，以减小导线受风面积。同时，确定相导线分裂数时还需满足导线表面电晕等条件。

2.2.2　导线载流量

大跨越段的导线截面必须与线路其他部分导线截面的输送容量相匹配，避免成为整条输电线路的"瓶颈"。对于确定的环境条件，导线的允许载流量主要取决于导线最高允许温度，同时受导线载流发热后的强度损失制约，一般而言，允许温度越高，允许载流量就越大。

1. 导线载流量计算方法

导线允许载流量的计算与导体的电阻率、环境温度、使用温度、风速、日照强度、导线表面状态、辐射系数及吸热系数、空气的传热系数和动态黏度等因素有关。

根据 GB/T 50545—2010《110kV～750kV 架空输电线路设计规范》，导线载流量为

$$I_t = \left\{ \frac{9.92\theta(vD)^{0.485} + \pi\varepsilon SD[(\theta + \theta_a + 273)^4 - (\theta_a + 273)^4] - \alpha_s J_s D}{kR_d(t)} \right\}^{0.5} \qquad (2.2-1)$$

式中：I_t 为导线载流量，A；θ 为导线的最高允许温度，℃；v 为风速，m/s；D 为导线外径，m；ε 为导线表面的辐射系数，光亮新线为 0.23～0.46，发黑旧线为 0.90～0.95；S 为斯蒂芬–包尔茨曼常数，5.67×10^{-8}W/m²；θ_a 为环境温度，℃；α_s 为导线表面吸热系数，光亮新线为 0.23～0.46，发黑旧线为 0.90～0.95；J_s 为日光对导线的日照强度，W/m²；k 为 $t = \theta + \theta_a$ 时的交直流电阻比；$R_d(t)$ 为 t℃时的直流电阻，Ω/m。

2. 载流量计算边界条件

按照 DL/T 5485—2013《110kV～750kV 架空输电线路大跨越设计技术规程》等相关规范规定，验算导线载流量时计算条件如下：环境气温采用最高气温月的最高平均气温；一般线路风速取为 $v=0.5$m/s，考虑到大跨越杆塔较高以及水面开阔，风速相应增大的因素，验算载流量时，风速采用 $v=0.6$m/s。太阳辐射功率密度采用 0.1W/cm²，即 1000W/m²，导线表面辐射系数 ε 和导线表面吸热系数 α_s 均取 0.9；验算载流量时，钢芯铝绞线和钢芯铝合金绞线的最高允许温度一般采用 +90℃；钢芯铝包钢绞线（包括铝包钢绞线）的最高允许温度一般采用 +100℃，或经试验确定。

通过对导线载流量的各个边界条件影响的试验分析，可得出以下结论：

（1）边界条件对导线载流量计算影响较大，由于各国根据本国的条件（环境强度、日照强度、吸热系数、散热系数、导线允许温度、风速等）取值各有不同，因此计算出的载流量相差较大。以我国和 IEC 的规定分别计算载流量，相差在 15%～20%。因此选择适合于本地区的计算边界条件非常重要。

（2）导线表面辐射系数和表面的吸热系数，主要由导线的新旧所决定，虽然它们各

自对导线载流量有一定影响，但辐射和吸热影响是反向的，对导线载流量的综合影响较小，在导线使用温度范围内，大约为 1%～2%。

（3）风速对导线载流量影响较大。$v=0.5\text{m/s}$ 较 $v=0.1\text{m/s}$ 的载流量增大 40%，而 $v=1.0\text{m/s}$ 较 $v=0.5\text{m/s}$ 的载流量增大 15%～20%。据国外研究，风向与导线的夹角不同，对载流量大小也有影响。

（4）日照强度对载流量也有影响。日照强度 100W/m^2 较 1000W/m^2 载流量提高 15%～30%，但日照强度从 1000W/m^2 减少至 900W/m^2 时载流量仅提高 1%～4%。

（5）温度（包括环境温度 θ_a、导线最高允许温度 θ）对载流量的影响较大。从导线最高允许温度 θ 的温升与载流量的关系来看，在温升的初始阶段，载流量上升很快：环境温度 $\theta_a \leq 40℃$ 时，导线温度每升高 5℃，载流量增加 10%；$\theta_a > 40℃$ 时，导线温度每升高 5℃，载流量的增幅逐渐减少，从 8% 降至 2%。

总之，影响导线载流量的边界条件，一部分为外界环境条件，如风速、日照强度、环境温度等；另一部分与导线自身属性相关，如导线的吸热系数、辐射系数、导线允许温度、导线直径等。其中，导线的吸热系数、辐射系数对载流量的综合影响较小，当导线直径（截面积）一定时，导线允许温度的取值就成为影响载流量的主要因素。

大跨越工程可根据所处区域实际情况，结合相关规范要求，经过综合分析确定导线载流量计算时各项边界条件的参数取值，以达到充分利用导线输送容量的目的。

2.2.3　导线平均运行应力

大跨越导线平均运行应力取值与导线自身的抗疲劳能力、跨越工程的防振措施、运行经验等有关，并直接影响跨越塔高度和导线本身的运行安全。

导线线股受力包含由振动引起的动态力和导线张拉的静态力，为控制导线疲劳损坏，不仅需要采用有效的防振装置，还要保证导线本身具备必要的抗振能力，即导线张力不宜取得太高。但大跨越工程档距大，导线弧垂对导线张力的变化较为敏感，并直接影响跨越塔高度，故导线张力又不宜取得太低。因此需在工程安全运行的基础上，选择适宜的导线平均运行应力。

1. 国内外大跨越工程平均运行应力统计

国内大跨越工程平均运行应力与极限抗拉强度（ultimate tensile stress，UTS）的比值为 17.7%～25%，其中以 20.5% 以上居多，见表 2.2-2。约有 64% 的工程钢芯铝合金导线的最低点平均运行应力选在 20.5%UTS～22.4%UTS 之间。除 500kV 镇江大跨越因为防振措施不完善，存在少量导线断股现象外，其他工程多年运行情况良好。国外大跨越工程平均运行应力与 UTS 比值在 18%～23% 居多。

DL/T 5485—2013《110kV～750kV 架空输电线路大跨越设计技术规程》规定，导线平均运行应力的上限，应根据防振措施确定，悬挂点的平均运行应力不应超过抗拉强度的 25% 或按运行经验确定。

综上所述，根据现有国内外大跨越平均运行应力取值和运行情况，选用具有一定抗疲劳性能的导线再配以防振措施，一般大跨越用钢芯铝合金导线弧垂最低点平均运行张

表 2.2-2　　　　　　国内大跨越工程平均运行应力与 UTS 比值统计

序号	工程名称	导线型号	档距（m）	平均运行应力与 UTS 比值
1	220kV 南京大跨越	1×ACS-564	1933	25%
2	500kV 葛上线沙洋汉水大跨越	4×LHGJT-440	965	22.4%
3	500kV 葛上线吉阳长江大跨越	4×LHGJT-440	1605	22.1%
4	500kV 葛上线沱盘溪长江大跨越	4×LHGJT-440	1229	21.86%
5	500kV 镇江大跨越	4×AACSR-410	1820	21.37%
6	220kV 大胜关大跨越	2×AACSR-410	2053	21%
7	500kV 平洛大跨越	4×HL4GJT-400	1478	20.5%
8	500kV 平武线中山口大跨越	3×LHGJT-440	1065	18.63%
9	500kV 珠江大跨越	2×KTACSR/EST-720	1550	18%
10	500kV 平武线金口大跨越	3×LHGJT-440	1166	17.7%

力取值不大于 21%UTS 是可行的。

2. 铝部应力分析

上述平均运行应力是指绞线在平均气温状态下的综合应力，对于小铝钢截面比或采用特高强度钢丝的钢芯铝合金绞线，需要特别关注相应的铝或铝合金部分的应力大小及评价原则。

选择导线平均运行应力取值时，应按导线不同组成材料间的应力分配，使铝或铝合金部分的应力不大于它们各自的疲劳极限。大跨越导线材料中，钢绞线的疲劳极限最大、高强度铝包钢线次之、铝及铝合金线较低。部分工程的导线平均运行应力和铝部应力见表 2.2-3。

表 2.2-3　　　　　　一批大跨越导线的平均运行应力和铝部应力

线路名称	导线型号	平均运行应力与 UTS 比值	平均运行应力 σ_n（MPa）	铝或铝合金部强度 σ_b（MPa）	钢芯强度（MPa）	铝或铝合金部应力 σ_a（MPa）	铝、钢截面比
平武线大军山长江跨越	3×LHGJT-440	18.63%	104	295	1372	57	2.22
葛上线吉阳长江跨越	4×LHGJT-440	22.05%	123	295	1372	68	2.22
葛上线沱盘溪长江跨越	4×LHGJT-440	21.86%	122	295	1372	68	2.22
沙江线狮子洋珠江跨越	2×KTACSR-720	18.0%	109	265	1590	60	2.43
徐上线镇江长江跨越	4×AACSR-410	21.37%	137	315	1760	79	2.68
大胜关长江跨越（初设）	4×AACSR-410	21.5%	138	325	1760	80	2.68
大胜关长江跨越（施工图）	2×AACSR-410	21%	135	325	1760	78	2.68
江阴长江跨越	4×AACSR-500	21%	144	310	1760	78	2.21

高强度铝合金的疲劳极限应力在 80～100MPa，实际工程建设中一般不超过 90MPa，从工程安全可靠性方面考虑，建议特高强度钢芯铝合金绞线悬挂点铝合金部应力按不大于 90MPa 控制。对于运行经验较少的导线结构，应结合导线疲劳试验的情况确定平均运行应力的取值。

3. 铝包钢绞线平均运行应力

国内早期大跨越多使用铝包钢绞线，但由于其导电能力较差，随着线路载流量要求的提升，后期较少采用。近年来，随着国产铝包覆工艺的改进，其优良的弧垂特性和抗振性能逐步得到认可，逐渐在高压线路大跨越中作导线使用。在黄浦大跨越中对 3.2mm 的高强度钢丝分别包覆 0.4、0.6mm 厚度的铝进行了疲劳试验，结果表明，单丝疲劳折断中钢芯起主要抗疲劳作用。在铝层抗疲劳开裂方面，铝层厚度 0.6mm 比 0.4mm 略好，反复弯曲后，铝层与钢芯结合良好。由于铝包钢单丝疲劳极限较高，铝包钢绞线的耐振性能要优于钢芯铝合金绞线，故铝包钢绞线平均运行应力取值应高于特强钢芯铝合金绞线。但考虑到铝包钢线拉断力以及自重较大，平均运行应力取值过高会导致荷载过大，故平均运行应力取值也不宜过高。以舟山螺头水道大跨越为例，该工程采用了 4 分裂 JLB23-380 导线，弧垂最低点平均运行应力约为 20.3%UTS，运行情况良好。

2.2.4 地线及 OPGW 选型

根据 DL/T 5485—2013《110kV～750kV 架空输电线路大跨越设计技术规程》中相关说明，光纤复合架空地线的制造技术已成熟，大跨越工程采用双光缆设计，具有较好的技术经济性和运行安全储备，同时工程投资增加较少。一般大跨越工程两根地线均推荐采用光纤复合架空地线（optical fiber composite overhead ground wire，OPGW）。

1. 大跨越 OPGW 选型原则

（1）与导线配合，满足档距中央导线与地线的空间距离要求，防止雷击档距中央地线时反击导线。

（2）具有足够的热容量，满足单相接地短路情况下的热稳定要求。

（3）满足电线电晕控制下的地线最小直径要求。

（4）合理（较低）的平均运行应力，具有较好的耐振性能。

（5）基于推荐的导线方案，地线安全系数应高于导线安全系数。

（6）验算气象条件下的应力不大于破坏应力的 60%。

（7）具有良好的防腐性能。

（8）应有合理的结构型式，具有足够的耐雷击性能，绞线单丝直径不宜过小（尤其是外层单丝），以免产生雷击断股。

由于大跨越地线机械强度要求远高于一般线路，因此其截面积不受热稳定控制，也完全满足电线电晕控制下的地线最小直径要求。大跨越地线选型主要考虑其机械性能和防雷性能。

2. 大跨越导地线配合

地线拉重比及弧垂特性应好于导线，不致因地线弧垂特性的限制造成地线支架过高，使得工程投资增加。

（1）档距中央导地线间距。在 15℃、无风情况下，档距中央导地线间距离应按式（2.2-2）计算

$$S_1 \geqslant 0.012l + 1 \qquad (2.2-2)$$

式中：S_1 为导线与地线间距离，m；l 为跨越档距，m。

$$S_2 \geqslant 0.1I \qquad (2.2-3)$$

式中：S_2 为导线与地线间距离，m；I 为档距中央耐雷水平，kA。

参照 DL/T 5485—2013《110kV～750kV 架空输电线路大跨越设计技术规程》的规定，对于大档距导地线线间距离的确定，应取 S_1 和 S_2 的较小值。

（2）地线平均运行应力。按 DL/T 5485—2013《110kV～750kV 架空输电线路大跨越设计技术规程》的要求，地线、光纤复合架空地线的设计安全系数应大于导线，光纤复合架空地线的平均运行张力百分数不宜大于导线平均运行张力百分数。且地线采用单导线，从减弱微风振动的角度考虑，应限制其平均运行张力取值。

3. 大跨越 OPGW 结构型式

（1）结构型式。早期的中心铝管式、铝骨架式 OPGW 在日本等地得到了广泛应用，但在实践中发现，由于光纤在铝管或铝骨架中，在雷击或短路电流的作用下局部温升高，光纤损耗大，且因承载光纤单元的截面积较大，与传统地线差异大，匹配性较差。进入20 世纪 90 年代后期，不锈钢管层绞式 OPGW 以它的大容量、小截面、大余长以及与传统地线结构近似等优点而被广泛应用。

经过以上比较分析，在我国线路用 OPGW 结构型式的选择上，推荐采用不锈钢管层绞式结构，其典型结构如图 2.2-1 所示。

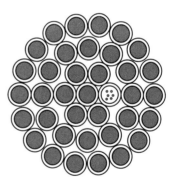

（2）绞合单丝材质。由于大跨越线路杆塔较高，因此OPGW 在满足高抗拉强度要求的前提下还要具有更强的耐雷电冲击能力。光缆运行中的最大问题是单丝断股，而断股中的绝大部分为雷击所致（不排除部分断股是由疲劳振动所致）。在所有的断股中，大部分是铝合金单丝，铝包钢单丝断股较少，雷击光缆导致断纤的也很少。我国在500kV 超高压线路设计中，OPGW 采用全铝包钢结构，

图 2.2-1　不锈钢管层绞式
OPGW 结构型式图

在防雷方面取得了良好的效果，并已经得到了试验和实践结果的验证。

因此推荐采用全铝包钢结构的 OPGW，而且在满足短路电流容量和单重的条件下，尽量采用低导电率的铝包钢单丝。

（3）外层单丝直径。光纤复合架空地线遭遇雷击后的损坏现象主要表现为外层股线被雷电熔化形成熔斑或熔断（断股）。雷击形成电弧时产生的瞬间高温是 OPGW 断股的主因，外层单丝直径的增大能显著提高其抗雷击断股能力。

我国 500kV 线路 OPGW 的耐雷能力达到 150C～200C，对用于此电压等级下的OPGW，当前比较一致的认识是外层铝包钢单丝直径不应小于 3.0mm。

综上所述，推荐大跨越 OPGW 采用不锈钢管层绞式全铝包钢结构，外层铝包钢单丝直径不小于 3.0mm。

2.3　导地线防振和防舞

2.3.1　大跨越防振

　　大跨越工程具有档距大、悬挂点高、所处地形开阔等特点，水面上空容易形成层流风，引起导线激振的风速范围广，导线吸收风能远大于普通线路，其振动水平也远远高于普通线路，且导线几乎每时每刻都在振动，若防振措施不当，极易发生由于导线动弯应变过大而导致疲劳断股，甚至断线等事故。因此必须对大跨越导地线微风振动的防治给予足够重视。

　　1. 防振方案类型

　　大跨越导线的防振方案主要有以下几种形式：β 阻尼线、β 阻尼线＋防振锤、双 β 阻尼线、交叉阻尼线、防振锤组合、圣诞树阻尼线等。欧美国家常常采用防振锤组合的防振措施，而日本则选用 β 阻尼线＋防振锤等型式。β 阻尼线＋防振锤型式的联合防振方案（如图 2.3-1 所示）防振原理清晰，多年的运行经验和现场测振结果表明，该防振型式具有良好的防振效果。我国绝大部分大跨越工程都采用这种防振型式，也有部分工程采用了交叉阻尼线或圣诞树阻尼线的型式。

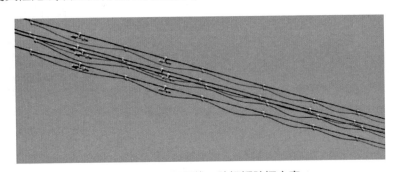

图 2.3-1　β 阻尼线＋防振锤防振方案

　　2. 防振技术标准

　　国内外大多采用动弯应变值来判断振动危险与否。根据国外资料和国内导地线振动的实践经验，DL/T 5485—2013《110kV～750kV 架空输电线路大跨越设计技术规程》提出了判断标准，导地线悬垂（耐张）线夹出口处及各夹固点出口处动弯应变许用值见表 2.3-1。

表 2.3-1　　　　　　　　　　导地线动弯应变许用值标准表

线型	导地线动弯应变用值 μ_ε	线型	导地线动弯应变用值 μ_ε
钢芯铝绞线	±100	镀锌钢绞线	±200
钢芯铝合金绞线	±100～±120	OPGW（铝包钢混绞）	±150
铝包钢绞线、钢芯铝包钢绞线	±150	OPGW（铝合金或铝合金和铝包钢混绞）	±120

3. 防振试验

由于输电线路微风振动的非线性特点，尚不能完全通过理论计算确定防振装置。为了保证导地线的安全运行，必须根据以往防振设计的经验，结合工程特点，在理论计算的基础上通过试验模拟获得导地线的自阻尼特性，并据此设计防振方案，通过对方案防振效果的试验评估，最终优选出适合的导地线防振方案。防振试验主要包括以下 3 方面内容：自阻尼试验；防振锤特性试验；防振方案试验与优选。

4. 现场测振

模拟试验是微风振动研究的一种重要手段，可以比较灵活地改变和控制试验条件，方便快捷地评估防振方案的效果。然而，试验本身存在一定的局限性，无法完全模拟悬挂点高度、地形地物、风向等的影响，也没有考虑导线长期运行后自阻尼的变化等因素。实际输电线路中导线微风振动的波形不是纯粹的"驻波"，大多种振动波形畸变较大，具有随机特征，在实验室里很难准确模拟这种振动。因此，实际线路的微风振动不可能和室内模拟试验完全一致，为了解导线的微风振动水平，检验防振装置的效果，有必要对导线的微风振动进行现场实测。按照 DL/T 5485—2013《110kV～750kV 架空输电线路大跨越设计技术规程》要求，为验证防振设计的可靠性，架线后应进行测振，测振时间不少于 14 天。

现场测振在线路架设完成后进行，在主要夹固点处安装测振仪，连续监测一定时间，获取测振周期内的微风振动数据，通过对数据进行处理获得导线微风振动水平，确定微风振动是否在容许范围内。

5. 临时防振

按照 DL/T 5485—2013《110kV～750kV 架空输电线路大跨越设计技术规程》要求，施工架线过程中导地线悬空后，必须及时安装防振装置，严禁在无防振装置的情况下超过 12h。

工程建设过程中，在架线后实施最终防振方案前，为了保护导地线应采取临时防振方案，一般是在导地线上加装临时防振锤。

2.3.2 大跨越防舞

在世界输电领域内，可采用的应对导线舞动的措施主要分为以下 3 类：

（1）抑制造成导线舞动覆冰形成条件的方法（即抗覆冰），包括采用涂覆有憎水材料的导线、融冰等措施，但这些方法在技术和成本上还需进一步研究。

（2）采用干扰舞动形成机理的方法（即阻尼消能）。国内较为成熟的防舞措施主要有安装失谐摆和压重防舞，安装失谐摆在单导线上应用较为成熟，在分裂导线上的应用尚需研究；压重防舞在湖北中山口大跨越的应用较为有效，但是压重防舞带来的导线平均运行应力升高对于导线的防振不利。

（3）采用抗舞动设计。抗舞动设计不是为了防止导线舞动，而是降低舞动时的事故危害，或在发生舞动时不产生直接经济损失。即考虑一旦跨越档发生导线舞动时，跨越塔能承受一定程度的导线舞动冲击荷载，导线及各重要部件有足够机械强度不致造成严重事故。同时有适宜的相间距离，能保证带电相线不致发生短路跳闸。

1. 抗舞动措施

对大跨越线路可考虑采取以下抗舞动措施：

（1）根据设计计算结果，适当提高金具强度，与铁塔相连的第一金具强度提高一个等级，或采用新型抗舞动金具。

（2）耐张塔跳线金具需适当加强，重点对跳线间隔棒、硬跳线出口段和耐张线夹引流板进行加强。

（3）对耐张塔横担进行加强，将导线横担上平面和地线支架下平面的腹杆布置成稳定的支撑体系。

（4）耐张塔横担与塔身结合处，采用增加板厚的方法，以增加其连接强度和平面外刚度。

（5）耐张塔、直线跨越塔，全塔（含脚钉）均采用双螺母，外螺母为防松型螺母，其厚度不小于国标普通螺母厚度；内螺母为国标普通螺母。两螺母的级别须与螺杆的级别匹配。

（6）按照规程规范进行抗舞动强度计算。

2. 防舞装置的选择

近年来，随着国际、国内电力建设研究的深入和科研人员经验、成果的积累，防舞技术也得到了快速的提高。研究者们基于现有的理论和试验分析结论，提出了很多行之有效的防舞措施，并且大都最终形成了实用性的防舞装置。国内外常用的防舞装置按其原理可以分为：

（1）以改变导线自身动力特性为目的，如阻尼间隔棒、失谐摆防舞器、压重防舞器、线夹回转式间隔棒、整体式偏心重锤和双摆防舞器等。

（2）以改变导线所受到的气动载荷为目的，包括空气动力阻尼器、扰流防舞器、气动阻尼片。

图 2.3-2　线夹回转式间隔棒双摆防舞器

基于稳定性机制开发出的双摆防舞器是我国超高压、特高压输电线路上应用最为广泛的防舞金具，从历史舞动观测记录来看，双摆防舞器表现出良好的防舞效果，基本满足研发和设计的各项工程要求。同时由于双摆防舞器是以间隔棒为载体进行安装的，若采用线夹回转式间隔棒，就自然形成了线夹回转式间隔棒与双摆防舞器的有机结合，即线夹回转式间隔棒双摆防舞器，如图 2.3-2 所示。该防舞器不仅满足稳定性机制的要求，同时可减轻风的激励，它是将动力稳定性舞动机制与改变导线不均匀覆冰、减轻风的激励的防舞理念相结合的产物，因此防舞效果更为显著。

3．大跨越防舞方案设计

大跨越防舞设计应参考工程途经区域的舞动分布图情况，收集微地形、微气象条件，从线路覆冰角度分析大跨越工程舞动发生的可能性，合理确定大跨越工程防舞设防等级及防舞措施。

参考国内相关工程运行防舞经验，国内大跨越工程防舞措施一般采用"双摆防舞器+回转式间隔棒"组合方案。Q/GDW 1829—2012《架空输电线路防舞设计规范》明确对该组合方式下双摆防舞器的安装总质量进行了限制，双摆质量控制在档内导线总质量的 7%左右，Q/GDW 717—2012《双摆防舞器技术条件》则对双摆防舞器摆臂和重锤结构进行了详细定义，对各设计参数的取值也给出了明确建议。

通过模拟试验的形式进行舞动分析较为困难，对于大跨越线路可通过仿真计算确定和验证防舞方案效果。利用成熟的流场数值仿真软件，对不同覆冰厚度下新月型偏心覆冰导线的气动升力、阻力和扭矩系数进行模拟分析，得到三者随攻角变化关系。利用稳定性理论判据，将不同防舞措施方案下的线路结构参数及对应气动力参数代入，得到不同风速、覆冰条件下线路的舞动激发情况。分析和明确一定舞动条件下对应的防舞器参数取值，得出优化的防舞设计方案。

2.4　绝缘配合和防雷接地

2.4.1　绝缘配合

输电线路的绝缘配合，应使线路在雷电过电压、操作过电压、工频电压等各种条件下安全可靠运行。

1．雷电过电压

大跨越铁塔高度高，极易遭受雷击，加上大跨越线路档距大，导地线平均高度高，导地线距离相对较大、耦合差，所以大跨越工程绝缘配合的重点是防护雷击和雷电过电压的绝缘配合。

根据 DL/T 5485—2013《110kV～750kV 架空输电线路大跨越设计技术规程》要求，在海拔 1000m 以下的地区，500kV 输电线路操作过电压及雷电过电压要求悬垂绝缘子串的绝缘子最少片数应不小于 25 片（单片绝缘子结构高度 155mm）；220kV 输电线路操作过电压及雷电过电压要求悬垂绝缘子串的绝缘子最少片数应不小于 13 片（单片绝缘子结构高度 146mm），耐张绝缘子串的绝缘子片数应增加 1 片。全高超过 40m 有地线的杆塔，高度每增加 10m，应增加 1 片相当于高度为 146mm 的绝缘子，全高超过 100m 的杆塔，绝缘子片数应根据运行经验结合计算确定。

从国内外的一些资料来看，杆塔全高超过 40m 后，高度每增加 10m 需增加 0.4～1.5 片绝缘子。在 DL/T 5092—1999《110～500kV 架空送电线路设计技术规程》规定，为保持高杆塔耐雷性能，全高超过 40m 有地线的杆塔，高度每增加 10m，应增加 1 片同型绝缘子（330kV 及以下电压等级为 146mm 高绝缘子，500kV 为 155mm 高绝缘子），全高超过 100m 的杆塔，绝缘子片数应根据运行经验结合计算确定。由于缺乏成熟、权威的计算方法，在国内一些大跨越工程设计中，往往在比较各种计算方法后，仍按"全高超过40m 后，高度每增加 10m 增加一片同型绝缘子"的推算方法选用跨越塔绝缘子串中的绝缘子片数。表 2.4-1 中列举了历年来华东地区部分跨越塔悬垂绝缘子选用情况。

表 2.4-1 历年来华东地区部分跨越塔悬垂绝缘子选用情况

序号	年份（年）	跨越工程	电压（kV）	档距（m）	塔高（m）	悬垂绝缘子（片×mm）
1	1960	沌口	220	1723	146.7	20×210
2	1960	皖中	220	1411	116.5	20×210
3	1968	镇江	220	1288	106	20×178
4	1972	阳逻	220	1538	146	21×170
5	1977	南热北江	220	1107	164	25×155
6	1977	南热南江	220	1933	193.5	27×155
7	1981	大军山	500	1165	135	36×170
8	1986	获港	500	1221	160	37×155
9	1986	平洛	500	1478	202.5	31×195
10	1986	平圩	500	1063	163	37×155
11	1990	郑焦线黄河	500	980	114	35×155
12	1991	瓯江一跨	220	1360	159.5	22×170
13	1994	椒江一跨	220	1438	175	24×170
14	2000	瓯江二跨	220	1280	157.5	22×170
15	2002	椒江二跨	220	1486	175	24×170
16	2003	钱塘江	500	1150	128	34×170
17	2004	江阴	500	2303	346.5	39×205
18	2008	舟山螺头水道	500	2756	370	41×205
19	2010	六横大跨越	500	1865	242	34×205

这些工程均运行良好，可见杆塔全高超过 40m 后，高度每增加 10m 增加一片同型绝缘子来选用跨越塔绝缘子片数的原则是安全的，并且还有减少的裕度。在 DL/T 5485—2013《110kV～750kV 架空输电线路大跨越设计技术规程》中改为每增高 10m 增加 146mm 绝缘高度的方法推算绝缘子片数，推荐大跨越线路可按此原则进行设计，相应的雷电过电压间隙按规范要求取值。

2. 操作过电压

操作过电压是电力系统中由于开关操作或事故状态引起的过电压。对于大跨越工程，操作过电压一般不控制跨越塔的绝缘配合，按照雷电过电压或工频电压进行绝缘配置后校验操作过电压即可。

3. 工频电压

工频电压间隙是指考虑绝缘子串风偏后，带电体与输电塔的空气间隙，该间隙在正常运行情况下，应能够耐受最高运行电压及在一定概率条件下可能出现的工频过电压。

按工频电压选择绝缘子串片数有两种方法，即污耐压法和泄漏比距法。超高压大跨越线路一般是雷电过电压控制，特高压大跨越线路通常为工频电压控制，一般按污耐压法对绝缘配置进行核算。

2.4.2 防雷保护

雷击跳闸由反击（雷击杆塔和档中地线）和绕击跳闸组成，与标称电压等级和架空线路结构（杆型、地线根数和布置、接地电阻）等有关。

跨越塔具有高度高、档距大等特点，均对防止雷电反击不利，同时较大的导地线间距和对地距离也会大幅提高雷电绕击概率。因此即使在耐雷绝缘水平大幅提高的前提下，雷击跳闸率也很难有效降低。但由于大跨越的杆塔数量少、耐张段距离短，其预期的雷击跳闸率允许略大一些。

中国电力科学研究院有限公司武汉分院曾于 1990 年对我国长江中下游的 220kV 和 500kV 共 11 段大跨越线路进行调查，共发生过 2 次 220kV 大跨越绝缘子串雷击闪络和跳闸事故，重合闸均成功，500kV 线路大跨越未发生雷击跳闸。统计年平均跳闸次数为 0.013 次，相应的雷击跳闸率为 0.7 次/（100km·a），大跨越总体运行情况良好。

参照国内类似大跨越工程的运行经验，大跨越工程按照 DL/T 5485—2013《110kV～750kV 架空输电线路大跨越设计技术规程》的要求配置雷电过电压下的绝缘强度、架设地线等措施可以满足安全运行的需要。

按照 DL/T 5485—2013《110kV～750kV 架空输电线路大跨越设计技术规程》的要求，大跨越段应架设双地线，地线对边导线的保护角不宜大于 0°，塔头两根地线的距离不应超过地线与导线间垂直距离的 5 倍。

按 DL/T 5485—2013《110kV～750kV 架空输电线路大跨越设计技术规程》的要求，为防止雷击档距中央地线时反击导线，大跨越工程导地线间距离应满足 2.2.4 节中导地线配合距离要求。

2.4.3 接地

大跨越工程通常架设两根地线，逐基直接接地。接地装置应符合 GB/T 50065—2011《交流电气装置的接地设计规范》及 DL/T 620—1997《交流电气装置的过电压保护和绝缘配合》等相关规定。工频接地电阻值应满足表 2.4－2 要求。

表 2.4－2　　　　　　　　　　有地线的线路杆塔的工频接地电阻

土壤电阻率（Ω·m）	≤100	100～500	500～1000	1000～2000	>2000
接地电阻（Ω）	10	15	20	25	30

2.5 绝缘子串和金具

大跨越工程绝缘子串型的配置应尽量简化，并充分考虑串型配置的经济性，以达到串型配置安全性和经济性的统一。绝缘子串的配置一般由工程中正常工况出现的最大荷载控制，不应由事故工况控制。

线路金具应尽量降低单件质量和尺寸，便于运输和安装；使用高强度材料应重点考虑材料的延展性，避免脆断；采用成熟的技术、成熟的材料和成熟的加工工艺；尽量简化金具结构、减少金具数量；金具的互换性要强，便于线路的维护；金具受力分配均匀、合理，满足线路运行出现的各种荷载要求。

2.5.1 安全系数

按照 DL/T 5485—2013《110kV～750kV 架空输电线路大跨越设计技术规程》的要求，绝缘子机械强度的安全系数不小于表 2.5–1 中的数值，双联及以上的多联绝缘子串应验算断一联后的机械强度，其荷载及安全系数按断联情况考虑。

表 2.5–1 绝缘子的机械强度安全系数

情况	安全系数	
	盘形绝缘子	棒型绝缘子
最大使用荷载	3.0	3.3
断线、断联情况	2.0	2.0
验算情况	1.5	1.5
年平均气温情况	5.0	5.0

金具的机械强度安全系数见表 2.5–2。

表 2.5–2 金具的机械强度安全系数

情况	安全系数
最大使用荷载	3.0
断线、断联情况	2.0
验算情况	1.5

同时，按照 Q/GDW 1829—2012《架空输电线路防舞设计规范》要求，在 2 级及以上舞动区，应适当提高连接金具的设计安全系数，一般线路安全系数不宜小于 2.75，大跨越线路不宜小于 3.3，同时绝缘子串机械强度应适当提高。

2.5.2 绝缘子串联数及型式

计算导线绝缘子串联数时，按照计算的导线荷载，一般采用盘型绝缘子进行分析计算。按照国内大吨位盘型绝缘子的生产、使用情况，550kN（530kN）级绝缘子已得到广泛应用，760kN 级绝缘子也已在部分超、特高压线路中局部试用，±1100kV 准东—华东特高压线路中已试用 840kN 级绝缘子。考虑到大跨越线路可靠性要求高，同时 760kN 及以上吨位绝缘子运行经验尚不丰富，国内大跨越工程中尚未采用过 760kN 及以上吨位绝缘子。

对于导线悬垂串，考虑跨越实际条件，可采用单线夹或双线夹型式。近年来随着在建工程跨越规模的不断加大，考虑到跨越塔横担及塔身宽度较大，为尽可能降低小弧垂的影响，压缩塔头尺寸，跨越悬垂串采用双线夹型式较多。悬垂串根据不同荷载条件，一般可采用双联、四联、六联、八联串，采用双线夹的悬垂串一般采用 2 个独立串的型式。

对于导线耐张串，为优化横担受力条件，简化挂点设计，推荐采用双挂点或三挂点型式，特高压多分裂导线可能用到八联串。根据不同荷载条件，推荐采用双联、三联、四联、六联、八联串，参考国内外线路设计经验，双联、三联串推荐采用水平布置，四联及以上串型推荐采用上下两层的立体布置形式。

典型串型如图 2.5-1 和图 2.5-2 所示。

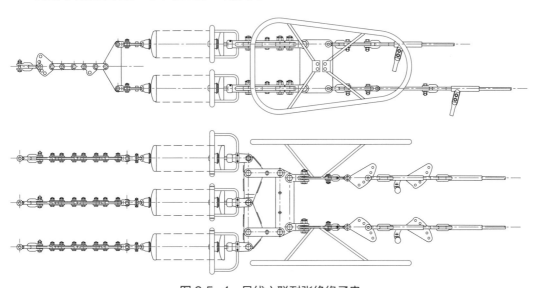

图 2.5-1　导线六联耐张绝缘子串

各金具间的连接应具有较好的灵活性，并兼顾加工、安装和运行维护方便。悬垂串采用独立双串时，应考虑设置调长金具，使两个独立串受力尽可能平衡。两端耐张金具串应有弧垂调整装置。

2.5.3　绝缘子型式选择

作为大跨越输电线路的绝缘子，由于其悬挂的相导线荷载大，加之风力、覆冰等极苛刻的运行条件，须有足够大的机械荷载能力。一般选用强度 300、400kN 和 550kN 的绝缘子。

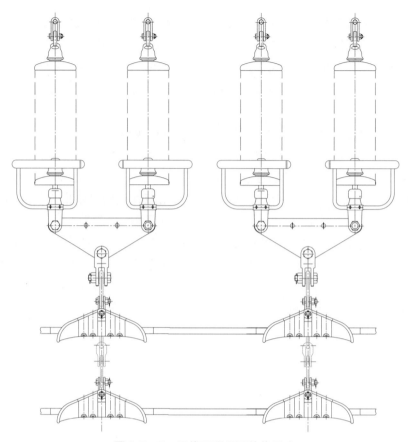

图 2.5-2　导线四联悬垂绝缘子串

　　盘形绝缘子的主要优点是机械强度高、长串柔性好、单元件轻，易于运输与施工，造型多样易于选择使用。由于盘形绝缘子属可击穿型绝缘子，绝缘件要求电气强度高；瓷绝缘子出现劣化元件后检测工作量大，一旦未及时检出可能在雷击或污闪时断串；玻璃绝缘子存在"自爆"现象，重污秽导致的表面泄漏电流可能加重"自爆率"，但自爆有利于线路维护和防止掉线事故的发生。

　　复合绝缘子的主要优点是其不可击穿型结构、较好的自清洗性能以及爬距系数大（爬距与绝缘长度之比），在相同环境中积污较盘形绝缘子低，可获得较高的污闪电压，如爬距选择适当可有更长的清扫周期，有效减少运行维护工作量。复合绝缘子的拉伸强度与重量比高，具有优良的耐污闪特性，但存在界面内击穿和芯棒"脆断"的可能，而且有机复合材料的使用寿命和端部连接区的长期可靠性尚未完全取得共识。

　　对于大跨越悬垂串，不同材料结构的线路绝缘子，从其材质与使用特性看，瓷、玻璃和复合绝缘子各有优点，又各有不足，三种材质的绝缘子都能满足其正常运行的需要。国内大跨越工程的悬垂绝缘子串一般采用盘型玻璃或瓷质绝缘子，尚未有采用复合绝缘子的先例。

　　对于大跨越耐张串而言，由于常年荷载大，而复合绝缘子作为耐张串运行经验很少，尚无大吨位复合绝缘子用作耐张串的运行经验，且耐张串自清洁能力较好，清扫维护工作量小，串长对塔头间隙影响小，复合绝缘子难以体现优势。故大跨越耐张串一般推荐采用盘型绝缘子。

2.5.4　大跨越金具

由于一般国标金具难以满足条件，大跨越应根据档距和导地线负荷条件等情况，新设计部分金具，如挂线金具，包括导地线悬垂线夹、耐张线夹和联板等，防振金具如间隔棒等，对于这些试制的非标金具应进行型式试验，以保证线路运行安全。

1. 悬垂线夹

悬垂线夹是输电线路关键金具之一，用来悬挂导线，经悬垂绝缘子串与杆塔的横担相连。悬垂线夹对于导线来说是个支点，要承受由导线传递过来的全部负荷，较易造成损伤，其性能直接影响大跨越的安全可靠和使用寿命。

与活动型线夹相比，固定线夹不仅受力良好，防振锤和间隔棒处理简单，运行方便可靠，而且制造简单，价格低廉，综合造价往往低于活动型线夹。国内近年建设的大跨越工程均采用了固定线夹，典型跨越用悬垂线夹如图 2.5-3 所示。

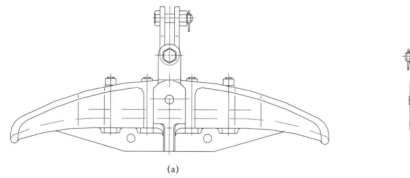 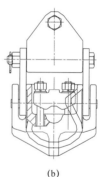

(a)　　　　　　　　　　　　　　　　(b)

图 2.5-3　导线用长船体悬垂线夹示意图

（a）悬垂线夹正视图；（b）悬垂线夹纵向结构示意图

2. 耐张线夹

在早期大跨越中，曾使用过不同型式的耐张线夹，如固定钢质电缆使用过环形耐张线夹，后为减轻质量，改为蜗牛式环形耐张线夹，这种笨重的线夹随着技术的发展已被淘汰。20 世纪 80 年代后期，国内大跨越使用的导地线耐张线夹多为压浇式，这种线夹施工工艺复杂、体积大，不方便施工，现在也已淘汰。当前广泛采用的是液压型压接式耐张线夹（如图 2.5-4 所示），这种线夹质量轻、体积小、握力大、施工工艺简单方便。

随着工程需要和建设水平的进步，大跨越导线强度不断提高、截面积不断加大，对耐张线夹加工工艺和施工工艺提出了更高要求。

3. 联塔金具

按照 DL/T 5485—2013《110kV～750kV 架空输电线路大跨越设计技术规程》要求，与横担连接的第一个金具应回转灵活且受力合理，其强度应高于串内其他金具强度。联塔金具设计主要应考虑以下 5 方面内容：

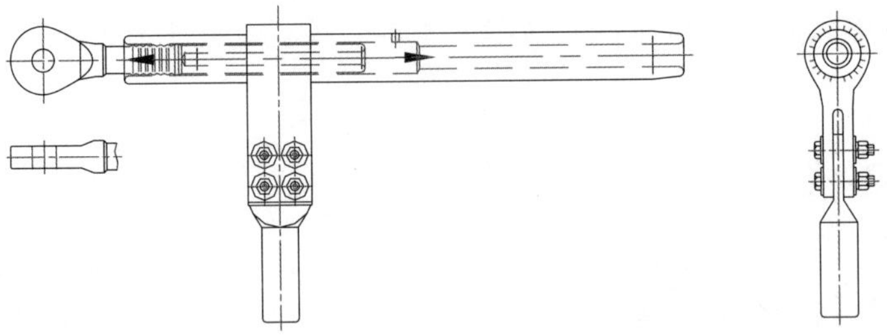

图 2.5-4　液压式耐张线夹示意图

（a）耐张线夹正视图；（b）耐张线夹纵向连接示意图

（1）横担连接点结构简单，不使横担增加附加荷载。

（2）适应导线悬垂角变化的影响。

（3）适应导线风荷载及角度荷载的影响。

（4）转动点灵活，耐磨损并适应导线振动和舞动情况。

（5）施工安装及维护检修方便。

国内采用的主要联塔金具归纳起来有 3 种类型，第一类是横担为单片挂板并配合 U 型挂环的联塔金具型式，使用最为广泛，在国内的 220～500kV 线路上大量使用，运行情况良好，具有横担结构简单、施工安装方便等优点，缺点是对悬垂角变化的适应能力较差，工程设计中虽将横担挂板形成一定比例的坡度，但 U 型挂环仍要承受一定的弯矩作用。第二类是横担处布置双片挂板并配合耳轴挂板型联塔金具，横担连接结构比较复杂，并承受一定的附加荷载，在水平荷载的作用下，耳轴挂板要承受附加弯矩，从实际工程案例来看，运行情况良好。第三类是横担仍布置双板挂点，联塔金具为铰链式挂板，它的垂直转动轴与水平转轴十分接近，故铰链式挂板的本体与连接螺栓必须采取整体锻造，金具较为笨重，施工安装不方便，突出的不便之处是需要拆卸横担上的螺栓才能安装铰链式挂板，除非联塔金具与铁塔组装工作同步进行。

大跨越应综合考虑金具的实际使用情况，并兼顾施工安装的方便性，合理选择联塔金具，U 型环、EB 挂板、GD 挂板均可采用。按照 Q/GDW 1829—2012《架空输电线路防舞设计规范》要求，在 2 级及以上舞动区，330kV 及以上电压等级线路联塔金具宜采用 EB 或 GD 挂板。

4. 间隔棒

大跨越线路地形一般比较开阔，风振现象较严重。与刚性间隔棒相比，阻尼型间隔棒能更好地消耗吸收线路风能，进而减轻导线振动。我国已经运行的 500kV 大跨越线路多选用橡胶阻尼型间隔棒，其设计、制造和运行都已经积累了一定的经验。弹簧阻尼型间隔棒在我国使用较少，运行经验缺乏且价格高昂。

间隔棒选型时同时需考虑导线防舞的需要，舞动区跨越线路可采用线夹回转式防舞间隔棒并考虑可加装防舞器等条件。

5. OPGW 金具

OPGW 光缆的金具主要有：预绞式悬垂线夹、预绞式耐张线夹、防振锤、引下线夹、余缆架、专用接地线等设备。OPGW 的悬垂和耐张线夹均应采用对光纤单元有良好保护作用的预绞式，连接金具采用相配套的常规金具型式。

（1）耐张线夹。大跨越工程所用 OPGW 的抗拉强度都很大，所用耐张线夹不仅握力极大，其对 OPGW 的压应力也很大。根据国际相关金具公司的经验，强度不大于 120kN 时，可采用单预绞丝耐张线夹；强度大于 120kN 时，应使用双耐张线夹或 U 型螺栓可调式单层预绞丝耐张线夹（U–Bolt）。此种耐张线夹具有独特的结构设计，外层预绞丝均采用 $\phi4.5mm$ 或 $\phi5.2mm$ 或甚至更大直径的铝包钢线，可有效地防止雷击造成金具损坏。

耐张线夹的强度应不小于 OPGW 的额定强度，握力要求不小于 OPGW 额定强度的 95%，存放光纤的单元不得有任何变形。

（2）悬垂线夹。对于大跨越线路来说，悬垂线夹必须具备如下特点：

1）由于架线张力大，必须使用握力足够大的悬垂线夹，否则可能导致线夹处光缆的滑移；

2）因为直线跨越塔和耐张塔高差较大，悬挂点高，必须使用悬垂角大的悬垂线夹。

大跨越档选用悬垂线夹时，一般均采用双支点悬垂线夹。考虑到部分大跨越直线塔的悬垂出口角可能大于 25°，在金具生产时，如悬垂线夹不能满足要求应采用高强度悬垂耐张线夹。

2.6　塔高及塔头布置

2.6.1　塔高

杆塔下横担下弦边缘到地面的垂直距离 H 称为杆塔呼称高度（呼高），呼高是杆塔的基本高度，直接影响到跨越塔结构型式的选择和经济性。呼高的计算公式为

$$H = \lambda + f_{max} + h_x + \Delta h \qquad (2.6-1)$$

式中：λ 为悬垂绝缘子串的高度，m；f_{max} 为导线的最大弧垂，m；h_x 为导线至最高通航水位时最高桅顶的电气安全距离，m；Δh 为测量、设计和施工的综合误差，m。

对 500kV 大跨越，导线至桅顶的电气安全距离 h_x 不应小于 6.0m，综合误差 Δh 可按表 2.6–1 取值。

表 2.6–1　　　　　　　　　测量、设计和施工的综合误差　　　　　　　　　单位：m

跨越档档距	<1500	1500～1800	1800～2000	2000～2500	>2500
综合误差	1.8	2.0	2.2	2.8	3.0

导线跨越航道的最高通航水位和通航净空高度一般需进行航道通航条件影响评价，并经相关航道管理部门评估后确定。

2.6.2　塔头布置

根据大跨越输电线路回路数的不同，相应采用不同的塔头布置型式。跨越塔塔头布

置主要应满足电气绝缘间隙的要求，同时追求美观和经济性。对单回路跨越塔，可采用猫头塔、酒杯塔等型式；对双回路和多回路跨越塔可采用羊角型、官帽型等塔头布置型式，导线可采用三角排列、垂直排列和混合排列等型式。图 2.6-1 示意了典型双回路跨越塔的塔头布置型式。

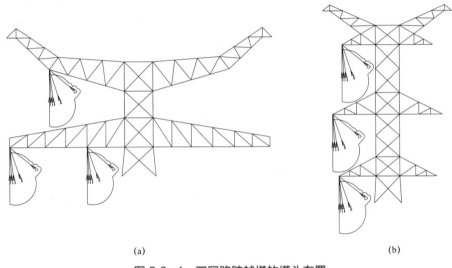

(a)　　　　　　　　　　　　　　　　(b)

图 2.6-1　双回路跨越塔的塔头布置

（a）两层导线横担；（b）三层导线横担

　　图 2.6-1（a）中采用两层横担、导线三角排列的布置型式，图 2.6-1（b）则采用三层横担、导线垂直排列的塔头布置型式。两种塔头型式比较，显然采用三层横担布置的塔头高度更高，但横担长度较两层横担方案可以相应缩短。跨越塔用钢量一般与杆塔高度的平方成正比，两层横担布置方案由于降低了塔头高度，其经济性通常较三层横担布置为优，但仍需综合考虑塔全高、风速、横担风荷载参数、覆冰不平衡张力等因素综合比较后确定。

　　耐张塔由于长期承受大跨越侧与普通线路侧较大不平衡张力作用，出于安全性和经济性的考虑，塔型选择时应尽量降低塔高，有条件时优先采用一回路一基塔（单回路、双回路）或两回路一基塔（多回路），但需结合地形、受力特点及电气布置要求等经综合比选确定。

2.7　杆塔设计

2.7.1　杆塔荷载及组合

2.7.1.1　荷载

　　大跨越杆塔设计时需考虑如下荷载作用：

　　（1）永久荷载：包括导线及地线、绝缘子及其附件、结构构件及杆塔上各种固定设备等的自重荷载。

（2）可变荷载：包括风和冰荷载，导线、地线及拉线的张力，安装检修的各种附加荷载，结构变形引起的次生荷载以及各种振动动力荷载。

（3）偶然荷载：包括撞击荷载、稀有气象条件引起的荷载。

（4）地震作用：包括水平和垂直地震作用。

1. 风荷载

对于大跨越杆塔这类高耸柔性结构，风荷载是其主要控制荷载，需综合考虑导地线风荷载与塔身风荷载对结构的作用，这种作用既包括平均风的静力作用，也包括脉动风的动力作用。

（1）导地线风荷载计算。导地线风荷载标准值按式（2.7-1）～式（2.7-5）计算

$$W_{\mathrm{X}} = \beta_{\mathrm{C}} \alpha_{\mathrm{L}} W_0 \mu_z \mu_{\mathrm{SC}} d L_{\mathrm{P}} B_1 \sin^2 \theta \qquad (2.7-1)$$

$$\beta_{\mathrm{C}} = \gamma_{\mathrm{C}} (1 + 2g I_z) \qquad (2.7-2)$$

$$I_Z = I_{10} \cdot \left(\frac{Z}{10}\right)^{-\alpha} \qquad (2.7-3)$$

$$\alpha_{\mathrm{L}} = \frac{1 + 2g \varepsilon_{\mathrm{C}} I_Z \delta_{\mathrm{L}}}{1 + 5 I_Z} \qquad (2.7-4)$$

$$\delta_{\mathrm{L}} = \frac{\sqrt{12 L_{\mathrm{X}} L_{\mathrm{P}}^3 + 54 L_{\mathrm{X}}^4 - 36 L_{\mathrm{X}}^3 L_{\mathrm{P}} - 72 L_{\mathrm{X}}^4 \mathrm{e}^{\frac{L_{\mathrm{P}}}{L_{\mathrm{X}}}} + 18 L_{\mathrm{X}}^4 \mathrm{e}^{\frac{2L_{\mathrm{P}}}{L_{\mathrm{X}}}}}}{3 L_{\mathrm{P}}^2} \qquad (2.7-5)$$

式中：W_{X} 为垂直于导线及地线方向的风荷载标准值，kN；β_{C} 为导地线阵风系数；α_{L} 为档距折减系数；W_0 为基准风压，kN/m²；μ_z 为风压高度变化系数；μ_{SC} 为导线或地线的体型系数，$d \geqslant 17\mathrm{mm}$ 时取 1.0，$d < 17\mathrm{mm}$ 时取 1.1；d 为导线或地线的外径或覆冰时的计算外径，分裂导线取所有子导线外径的总和，mm；L_{P} 为杆塔的水平档距，m；B_1 为导地线覆冰风荷载增大系数，对于按有冰设计的各类情况，5mm 冰区时取 1.1，10mm 冰区时取 1.2，15mm 冰区时取 1.3，20mm 及以上冰区取 1.5～2.0，对无冰情况取 1.0；θ 为风向与导线或地线方向之间的夹角，（°）；γ_{C} 为导地线风荷载折减系数，取 0.9；g 为峰值因子，取 2.5；I_Z 为导线平均高 z 处的湍流强度；I_{10} 为 10m 高度名义湍流强度，对应 A、B、C 类和 D 类地面粗糙度可分别取 0.12、0.14、0.23 和 0.39；Z 为导地线平均高度，m；α 为地面粗糙度指数，对应 A、B、C、D 类地貌分别取 0.12、0.15、0.22 和 0.3；ε_{C} 为导地线风荷载脉动折减系数；δ_{L} 为档距相关性积分因子；L_{X} 为水平向相关函数的积分长度。

式（2.7-1）通过在导地线静力风荷载基础上乘以导地线阵风系数 β_{C} 和档距折减系数 α_{L}，体现了脉动风荷载的动力效应和风荷载沿档距不均匀分布对杆塔结构的影响。需要特别指出的是，基于上述公式计算导地线风荷载时，基本风压 W_0、地面粗糙度指数 α 和水平向相关函数的积分长度 L_{X} 是三个基本参数，对大跨越输电线路，需通过气象专题研究，按实际情况给出建议取值。以 L_{X} 为例，该参数主要体现了风场湍流尺度，对一般线路，通常取为 50m，但对于水面大跨越或滨海台风区线路，其值通常远大于 50m，取

值不合理会导致导地线风荷载计算偏于危险，对关键参数进行专题论证是必要的。

（2）杆塔风荷载计算。杆塔塔身风荷载标准值按式（2.7−6）计算

$$W_S = W_0 \mu_z \mu_s \mu_\theta \beta_z B_2 A_S \qquad (2.7-6)$$

式中：W_S 为杆塔风荷载标准值，kN；μ_s 为构件体型系数；μ_θ 为角度风吹风荷载分配系数；β_z 为高度 z 处的杆塔风振系数；B_2 为杆塔构件覆冰风荷载增大系数，对于按有冰设计的各类情况，5mm 冰区取 1.1、10mm 冰区取 1.2、15mm 冰区取 1.6、20mm 冰区取 1.8、对无冰情况取 1.0；A_S 为迎风面构件的投影面积计算值，m^2。

1）风振系数 β_z：与导地线风荷载计算思路类似，式（2.7−6）通过引入风振系数，将风的脉动作用等效为静力作用施加于杆塔结构，与导地线脉动风对杆塔的影响主要表现为背景作用不同，杆塔结构自身的脉动风响应主要表现为共振响应，以一阶振型为主，图 2.7−1 为杆塔风振系数的计算示意图，基于达文波特风速谱和杆塔结构一阶振型进行公示推导，得出杆塔第 i 层风振系数的计算公式如下：

$$\beta_{zi} = 1 + 2g \cdot \varepsilon_t \cdot I_{10} \cdot B_{zi} \sqrt{1+R^2} \qquad (2.7-7)$$

$$B_{zi} = \frac{m_i \varphi_{1i}}{\mu_{si} \mu_{zi} A_i} \cdot \frac{\sqrt{\sum_{j=1}^{n} \sum_{j'=1}^{n} (\mu_{sj} \mu_{zj} \varphi_{1j} \overline{I}_{zj} A_j)(\mu_{sj'} \mu_{zj'} \varphi_{1j'} \overline{I}_{zj'} A_{j'}) \mathrm{coh}_z(z_j, z_{j'})}}{\sum_{j=1}^{n} m_j \varphi_{1j}^2} \qquad (2.7-8)$$

$$R^2 = \frac{\pi}{6\zeta_1} \frac{x_1^2}{(1+x_1^2)^{4/3}} \qquad (2.7-9)$$

$$\overline{I}_z = (z/10)^{-\alpha} \qquad (2.7-10)$$

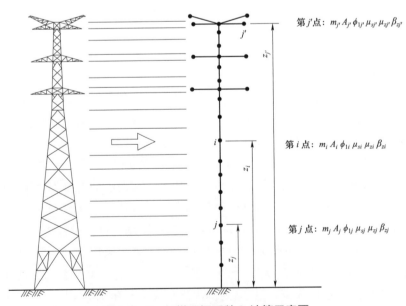

图 2.7−1 杆塔风振系数 β_z 计算示意图

$m_{j'}$ —杆塔第 j' 段的质量

$$\text{coh}_z(z_j, z_{j'}) = e^{-\frac{|z_j - z_{j'}|}{60}} \qquad (2.7-11)$$

$$x_1 = \frac{30 f_1}{\sqrt{k_w W_0}}, \ x_1 > 5 \qquad (2.7-12)$$

式（2.7-7）～式（2.7-12）中：ε_t 为杆塔风荷载脉动折减系数；B_{zi} 为背景因子；R 为共振因子；m_i、m_j 为杆塔第 i、j 段的质量，kg；φ_{1i}、φ_{1j} 为 i、j 段的结构一阶振型系数，可由结构动力分析确定；A_i、A_j、$A_{j'}$ 为杆塔第 i、j、j' 段迎风面构件的投影面积计算值，m^2，对跨越塔，应计入中央井架或井筒对迎风面积的贡献；$\text{coh}_z(z_j, z_{j'})$ 为竖向相干函数；z 为塔段离地高度，m；ζ_1 为结构一阶阻尼比，对钢结构杆塔可取 0.02；f_1 为结构一阶自振频率，Hz；k_w 为地貌系数。

2）风压高度变化系数 μ_z：风压高度变化系数反映了风速随高度的变化，其定义为

$$\mu_z = \left(\frac{z}{10}\right)^{2\alpha} \qquad (2.7-13)$$

风经过不同的地形会产生不同的变化，比较典型的有"爬坡效应""狭管效应"和"遮挡效应"等。大跨越线路既可能在岸边平地，也有可能位于孤立海岛，对海岛地形，最为显著的是"爬坡效应"，即当风从海面吹向海岛，会在坡顶出现风速增大的现象，如图 2.7-2 所示，此时除按平坦地面计算 μ_z 外，还应考虑地形条件的修正，修正系数 η_B 按式（2.7-14）计算

$$\eta_B = \left[1 + \kappa \tan\alpha \left(1 - \frac{z}{2.5 H_m}\right)\right]^2 \qquad (2.7-14)$$

式中：κ 为修正系数，对山峰取 2.2，山坡取 1.4；$\tan\alpha$ 为山坡迎风面坡度，当其值大于 0.3 时，取 0.3；z 为杆塔计算位置离地面高度，m，当 $z > 2.5 H_m$，取 $z = 2.5 H_m$；H_m 为山坡全高，m。

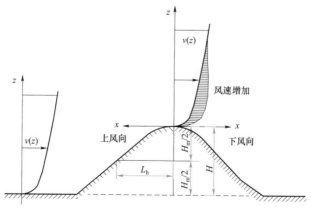

图 2.7-2　风压变化调整系数示意图

$v(z)$—z 高度处风速；L_h—迎风坡山体长度

3）体型系数 μ_s：对于型钢构件组成的塔架，构件体型系数应取

$$\mu_s = 1.3(1+\eta) \qquad (2.7-15)$$

式中：η为塔架背风面荷载降低系数，对于由圆断面杆件组成的塔架，随构件雷诺数的不同，式（2.7-15）需乘以 0.6～0.8 的修正系数。为方便设计人员取值，实际设计时多采用分段体型系数的概念，即不计算单根构件的体型系数，而是将塔架分段取相同的体型系数值。分段体型系数可通过风洞天平测力试验得出，根据以往大跨越风洞试验结果，钢管塔体型系数的修正系数取值基本为 0.6～0.65。

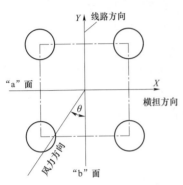

图 2.7-3　角度风作用示意图

4）角度风吹风荷载分配系数 μ_θ：角度风吹风荷载分配系数是指风与杆塔结构成一定入射角度时（如图 2.7-3 所示），风荷载在顺线路与横线路方向的分配系数。对于塔身这种方形或矩形断面的结构型式，由于其形状规则，现行规范对塔身风荷载分配系数的规定与风洞试验结果吻合较好。水平横担由于结构型式差异较大，现行规范对横担风荷载分配系数的规定仅能涵盖一般杆塔结构，对大跨越杆塔，宜进行专项研究。

综上所述，除采用上述理论方法对风荷载相关参数进行计算外，对外形复杂或高度超高的跨越塔，必要时可通过风洞试验确定风荷载相关参数，具体试验方法见第 4 章。

2. 覆冰荷载

规范按覆冰厚度将线路划分为轻冰区、中冰区和重冰区。轻冰区宜按无冰、5、10mm设计，中冰区宜按 15、20mm 设计，重冰区宜按 20、30、40mm 或 50mm 设计，必要时还应按稀有覆冰条件进行验算。

根据 2008 年初我国南方地区覆冰灾害情况的调查及分析结果，地线覆冰普遍较导线覆冰严重，大量杆塔在地线支架处损坏，为了增加地线支架的抗冰能力及机械强度，除无冰区外，地线设计冰厚应较导线增加 5mm，但地线荷载的取值系数仍按导线对应的冰区选取。

考虑到线路实际覆冰形状、密度与通常设计的标准状况出入较大，为计入覆冰后线路实际风荷载对杆塔的影响，对导地线均增加了风荷载增大系数予以弥补，见式（2.7-1）中的 B_1 和式（2.7-6）中的 B_2。B_1 与 B_2 的取值主要考虑了两方面因素，体型系数校正和等效受风面积校正。覆冰后由于截面形状改变，导地线或构件的体型系数会相应发生变化；同时规范中的覆冰厚度均是按标准冰密度（900kg/m³）计算的，当实际覆冰密度小于标准冰密度时，其体积和受风面积均需进行等效。

杆塔覆冰不仅会导致构件风荷载增大，构件自重的增加也同样需要考虑。各类杆塔在有冰工况下，均应计入覆冰后构件垂直负荷增大系数的影响，具体数值见表 2.7-1。

表 2.7-1　　铁塔构件覆冰后垂直负荷增大系数（上拔力计算时不考虑）

覆冰厚度（mm）	杆塔构件覆冰后垂直负荷增大系数
10	1.0
15	1.2
20	1.5

3. 纵向不平衡张力

对耐张塔，由于大跨越侧和普通线路侧导线张力差的存在，纵向负荷是其主要荷载；对跨越塔，断线、断串、不均匀覆冰或脱冰、相邻档风速不均匀或风向不对称等，同样会使其承受纵向荷载。

对直线跨越塔，横向风荷载作为控制荷载，主要影响塔身正面斜材和塔身主材，纵向不平衡张力则主要对横担、塔身侧面斜材和横隔面的部分杆件选材造成影响。为增强跨越塔承受纵向不平衡张力的能力，跨越塔断面一般设计为正方形，同时正侧面斜材规格不宜相差过大。

耐张塔的主要控制荷载为大跨越侧和普通线路侧导地线的纵向张力差，同时耐张塔在正常运行工况（大风、覆冰、低温）需按转角和终端两种状态进行设计。安装时受地形条件限制，需考虑普通线路侧已架线和未架线两种情况，且不考虑临时拉线对纵向张力的平衡作用，但计入临时拉线产生的垂直荷载。为降低耐张塔的用钢量，耐张塔塔身断面可设计为矩形，长短边长度比经试算后确定。

4. 地震作用

钢结构跨越塔塑性吸能能力强，地震响应较弱，仅对地震烈度为9度及以上地区跨越塔进行抗震验算。跨越工程的地震设计烈度，一般按基本烈度采用，必要时可提高一度设防。跨越塔的抗震验算，可采用振型分解反应谱法，对重要跨越，还应采用时程分析法进行补充计算。

2.7.1.2 荷载组合

跨越塔与耐张塔均需计算线路正常运行情况（大风、覆冰、低温）、断线情况、不均匀覆冰情况和安装情况下的荷载组合，必要时还需验算地震、稀有覆冰、不均匀风等情况。荷载基本组合的效应设计值 S_d，应从下列荷载组合值中取用最不利或规定工况的效应设计值确定

$$S_d = \gamma_G S_{GK} + \psi \gamma_Q S_{QiR} \qquad (2.7-16)$$

式中：γ_G 为永久荷载的分项系数，对结构受力有利时不大于1.0，不利时取1.2；γ_Q 为可变荷载的分项系数，取1.4；S_{GK} 为永久荷载效应的标准值；ψ 为可变荷载调整系数，对设计大风、覆冰、低温工况取1.0，不均匀覆冰、断线、安装工况取0.9；S_{QiR} 为第 i 项可变荷载效应的代表值。

跨越塔、耐张塔设计的典型荷载组合见表2.7-2。

表2.7-2　　　　　荷 载 组 合 表

塔型	荷载工况		塔身风压				导地线荷载与塔的重力荷载										
			风向与Y轴夹角				X方向				Y方向				Z方向	
			90°	60°	45°	0°	W_X	T_X	P_X	M_X	W_Y	T_Y	P_Y	M_Y	G_t	G_e
跨越塔	正常运行	设计大风	O				O								O	O
				O			O					O	O		O	O

续表

塔型	荷载工况		塔身风压 风向与 Y 轴夹角				导地线荷载与塔的重力荷载 X 方向				Y 方向				Z 方向	
			90°	60°	45°	0°	W_X	T_X	P_X	M_X	W_Y	T_Y	P_Y	M_Y	G_t	G_e
跨越塔	正常运行	设计大风				O	O				O	O			O	O
					O						O				O	O
		设计覆冰	O				O			O	O				O	O
	不均匀覆冰		O				O				O				O	O
	安装		O				O				O			O	O	O
	断线										O	O	O	O	O	O
	舞动		O				O				O				O	O
	稀有气象条件	稀有大风	O				O				O				O	O
				O			O					O			O	O
					O		O					O			O	O
						O	O					O			O	O
		稀有覆冰	O				O			O	O				O	O
		地震	O				O				O				O	O
耐张塔	正常运行	设计大风	O				O	O			O	O			O	
				O			O	O			O				O	
					O		O	O			O				O	
		设计覆冰	O				O			O	O				O	
		低温						O			O				O	
	不均匀覆冰		O				O				O				O	
	安装		O				O	O			O		O		O	
	断线							O	O		O				O	
	舞动		O				O				O				O	
	稀有气象条件	稀有大风	O				O				O				O	
				O			O					O			O	
					O				O						O	
		稀有覆冰					O				O		O		O	
		地震					O	O			O				O	

注　1. 表中 O 代表需计算荷载组合。

　　2. X 表示垂直线路方向；Y 表示并行线路方向；Z 表示垂直地面方向。

　　3. W_X、W_Y 为导线、地线和绝缘子风压在 X、Y 方向的分量；T_X、T_Y 为导线、地线张力和不平衡张力在 X、Y 方向的分量；G_t 为塔和设备质量；P_X、P_Y 为导线、地线断线张力在 X、Y 方向的分量；M_X、M_Y 为不对称张力或不对称垂直质量引起的扭矩或弯矩在 X、Y 方向的分量；G_e 为导线、地线和绝缘子等质量，以及安装时导线、地线张力的垂直分量。

　　4. 稀有覆冰条件均包括不均匀脱冰情况。

2.7.2　跨越塔结构选型

1. 塔型方案比较

拉线跨越塔占地面积大,除特殊情况外一般不宜选用,以下讨论均针对自立式杆塔结构。

根据跨越塔主材类型的不同,国内外已建成的跨越塔塔型主要有钢筋混凝土塔、组合角(型)钢塔、钢管塔三种型式,早期受国内钢材产量和性能限制,20 世纪 70 年代到 90 年代初,跨越塔主要采用钢筋混凝土塔结构型式,但其存在工程量指标高、抗震性能差、混凝土开裂导致耐久性较差等一系列问题,国外尚未使用过钢筋混凝土跨越塔型式。国内外大跨越输电塔当前的主流是组合角(型)钢塔和钢管塔型式,欧美国家采用组合角(型)钢跨越塔较多,日本和我国主要采用钢管塔。表 2.7-3 对两种塔型进行了综合比较。组合角(型)钢塔的优点是加工方便、焊接工作量小,随着跨越塔高度的增加,组合角钢受规格尺寸限制,承载力已无法满足要求,需采用组合型钢结构,无论是从加工、施工难度还是经济性,钢管塔相较组合型钢塔都具有优势,已成为设计人员的首选。

表 2.7-3　　　　　　　　　　　塔 型 方 案 综 合 比 较

塔型	优点	缺点
组合角(型)钢塔	(1)组合角钢塔单件质量较轻,便于加工、运输和安装; (2)有成熟的设计、加工、施工和运行方面的经验	(1)风阻系数大,相应荷载较大,造成耗钢量指标高; (2)辅助杆件、缀板、螺栓数量多,增加了整塔的用钢量和施工难度; (3)组合型钢塔加工时焊接工作量和难度均较大
钢管塔	(1)钢管风阻系数小,相应荷载较小,构件的力学性能好,耗钢量和基础工程量指标都较低; (2)有成熟的设计、加工、施工和运行方面的经验	(1)焊接工作量大,加工精度要求较高; (2)单件质量大,运输相对困难

跨越塔斜材(腹杆)可以采用柔性和刚性两种型式。柔性斜材多采用施加初应力的圆钢拉条,刚性斜材则采用型钢或钢管。柔性斜材由于只需满足在受拉时的强度要求,其规格没有长细比的限制,因此较采用刚性斜材的跨越塔,具有较好的经济性。但圆钢拉条不能承受压力,一旦受压即退出工作,其整体刚度差,在大风等荷载工况下结构位移大。同时由于跨越塔的斜材体系无法承压,其整体刚度很大程度上取决于斜材初应力的施加,由于缺乏对初应力的有效检测手段,造成施工与运行维护均比较困难。DL/T 5485—2013《110kV～750kV 架空输电线路大跨越设计技术规程》规定,采用柔性腹杆(斜材)的钢管跨越塔一般适用于 220kV 及以下电压等级的工程,实际上,近年来跨越塔设计均采用刚性斜材,已成为设计的主流趋势。

2. 钢管跨越塔材质

随着国内冶炼水平的提升和特高压工程对高强钢材的大力推广,Q420 高强钢材已在国内输电线路工程中得到广泛应用，Q460 高强钢材也在试验线路中得到试用。在普通输电线路中应用的主要钢材型号为 Q235、Q345 和 Q420。

对钢管跨越塔而言，主材采用 Q420 高强钢管，与采用 Q345 钢材相比，塔重减轻约 6%～8%，有利于节约资源，同时由于塔材耗量的降低，连带的运输成本、组装费用、施工周期等都将有所降低，从而综合造价得到优化，推荐钢管塔主材材质优先选用 Q420。钢管跨越塔斜材主要受压弯稳定控制，尤其是长细比超过 120 的构件，承载力提升与材料强度提升并不成正比，仍推荐采用 Q345 或 Q235 钢材。

钢管跨越塔焊接工作量大，大量主斜材关键节点采用相贯焊接，相较于普通钢材，高强钢的塑性性能更易受到低温影响，应根据工作环境极端最低气温选用合适的钢材质量等级，满足冲击韧性要求。根据工程实践，常规输电线路钢材材质均采用 B 级钢材，当环境极端最低气温不高于-40℃时，Q235、Q345 构件采用 C 级钢，当环境极端最低气温不高于-30℃时，Q420 构件采用 C 级钢。

在焊接连接节点中，对于厚度超过 40mm 且沿厚度方向承受拉力的板件，还应考虑钢材的 "Z" 向性能要求，其沿板厚方向的断面收缩率不应小于 Z15 级允许限值，以防止出现层状撕裂问题。

3. 钢管跨越塔主材选型

对常规大跨越，采用钢管主材一般均可满足承载要求，但随着设计风速和跨越塔高度的增加，为满足承载要求，需要选择更高的钢材强度或更大的钢管外径，如前所述，跨越塔主材材质已采用 Q420 高强度钢材，采用 Q460 钢材强度提高有限，Q690 钢材虽然在试验塔中进行过探索性的应用，但在实际工程中尚未得到推广。

在钢材强度无法得到有效提高的前提下，增加钢管外径是提高承载力的有效手段。为了避免局部屈曲，对钢管的径厚比需要做出限制，即管径越大，钢管壁厚也需要随之增加，较厚的钢管壁厚会带来材料性能的下降、单段吊装质量增加、施工难度增大等一系列问题。以 Q420 钢材为例，按 GB 50017—2017《钢结构设计标准》的规定，当钢板厚度在 16～40mm 时，其抗拉强度设计值为 355N/mm^2，钢板厚度在 40～63mm 时，其抗拉强度设计值为 320N/mm^2，强度设计值下降了 10%，即采用厚钢板必然带来经济性的下降。

为避免上述问题，同时满足主材的强度和局部稳定要求，可以采用钢管混凝土主材方案或如图 2.7-4 所示的组合钢管主材方案。

组合钢管主材方案是采用多个分肢钢管代替单一钢管主材，由于分肢构件管径可控，组合钢管方案避免了大直径钢管的局部屈曲问题。钢管混凝土主材方案则是通过在钢管内灌注混凝土以提高构件的抗压承载能力，同时由于内部混凝土的支撑作用，大大提高了外钢管抵御局部屈曲的能力，钢管的径厚比限值可取相应空心钢管构件的 1.5 倍。表 2.7-4 对两种方案的特点进行了对比。

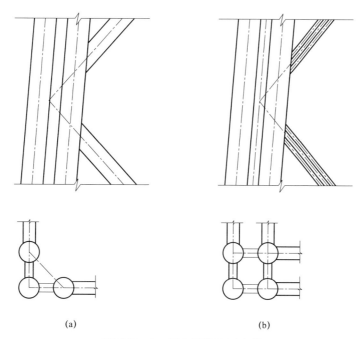

图 2.7-4　组合钢管主材方案

（a）三钢管组合主材方案；（b）四钢管组合主材方案

表 2.7-4　　　　　　　　　　钢管塔主材方案比较

项目	组合钢管主材	钢管混凝土主材
受力性能	组合钢管整体结构迎风面积大，且体型系数较单根钢管有所增加，造成风载增大，同时分肢存在受力不均匀的现象，导致材料用量大。基础下压力相对较小，可以降低基础工程量	风载特性同钢管塔，风阻系数小。构件承压性能强，对超高塔材料用量省。构件自重大，基础下压力大，对地质软弱地区基础工程量大
主要构造	主要构件形式：① 圆形钢管；② 矩形钢管；③ 钢管、缀条组成的格构式构件。 连接方式：法兰、插板、相贯焊、球节点、单钢管与分肢钢管过渡节点	主要构件形式：与钢管塔基本相同，钢管内部需根据需要焊接加劲环，增强与混凝土间的黏结性能。 连接方式：法兰、插板、相贯焊、球节点
加工	每根主材都是由多根钢管组成的桁架，焊接工作量大，加工精度要求高；单根钢管尺寸较小，加工工艺成熟	焊接工作量和加工精度要求相对较低，但大直径钢管的加工、镀锌难度较大
施工	组合钢管施工难度较大	由于需高空泵送混凝土，施工难度较大，施工周期长，施工费用高

综上所述，两种方案各有优缺点，舟山螺头水道大跨越全高 370m，跨越塔采用了钢管混凝土主材方案，最大钢管外径达到 2m；苏通长江大跨越工程跨越塔全高达到 455m，可研阶段对四组合钢管主材方案进行了试验论证，分肢钢管最大直径达到 1.95m，由于最终推荐了 GIL 管廊过江方案，组合钢管跨越塔方案未在工程中实际实施。

对超高跨越塔，为降低加工、施工难度，可以通过在钢管混凝土构件中内置钢骨，进一步提高构件承载力，同时控制钢管直径。西堠门大跨越塔全高 380m，跨越塔采用了格构式钢骨钢管混凝土主材方案，第 5 章将对该类构件的承载性能开展试验研究，供读者参考。

2.7.3 跨越塔设计

1. 跨越塔主要尺寸的确定

（1）塔头宽度。塔头宽度的确定主要需考虑两方面因素的影响，首先应满足结构受力的要求；其次应满足杆塔组立的施工工艺要求。

跨越塔由于自身使用功能的需要，横担的设置影响了整体结构自下而上尺寸逐渐收缩的连续性，从而对结构抗风载性能造成不利影响。为提高杆塔抗扭、抗弯承载力，选取合适的横担长度与塔身宽度比是十分关键的。对于图 2.7−5 所示的跨越塔塔头，下横担悬臂长度最大，可以采用下横担外伸部分 L 与其相连的塔身宽度 B_1 比值来确定塔头宽度。

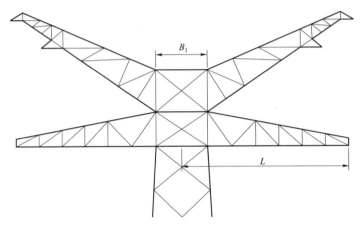

图 2.7−5　横担与塔头宽度

根据以往工程经验，L/B_1 一般可取 3.5～5.5。L/B_1 过小，意味着塔头宽度过大，降低工程的经济性；L/B_1 过大，塔头宽度不足，将使杆塔刚度偏低，同时长横担可能导致杆塔的一阶振型为扭转振型，需采取针对性的抗扭设计方可保证杆塔安全。除满足结构受力要求外，组立施工也是必须考虑的因素。对大跨越杆塔，均采用落地抱杆进行组立，跨越塔塔头宽度需满足落地抱杆断面尺寸和抱杆拆卸的空间要求。

（2）杆塔根开和塔身坡度。兼顾经济性和结构承载性能，跨越塔塔高与根开之比一般可取 4～6，应对不同塔身坡度的设计方案进行比选，以确定较优坡度和跨越塔根开。随着跨越塔根开增大，基础作用会有所下降，从而降低基础材料用量，但过大的根开又会导致跨越塔斜材长度增加，有可能使得整体塔重上升，因此当跨越塔位于软土地基时，应将基础造价与杆塔造价进行综合比较。

同时，跨越塔根开与落地抱杆吊装能力是相关的，落地抱杆的两个重要参数是起吊质量和起吊半径。如图 2.7−6 所示，当分段吊装塔头横担时，落地抱杆的起吊半径将得到最大利用，此时横担的分段质量不能

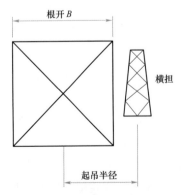

图 2.7−6　底部根开与起吊半径

超出抱杆的最大起吊能力，否则需更换更大的落地抱杆或修改设计分段质量。

由于跨越塔呼高较高，与普通线路杆塔塔身取一个坡度不同，跨越塔横担以下塔身布置时可进行二次变坡，变坡点位置一般设置在呼高的 1/3 或 2/3 处，变坡点上下的塔身坡度可进行适当调整。一般而言，变坡点上下坡度变化较大时，塔重增加较多，这是因为塔身坡度突变会导致钢管塔主材弯矩增加，坡度变化幅度越大，弯矩越大，从而使得变坡点主材规格加大。当根开基本相同，仅变坡点位置改变时，跨越塔的自振频率和整塔刚度变化均较小。

2. 跨越塔力学模型

早期因计算手段和能力的限制，输电塔设计常用平面桁架分析法。随着计算机技术在结构设计中的广泛采用，整体空间桁架法成为输电铁塔首选的内力分析方法，该方法假定所有节点为理想铰接，铁塔所有杆件只承受轴力。对于角钢塔，由于构件抗弯刚度较小，采用桁架模型进行计算是合理的。钢管塔主材一般通过法兰连接，增大了杆件端部的约束刚度，同时主材长细比通常小于 30，需要考虑杆端弯矩对主材受力的影响。

建立跨越塔的梁-杆混合力学模型，钢管主材采用梁单元模拟；对于斜材，当主斜材采用相贯节点焊接连接时，两者可视为固接，采用梁单元进行模拟；当主斜材通过插板采用螺栓连接，由于连接刚度相对较弱，采用杆单元进行模拟。

3. 跨越塔主材径厚比限值

钢管塔斜材规格选用主要受到长细比限值的影响，主材则受到径厚比的控制。主材径厚比将对主材两方面的受力性能造成影响：主材的局部稳定性和截面塑性发展能力。

针对钢管的塑性屈曲问题，欧洲钢结构设计规范 EN 1993-1-1: 2005《Design of steel structures part 1-1: general rules and rules for buildings》将钢管划分为 3 类截面：Ⅰ型截面在保证抗力的前提下，能够形成具有足够转动变形能力的塑性铰；Ⅱ型截面能够形成塑性发展区，但塑性发展范围受到局部屈曲的限制，无法形成塑性铰；Ⅲ型截面只有最边缘的纤维能够达到屈服，受到局部屈曲限制而无法形成塑性发展区。考虑杆端弯矩的影响，跨越塔钢管推荐按照Ⅲ型截面控制径厚比，建议钢管径厚比限值见表 2.7-5。

表 2.7-5　　　　　　　　　　　建议钢管径厚比限值

钢材牌号	Q235	Q345	Q420
径厚比限值	90	60	50

4. 钢管构件长细比限值

根据 DL/T 5485—2013《110kV～750kV 架空输电线路大跨越设计技术规程》，在荷载长期效应组合（无冰、风速 5m/s 及年平均气温）作用下，杆塔的计算挠曲度（不包括基础倾斜和拉线点位移）不应超过下列数值：悬垂直线跨越塔 3H/1000；耐张塔 7H/1000（H 为基础顶面至计算点高度）。钢结构构件的最大允许长细比为：受压主材 150、受压材 200、辅助材 250、受拉材 400（预拉力的拉杆可不受长细比限制）。

钢管构件长细比除受到上述限制外，由于其圆截面特性，还必须考虑风激振动问题。

（1）微风振动机理。如图 2.7-7 所示，钢管塔某些长细比较大，特别是趋于水平布置的构件，在风速较小时易发生垂直于风向的横向振动，工程上称之为微风振动，微风振动的实质是构件在垂直于来流方向发生的涡激共振。圆柱体的横向扰流会在柱体后产生漩涡，漩涡的运动特性由圆柱的雷诺数 Re 决定。当杆件的雷诺数 $Re<3.5\times10^5$ 时，杆件处于亚临界范围内，尾流中上面的气流向下挤，形成下窝，下面的气流向上挤，形成上窝，二者交替出现，又交替从柱体上脱落，以略低于周围流体的速度向下移动。在柱体后形成两列交替错开、旋向相反、间距保持不变、周期性脱落的漩涡，如图 2.7-7 所示。当杆件的雷诺数为 $3.5\times10^5\leqslant Re\leqslant3.5\times10^6$，构件处于超临界范围，不会发生规则性漩涡脱落。

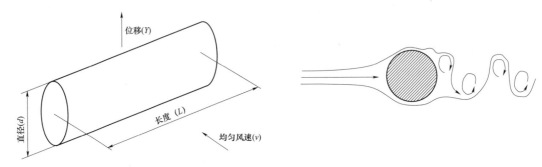

图 2.7-7　钢管构件微风振动机理示意图

杆件雷诺数的简化计算公式为

$$Re = 6.9\times10^4 vd \tag{2.7-17}$$

从雷诺数的定义可以看出，随着风速 v 增加和管径 d 的增大，雷诺数相应增加，对大管径或高风速情况下，构件雷诺数通常超过亚临界而处于超临界范围，不会发生涡激振动，因为钢管构件横风向振动多在低风速下发生，因此称为微风振动。

对处于亚临界范围内的杆件，漩涡脱落产生的脱落风力，会使得柱体产生横向运动。当漩涡脱落的主导频率与圆柱体的某阶固有频率比较接近时，就会发生涡激共振。漩涡脱落主导频率的计算公式为

$$f = S_t \frac{v}{d} \tag{2.7-18}$$

式中：S_t 为圆柱体的斯脱罗哈系数，取 0.2。

等直径钢管微风振动的起振临界风速，可按照式（2.7-19）计算

$$v_{cr} = 11530 \frac{\lambda_n^2}{\lambda^2} \tag{2.7-19}$$

式中：λ 为钢管杆件的长细比；λ_n 为自振频率参数，对于杆件一阶振动，杆件的两端固接时取 4.73，一端固接一端铰接时取 3.927，两端铰接时取 3.142，悬臂时取 1.875。

（2）抑制微风振动的方法。由式（2.7-19）可以看出，长细比越大的构件，其微风振动的起振临界风速越低，即越易发生振动。可见，抑制微风振动的最有效方法是减小

构件长细比，DL/T 5485—2013《110kV～750kV 架空输电线路大跨越设计技术规程》规定，一阶起振临界风速不小于 8m/s，表 2.7-6 列出了不同长细比构件临界起振风速。

表 2.7-6　　　　　　　　　不同约束条件下长细比与临界起振风速

杆件长细比	两端铰接	两端固接	一固一铰
	临界起振风速（m/s）		
50	45.5	103.2	71.1
60	31.6	71.6	49.4
70	23.2	52.6	36.3
80	17.8	40.3	27.8
90	14.1	31.8	21.9
100	11.4	25.8	17.8
110	9.4	21.3	14.7
120	8.0	17.9	12.3
130	6.7	15.3	10.5
140	5.8	13.2	9.1
150	5.1	11.5	7.9
160	4.4	10.0	6.9
170	3.9	8.9	6.2
180	3.5	8.0	5.5

注　I 形、T 形、U 形、C 形插板连接杆件沿螺栓轴线方向振动可取铰接约束，垂直轴线方向振动可取固接；十字形插板连接和法兰连接取一端固接、一端铰接；相贯焊连接取固接约束。

　　为提高经济性，可适当放宽构件长细比限值，采用安装扰流板或拉线的方式，达到抑制微风振动的目的。拉线方案一般将拉索一端连接在易起振构件中部，另一端连接在塔身主材处，如图 2.7-8 所示。扰流板方案则是按一定间距在构件上布置扰流板件，如图 2.7-9 所示。

　　图 2.7-10 对长细比 160，两端铰接钢管构件，有无拉线、扰流板情况下的微风振动加速度、位移幅值风洞试验结果进行了对比，

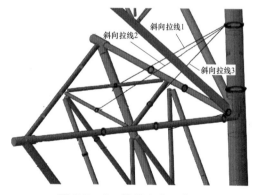

图 2.7-8　拉线方案示意图

从图中可以看出，拉线、扰流板方案均可有效抑制横风向微风振动的发生。

　　5. 钢管单件质量限制

　　跨越塔主材由于单根构件质量较大，需对构件单重进行限制，使其与施工吊装能力相匹配。大跨越输电塔下部结构一般采用履带吊吊装，上部采用落地式抱杆吊装，构件单重控制主要与起吊高度、起吊半径、场地尺寸和吊机型号相关。考虑加工、运输等因素，钢管构件长度一般不超过 12m，为满足施工吊装能力，避免对施工设备提出过高要

求，同时保证跨越塔结构设计的经济性和可靠性，避免主材接头过多，实际设计时主材分段长度宜控制在 6～10m。

图 2.7-9 扰流板方案示意图

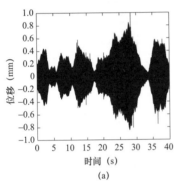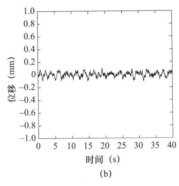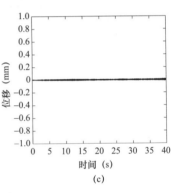

| (a) | (b) | (c) |

图 2.7-10 钢管构件加速度、位移对比

（a）无措施；（b）拉线；（c）扰流板

6. 跨越塔节点构造

结构和构件的实际受力情况和传力途径往往和计算假定有一定的偏差，难以达到理论计算的结果，为了使实际的结构型式与理论计算更加符合，需要对某些比较复杂的节点或结构采取必要的构造措施，以控制传力路线，保证结构的安全。所以节点构造和优化处理是铁塔结构设计中的一个重要环节，直接关系到构件承载力设计与实际情况是否相符，对输电塔的安全可靠运行十分重要，同时也影响输电塔的耗钢量。

大跨越钢管塔主材与斜材间常见的节点型式为插板连接与相贯焊接连接（如图 2.7-11 所示）。前者多用在受力相对较小的杆件，如隔面、辅助材和塔头部分的斜材，具有连接方便的特点。后者一般用在杆塔主材与塔身斜材、横担主材与塔身主材等重要部位的连接，具有传力可靠等优点，但对加工安装要求更高。

与主斜材连接类似，大跨越交叉斜材的节点型式同样为相贯焊接和插板连接，图 2.7-12（a）中节点型式用于斜材内力较大的情况，图 2.7-12（b）节点型式用于一般斜材。

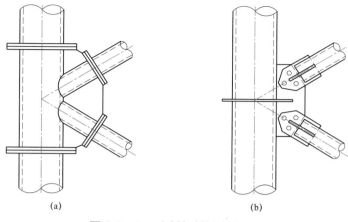

图 2.7-11　主材与斜材连接节点

（a）相贯焊接节点；（b）插板节点

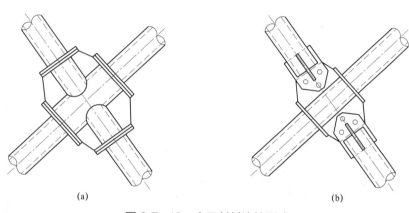

图 2.7-12　交叉斜材连接型式

（a）相贯焊接节点；（b）插板节点

图 2.7-13 和图 2.7-14 示意了大跨越横担与塔身连接、塔腿斜材与塔身连接的常见型式。

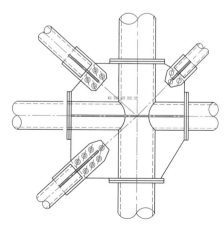

图 2.7-13　横担与塔身连接节点图

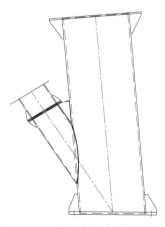

图 2.7-14　塔腿斜材与塔身连接节点图

除常规节点外，对多杆件汇交复杂节点，可采用球节点；对荷载较大，普通法兰连接与相贯焊接连接无法满足承载要求的，可采用内外法兰节点和加劲相贯焊等新型节点（如图 2.7−15 所示），具体计算方法详见第 6 章。

(a)

(b)　　　　　　　　　　　　　　　　　(c)

图 2.7−15　新型节点

（a）球节点；（b）内外法兰节点；（c）加劲相贯焊接节点

7. 构件连接与防腐

（1）螺栓连接。钢管塔的法兰连接螺栓主要是受拉控制，插板连接螺栓主要是受剪控制。对于受力较小的构件可采用 6.8 级螺栓，主材和受力较大的斜材可采用 8.8 级螺栓。10.9 级螺栓在输电线路工程中应用较少，主要是因为输电线路杆塔的螺栓要求热浸镀锌防腐，10.9 级螺栓易发生氢脆破坏。对于大跨越输电塔，随着杆塔高度的增加，主材内力随之增大，10.9 级螺栓能减少 30% 的螺栓数量，可以有效降低法兰节点设计难度，提高设计的经济性。如在大跨越钢管塔上应用 10.9 级螺栓，需对其性能和加工工艺进行专题研究，明确螺栓的相关技术指标。

输电塔全塔螺栓均应进行防松设计，一般采用双帽防松措施，自基础顶面以上一定高度范围内需采用防盗螺栓。

（2）焊缝连接。钢管塔涉及大量焊接连接，如钢管与法兰的焊接、钢管间的相贯焊接、节点板与钢管的焊接等。在杆塔设计、加工过程中，焊缝的质量是需要重点关注和检测的内容。

对焊缝质量等级，一般需满足如下要求：环向对接焊缝、连接挂线板的对接和主要 T 接焊缝应满足一级焊缝质量要求；横担与塔身主管连接焊缝、横担挂线梁与横担主材的连接焊缝均应满足二级焊缝质量标准；法兰与杆体连接的角焊缝、上述部位的钢管与钢管相贯焊缝满足外观二级质量标准，钢管纵向焊缝及其他无特殊要求的焊缝应满足三级焊缝质量要求。

（3）防腐。钢管塔主材底部和主斜材相贯连接处，均需设置遮水板或泄水孔，防止钢管内部积水。杆塔的常规防腐方式为热浸镀锌防腐，包括所有外露构件和螺栓。对处于中、重大气腐蚀环境下的跨越塔，可采用热浸镀锌加防腐涂料涂装等复合防腐方式。防腐涂层的配套体系及性能要求可参照 DL/T 5555—2019《海上架空输电线路设计技术规程》。

2.8　基础设计

基础设计需根据塔位地形地貌、工程地质、水文等外部环境条件，并综合施工和运输条件、环水保要求，合理选择基础型式，确保基础安全、经济、环保。

2.8.1　设计基础条件

1. 地形地貌条件

地形地貌条件主要是查明塔基所处位置的整体地貌类型、局部地形特征，进行针对性的地貌环境调查和塔基地形测绘。

地貌环境调查主要是收集调查工程区域内的地貌形成及特性、历史成因、地形演变、大地构造特征等历史资料，分析明确塔基范围的地貌类型。陆地表面形态一般按成因和形态的差异，可划分成不同的地貌类别：按成因可分为构造类型、侵蚀类型和堆积类型等，按形态特征可分为山地、丘陵和平原等类型。对于涉及水中立塔的大跨越塔位，收集和分析塔基所处水域的河床演变特征、冲淤变化、泥沙来源、岸线及滩涂的地貌形态等是非常必要和重要的。

对大跨越工程，需进行塔基地形测绘以满足基础及防护措施的设计、基面场平土石方计算等的需要，测绘成果为带状地形图。对涉及水中立塔的大跨越线路，塔位区域以及需进行护坡、护堤、防冲刷处理等局部地段内应测量水下地形图。塔基地形图的测绘范围综合考虑杆塔根开、基础尺寸、施工场地、施工道路或水上栈桥平台布置等因素确定。对于地形图的测绘比例尺，陆上大跨越塔位一般不小于 1:500；水中立塔时，水中塔基范围为 1:200～1:500，需护坡、护堤、岸边防冲刷处理等区域可为 1:500～1:2000。

地形图测绘资料宜统一采用国家坐标系统和国家高程基准，采用其他坐标系和高程基准时应与国家坐标系统和国家高程基准进行联测、建立转换关系；水下地形测量应与陆上地形测量相互衔接。

另外，须注意调查判断线路周边矿产和土地资源的开发等人为活动对地形地貌环境的影响，查明陆上邻近地下管线及障碍物的分布和规划，对涉水塔基尚须查明水域功能区划分、航道、抛石及其他水下建（构）筑物等的分布和规划情况。

2. 工程地质条件

工程地质条件主要是通过工程地质调查和测绘、勘探及土试样采集、原位测试、室内试验、现场检测等岩土勘察手段，对建设场地的工程地质条件进行分析评价，得到可信的地质环境特征、岩土分布情况以及设计所需的岩土性质参数。

地质环境特征、岩土分布情况主要包括以下内容的判定：

（1）工程场地的整体稳定性和建设适宜性，地质构造、地震与地震效应。

（2）岩土层性质、分布规律、物理力学性质、形成年代、成因类型、基岩的风化程度、基岩面高程、埋藏条件及露头情况。

（3）地表水分布及其埋藏情况、水和地基土的腐蚀性评价、地基土的电阻率。

（4）不良地质作用、特殊岩土等的分布范围、发育程度和成因；对岩溶发育复杂的塔位，应进行施工勘测、逐桩探查岩溶情况；对无法避让且影响塔位安全的滑坡或潜在滑坡区域，应进行滑坡专项勘测。

（5）针对场地地质条件与存在的岩土问题，提出基础选型及设计、基坑开挖、地基处理、不良地质作用防治、环境保护等方面的建议。

岩土物理、力学性质参数指标，主要满足基础设计各项计算内容的需要：

（1）工程区域的地震基本烈度和动峰值加速度等地震参数，对地震烈度 7 度及以上地区，应判别饱和砂土、粉土的液化可能及等级。

（2）岩土体基本的物理、力学性能指标：天然及液塑限含水量、重度、孔隙比、颗粒成分、灵敏度、密实度、压缩性参数（压缩系数、模量）、强度指标（黏聚力、内摩擦角）、地基承载力特征值、基岩条件（岩体完整性指标、质量等级、岩石饱和单轴抗压强度）等。

（3）采用岩石锚杆基础时，应重点查明岩层节理裂隙发育情况和破碎带分布，提供锚杆与岩体的黏结强度、岩体的等代抗剪强度等。

（4）采用桩基础时，提供极限桩侧摩阻力标准值、极限桩端阻力标准值、桩侧土水平土抗力系数的比例系数 m 或桩侧土水平土抗力与桩水平位移的 $p-y$ 关系曲线，若采用预制桩基时尚应提供地基土的标准贯入击数。

（5）对于长期承受波浪、水流等往复荷载的水中基础，地基土为软黏土时，应采用动、静三轴试验对比，判定其循环软化和强度降低程度。

3. 水文条件

工程建设不能影响防洪和通航安全，因此在工程水文勘测中需重点查明被跨越对象的相关防洪设计水位，供线路设计采用。

（1）线路跨越通航河流（包括水库、湖泊）时，需查明的有：累计频率 1%（重现期100 年）和 20%（重现期 5 年）的设计洪水位、最高通航水位、历年大风期或冬季平均最低水位，其中最高通航水位的洪水重现期与河流航道等级相关，具体按表 2.8-1 控制。

表 2.8-1　　　　　　　　　天然河流设计最高通航水位的洪水重现期

航道等级	Ⅰ～Ⅲ级	Ⅳ、Ⅴ级	Ⅵ、Ⅶ级
洪水重现期（年）	20	10	5

（2）线路跨越海域及其通航航道时，需查明其航道尺度，航道布置，通航代表船舶的船型、吨级和流量，航标配布等通航条件，以及与通航有关的已建、在建和规划的桥梁、码头、水利枢纽等设施情况，明确其设计最高通航水位和设计最低通航水位，并进行专项通航标准专题论证，对水中立塔的线路尚需做海域使用论证、海洋环境影响评价等专题论证。

对直接受洪水、潮汐、波浪、冲刷等水文作用的基础，设计水文条件的重现期宜与上部结构的设计重现期一致：

（1）在河滩、分蓄洪区等位置立塔时，基础顶面不低于 5 年一遇洪水位高程，基础设计时考虑设计重现期对应的洪水水流压力、冲刷、漂浮物撞击等作用。

（2）在水中立塔时，需进行专项水文测验和水文条件专题研究，确保设计水文条件成果的可靠性和代表性，重点明确以下水文条件：

1）塔基位置处的设计水位、历年最高及最低潮位、多年平均高潮和低潮位、潮差、潮型等特征值，设计水位包括：高潮累积频率 10%的设计高水位、低潮累积频率 90%的设计低水位、设计重现期对应的极端高水位和极端低水位。

2）塔基位置处最不利波列方向区间内相应设计重现期的波形、波高、波长、周期等波浪要素，波高一般给出平均波高 $\bar{H}$ 和波列累积频率为 1%、5%、13%的波高 $H_{1\%}$、$H_{5\%}$、$H_{13\%}$，波浪周期需给出平均周期值 $\bar{T}$。

3）塔基位置处相应设计重现期的涨潮、落潮设计流速和流向，对塔基建成后的海流状况和流场变化，根据工程需要采用数值模拟或物理模型试验等方法预测。

4）塔基区域的泥沙运动形式、含砂量分布等特征；分析工程区域的海床演变特征和水底地形冲淤情况，评估塔位处海床面的整体稳定性。

5）塔基建成后的冲刷坑形态及深度范围，定量评价塔基建设对周边水域环境、临近建（构）筑物的影响，一般需进行专项物理模型试验。

6）对可能受冰凌作用的区域，确定塔基位置处的冰期、冰况、冰型、月分布特征和流冰密集度等特征值。

7）场址范围内地表水及地基土的盐度、空气盐雾、水温及泥温等特征。

水中塔基及其上下游临近水域的现场水文及泥沙测验，观测频次、时长及布点数量等满足海洋环境影响评价、海域使用论证等专题评价（论证）等级的要求。

2.8.2　基础荷载

大跨越基础设计时，需考虑如下荷载作用：

（1）永久荷载：包括上部杆塔、导地线及固定设备的恒载；基础自重；永久作用产生的竖向和水平向土压力、水压力等。

（2）可变荷载：包括上部杆塔、导地线及设备产生的可变活载；可变作用产生的竖向和水平向土压力、水压力；施工荷载、温度作用；水中基础承受的波浪、水流、冲刷、冰凌等作用。

（3）偶然荷载：包括漂流物和船舶的撞击荷载。

（4）地震作用：包括水平和垂直地震作用。

1. 上部杆塔荷载

基础设计时，习惯采用基础作用力来综合表征上部结构的恒载和可变活载对基础产生的作用效应，只是在不同设计状态下杆塔计算时可变荷载效应的组合系数采用不同取值：

（1）对持久设计状况，包括承载能力和正常使用两种极限状态的设计。承载能力极限状态设计时，杆塔考虑线路正常运行（大风、覆冰、低温）、断线、不均匀覆冰和验算等各工况下的荷载组合，可变荷载效应的组合系数对应取 1.0、0.9、0.9、0.75。正常使用极限状态设计时，杆塔的长期安全一般由正常运行时的大风工况决定，风荷载的标准组合、频遇组合和准永久组合系数可分别取 1.0、0.75 和 0.3；若杆塔的长期安全出现覆冰或最低气温情况控制时，相应可变荷载的标准组合、频遇组合和准永久组合系数需进行专题论证确定。

（2）对短暂设计状况，针对的是线路施工或短暂维修等持续时间远小于设计使用年限的情况，此时杆塔考虑安装工况时的承载能力极限状态，相应可变荷载效应的组合系数取 0.9。短暂状况下是否进行正常使用极限状态设计根据工程而定。

（3）对地震设计状况，需确保当遭受抗震设防烈度的地震作用时基础及上部结构的强度和稳定，并无整体破坏。进行承载能力极限状态设计时，地震作用为主控活荷载，杆塔按正常运行情况计算且一般为风控制，杆塔风荷载的地震状况组合系数相应取 0.3；若地震工况时出现杆塔为覆冰或最低气温控制情况，相应杆塔可变荷载的组合系数需进行专题论证确定。

（4）对偶然设计状况，需确保结构在遭受非正常撞击等偶然作用时不丧失承载力和稳定性，结构构件受损可控。进行承载能力极限状态设计时，撞击作用为主控荷载，杆塔按正常运行情况计算且一般为风控制，杆塔风荷载的组合系数按 0.75（风荷载为除偶然作用外的第 1 可变作用）；若偶然工况下出现杆塔为覆冰或最低气温控制情况，相应杆塔可变荷载的组合系数需进行专题论证确定。

另外，在上述设计状况的杆塔可变作用效应组合中，导地线张力计算也需考虑由于风、冰、温度等活载作用效应产生的张力变化，组合系数进行相应折减。

2. 水文相关荷载

对于直接承受水流、冲刷、波浪等水文荷载作用的塔位，基础极限状态设计时需考虑相关水文作用进行荷载组合。

（1）设计水位。对位于河滩、分蓄洪区等位置的塔位，条件允许时基础立柱顶面应按高于相应重现期的洪水位高程设计；若外部环境或工程量限制时，基础立柱顶面可适当降低，但不应低于 5 年一遇洪水位，同时塔腿可能被洪水淹没段需考虑漂浮物撞击作用进行结构校验、加强设计，并考虑相应的防腐措施。

对常年位于水中的塔位，基础立柱顶面应高于相应重现期的设计高水位，并采用设计高、低水位对基础结构进行校验：

1）对位于内河（包括湖泊、水库等）中的基础，基础设计时的高、低水位取值原则见表 2.8−2。

表 2.8−2　　　　　　　　　　内河水中基础设计时水位取值

河流潮汐类型、位置	设计高水位		设计低水位			
常年径流段、季节性潮流段、湖区、运河等	平原河流、河网地区：基础设计重现期的高水位、河道设计最高通航水位中的较大值	山区河流：重现期不大于 20 年的高水位	河道设计最低通航水位，并具备如下历时保证率			
			船型吨级（t）	100～500	500～1000	＞1000
			保证率（%）	95～90	98～95	≥98
枢纽上、下游河段	按常年径流段取值，同时上游河段尚需考虑枢纽坝前正常蓄水位以及河段淤积引起的水位抬高，下游河段需考虑枢纽运行时的冲淤影响		河道设计最低通航水位			
常年潮流段	按表 2.8−3 高水位取值		按表 2.8−3 低水位取值			

2）对位于海水（包括入海河口等）中的基础，基础的计算水位取值见表 2.8−3。其中，设计高水位为高潮累积频率 10%或历时累积频率 1%的潮位，设计低水位为低潮累积频率 90%或历时累积频率 98%的潮位，极端高、低水位为基础设计重现期对应的年极值高、低水位。

表 2.8−3　　　　　　　海中基础极限状态作用效应组合时水位取值

极限状态作用效应组合		高水位取值	低水位取值
承载能力极限状态作用效应组合	持久状况	设计高水位、极端高水位的较大值	设计低水位、极端低水位的较小值
	短暂状况	设计高水位	设计低水位
	地震状况	设计高水位	设计低水位
	偶然状况	设计高水位、极端高水位的较大值	设计低水位、极端低水位的较小值
正常使用极限状态作用效应组合	持久状况、短暂状况	设计高水位	设计低水位

注　当高水位与低水位之间的某一不利水位为控制因素时，也需取相应水位进行组合计算。

（2）水流压力。作用于基础结构上的水流力标准值，按式（2.8−1）计算

$$F_{\mathrm{w}} = C_{\mathrm{w}} \frac{\rho_{\mathrm{w}}}{2} v_{\mathrm{w}}^2 A \qquad (2.8-1)$$

式中：F_{w} 为水流力标准值，kN；C_{w} 为水流阻力系数；ρ_{w} 为水密度，t/m³，淡水取

1.0，海水取 1.025；v_w 为水流设计流速，m/s；A 为基础构件与在流向垂直平面上的投影面积，m^2。

对水流阻力系数 C_w，不同规范中推荐取值有所区别。DL/T 5485—2013《110kV～750kV 架空输电线路大跨越设计技术规程》给出了基础（柱）在不同断面形状时 C_w 取值。实际上，当水中基础结构建成后，水流受阻时建筑物周围的水流流态基本均为紊流情况下的绕流，绕流阻力由表面阻力和形状阻力组成。因此，水流阻力系数 C_w 除与结构构件的断面形状有关外，还与所处位置的水深、结构的淹没深度、河床粗糙度（水势平缓的缓流区可不计）等诸多因素均有关。另外，对于水中群桩或墩柱基础，构件间距较近时，前后排构件间会产生遮流效应，构件横向间距以及水流相对构件的斜向角度等都会对其周围的水流流态产生影响。

JTS 144-1—2010《港口工程荷载规范》对水中基础的水流阻力系数 C_w，在不同断面形状影响的基本值之上，还考虑了遮流影响系数 m_1、构件淹没系数 n_1、水深影响系数 n_2、横向间距影响系数 m_2、斜向水流角度影响系数 m_3 等予以修正，计算结果与诸多港口及水运工程的实测水流压力吻合较好。

因此，对长期承受水流压力的水中基础，建议按现行标准 JTS 144-1—2010《港口工程荷载规范》的方法确定水流阻力系数 C_w；对位于河滩、分蓄洪区等区域的杆塔基础，承受的洪水压力一般较小且作用时间较短，可简化采用 DL/T 5485—2013《110kV～750kV 架空输电线路大跨越设计技术规程》中的 C_w。

另外，相关试验表明，水流沿水深方向的断面流速基本呈 R 型：对水中的方形、圆形柱状结构（基础柱、桩基等），淹没段高度范围内迎水面和背水面的水压力差近似呈倒梯形或倒三角形分布；对承台等板状结构，迎水面和背水面的水压力差近似呈矩形分布。因此，基础计算时水流力的合力作用点位置可如下考虑：

1）对水下承台板等，水流力合力中心位于其阻水面积形心处；

2）对水下基础柱、桩基等，水流力合力中心位于桩（柱）顶以下 1/3 高度处（完全淹没）或水面以下 1/3 水深处（部分淹没）。

（3）冲刷深度。冲刷指的是水流对河床的冲蚀淘刷过程，泥沙在水流作用下向下游搬移而引起河床面降低或岸线退后。水中塔基等建筑物建成后，基础附近河床的冲刷主要有河床自然演变、一般冲刷和基础周围局部冲刷 3 种形式：

1）河流中水流和泥沙在不停地运动，床面上的泥沙被水流带走形成河床的冲刷，水流挟带的泥沙沉积下来形成河床的淤积。在水流和泥沙的相互作用下，河床不断的冲淤变化，构成了河床的自然演变。

2）水中建筑物建成后，对水流通过断面有一定的压缩，水流流量一定时通过流速增大，加剧带走建筑物上下游床面的泥沙，形成结构附近床面的一般冲刷。

3）水中建筑物建成后，水流通过时会受结构的侧向收缩和过水断面约束的影响，水流流态改变，建筑物对水流产生水流冲击和涡流作用，结构物前方水位壅高、下部水流受阻后转向河底形成下降水流，结构两侧的"集中水流"和前方的"下降水流"会形成马蹄形漩涡，从而造成结构周围的局部河床变形，形成建筑结构周围的局部冲刷。

对水中基础，在极限状态设计时按如下原则考虑冲刷深度的作用：

1）风荷载为第一可变作用时，冲刷深度可取最大冲刷深度的 50%～70%。

2）波浪力或波流力为第一可变作用时，相应的冲刷深度取最大冲刷深度；波浪力和波流力计算时，基础前水深相应取最大冲刷深度对应的水深。

3）考虑漂流物撞击或检修船靠泊作用时，相应冲刷深度取最大冲刷深度。

4）地震状况和偶然状况时，相应冲刷深度可取最大冲刷深度的 50%～70%或经专项论证后确定。

水中基础设计时，将冲刷深度以上部分立柱或桩基当悬臂段考虑、地基土的抗力从冲刷面以下开始计算，因此合理确定冲刷深度尤为关键。冲刷（尤其是局部冲刷）成因和机理复杂，规范推荐的冲刷深度计算公式存在假设条件苛刻、参数单一等缺陷，计算结果难以保证准确性且无法给出冲刷的三维性态发展趋势。因此，对涉及水中立塔的输电线路，建议采用冲刷物理模型试验来预测冲刷深度，试验时模型尺寸、水文及地质可通过控制比例尺最大限度地还原工程实际情况，代表性塔基的局部冲刷物理模型试验及其分析结果示意如图 2.8－1 所示。

（4）波浪作用。对位于内河的水中基础，一般河流波浪较小，基础设计时不考虑波浪作用。

对位于海中的基础结构，水面以下部分都会长期承受波浪荷载的作用。一般波浪诱导荷载可分为 3 种：拖曳力、惯性力和绕射力，各个波浪诱导荷载分量的大小取决于结构的型式和尺度以及所选取的波浪工况。拖曳力一般是由于（流体的速度）流动分离产生的，对大波高小直径结构占主导；惯性力是由于流体加速度引起的压强变化造成的，包含 Froude-Krylov 力（入射波压力场引起的作用力）和附加质量力，对尺度较大结构物占主导；绕射力是由于考虑物体的作用，而使波浪发生绕射时引起的作用力，一般对尺寸非常大（与波长可比拟）的结构物占主导且必须用绕射理论来进行绕射力计算。

对海中结构物，常根据结构的尺度大小（相对于波长）来决定选用哪种计算波浪荷载方法：

1）对于与入射波波长相比尺度较小的结构，波浪的拖曳力和惯性力是主要分量，此类结构物的存在对波浪运动无显著影响，此时可采用由 Morison 等人提出的莫里森公式来计算波浪力。一般，莫里森公式对构件直径 D 与波长 L 之比 $D/L<0.2$ 时比较适用。

2）随着结构尺度相对波长比值的增大，结构本身的存在对波浪运动有显著影响，对入射波的散射效应必须考虑，此时要采用绕射理论计算波浪力。

对于输电线路工程，海中塔基多采用桩基础，水中桩基为直立柱状体，桩径 D 同波长相比较小，对此类基础的波浪力可采用莫里森公式进行计算，此法也在水运工程、码头等其他行业工程被广泛采用。该理论假定，小尺度柱体结构的存在对波浪运动无影响，波浪对柱状结构的作用主要是由黏滞效应和附加质量效应引起，其基本思想是把波浪力分为两部分：一项为同加速度成正比的惯性力，一项为同速度的平方成正比的阻力项。速度和加速度由未加扰动的流体运动求得，作用力的复制通过无量纲的系数来调节，该系数主要由结构物的形状来决定。

(a)

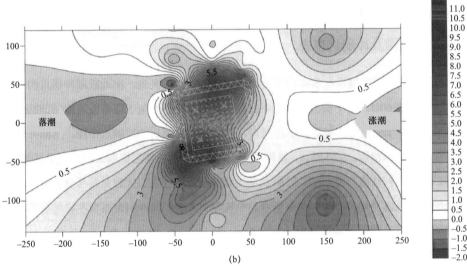

(b)

图 2.8-1 代表性塔基的局部冲刷物理模型试验及结果示意

（a）局部冲刷物理模型试验；（b）塔基附近的冲淤分布

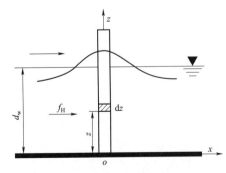

图 2.8-2 小尺度直立柱体波浪力计算模型

如图 2.8-2 所示，对直立在水深为 d_w 的海底上圆柱（直径为 D），波高为 H 的入射波沿海面向前传播，计算坐标系详见图示。Morison 等人认为，作用在柱体任意高度 z 处的水平波浪力 f_H 包括水平拖曳力 f_D 和水平惯性力 f_I 两项，分别可以按如下方法计算。

1）水平拖曳力 f_D，由波浪水质点运动的水平速度 v_x 引起的对柱体的作用力；计算时，假定此荷载与单向定常水流作用在柱体上的拖曳

力模式相同，且考虑波浪水质点周期性振荡运动的往复特性，水平拖曳力 f_D 按式（2.8－2）计算

$$f_D = \frac{\rho_w}{2} C_D A v_x |v_x| \qquad (2.8-2)$$

式中：f_D 为由水质点水平速度引起的拖曳分力，kN/m；ρ_w 为水密度，t/m³，取值同前；v_x 为水质点轨迹运动的水平速度，m/s；A 为垂直于波浪传播方向上单位柱体高度的投影面积，m²/m，对于圆柱 $A=D$；D 为柱体直径，m，对矩形断面可采用等效直径 D'；C_D 为速度力系数，对圆形断面取 1.2，对方形或长宽比不大于 1.5 的矩形断面取 2.0。

2）水平惯性力 f_I，由波浪水质点运动的水平加速度 ${\rm d}v_x / {\rm d}t$ 所引起的对柱体的作用力，可按式（2.8－3）计算

$$f_I = C_M \rho_w V_0 \frac{{\rm d}v_x}{{\rm d}t} \qquad (2.8-3)$$

式中：f_I 为由水质点水平加速度引起的惯性分力，kN/m；C_M 为惯性力系数，对圆形断面取 2.0，对方形或长宽比不大于 1.5 的矩形断面取 2.2；V_0 为单位柱体高度的排水体积，m³/m，对于圆柱体 $V_0 = \pi D^2 / 4$；t 为时间，s，当波峰通过柱体中心线时，$t=0$。

因此，作用于直立柱体任意高度 z 处的水平波浪力为

$$f_H = f_D + f_I \qquad (2.8-4)$$

对于工程常用的直径与波长之比 $D/L < 0.2$ 圆柱体（工程桩基多为此类构件），基本满足柱体对波浪运动无显著影响的假定，因此上式中的 v_x 和 ${\rm d}v_x / {\rm d}t$ 可近似地分别采用柱体未插入波浪场中时柱体轴中心位置处水质点的水平速度 v_x 和水平加速度 $\partial v_x / \partial t$。此时，水平波浪力可按式（2.8－5）计算，其中水质点的水平速度和水平加速度可按 JTS 145—2015《港口与航道水文规范》的相关规定计算

$$f_H = \frac{\rho_w}{2} C_D D v_x |v_x| + C_M \rho_w \frac{\pi D^2}{4} \frac{\partial v_x}{\partial t} \qquad (2.8-5)$$

另外，波浪力计算时结构设计重现期对应的波浪要素按如下原则取值，有水流共同作用时，各波浪要素应采用考虑水流影响修正后的值：

1）设计波高 H，根据计算内容和作用组合按表 2.8－4 所示情况取值。

表 2.8－4　　　　　　　　海中基础波浪力计算时设计波高的取值

结构部位	设计计算内容		设计波高
基础结构（桩基、墩柱等）	强度和稳定性计算	持久状况	波高累积频率为 1% 的波高 $H_{1\%}$
		短暂状况	平均波高 $\overline{H}$
		偶然状况	波高累积频率为 1% 的波高 $H_{1\%}$
海床、护面块石等	稳定性计算		波高累积频率为 5% 的波高 $H_{5\%}$

2）波浪周期 T，可采用平均周期 $\overline{T}$。

3）波长 L，与水深、波浪周期有关，无相关数据时可按 JTS 145—2015《港口与航

道水文规范》的规则波公式简化计算得到。

3. 地震作用

基础的地震设计烈度，一般与上部结构一致按基本烈度采用，必要时可提高一度设防。当抗震设防烈度为 6 度时，地基与基础可不进行抗震计算，基础采取抗震构造措施即可；当抗震设防烈度大于等于 7 度时，需进行抗震计算，包括地基和基础结构两部分抗震承载力验算，同时基础采用适当抗震构造措施。

对跨越线路的各类基础以及地基土的抗震验算，一般可采用拟静力法进行，即假定地震作用当作静力考虑，然后验算地基与基础的承载力和稳定性。该方法计算与常规静力工况类似，简单且便于操作，但注意以下事项：

（1）对地基土，由于土体在有限次循环动力作用下强度较静强度有一定提高且地震工况下结构可靠度容许有一定程度降低，因此地基土抗震承载力可考虑地基抗震承载力调整系数 ζ_a，此地基承载力抗震调整系数 ζ_a 一般大于 1.0。

（2）对地面以下 20m 范围内存在饱和砂土、粉土层时，应判断其液化可能性以及液化程度；未经处理的液化土层不宜作为塔基持力层，采用桩基穿过液化土层时未经处理的液化层不宜计入其抗力作用或经论证后确定抗力折减比例。

（3）对地基主要受力范围内存在饱和软黏土、非饱和结构性粉土、砂黄土等时，应判断其震陷可能性及程度；存在震陷土层时，跨越线路基础宜采用桩基，对震陷等级为中等或严重区域，尚需计入震陷引起的桩基负摩阻力。

（4）基础结构截面承载力验算时，结构抗震承载力在静承载力基础上除以结构承载力抗震调整系数 γ_{RE}，此结构抗震调整系数可按 GB 50191—2012《构筑物抗震设计规范》、JTS 146—2012《水运工程抗震设计规范》相关规定取值。

对重要跨越，基础宜与上部杆塔共同考虑地震作用效应，采用振型分解反应谱法、时程分析法等进行计算；当需要控制结构的变形和应力状态时，还可根据需要进行有限差分法等对结构和地基进行动力分析。

4. 偶然撞击作用

（1）对位于河滩、分蓄洪区等位置的塔位，洪水时一般考虑漂流物的撞击作用，其对基础的撞击力按式（2.8-6）计算

$$F = \frac{W v_w}{gt} \qquad (2.8-6)$$

式中：F 为漂流物作用在水位线上的撞击力，kN；W 为漂流物重力，kN，根据实际情况或经论证确定；v_w 为水流速度，m/s；t 为撞击时间，s，如无数据可取 1s。

（2）对位于内河中的塔基，除漂浮物撞击外，还需根据通航等级考虑船舶撞击：四～七级通航河道中塔基需考虑的船舶撞击力不小于表 2.8-5 所给出的数值，一～三级通航河道中由于代表船舶吨级均不小于 1000t，鉴于跨越线路的重要性，船舶撞击力应专项论证确定。

表 2.8-5　　　　　　　　　　　内河船舶撞击作用设计值

内河航道等级	船舶吨级（t）	横向撞击作用（kN）	顺向撞击作用（kN）
四	500	550	450
五	300	400	350
六	100	250	200
七	50	150	125

（3）对于海中基础，根据所在区域的水文条件、河床冲淤变迁、船舶通行情况等进行专题论证，确定基础的防撞等级和撞击作用力，设置针对性防撞设施。

1）对于海中刚性防撞结构，设防船舶的正面撞击力一般推荐按美国各州公路和运输工作者协会（AASHTO）《桥梁船舶撞击设计指南》（1991 年）的公式计算

$$F = 1.2 \times 10^5 \sqrt{\mathrm{DWT}} \cdot v \qquad (2.8-7)$$

式中：F 为船首正碰时的等效静力撞击力，N；DWT 为船舶的载重吨，t；v 为船舶撞击速度，m/s。

船舶的撞击速度 v 需考虑船舶在航道内的正常行驶速度、水流速度、航道中心离塔位的距离以及船舶长度等因素综合确定，可按图 2.8-3 原则取用：

a. 塔位在航道范围内（$X \leqslant X_\mathrm{C}$）时，船舶撞击速度取其正常行驶速度 v_T。

b. 塔位距航道中心线 3 倍船长以外（$X > X_\mathrm{L}$）时，撞击速度取以水流速度 v_w。

c. 塔位在两者之间区域（$X_\mathrm{C} < X \leqslant X_\mathrm{L}$）时，船舶撞击速度按线性内插确定。

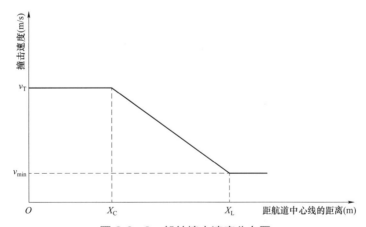

图 2.8-3　船舶撞击速度分布图

v_T—船舶在航道内的正常行驶速度，m/s；v_min—船舶的最小撞击速度，m/s，$v_\mathrm{min} = v_\mathrm{w}$；
X_C—航道中心线到航道边缘的距离，m；X_L—航道中心线到 3 倍船长的距离，m

2）对于海中柔性防撞结构，遭受船舶撞击时通过自身大变形来达到消能、耗能的目的，此时建议采用分析防撞系统的撞击能量吸收情况来进行设计。

2.8.3　基础设计方法

基础设计是在已知地形、工程地质、水文等外部条件和荷载条件下，通过一系列计算来选择合适的基础形式、确定最佳尺寸的过程。

基础设计采用以概率理论为基础的极限状态设计方法。地基与基础的极限状态，是指基础的裂缝和位移、地基不均匀沉降的变形在限制条件下或上部结构荷载作用下，满足基础安全稳定的临界状态。极限状态分为承载能力极限状态和正常使用极限状态：

（1）承载能力极限状态：基础或地基达到最大承载力或不能继续承载的变形；

（2）正常使用极限状态：基础的裂缝或位移、地基的不均匀沉降等达到结构正常使用的规定限值。

同时，基础根据使用和施工条件一般分为持久状况、短暂状况、偶然状况和地震状况 4 种设计状况进行设计，不同状况下同时出现的作用效应进行荷载组合：

（1）对持久设计状况，针对的是持续时间与基础设计使用年限相当的状况，应进行承载能力和正常使用两种极限状态的设计；

（2）对短暂设计状况，针对的是施工或短暂维修等持续时间远小于设计使用年限的情况，应进行承载能力极限状态设计，对立塔、架线、水中基础施工等环节宜进行正常使用极限状态设计；

（3）对偶然设计状况，针对的是结构遭受偶然撞击等异常情况，应进行承载能力极限状态设计，可不进行正常使用极限状态设计；

（4）对地震设计状况，针对的是结构遭遇地震的情况，应进行承载能力极限状态设计，一般可不进行正常使用极限状态设计。

基础设计应包括基础承载力、地基稳定性、结构强度、裂缝及耐久性等内容，必要时尚应进行基础位移、不均匀沉降、抗滑移等方面的计算。

（1）地基与基础的承载力（竖向下压、上拔、水平向）、软弱下卧层承载力、基础结构强度和配筋等计算应按承载力极限状态的要求，陆上桩基础采用荷载标准值和承载力特征值计算，其他基础采用荷载和承载力的设计值进行计算；

（2）地基的不均匀沉降、基础裂缝及位移等计算，应按正常使用极限状态的要求，采用荷载的标准值和正常使用规定值进行计算。

2.8.4　基础设计与优化

1. 基础选型与设计

基础型式需结合地形地质条件、荷载条件、施工工艺和运输条件等确定。

（1）基岩埋深较浅塔位基础选型。大跨越塔由于承受的荷载较大、节点复杂、组塔及架线施工难度较大等原因，一般按平腿塔设计。当塔基位于海岛塔位时，一般需整体降基形成施工平台，降基后塔位大部分区域岩石裸露或埋藏较浅，因此主要采用基底持力层为基岩的岩石类基础。另外，由于大跨越基础承受荷载较大，常规岩石嵌固或掏挖式基础（底板直径在 5m 以内，否则施工难度过大、质量难保证）难以满足承载力要求，此时承台式岩石锚杆基础、群桩型挖孔基础、承台大板式基础和大型刚性台阶基础等为可供选型比较的基础类型。

　　由于持力层为岩石地基，基础下压承载力相对容易满足，基础尺寸主要由上拔稳定控制，对跨越塔和耐张塔的上拔腿，推荐采用承台式岩石锚杆基础。承台式岩石锚杆基础可利用底部岩石锚杆提供抗拔力，能充分利用岩石承载力高、变形小及钢材抗拉强度高的优点，从而减少上部承台的埋深和尺寸，其承台底板尺寸和基础混凝土量是上述几种基础型式中最小的，具有经济优势。

　　对耐张塔的下压塔腿，由于长期承受下压荷载为主，当基础埋深和自重足以保证抗拔承载安全时，推荐采用承台大板式基础，充分利用岩石地基的高承压性能，优化承台板尺寸、减少基础工程量。

　　对大跨越塔，群桩式挖孔基础一般所需桩径大、桩数多且在基岩中施工难度较大，刚性台阶基础混凝土和开挖土石方量较大、余土外运成本高，常规塔位均不具备经济优势，但在特殊塔位情况具有其适用性：

　　1）当塔腿周边地形陡峭、临近不稳定斜坡或存在海潮坑等不良条件时，基础需按高悬臂结构设计，此时采用承台型群桩基础更安全可靠，必要时可采用气动凿岩机等新型机械设备在基岩中成桩，确保桩基质量和施工安全；

　　2）当基岩裂隙发育、基坑不宜成型或渗漏水较严重时，可采用刚性台阶基础，避免绑扎钢筋，大幅节省基础施工工期，确保施工安全。

　　（2）地质条件较差的土质区域或水中塔位基础型式。对地质条件较差的土质区域，由于大跨越杆塔荷载较大，浅基础较难满足承载要求，多采用群桩基础，有条件时优先按低桩模式进行设计。

　　对水中跨越塔或耐张塔，由于长期承受水流、波浪和冲刷作用，多采用群桩型桩基础，且按高桩模式设计。塔基地质和水深条件许可、沉桩贯入度可控时，水中基础宜优先采用预制桩基。预制桩有钢管桩和预应力混凝土管桩两类，钢管桩由于抗弯能力更强、能适应沉桩相对较困难的工况，因此可作为塔基本体的基础型式，预应力混凝土管桩一般可作为分离式靠船系统、井架等承载能力要求相对不高的附属设施基础。

　　为增强基础的抗水平承载力，预制桩可按斜桩型式布置，竖向斜率一般按不大于1∶5控制，且两基桩空间交叉时应留有适当净距离避免碰桩，建议桩间净距不小于0.5m。另外，预制桩入土深度能否达到设计要求至关重要，特别在桩端需穿过硬土、抛石处理等特殊地层或桩端需进入砂砾石等坚硬地层一定深度时尤为关键，宜通过同等条件下的试沉桩试验检验确定，同时通过试验还可检验沉桩设备和贯入度控制标准是否符合需求，指导工程桩沉桩。

　　当地质条件复杂、基岩面起伏较大或地下障碍物较多，或者水深不足、水域狭窄等施工条件限制不适合水上沉桩设备时，基础宜采用灌注桩基础。灌注桩宜按直桩模式设计，水下及软弱淤泥段应设置钢护筒，当钢护筒兼做钻孔平台等施工辅助设施的基础时，尚需根据施工荷载对应的承载力需求确定护筒长度。

2. 基础优化

（1）基础立柱倾斜、改善基础受力。基础采用斜柱式后，与基础轴线垂直的水平力减少了 80%~85%，而轴向基础作用力仅增大 1%~2%，大大改善了基础立柱、底板的受力状况，基础的侧向稳定性得到显著提高，同时也可较大地降低混凝土和钢筋用量。立柱倾斜时，一般控制斜柱基础中心的斜率与铁塔塔身坡度相同，使基础水平荷载对基础底板的影响降至最低。

（2）应用高强度地脚螺栓。40Cr、42CrMo 高强度地脚螺栓已列于 DL/T 5154—2012《架空输电线路杆塔结构设计技术规定》，其抗拉强度设计值是 35 号钢的 1.63 倍，使用 42CrMo 高强地脚螺栓可减少螺栓数量，简化塔脚板结构，较常规 35 号地脚螺栓结构节约钢材 25.6%~40.5%，节省综合造价 7.4%~22.5%，具有较强的经济优势。

对耐张塔和呼高相对不大的跨越塔基础，推荐采用 42CrMo 高强度地脚螺栓。

（3）基础与杆塔采用钢管插入式连接方式。对于呼高高、作用力大的跨越塔，推荐基础采用插入式钢管与杆塔连接，可避免地脚螺栓连接时出现的地脚螺栓规格、大数量多、应力集中显著、塔脚板加工和安装困难等诸多问题。

钢管插入式连接的结构如图 2.8-4 所示，主要结构特点如下：

1）基础立柱倾斜至上部塔腿坡度一致，通过插入钢管及沿管身长度均匀布置的锚固环板等构件传递、承担荷载，改善高悬臂立柱的应力状态、应力集中现象；

2）插入钢管一般与塔腿主材同规格、同材质，管身锚固板数量根据承载力要求计算确定，锚固板宜加劲，确保其刚度及承载能力；

3）插入钢管顶部采用刚性法兰与上部塔腿连接，底部宜设置底部锚板和固定措施便于结构安装、固定；

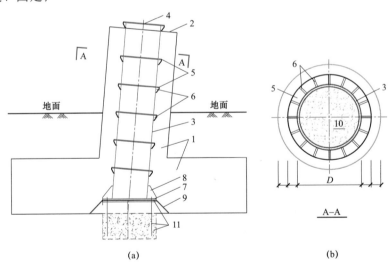

(a) (b)

图 2.8-4 设置加劲焊接锚固环板的插入钢管结构简图

(a) 立面图；(b) 剖面图

1—基础立柱及底板；2—立柱混凝土顶面；3—插入钢管；4—顶部连接法兰（同塔脚法兰）；5—锚固环板；

6—锚固板加劲肋；7—底部端板；8—端板加劲肋；9—底部下压冲切面；10—插入钢管内部

管芯混凝土；11—代表性底部固定措施示意（地脚螺栓型）

4）插入钢管内部采用自密实混凝土灌注密实，同时钢管内部还可与上部杆塔一致配置型钢骨架，形成钢骨钢管混凝土结构，管芯混凝土对外钢管起到约束和支撑作用，对内部角钢起到传递荷载的桥梁作用。

对钢管插入式基础的上拔承载性能的试验研究和数值分析表明：

1）基础承载前期以插入钢管与外部混凝土间的界面黏结作用为主，随着荷载增大，钢管与外部混凝土间出现相对位移趋势，管身锚固板承载作用增大并逐渐向下层各级锚板传递；基础达到极限状态时，锚固板承载力充分发挥，但由于内部管芯混凝土有效限制了外钢管的变形，钢管与外部混凝土间的界面黏结作用仍有相当程度的发挥，可考虑其承载贡献，代表性分析结果如图 2.8-5 所示。

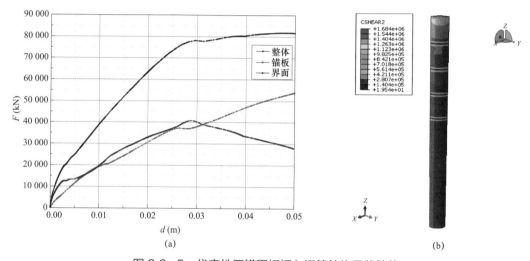

图 2.8-5 代表性四锚固板插入钢管结构承载性能
（a）界面黏结和锚固板承载发挥对比；（b）插入钢管与外部混凝土之间的界面黏结剪应力分布

2）锚固环板宜按多而小的原则布置，为充分发挥锚固环板的承载能力，各锚固环板间距、第一块锚固环板距柱顶的距离、底部锚板与相邻块锚固环板之间的距离均可按 8～10b（b 为锚固环板宽）控制。

3）底部锚板及底部固定措施需考虑插入钢管结构安装时的承载稳定，当基础受力较大、底部锚板作为有效承载构件设计时，需根据底部锚板实际承受的下压荷载验算其底部混凝土结构的抗冲切、局部抗压承载力。

因此，对设置加劲锚固板的插入钢管结构，其抗压或抗拔承载力按式（2.8-8）计算

$$[F] = \varphi_s F_s + \varphi_p \sum_{i=1}^{n} F_{pi} + \varphi_d F_d \tag{2.8-8}$$

式中：[F]为插入钢管结构的极限承载力设计值，kN；F_s 为插入钢管与混凝土之间的界面黏结承载力设计值，kN；F_{pi} 为沿钢管纵向第 i 块锚固环板的承载力设计值，kN；F_d 为管端底部锚板的承载力设计值，kN；φ_s、φ_p、φ_d 分别为各项承载力对应的组合系数，宜通过试验确定。

3. 基础耐久性及防腐设计

大跨越杆塔基础的耐久性与所处环境类别和设计使用年限等相关。对沿海地区大跨越线路基础，主要考虑以氯离子为主的腐蚀问题，具体地基土、地下水和地表水环境的腐蚀类型及腐蚀程度由专项地质勘察确定。基础的设计使用年限宜与上部结构相同。对钢筋混凝土基础结构，主要需控制混凝土材料的耐久性性能指标以及钢筋的混凝土保护层厚度、结构最大裂缝宽度等构造要求；混凝土材料的耐久性指标主要包括：最低强度等级、最大氯离子含量、最大碱含量、最大水胶比、最小凝胶材料用量等基本指标，受海水影响的基础尚应控制混凝土的抗氯离子渗透性，低温地区尚应控制混凝土的抗冻性要求等。具体可按如下原则控制：

（1）对降基后基面远高于海平面或塔位离海岸较远、塔位地质条件较好等基础不受海水影响的海岛塔位基础，宜按 GB 50010—2010《混凝土结构设计规范（2015 年版）》的"三 a"类海风环境控制上述混凝土指标；

（2）对降基后基础底面低于海平面、塔位临近海岸、地基岩石裂隙较发育等可能受裂隙海水影响的塔位基础，宜按"三 b"类海岸环境控制混凝土指标，必要时可添加海水耐蚀剂等外加剂，掺量由配合比试验确定；

（3）对受海水直接作用的水中基础，宜按 JTS 153—2015《水运工程结构耐久性设计标准》控制水中混凝土的相应指标，同时可采用表面涂装防腐涂层、表面硅烷浸渍，采用环氧涂层钢筋等中的一种或多种加强防腐措施。

当水中塔基采用钢管桩或基础有外露钢构件位于水中时，钢结构设计时需根据钢材的腐蚀速度和使用年限预留足够的腐蚀厚度裕量，同时对不同部位的钢结构采用表面涂装防腐涂层、表面金属热喷涂保护、包覆有机复合层、阴极保护等中的一种或多种加强防腐措施。

对位于水中的混凝土桩、钢管桩基础，考虑到检修和维护条件不便，所采用的加强防腐措施宜按设计使用年限不小于 20 年的重防腐型考虑。

4. 基础检测

大跨越杆塔采用桩基础时，应先进行试桩工程，采用静载荷试验确定单桩的竖向极限承载力和水平承载力，试桩数量在同一条件下不少于总桩数的 1%且不少于 3 根，预计工程总桩数少于 50 根时检测数量不小于 2 根。

对大跨越塔基的工程桩，进行桩身完整性和单桩承载力两方面验收检测：

（1）桩身完整性检测：对灌注桩可根据桩径、桩长、桩端嵌岩等条件采用低应变法或声波透射法，检测数量为全部桩基；对预应力混凝土桩采用低应变法检测，检测数量不小于总桩数的 20%且不少于 10 根，单个承台下检测桩数不小于 1 根；对钢管桩需检测桩身环缝和纵缝的焊缝质量，质量等级不低于 2 级。

（2）工程桩的单桩竖向抗压承载力，一般采用高应变法检测，检测数量不小于总桩数的 5%且不少于 5 根；若地基土条件较复杂、成桩施工质量可靠性较低时，需采用单桩静载荷试验进行承载力验收检测，检测数量不小于总桩数的 1%且不少于 3 根，总桩数少于 50 根时检测数量不小于 2 根。

（3）若桩基抗拔或抗水平承载力要求较高时，宜根据设计要求进行单桩竖向抗拔或单桩抗水平静载试验，对工程桩的相应承载力进行验收检测，检测数量不小于总桩数的1%且不少于 3 根，总桩数少于 50 根时检测数量不小于 2 根。

（4）当水中塔基采用钢管桩等预制桩时，尚需在施工前进行试沉桩试验，试验数量不小于 2 根，并采用高应变法对试沉桩进行过程监测，高应变检测应分初打和复打两阶段进行。

当大跨越杆塔采用岩石锚杆基础时，对锚杆未应用过的地层或采用了新型锚杆（如涨壳式锚杆、压力型锚杆、预应力锚杆、锚索等）时，须先进行极限抗拔基本试验，试验采用的地层条件、杆体材料、锚杆参数和施工工艺须与工程锚杆相同，试验数量不小于 3 根。对工程锚杆，应进行单锚抗拔承载力验收试验，同一条件下的检测数量不小于锚杆总数的5%且不少于 6 根，当岩石锚杆总数量较少时，每基塔的检测数量尚不少于 3 根。

对所有杆塔基础，均应进行混凝土强度等级、钢筋的混凝土保护层厚度等质量验收检验。

5. 塔基场地布置及高程确定

大跨越杆塔和耐张塔由于呼高高、节点复杂、立塔和架线难度较大等特点，一般均按平腿塔设计。

（1）海岛塔位塔基场地。对于海岛塔位，需对塔位进行整体降基形成一个较大的施工平台（如图 2.8-6 所示）。施工平台尺寸除考虑杆塔根开和基础尺寸外，还需根据杆塔组立方案、组塔机械设备（抱杆、履带吊、汽车吊等）的占地及运行空间等考虑施工所需范围。

图 2.8-6　海岛塔位大跨越杆塔场地布置

另外，对于呼高高的跨越塔，由于杆塔组立需采用大型履带吊，一般还需对立塔施工平台进行适当延伸、设置延伸平台，延伸平台宜与塔基施工平台等高，且两者相邻布置，场地要求平整夯实。对于大跨越耐张塔，还需考虑架线牵张场地的占地需要，牵张场基面可与塔基施工主平台不等高。

塔基施工平台的设计基面高程，宜尽量满足挖填平衡原则，并综合考虑余土外运条件、基础受力状态、高边坡稳定、挡土墙高度、临海塔位的潮位和浪高等多方面因素确定。设计高程和平台尺寸确定后，土石方量可采用网格法等计算。

（2）水中塔基。水中杆塔组立时需利用塔基承台，同时桩顶承台高程决定着下部桩基的悬臂段高度，影响着桩基抗水平承载能力、桩径选择和工程投资，需综合考虑确定。如图 2.8-7 所示，承台顶面高程 E、底面高程 E_0 可按式（2.8-9）和式（2.8-10）计算

$$E = E_0 + h \tag{2.8-9}$$

$$E_0 = \text{DWL} + \eta - h_0 + \Delta_\text{F} \tag{2.8-10}$$

式中：E、E_0 分别为水中基础承台顶面、底面高程，m；DWL 为相应设计重现期的设计水位，m；η 为水面以上静止波峰面高度，m；h_0 为水面以上波峰面高出承台底面的高度，m，当承台底面高于波峰面时为 0；h 为基础上部承台厚度，m；Δ_F 为受力标准的富裕高度，m，可取 0～1.0m。

当塔基处冲刷深度不大、悬臂段桩基抗水平承载力和水平位移能满足要求时，基础承台宜优先按底面完全高于波峰面模式［如图 2.8-7（b）所示］设计，此时承台完全不受波浪、水流等作用，耐久性要求也可按大气区结构考虑。

当塔基础冲刷深度较大、桩基悬臂高度显著影响桩基承载能力和桩径选择时，基础承台可按底面低于波峰面模式［如图 2.8-7（a）所示］设计，此时承台需考虑波浪和水流的作用，耐久性要求按浪溅区结构考虑。另外，为满足承台混凝土浇筑和杆塔组立的要求，承台顶面应高于设计重现期的浪潮组合高程，承台底面在有条件时不低于施工期

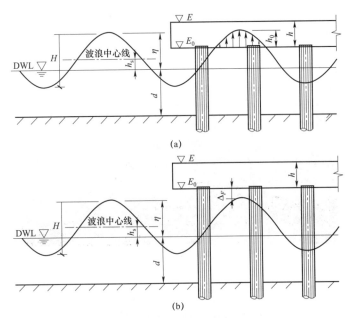

(a)

(b)

图 2.8-7 水中基础承台顶面、底面高程计算示意图

（a）基础承台低于波峰面模式；（b）基础承台高于波峰面模式

可能遇到高水位，并留有适当的承台底模施工高度。

另外，对于水中杆塔需根据各施工步序及工艺要求，考虑钻孔平台、施工栈桥、延伸平台、堆卸料平台、动力平台、施工拉线锚桩等施工附属设施布置。

6. 基础防护措施

（1）海岛塔位的挡土墙。塔基降基形成的挖方、填方边坡应根据岩土体性状设计合适的分级高度、台阶宽度和边坡坡度，部分区域若场地陡峭、不具备大放坡堆填条件时，需在相应区域场地外侧设置挡土墙等支挡结构。大跨越塔位的挡土墙多采用重力式挡墙结构，挡墙高度以不超过 12m 为宜，塔基设计高程确定时须综合考虑这一因素，条件特殊时也可采用分级扶壁式挡墙、桩板式挡墙等其他结构型式。

挡土墙墙身宜采用片石混凝土，混凝土强度等级和其他耐久性指标根据挡墙所处环境类别、腐蚀性程度确定。对挡土墙结构，应根据墙前后土水压力差、墙顶覆土和超载等条件，进行抗倾覆稳定、抗滑移稳定和基底承载力等计算，确定挡墙的设计尺寸、进入持力层深度等。由于大跨越挡土墙一般较高，墙底持力层宜为岩性较好的基岩，最小埋入深度不小于 0.6～1.0m、墙趾距斜坡地面的最小水平距离不小于 1.0～1.5m，挡墙基底根据沿线地形变化分级成台阶状。挡墙内应合理设置泄水孔且排水通畅，防止雨雪等恶劣气候时墙后土体内积水、下渗，确保支挡安全。

（2）水中基础的防护措施。对水中基础周围采取适当的防护措施可有效减少因塔基阻水引起的局部冲刷，提高塔基安全度、确保工程稳定可靠。线路工程针对水中线路塔基的防冲刷措施专项研究较少，主要是参考了桥梁的一些防护措施，主要分为消能减冲型和护底抗冲型两类：

1）消能减冲型：在基础上、下游设置防护桩群、水下潜岛等，可以有效折减流速，将冲刷坑位置前移，从而减小基础范围内的冲刷深度；

2）护底抗冲型：利用抛石、砂袋、石笼、软体排、合金钢网石箱、异型块体等结构对塔基础及周围进行防护，以有效抵抗塔前冲击水流产生的底部向下漩辊，将塔基侧绕流产生的最大流速区调整到防护区外围，并达到减小冲刷深度的效果。

水中塔基的防护措施应根据所处位置的水深水流条件、防护措施自身的稳定维持能力等综合选择，水流冲击较大时，消能减冲型结构自身稳定难以维持且费用较昂贵，因此建议采用护底抗冲型措施对塔基进行防护。

防护结构可根据塔基范围各部分的功能作用分区域进行设计：水中基础及局部冲刷坑范围为核心防护区，可在桩基施工前进行预防护；护坦区为核心区以外的必须区域，采用护坦与床面柔性接触形成防护，以确保核心防护区范围内的稳定。防护措施的防护效果宜采用冲刷模型试验进行定量评估（如图 2.8-8 所示），并加强施工期、运营期的监测和维护，及时修复和更换失效部件。

2.8.5 边坡覆绿

对海岛塔位因塔基平台降基形成的挖方边坡、填方边坡，需采取针对性的覆绿措施，防止水土流失，同时达到恢复植被、改善景观、保护环境的目的。

图 2.8-8　代表性水中塔基防护措施效果评估模型试验

（1）挖方边坡覆绿。塔基外的挖方边坡多为岩石边坡或硬度较高的土质边坡，且坡度一般较陡，此类边坡覆绿的关键是植物与岩壁的关系问题：岩壁地质条件能否满足植物需要、植物能否适应这些条件。

对于节理不发育、稳定性良好的岩质边坡或硬度高、植物根系生长受阻的土质边坡，可考虑采用藤本植物绿化：在每级边坡的坡顶、坡脚处设置种植槽（内敷客土），在其栽种藤本植物生长、攀爬和覆盖坡面，种植槽外侧可间隔种植迎春花、葛藤等，内侧可种植爬山虎、络石等藤蔓植物。

对节理发育的边坡，可充分考虑坡面防护型覆绿措施，如生态袋、喷播植生混凝土等技术：将采用特定配方、含有草种的生态袋或植生混凝土等附在边坡表面，并根据情况采用挂网和锚钉等固定。

代表性挖方边坡覆绿措施如图 2.8-9 所示。

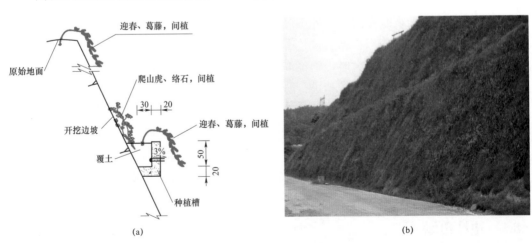

(a)　　　　　　　　　　　　　　　　　　(b)

图 2.8-9　挖方边坡覆绿措施（cm）

（a）藤本植物绿化示意图；（b）挂网喷播植生混凝土实例

（2）填方边坡覆绿。塔基外的填方边坡由满足一定粒径和级配要求的块石或土体回填、压实而成，可在坡面清理和修复后混播灌草籽进行覆绿，必要时在坡面上铺设一定厚度的砂砾垫层、回填 10～15cm 的种植土再混播草籽，推荐采用胡枝子、狗牙根、高羊茅等灌草籽，最后坡面加盖无纺布等防止受雨水冲刷。

对坡度较陡的填方边坡，必要时可沿坡面修筑混凝土框格，并在框格内种植草籽，如图 2.8−10 所示。

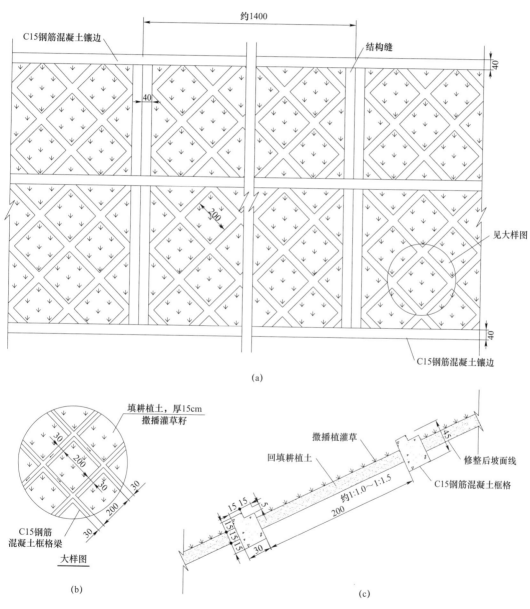

图 2.8−10　填方边坡框格植草覆绿方案示意图（cm）

（a）框格植草覆绿平面布置图；（b）框格尺寸大样；（c）框格结构纵剖面详图

2.9 附属设施设计

2.9.1 警航装置

1. 海上警航设施

当水中塔基所处水域为通航水域或可能有船舶经过时，对过往船舶而言，输电铁塔属于水中构筑物类危险物，需设置"水中构筑物"水域专用标志，同时按需设置其他导助航设施。水中构筑物专用标志的特征要求见表 2.9-1，同时标身上应明显外漆有"水中构筑物"标记，颜色为黑色。

表 2.9-1 水中构筑物专用标志的特征要求

特征	水中构筑物专用标
颜色	黄色
形状	不与灯浮和水中固定标志相抵触的任何形状
顶标	黄色，单个 "ʹ" 形
灯质	黄光；闪光节奏：莫尔斯信号 "C"；周期 12s

水中塔基的警航标志（包括其布置位置、数量、规格、特征要求、下部基础型式、供电系统等）以及其他导助航设施，一般须结合周边航道、桥梁及水工建筑物等水域环境的航标系统综合考虑，并进行专项设计，设计方案取得港航管理部门同意后方可实施。水中塔基的警航、导助航设施的设计和实施一般均需由具有相应资质的单位完成。

2. 航空警示装置

大跨越工程应按照《中华人民共和国民用航空法》、MH 5001—2013《民用机场飞行区技术标准》等国家有关文件及当地民航管理部门的要求，设置大跨越高塔航空障碍设施。大跨越用航空警示装置包括航空警示漆、航空障碍球、航空警示灯等，应根据实际情况进行配置。

（1）航空警示漆。参考 MH 5001—2013《民用机场飞行区技术标准》相关规定，跨越高塔分段油漆，每段油漆颜色红（橙）白相间，其中顶层和底层为红（橙）色。分段长度为塔高的 1/7 或 30m，取其中较小值。

（2）航空障碍灯。

1）航空障碍灯型式选择。按照民航部门协议要求或参考 MH 5001—2013《民用机场飞行区技术标准》相关规定进行选择，一般高于 150m 的大跨越高塔多采用 B 型高光强航空障碍灯以示意导地线以及杆塔的存在。

根据 MH/T 6012—2015《航空障碍灯》，B 型高光强航空障碍灯为白色闪光灯，并在白昼、黄昏或黎明及夜间全天候变化强度闪光，光强分别为白昼 100 000cd±25%；黄昏或黎明 20 000cd±25%；夜间 2000cd±25%。

为达到发光强度，B 型高光强航空障碍灯一般采用气体放电灯管，由于其所需功率大，能耗高，在野外无电源安装时需要的太阳能电池面积大，费用高，备用的蓄电池容量也需相应提高，因此近年来也有厂家提出采用 LED 灯体的方案。

2）航空障碍灯供电方式。航空障碍灯电源应至少配有一套可靠电源和一套备用电源，一般在有条件的情况下采用交流电源供电方式，并采用蓄电池组作为备用。

3）航空障碍灯布置方式。大跨越高塔上，B 型高光强航空障碍灯设置高度层要求如下：

a. 铁塔顶部。

b. 导线弧垂最低点。

c. 上述两层中间的大致中间高度。

每层对角线位置设置 3~4 台（视水平扩散角的不同）B 型白色高光强航空障碍灯使之达到 360° 的覆盖范围。

标明铁塔存在的 B 型高光强障碍灯应顺序闪光：首先中层灯，然后顶层灯，最后底层灯。各层之间闪光的间隔时间见表 2.9-2。

表 2.9-2 航空障碍灯各层之间闪光间隔

闪光间隔	闪光时间之比
中层灯至顶层灯	1/13
顶层灯至底层灯	2/13
底层灯至中层灯	10/13

（3）航空警示球。航空警示球直径应不小于 60cm；采用直径 60cm 的航空警示球时，其间距应不大于 30m。当航空警示球直径增大时，间隔可随之相应增大，具体见表 2.9-3。对于安装在多条地线上的航空警示球，间距要求应用于不同地线上的相邻警航球之间。

表 2.9-3 警 航 球 间 隔 要 求

标志物直径（cm）	允许的相邻标志物之间或标志物与杆塔之间的最大间距（m）
60	30
80	35
大于 130	40

航空警示球建议使用纯色：航空橙色、白色或红色。所选颜色应与背景颜色形成明显反差。当采用多个白色及红色或白色及橙色警航球时，应相间设置。当使用少于四个警航球时，应使用航空橙色。

在涉及多条地线的场合，航空警示球应设在输电线路的最高地线上。

航空警示球的颜色应满足 MH 5001—2013《民用机场飞行区技术标准》中附录 I 的要求。

2.9.2 登塔装置

一般跨越塔高度超过 150m 时需安装自动登塔装置，高度较高时可设置电梯和旋梯，高度较低时可设置简易提升装置和旋梯。跨越塔登塔机械装置多采用井筒式电梯和攀爬机，如图 2.9-1 所示。

(a)

(b)

图 2.9-1 登塔装置

（a）井筒式电梯；（b）攀爬机

铁塔攀爬机和井筒式电梯的技术特性对比见表 2.9-4。

表 2.9-4 铁塔攀爬机和井筒式电梯对比

项目	井筒式电梯	铁塔攀爬机	说明
造价	较高	较低	（1）电梯自身造价较高，且需要设置专用井筒，进一步增加工程造价； （2）攀爬机的造价相对较低
对铁塔的影响	较大	小	（1）电梯的井筒挡风面积大，传递给铁塔的风荷载较大，使得铁塔和基础的工程量增加较大； （2）攀爬机导轨挡风面积极小，对铁塔影响较小
可否安装、拆卸	不能拆卸	拆卸、运输方便	攀爬机每次安装、拆卸比较方便
自身质量	大	小	（1）电梯的质量一般都在 1t 以上； （2）攀爬机的质量约 300kg，运行时对铁塔影响较小
维护成本	较高	较低	电梯作为户外固定设备，需要专人维护和保养
运行环境	较好	较差	（1）电梯在封闭轿厢内运行，运行环境较好； （2）铁塔攀爬机的吊笼相对开放，运行环境相对较差
提升高度	可满足一般跨越塔提升高度要求	可满足一般跨越塔提升高度要求	（1）电梯需要通过电缆与地面的电源连接，升降高度除受到导轨（井筒）限制外，还受到电缆限制； （2）攀爬机主要受风速影响较大

续表

项目	井筒式电梯	铁塔攀爬机	说明
运行速度	1.5～2.5m/s	0.2m/s（12m/min）	电梯运行速度较快
安全保护措施	满足要求	满足要求	两者安保措施均可满足要求
配套设施	现场需提供外接电源，且需建控制房	自备动力电源，需建设备存储库房	（1）电梯需要现场外接电源和建设控制房； （2）攀爬机需现场留设组装平台，并设置存储库房
适应地形	电梯的起始高度可在一定高度的平台上	导轨架需做好防水措施	对于易淹水或者水中立塔，电梯相对较为方便

由表 2.9-4 的对比可以看出，攀爬机具备成本优势，同时拆装便捷，但提升速度较慢，运行期间受外界环境影响大，两种设备各有优缺点。根据工程经验，提升高度低于 200m 的杆塔可设置铁塔攀爬机，额定载重量不宜小于 300kg，攀爬机轨道直接依附在中央井架或塔腿主材上。提升高度超过 300m 的跨越塔宜在塔身中央设置井筒，安装垂直升降电梯，电梯可采用曳引机拖动式，额定载重量不小于 500kg。

2.9.3 在线监测

大跨越工程可根据工程实际情况和运行维护需要设置在线监测装置，大跨越常用的在线监测装置包括微风振动监测、微气象监测、远程视频监测、杆塔倾斜监测、导线舞动监测等。

多种在线监测装置应综合考虑供电及通信接入方案，可通过光缆、微波、公网或专网无线信号综合实现通信接入，典型的无线通信方案拓扑图如图 2.9-2 所示。

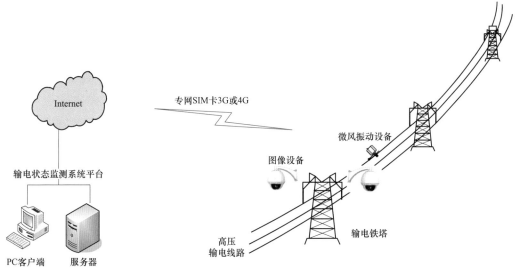

图 2.9-2 在线监测无线通信拓扑图

2.9.4　防撞装置

对临近航道或过往船只通过临近水域的水中塔基，须设置专项防撞装置或系统，有效避免或降低船舶的撞击破坏，确保水中塔基及海上架空输电线路的安全。

防撞系统自身可分为非结构性防撞和结构性防撞两大类。对水中塔基，综合有效性、耐久性、可维护性和经济性，宜采用两类防撞系统相结合的防撞设计。

（1）非结构性防撞，指的是通过有效的管理手段导引航船的航向、控制航行，以减少撞击事故的发生，其主要措施是设置交通信号、AIS 无线电航标灯导助航设施。非结构性防撞措施的效果受限于人为活动及天气情况等，对重要性高的大跨越线路工程，宜作为结构性防撞系统的辅助措施。

（2）结构性防撞，是通过设置结构构造物的措施，以抵抗或缓冲船舶的撞击，确保被保护结构物的安全。对水中塔基，结构性防撞为主要的防撞手段，须进行针对性的选型和设计。

1. 防撞等级和撞击力标准

防撞等级和撞击力标准的确定，须进行专项研究和分析，一般均建立在充分研究塔位水域的实际交通状况和水文、地质条件的前提下进行。充分收集和分析塔位周边水上交通现状、通过船舶流量和航路、现状习惯航线和周边水上交通事故资料等，分析和预测未来主要通航船型的年通航密度，再结合塔位处水深、水流、海床演变等条件，进行塔基船撞概率风险分析，明确塔位的设防船舶等级和撞击速度，并采取适当方法确定对应的船舶撞击力标准。周边通航环境较复杂时，可进行专项船舶模拟试验，模拟船舶航行轨迹。

2. 结构性防撞系统选型和设计

结构性防撞系统在桥梁等工程中应用较多，根据防撞系统与撞击船舶的相对刚度关系，可分为刚性防撞和柔性防撞两类。

（1）刚性防撞设施包括分离式刚性防撞墩、刚性人工岛等型式，刚性防撞要求自身具有较大刚度，利用自身的强度和刚度来抵抗船舶撞击。由于刚性防撞设施一般规模和占地较大，对临近水域环境有一定影响，线路工程较少采用。

值得说明的是，现行国内外大多数标准和研究中，船舶与结构物之间的撞击力计算基本均是基于船舶与结构物的撞击为刚性碰撞这一假定提出的，根据能量交换原理或冲量原理，得出船撞力与船舶载重、撞击速度和撞击作用时间等的函数关系式。这种撞击力的计算模式，对刚性防撞设施是较为适用的。

（2）柔性防撞设施包括升降附着式柔性防撞（套箱）系统、柔性护墩桩式防撞系统、群桩–浮式圆形柔性防撞系统、消能重力锚自动下落式浮基拦阻系统等柔性结构型式，其承受船舶撞击时撞击部位会发生塑性变形，通过防撞体系的大变形来消耗撞击动能，达到减缓船速或阻停船舶的目的。水中输电线路塔基的防撞设施多为此类型，代表性防撞设施如图 2.9-3 所示。

(a)

(b)

(c)

图 2.9-3　代表性柔性防撞设施

（a）升降附着式柔性防撞系统；（b）柔性护墩桩式防撞系统；（c）消能重力锚自动下落式浮基拦阻系统

1）升降附着式柔性防撞系统设计。对升降附着式柔性防撞系统，其一般附着于基础承台侧面，受船舶撞击时通过防撞体系溃缩变形来达到缓冲撞击力，同时与承台间设置有滚轮式橡胶护舷，可使防撞体系沿基础承台上下滑动、减少摩擦和缓冲撞击力。防撞系统根据防撞缓冲材料的不同，有全钢质结构、钢质-PPZC 复合材料结构和全复合材料结构等类别。相对而言，钢质-PPZC 复合材料结构兼具了钢质材料的刚度、抗冲击性能好以及复合材料的耐腐蚀好、弹性缓冲消能的优点，可有效降低船舶撞击力 30%～40%，同时可多次承受撞击、不易崩溃，推荐在水中塔基需承受中、大型船舶高能量撞击时采用，如万吨级船舶主动撞击工况。

采用升降附着式柔性防撞系统时，水中基础应充分考虑承受船舶的撞击作用，进行偶然设计工况的极限状态设计；经充分论证可确保柔性防撞系统的耗能效果时，基础本体的撞击作用荷载可相应折减。另外，基础承台高度应配合升降式柔性防撞系统设计，确保船舶的撞击作用点位于刚度相对较大的承台区域为宜。

2）柔性护墩桩式防撞系统设计。柔性护墩桩式防撞系统的布置需根据主要撞击设防方向、角度等因素进行，一般与水中塔基按完全分离模式设计。当船舶撞击能量不超过防撞系统的消纳能力时，水中塔基本体可不考虑船舶撞击作用，降低基础本体工程量和施工难度，经济性好。因此，建议柔性护墩桩式防撞系统在塔基承受中、小型船舶撞击能时使用，如千吨级船舶漂流撞击工况，可进行相关试验和分析评估其防撞效果。

相关试验研究表明，双排桩组合式防撞体系的吸能效果分别是同桩数单桩和单排桩防撞体系的 2.5 倍和 1.6 倍，因此柔性护墩桩式防撞系统宜设置多排防撞桩，防撞桩采用钢管桩或钢管混凝土桩；内外圈防撞桩之间设置刚性连系梁，同圈防撞桩之间设置钢丝束缆索和钢性连梁，钢丝束缆索采用索夹固定。钢丝束缆索和钢管梁组成的桁架横梁体系使防撞系统的整体性和刚度均较好，防撞桩系统可作为整体共同抵抗船舶撞击力，从而能吸收更多的撞击能量。

柔性护墩桩式防撞系统是一个由防撞桩、桩周土及桩顶纵梁和斜梁组成的复杂三维结构，可按撞击能量控制的简化防撞分析方法、通过三维有限元评估防撞系统的防撞能力和各结构部件的优化设计。该设计方法的总体思路为：

a. 采用 p-y 曲线法来分析水平荷载作用下防撞桩的大变形受力特性；

b. 三维整体建模，模型中采用非线性弹簧系统来模拟桩周土的抗力，桩间钢丝束及连系梁用梁单元建模；

c. 逐渐施加荷载或位移模拟船舶撞击，过程中防撞桩或连梁构件达到承载极限则退出工作，由于拉索的有效连接系统仍能整体承载，构件间应力重分布；

d. 分析防撞系统的整体吸能效果、评估系统的防撞性能，同时对构件规格和索夹连接等关键节点进行优化设计。

参考文献

[1] 吴庆华，王钢，陈媛，等. 中国输电线路大跨越设计与实践 [J]. 湖北电力，2016，40（6）：1-06.

[2] 万建成，黄伟中. 交流特高压线路大跨越工程金具选型建议 [J]. 电力建设，2007，28（5）：17-20.

[3] 陈祥和，刘在国，肖琦. 输电杆塔及基础设计 [M]. 北京：中国电力出版社，2008.

[4] 杨元春，张克宝. 输电跨越塔设计回顾与展望 [J]. 特种结构，2006，23（3）：70-76.

[5] 杨靖波，邢海军，吴静，等. 特高压输电铁塔结构发展及材料应用 [C]. 中国钢结构协会. 2013 中国钢结构行业大会论文集，郑州，2014：634-640.

[6] 曹现雷，郝际平，张天光. 新型 Q460 高强度钢材在输电塔结构中的应用 [J]. 华北水利水电学院学报，2011，32（1）：79-82.

[7] 袁敬中，秦庆芝，崔巍，等. 高强钢在特高压输电铁塔中的应用 [J]. 中国电业（技术版），2014（8）：69-72.

[8] 郭咏华，张斌，张建明. Q690 钢管塔试验及工程应用 [M]. 北京：中国电力出版社，2013.

［9］　董建尧. 芜湖长江大跨越塔高强度螺栓的设计［J］. 电力建设，2003，24（4）：30－36.

［10］　国家电网公司，苏通长江大跨越工程关键技术研究成果专辑［M］. 北京：中国电力出版社，2018.

［11］　李光辉，钟国森，黄宵宁. 输电线路基础［M］. 北京：中国电力出版社，2011.

［12］　曹伯勋. 地貌学及第四纪地质学［M］. 武汉：中国地质大学出版社，2009.

［13］《工程地质手册》编委会. 工程地质手册［M］. 5 版. 北京：中国建筑工业出版社，2018.

［14］　孟庆峰. 桥墩局部冲刷深度预测方法研究［D］. 湖南长沙：长沙理工大学，2008.

［15］　王树青，梁丙臣. 海洋工程波浪力学［M］. 青岛：中国海洋大学出版社，2013.

［16］　高志林，但汉波，邢月龙，等. 复杂荷载条件下钢管插入式基础受力性能分析［J］. 电力建设，
　　　　2011，32（9）：19－23.

［17］　王玲，黄景春，李喆. 裸露岩质边坡覆绿的生态地质学指标分析［J］. 湖南生态科学学报，2017，
　　　　4（2）：43－47.

［18］　江祖铭，王崇礼. 公路桥涵设计手册：墩台与基础［M］. 北京：人民交通出版社，2000.

［19］　王京伟. 跨甬江航道的招宝山大桥主墩防撞设施选型分析［J］. 中国水运月刊，2016，16（2）：
　　　　224－226，273.

［20］　王召兵，徐奎，陈亮，等. 桥梁浮式防撞设施研究［J］. 中国水运月刊，2017，17（10）：233－234.

［21］　胡列翔，张浙杭，高志林，等. 舟山与大陆联网大跨越线路工程海上铁塔基础防撞系统设计［J］. 电
　　　　力建设，2011，32（3）：9－14.

第 3 章
大跨越导地线与金具研制

大跨越导地线的选型和设计直接关系到大跨越线路的安全可靠性及经济合理性，随着近年来我国大跨越工程的发展以及导线制造水平的不断提升，对大截面、高强度大跨越用导线及相关配套金具的研制需求日益增长。大跨越工程地形开阔，导地线高度高，微风振动是危害线路安全运行的一大因素，随着大跨越工程导地线强度的提升，防振设计难度不断提高，成为影响导地线张力取值及新型导线应用的关键因素。

本章结合西堠门大跨越的建设情况，介绍大跨越导线和金具的研制。

3.1 大跨越导线研制

西堠门大跨越采用"耐–直–直–耐"的方式一档跨越西堠门航道，跨越档距 1016m–2656m–521m，跨越耐张段长度 4193m。主航道通航 30 000t 船舶，通航净高 49.5m。属特大规模跨越，在国内导线不能满足工程应用要求，因此开展了大跨越导线研制与工程技术应用研究，为此类大跨越工程的建设提供技术支持。

3.1.1 导线结构及技术参数设计

3.1.1.1 导线选型设计

1. 导线设计条件

西堠门大跨越为同塔四回路大跨越，最大跨越档长度达 2656m，耐张段长度达 4193m，对于这种规模的大跨越工程，导线截面及分裂数的增加对荷载大小和投资的影响较一般工程要大得多，因此西堠门大跨越选择导线的原则为，在满足输送容量的要求下，尽量降低导线截面，增加导线强度，降低跨越塔塔高，从而降低工程造价。

（1）导线载流量。经系统分析，西堠门大跨越线路系统每回输送能力 1100MW，功率因数 0.9，常规线路导线截面按 $4 \times 300mm^2$ 选择，大跨越考虑与之匹配。由此计算西堠门大跨越的 500kV 部分最大输送电流 2740A。220kV 部分最大输送电流 1598A。

（2）弧垂特性要求。为了尽可能减小导线弧垂，降低跨越塔高度，节约工程造价，大跨越需选用弧垂特性（通常用导线拉断力与自重之比来表示）较好的导线。根据国内外大跨越线路的设计经验，西堠门大跨越属特大规模大跨越，导线弧垂特性宜不小于 15km。

（3）单根导线长度。大跨越导线要求按耐张段整根制造，不得有接头。西堠门大跨越耐张段长度达 4193m，相应的导线单根制造长度应不小于 4600m。

（4）导线制造能力。对于钢芯铝合金绞线，Q/GDW 11275—2014《特高强钢芯铝合金绞线》中明确了相关技术要求，其中 G6A 特高强镀锌钢线的抗拉强度已达到 1960MPa。经过对国内各生产厂家的调研，对铝合金部分，单丝材料供应上目前众多厂家均没有问题；对 G6A 镀锌钢部分，单丝材料上国内主流的三四家厂家也具备制造能力。对于导线制造长度，从目前了解的情况看，不论铝合金还是镀锌钢丝，单丝制造长度均不是限制因素。从绞制情况看，对于截面积 500mm² 左右的钢芯铝合金导线，国内主要厂家单根导线制造长度均可达到 5000m 以上，可以满足西堠门大跨越工程需要。

对于铝包钢绞线，采用高强度钢盘条，国内主要生产厂家铝包钢线强度均可较 GB/T 17937—2009《电工用铝包钢线》中规定强度提高 10%以上，2010 年投产的舟山螺头水道大跨越采用了 JLB23－380 绞线，单根制造长度达 6500m，可见目前国内铝包钢绞线的生产能力可以满足西堠门大跨越工程需要。

2. 导线选型分析

按照上述导线设计条件进行初步筛选，西堠门大跨越 500kV 导线初步选取 4×JLHA1/G6A－300/170、4×JLHA1/G6A－300/240、2×JLHA1/G6A－720/410 三种特高强钢芯铝合金导线方案和 4×JLB23－380、4×JLB27－380 两种铝包钢绞线方案进行比选，各方案对应的 220kV 导线方案分别为 2×JLHA1/HEST－300/170、2×JLHA1/HEST－300/240、JLHA1/HEST－900/510、4×JLB23－380、4×JLB27－380。

经计算分析，各方案导线载流量、机械性能及电气性能等均满足工程需要，重点在于工程投资与运行经济性的差异，采用全寿命周期年费用法对不同导线方案年费用进行了分析，见表 3.1－1。

表 3.1－1　　　　　　　　　西堠门跨越导线年费用比较

方案序号		1	2	3	4	5
500kV 导线型号		JLHA1/HEST－300/170	JLHA1/HEST－300/240	JLHA1/HEST－720/410	JLB23－380	JLB27－380
分裂数		4	4	2	4	4
损耗小时数（h）	电价（元/kWh）	年费用（万元/km）				
2400	0.30	885.30	655.88	666.30	547.96	684.52
	0.35	889.80	660.41	670.19	562.71	696.50
	0.40	894.29	664.95	674.08	577.47	708.48
	0.45	898.78	669.49	677.97	592.22	720.46
	0.50	903.27	674.03	681.86	606.98	732.44
2900	0.30	890.92	661.55	671.16	566.40	699.50
	0.35	896.35	667.03	675.86	584.23	713.97
	0.40	901.78	672.51	680.56	602.06	728.45
	0.45	907.20	678.00	685.26	619.89	742.93
	0.50	912.63	683.48	689.96	637.72	757.40

损耗小时数（h）	电价（元/kWh）	年费用（万元/km）				
	0.30	896.53	667.22	676.02	584.84	714.47
	0.35	902.90	673.65	681.53	605.75	731.44
3400	0.40	909.26	680.08	687.05	626.65	748.42
	0.45	915.63	686.50	692.56	647.55	765.39
	0.50	921.99	692.93	698.07	668.45	782.36

通过对导线机械特性，设计张力取值，跨越塔塔高，杆塔水平荷载、垂直荷载、纵向张力及电能损耗、材料价格等方面的分析计算，并用年运行费用法对年费用进行分析比较，对于西堠门大跨越推荐 500kV 及 220kV 均采用 4 分裂 JLB23－380 导线方案。

3.1.1.2　导线主要参数计算

西堠门大跨越 JLB23－380 铝包钢绞线主要参数如下：

（1）导线的外径。导线外径 D 为

$$D = (1+2n)d \qquad (3.1-1)$$

式中：D 为导线外径，mm；d 为铝包钢线外径，mm；n 为铝包钢绞层数。

铝包钢绞线 JLB23－380，铝包钢单线直径为 3.60mm，37 股为 1+6+12+18 结构，铝包钢绞线为 3 层，代入式（3.1－1）中得到导线外径为 25.2mm。

（2）导线单位长度质量为

$$W = q_s Z_s \times \frac{\pi d_s^2}{4} \times (1+k_s) \qquad (3.1-2)$$

式中：W 为导线单位长度的质量；q_s 为铝包钢密度，g/cm³；Z_s 为绞线数量；d_s 为铝包钢单线外径，mm；k_s 为导线绞合增量。

导线绞合增量按 GB/T 1179—2017《圆线同心绞架空导线》执行；铝包钢密度取 6.27g/cm³，代入式（3.1－2）得导线单位长度质量为 2408.6kg/km。

（3）导线额定拉断力。铝包钢绞线的额定拉断力

$$RTS = (A_s \sigma_s)/1000 \qquad (3.1-3)$$

式中：RTS 为导线额定拉断力，kN；A_s 为铝包钢芯的截面积，mm²；σ_s 代表铝包钢线的抗拉强度，MPa。

导线截面积为 376.62mm²，铝包钢线抗拉强度为 1220MPa，代入式（3.1－3）得导线拉断力为 459.47kN。

（4）导线直流电阻。铝包钢绞线 20℃直流电阻 R

$$R = \rho \frac{1}{A} k_a \Sigma \qquad (3.1-4)$$

式中：R 为导线单位长度直流电阻，Ω/km；ρ 为铝包钢电阻率，nΩ·m；A 为铝包钢绞线

的截面积，m^2；$k_a\Sigma$ 为绞合增量系数。铝包钢线的电阻率为 74.96nΩ•m，代入式（3.1-4）得导线直流电阻为 0.203Ω/km。

（5）绞线综合弹性模量。铝包钢绞线为同一种材质绞合而成，因此其综合弹性模量为铝包钢线弹性模量，即导线的综合弹性模量为 149GPa。

（6）绞线综合线膨胀系数。铝包钢绞线为同一种材质绞合而成，因此其综合线膨胀系数为铝包钢线线膨胀系数，即导线的线膨胀系数为 12.9×10^{-6}（1/℃）。

3.1.1.3 导线结构及参数

西堠门大跨越用铝包钢绞线 JLB23-380 技术参数见表 3.1-2。

表 3.1-2　　　　　　　　铝包钢绞线技术参数（JLB23-380）

项目		单位	技术要求
外观及表面质量		—	绞线表面不应有肉眼可见的缺陷，如明显的压痕、划痕等，并不得有与良好商品不相称的任何缺陷
结构	股数/直径	根/mm	37/3.60
计算截面积	总计	mm²	376.62
	铝		112.99
	钢		263.63
外径		mm	25.20
单位长度质量		kg/km	2408.6
额定抗拉力		kN	≥459.47
20℃时直流电阻		Ω/km	≤0.2030
弹性模量		GPa	149
线膨胀系数		1/℃	12.9×10^{-6}
最高允许使用温度		℃	≥150
节径比	内层	—	10~14
	邻外层	—	10~14
	外层	—	10~14
	对于有多层的绞线	—	任何层的节径比应不大于紧邻内层的节径比
绞向	外层	—	右向
	其他层	—	相邻层绞向应相反
每盘绞线净重		kg	—
每盘绞线毛重		kg	—
每盘线长		m	≥4600
线长偏差	正	%	0.5
	负	%	0

西堠门大跨越所采用的铝包钢绞线是采用导电率为 23%IACS 的铝包钢线绞合而成，导线的结构示意图如图 3.1-1 所示。

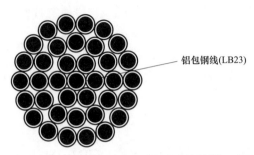

铝包钢线(LB23)

图 3.1-1　JLB23-380 铝包钢绞线结构示意图

3.1.2　导线的试制与试验

3.1.2.1　导线试制的依据和关键点

导线研制主要依据 GB/T 1179—2017《圆线同心绞架空导线》和 GB/T 17937—2009《电工用铝包钢线》等国内现行标准。

经过与国内外同类产品技术指标比较，确定了下列的技术攻关难点：

（1）高强度铝包钢线电阻率及抗拉强度的性能保证，性能要求达到抗拉强度（绞后）不小于 1220MPa，伸长率不小于 1.5%，电阻率不大于 74.96nΩ·m（23%IACS），扭转不小于 20。

（2）铝包钢绞线的绞合成型技术。

3.1.2.2　工艺分析

在产品的研制过程中，高强度铝包钢的研发、拉线工艺、热处理和保证导线最终质量为主要攻关目标，同步研制开发和完善工艺技术，使得产品的综合性能满足设计要求。在研制过程中，解决的主要技术问题和采取的措施如下：

1. 原材料采购控制

铝包钢线抗拉强度高，钢盘条的选择至关重要。从理论上讲可通过提高总压缩率工艺来提升铝包钢线的强度，然而在提高强度的同时，断线现象随着压缩率的增加逐步提升，甚至无法满足正常绞合工艺，即使不断的铝包钢线的塑性和韧性也很差。

为了确保铝包钢线既有高的抗拉强度，又有良好的塑性。需对高碳钢盘条进行微量元素调整，以保证钢的强度和韧性。综合考虑，选择增加碳、锰元素来提升钢盘条的抗拉强度，以满足此次铝包钢线的开发。

高碳钢盘条中最主要的危害元素为磷（P）、硫（S），是高碳钢产生脆性的主要元素。GB/T 699—2015《优质碳素结构钢》及 GB/T 13304《钢分类》标准中特级优质钢的 P≤0.025%，S≤0.020%，此次开发对磷、硫元素的含量进行严格控制，以不大于 0.010% 作为控制指标。

要保证铝包钢线的生产质量，必须选择危害元素 P、S 含量低，晶粒度等级高，索氏体化率高的盘条。

不同厂家的盘条关键性能指标见表 3.1－3，对比不同钢盘条厂家的试验结果，选用优质盘条，从而保证铝包钢线的冷加工性能和成品性能。

表 3.1－3　　　　　　　　　　　　　**盘条关键性能指标对比**

编号	供应商	元素					晶粒度	索氏体化率
		C	Si	Mn	P	S		
1	宝山钢铁股份有限公司	0.83%	0.25%	0.74%	0.006%	0.002%	9.0	90%
2	江苏沙钢集团有限公司	0.83%	0.24%	0.72%	0.017%	0.012%	8.0	80%
3	青岛钢铁控股集团有限责任公司	0.82%	0.24%	0.67%	0.009%	0.010%	8.0	80%

2. 铝包钢线制造要点

铝包钢的生产从材料、设备选择、工艺调整、检测分析等方面进行把关。

（1）材料把关。高碳钢盘条，此次选用的钢盘条，碳含量较高，微小的擦伤和摩擦均能引起脆性组织表面马氏体的产生，盘条的包装运输把关尤其重要。包装采用双层全包（普通钢为单层包装），运输采用汽车运输（普通钢为吊装船运），盘条到厂检查表面质量并进行性能和成分的检测。

（2）设备选择。含碳量越高，加热温度的敏感性越高。热处理设备的炉温均匀性越重要。选择天然气明火热处理炉，炉内温度稳定可控，火焰稳定且直接喷在钢丝表面，减小热传导损失和温度波动。

（3）工艺控制。热处理工艺是铝包钢生产的关键所在，通过对加热温度、均热温度、生产速度的控制，得到索氏体 90%以上塑性较好的钢丝；拉拔工序通过多道压缩率工艺调整，减小钢丝拉拔热量的产生，避免加工硬化过度。主要工艺控制点如下：

1）合理控制热处理工序加热温度、均热温度、铅浴温度、收线速度的配比，保证钢丝索氏体转化率，满足钢丝的强度、收缩率、伸长率和良好的再加工性能，确保最终铝包钢线的强度和塑性；

2）合理控制钢丝酸洗的盐酸浓度、酸洗温度，保证钢丝表面的洁净度；

3）合理设定连续挤压包覆工序模腔温度、感应加热温度、挤压轮与线速配比等参数，保证外层铝与钢的紧密冶金结合；

4）合理配比连续挤压包覆工序导向模与挤压模尺寸，保证铝层厚度要求，确保铝包钢线的导电性能满足设计要求；

5）合理选择压力模和拉拔模尺寸，保证铝钢的同步变形、均匀变形。

（4）检测分析。除基本的性能检测外，对热处理钢丝和铝包钢进行金相分析，通过对钢丝组织的检测，索氏体转化率达 95%以上，且无渗碳体等脆性组织的产生。

3.1.2.3 试生产情况及生产工艺流程

1. 主要设备选择

铝包钢绞线产品的核心技术是导电率为 23%IACS 铝包钢线的制造,因此设备选择必须满足产品特点。

(1)预拉机:采用先进的 6 道次直进式预拉设备,保证钢丝洁净、小压缩率、多道次同步均匀变形。

(2)热处理炉:采用先进的 28 孔四段式天然气连续热处理炉,炉温稳定精确,自动化程度高,确保钢丝组织的均匀稳定变化。

(3)连续挤压包覆机:采用双杆双槽连续挤压包覆机配套感应加热,保证铝层与钢芯达到冶金结合,且铝层均匀。

(4)双金属同步变形拉丝机:采用 12 道次直进式双金属同步变形拉丝机,保证了铝包钢线材的小压缩率、多道次、同步均匀变形。

(5)管式绞线机:采用先进的轴承式管式绞线机,张力均匀,保证了铝包钢绞线的绞合质量。

2. 导体总体生产工艺流程

导体总体生产工艺流程如图 3.1-2 所示。

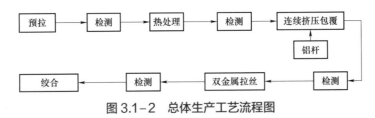

图 3.1-2 总体生产工艺流程图

3.1.2.4 导线试验及结论

将 JLB23-380 铝包钢绞线的试样送国家电线电缆质量监督检验中心进行机械性能、电气性能的型式试验测试,主要试验结果见表 3.1-4。

表 3.1-4 铝包钢绞线 LB23-380 主要指标测试数据

序号	项目	单位	技术要求	检测结果
铝包钢线 LB23				
1	直径及允许偏差	mm	3.60±0.05	3.60
2	20℃时直流电阻率	$\Omega \cdot mm^2/m$	≤0.074 96	0.074 64
3	抗拉强度(绞后)	MPa	≥1220	1420
4	1%伸长应力	MPa	≥980	1289
5	伸长率	%	≥1.5	1.7
6	扭转	次	≥20	34
7	最薄铝层厚度	mm	≥0.198	0.288
8	平均铝层厚度	mm	≥0.293	0.294

续表

序号	项目	单位	技术要求	检测结果
导线整体				
1	导线握着力	kN	≥436.5（459.47×0.95）	463.6；459.3；462.5
2	单位长度质量	kg/km	2408.6±48.2	2425.4
3	导线电阻	Ω/km	≤0.020 3	0.020 16

检测结果表明：铝包钢线抗拉强度、伸长率、电阻率、铝包钢导线电阻、导线抗拉力性能等均满足技术条件。

3.2　大跨越导地线防振、防舞及次档距布置

通过导线和 OPGW 自阻尼特性试验分析、导线和 OPGW 防振方案的试验研究及防振锤功率特性试验分析等几个方面的研究工作，为工程用导线和 OPGW 推荐了防振方案。推荐的防振方案是在室内试验档上经过模拟试验、分析和优选后得到的，满足导地线防振设计的技术条件，即钢芯铝合金导线各夹固点的最大动弯应变小于 120με；铝包钢导线和 OPGW 各夹固点的最大动弯应变小于 150με。

对国内各电压等级输电线路舞动情况进行统计，从气象、地形、线路结构参数等，总结出我国输电线路舞动具有的特征。结合 2013 年版《国家电网公司电网舞动区域分布图》分析了舟联工程线路的舞动可能性，确定该工程不需要采取防舞措施。

综合考虑抗吸附条件、子导线振幅限制条件和扭转恢复特性，建立了多分裂导线最大次档距的计算模型，给出了多分裂导线端次档距、平均次档距及间隔棒个数的计算方法。在此基础上，基于非线性优化方法－罚函数法研究确定了分裂导线间隔棒的优化布置方案。

本节以西堠门大跨越主跨档为例，介绍大跨越导地线防振及次档距布置试验研究情况。

3.2.1　研究内容及试验系统

研究工作共分 7 个部分进行：

（1）导线自阻尼特性试验研究。

（2）导线防振方案的试验研究。

（3）OPGW 自阻尼特性试验研究。

（4）OPGW 防振方案的试验研究。

（5）导线及 OPGW 用防振锤的功率特性试验分析。

（6）国内各电压等级线路舞动情况统计分析及西堠门大跨越导线及 OPGW 舞动可能性分析。

（7）多分裂导线次档距振荡及防治方案研究。

西堠门大跨越防振试验在室内模拟试验档上进行，试验系统包括功率测量子系统、振幅测量子系统、动弯应变测量子系统、张力测量子系统和计算机数据采集子系统。

3.2.2 导线微风振动防治理论

防振方案设计及试验基于能量平衡的原理，即导线吸收的风能等于导线消耗能量（导线自阻尼性能）和防振装置消耗能量之和。防振试验的目的是优选出理想的防振方案，通过防振设施来消耗振动能量，从而使导线的振动水平降低。首先进行导线自阻尼试验，获得导线的自阻尼性能，根据计算得到无防振方案时导线的振动水平，进而有针对性的设计防振方案，防振方案不仅要覆盖微风振动的频率范围，还要对重点频率重点防护。在单导线上对设计的防振方案进行微风振动模拟试验，对试验数据进行处理得到各个谐振频率下振动水平，根据试验结果对防振方案进行必要的改进，最终获得满足技术要求的防振方案，推荐给工程使用。

地线和 OPGW 的防振方案设计和试验流程及原理基本与导线相同。

3.2.3 大跨越导地线防振试验研究

3.2.3.1 JLB23-380 导线防振方案研究

1. JLB23-380 导线自阻尼特性研究

JLB23-380 导线的自阻尼特性试验采用功率法。对导线自阻尼试验数据进行拟合，得到导线自阻尼解析表达式如下

$$P_c = \Phi(f,Y) = 10^\beta (Y/D)^\alpha \qquad (3.2-1)$$
$$\alpha = 0.007\,579 + 0.093\,747f - 0.000\,712f^2$$
$$\beta = 0.002\,398 + 0.108\,430f - 0.000\,426f^2$$

式中：P_c 为导线自阻尼功率，mW/m；f 为导线振动频率，Hz；Y 为导线波腹双振幅，mm；D 为导线外径，mm。

为了直观，将根据式（3.2-1）计算得出的导线自阻尼功率特性曲线绘于图 3.2-1 中。

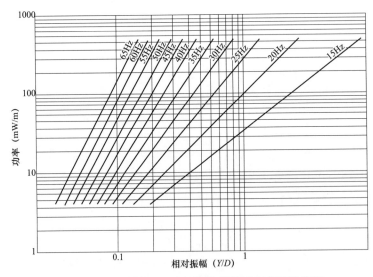

图 3.2-1 JLB23-380 导线自阻尼功率特性曲线

2. 主跨档防振方案试验及分析

（1）防振方案的设计思路。根据导线的自阻尼试验结果，得到无防振方案时导线悬垂（耐张）线夹出口动弯应变与导线振动频率的关系（简称频响特性），如图 3.2-2 所示。从图中可以看出，未安装防振设施时导线悬垂线夹出口的动弯应变在低频段频响范围内很大，最大动弯应变达到 823με，远远超出技术条件要求，故必须安装防振方案来抑制导线的振动，将导线的振动水平控制在安全范围内。

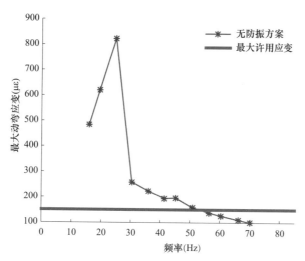

图 3.2-2　JLB23-380 导线自阻尼频响特性曲线

（2）主跨 2656m 档防振方案试验结果分析。试验共为主跨 2656m 档设计了三个防振方案，如图 3.2-3 所示。各防振方案频响特性曲线如图 3.2-4，为便于分析，将三个防振方案的最大动弯应变值列于表 3.2-1 中。

表 3.2-1　　　　　　　　JLB23-380 导线 2656m 档防振方案试验结果

防振方案	阻尼线		试验结果		结论
			最大动弯应变（με，相应频率）		
	长度（m）	剥层情况	悬垂线夹出口	阻尼线线夹出口	
一	28.1	不剥层 20.2m；剥一层 7.9m	56（20.20Hz）	107（27.83Hz）	最大动弯应变满足小于 150με 的要求
二	27.0	不剥层 18.9m；剥一层 8.1m	49（22.64Hz）	99（34.06Hz）	最大动弯应变满足小于 150με 的要求
三	28.0	3+3+3+3（圣诞树）	48（18.76Hz）	39（14.26Hz）	最大动弯应变满足小于 150με 的要求，作为推荐方案

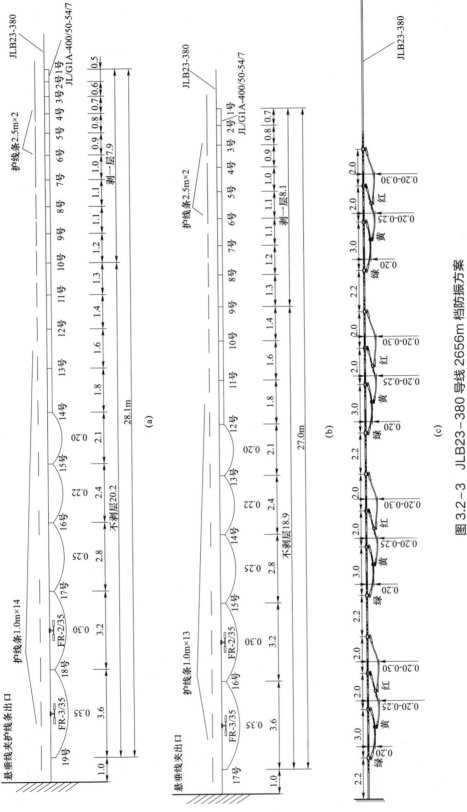

图 3.2-3 JLB23-380 导线 2656m 档防振方案

(a) JLB23-380 导线 2656m 档防振方案一；(b) JLB23-380 导线 2656m 档防振方案二；
(c) JLB23-380 导线 2656m 档防振方案三（推荐方案）

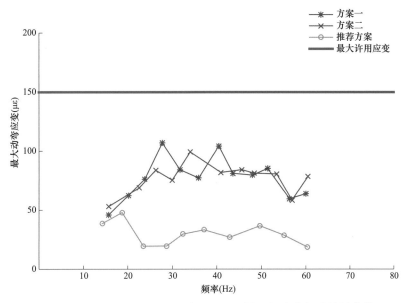

图 3.2-4 JLB23-380 导线 2656m 档防振方案频响特性曲线

从上述图表中可以看出，安装了防振装置的导线的最大动弯应变大幅降低。防振方案三的悬垂线夹出口处与阻尼线线夹出口处的最大动弯应变满足防振要求，且安全裕度最大，故推荐给工程使用。

3.2.3.2 OPGW-300 防振试验研究

1. OPGW-300 自阻尼特性试验

OPGW-300 的自阻尼特性试验方法同导线，对 OPGW-300 自阻尼试验数据进行拟合，得到地线自阻尼解析表达式如下：

$$P_c = \Phi(f, Y) = 10^\beta (Y/D)^\alpha$$
$$\alpha = -0.000\,332 + 0.097\,700\,f - 0.000\,784\,f^2 \qquad (3.2-2)$$
$$\beta = -0.003\,475 + 0.105\,170\,f - 0.000\,461\,f^2$$

式中：P_c 为 OPGW 自阻尼功率，mW/m；f 为 OPGW 振动频率，Hz；D 为 OPGW 外径，mm；Y 为 OPGW 波腹双振幅，mm。

为了直观，将根据式（3.2-2）计算得出的 OPGW-300 自阻尼功率特性曲线绘于图 3.2-5 中。

2. 主跨档防振方案试验及分析

（1）防振方案的设计思路。根据 OPGW-300 的自阻尼试验结果，得到无防振方案时悬垂（耐张）线夹出口动弯应变与振动频率的关系，如图 3.2-6 所示。从图中可以看出，未安装防振设施时地线耐张线夹出口的动弯应变在微风振动低频、中频频响范围内比较大，最大动弯应变达到 639με，远超技术条件要求，故必须安装防振方案来抑制 OPGW-300 的振动，将 OPGW-300 的振动水平控制在安全范围内。

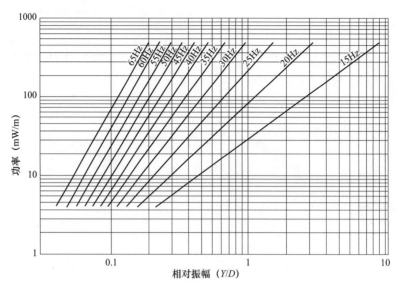

图 3.2-5 OPGW-300 自阻尼功率特性曲线

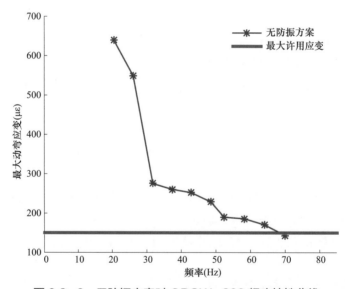

图 3.2-6 无防振方案时 OPGW-300 频响特性曲线

（2）主跨 2656m 档防振方案试验结果分析。试验共为主跨 2656m 档设计了三个防振方案，如图 3.2-7 所示。各防振方案频响特性曲线如图 3.2-8 所示，为便于分析，将 2656m 档三个防振方案的最大动弯应变值列于表 3.2-2 中。

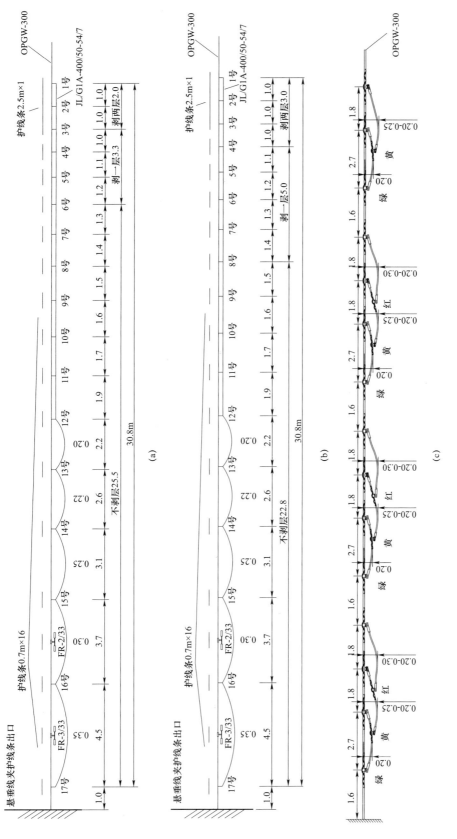

图 3.2-7   OPGW-300 导线 2656m 档防振方案

（a）OPGW-300 2656m 档防振方案一；（b）OPGW-300 2656m 档防振方案二；
（c）OPGW-300 2656m 档防振方案三（推荐方案）

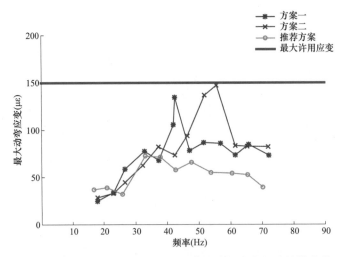

图 3.2-8 OPGW-300 2656m 档防振方案频响特性曲线

表 3.2-2   OPGW-300 2656m 档三个防振方案试验结果

防振方案	阻尼线		试验结果		结论
			最大动弯应变（με，相应频率）		
	长度（m）	剥层情况	悬垂线夹出口	阻尼线线夹出口	
一	30.8	不剥层 25.5m；剥一层 3.3m；剥二层 2.0m	48（32.93Hz）	135（42.57Hz）	最大动弯应变满足小于 150με 的要求
二	30.8	不剥层 22.8m；剥一层 5.0m；剥二层 3.0m	49（32.33Hz）	147（55.69Hz）	最大动弯应变满足小于 150με 的要求
三	23.4	3+3+3+2（圣诞树）	39（21.16Hz）	73（33.20Hz）	最大动弯应变满足小于 150με 的要求，作为推荐方案

从上述图表中可以看出，安装了防振装置的导线的最大动弯应变大幅降低。防振方案三的悬垂线夹出口处与阻尼线线夹出口处的最大动弯应变满足防振要求，且安全裕度最大，故推荐给工程使用。

3.2.4 防振锤功率特性试验分析

在舟联工程大跨越导线和 OPGW 防振方案的设计和试验中，选用了 10 种型号的防振锤。为了在防振设计和试验中了解防振锤的动态特性，对防振锤进行了功率特性试验。

1. 试验条件

依据 DL/T 1099—2009《防振锤技术条件和试验方法》，试验在电动振动台上进行。防振锤被刚性地固定在振动台台面上，对其施加正弦激振力，在恒速度条件下测定防振锤消耗功率的特性及谐振频率。防振锤线夹速度选用 7.5cm/s，试验频率范围为 5～105Hz，线性扫描速度为 0.2Hz/s。试验数据由智能信号采集处理系统采集、处理。

工程用防振锤包括 FR-14NL/59 等多种型号，本节仅以 FR-14NL/59 为例说明试验开展的情况。

2. 基本理论

防振锤作为防振元件，主要靠其钢绞线的股间摩擦来消耗风输入导线的能量，从而降低导线的振动水平。因此防振锤的功率特性是衡量其性能优劣的一个重要指标。通过对防振锤功率特性的测试，可以了解各试件消耗能量的能力，并测定防振锤的谐振频率。

振动着的防振锤通过其钢绞线的股间摩擦，把振动导线的动能变为热能消耗掉。其耗能的大小与线夹振动速度有关，速度越大，耗能越多。当防振锤以恒定速度扫频振动时，在谐振频率下消耗的功率最大。谐振频率下的波峰耗能与相邻波谷处的耗能之比称为峰谷比，DL/T 1099—2009《防振锤技术条件和试验方法》要求防振锤最大峰谷比不大于 5。

3. 防振锤功率特性测试

防振锤功率特性测试结果以图表来表示。图 3.2－9 中分别为 FR－14NL/59 型防振锤三个样品的功率特性比较曲线。表 3.2－3、表 3.2－4 分别为 FR－14NL/59 型防振锤的谐振频率和在谐振频率下的耗能水平。

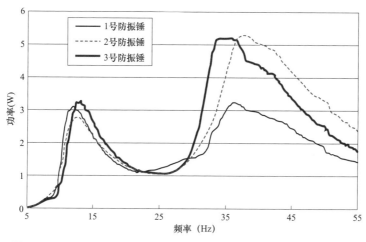

图 3.2－9　FR－14NL/59 型防振锤三个样品的功率特性比较曲线

表 3.2－3　　　　　　　　　导线用防振锤的谐振频率（7.5cm/s）

防振锤	第一谐振频率（Hz）				第二谐振频率（Hz）			
	1 号	2 号	3 号	分散性	1 号	2 号	3 号	分散性
FR－14NL/59	11.75	12.25	12.75	1.00	36.25	37.50	34.50	8.33%

表 3.2－4　　　　　　　　导线用防振锤谐振频率下消耗功率值（7.5cm/s）

防振锤	第一谐振频率下耗能（W）				第二谐振频率下耗能（W）			
	1 号	2 号	3 号	分散性	1 号	2 号	3 号	分散性
FR－14NL/59	3.09	2.77	3.26	±8.13%	3.25	5.29	5.20	±23.89%

从上述试验结果中可以看出：

（1）FR–14NL/59 型防振锤谐振频率的分散性在 15Hz 以下时均小于 3，在 15Hz 以上时均小于 20%，满足 DL/T 1099—2009《防振锤技术条件和试验方法》标准要求。

（2）FR–14NL/59 型防振锤最大峰谷比均小于 5，满足 DL/T 1099—2009《防振锤技术条件和试验方法》标准要求。

（3）防振锤性能比较理想，能够作为防振方案的辅助元件，与阻尼线配合，达到更好的防振效果。

3.2.5 次档距振荡防治研究

1. 次档距振荡的主要影响因素

分裂导线次档距振荡的影响因素主要是气象条件和地形地貌，此外还有分裂导线的数量和布置、子导线排列及其对风向的倾角、分裂导线间距、导线直径和质量、间隔棒装置的类型和位置等。

（1）气象条件和地形地貌的影响。均匀稳定的风是引起分裂导线次档距振荡的基本因素。要维持分裂导线的持续振动，振动频率必须相对稳定，即要求风速具有一定的均匀性，而影响风速均匀性的因素有风速的大小、导线的悬挂高度、档距、风向和地貌等。一般来说，导线穿越平原、水面等开阔地区时容易形成稳定的振动。

（2）分裂导线的数量和布置的影响。随着我国特高压输电线路的建设，六分裂导线或八分裂导线已被广泛应用。根据运行经验，四分裂导线对次档距振荡最敏感，六分裂和八分裂导线次之。另外，分裂导线布置也有很大影响，迎风侧子导线与背风侧子导线形成的平面相对风向有一定倾角时，背风侧子导线受到尾流激励力会减小，会使振荡朝着减弱的趋势发展。

（3）导线质量、直径和分裂导线间距的影响。导线单位质量的增加会导致次档距振荡的起振风速增大。分裂导线的迎风面导线至背风面导线的距离，通常用间距对直径之比（S/D）表示。从运行经验来看，S/D 的值在 15～18 之间时，没有发生过严重的次档距振荡，如果小于 10，则可能产生严重的振荡。增大 S/D 值往往会降低次档距振荡，但是技术和经济上又不允许 S/D 值过大。

（4）间隔棒装置的类型和位置的影响。为了控制次档距振荡，更好的吸收振荡产生的能量，现在广泛使用具有较好阻尼性能的阻尼间隔棒。间隔棒的安装位置对控制次档距振荡非常关键，因为同样导线和分裂间距下，振荡幅值与次档距长度成正比。减小次档距长度，就可以减少分裂导线振荡所产生的能量和增加间隔棒吸收的能量，从而把次档距振荡抑制在安全限度内。但是，过度缩小次档距长度会造成浪费，因而需要合理确定最大次档距。另外，为防止相邻次档距振荡周期一致（有一处发生振荡，就会激起全部次档距振荡）的现象出现，间隔棒的安装应当采用不等距的方法。

2. 次档距计算理论模型

（1）最大次档距计算理论。对于分裂导线，导线间隔棒合理布置是控制次档距振荡的重要措施，而进行间隔棒布置的首要问题就是确定间隔棒的最大次档距。通常采用的方法是考虑抗吸附条件、子导线振幅限制条件和扭转恢复特性要求，计算导线的最大次档距，其分析计算原理如下：

1）由抗吸附条件计算间隔棒间距。由于风力和电磁吸引力的作用，会导致子导线相互接近，当电流增大到一定值时，子导线会突然吸附而不能脱离，因此，需限制间隔棒的安装距离，把子导线的接近率控制在一定的范围内。

2）子导线振幅限制下的间隔棒间距。次档距振荡中子导线的振幅一般要求小于 1/2 的分裂间距，以避免子导线振荡时发生碰撞。当尾流区中的导线输入能量与衰减能量达到相互平衡的状态时，次档距振荡就会成为稳定振荡。由尾流中子导线的作用外力，可以推出间隔棒间距与次档距振幅之间近似的计算公式。次档距振荡振幅是风速、间隔棒间距、导线张力、导线质量、分裂间距和子导线外径的函数。为了在次档距振动时子导线不会相互碰撞，要确定相应的间隔棒最大间隔，将振幅设定为分裂间距的值，即可求得相应的最大间隔棒间隔。

3）扭转恢复设计。分裂导线不均匀覆冰时，会产生较大的扭转力矩，加上风压会使导线发生严重的扭转。由于风压和覆冰产生扭转力矩的机理复杂，且覆冰厚度、形状具有不规则、不确定性，因此确定它的大小和设计条件是极其困难的问题。扭转设计中一般是按照导线覆冰时发生的扭转，在脱冰后能自然恢复来考虑的。导线一旦发生扭转，为了使它能自然复原，则要求在任意扭转角度下有足够大的复原力矩作用。为此，不论扭转角的大小，导线重力、导线张力、导线扭转刚度三种力引起的力矩的总和，应是正值。这就需要求得导线的扭转恢复特性曲线。

导线的扭转恢复特性曲线可由 $f_1(\lambda)$ 曲线和扭转系数求得，$f_1(\lambda)$ 是线路机械常数的函数，扭转系数是扭转刚性常数的函数。线路机械常数与次档距长度、导线悬挂方式等有很大关系，相同档距的耐张档和悬垂档，往往区别设计。当导线采用耐张方式固定时，档内扭转恢复性能较差，此时应进一步减小档距长度以提高恢复力矩，但对间隔棒最大间距的限制，则实际上不必加以区别。

最大次档距的计算应综合考虑以上三个条件，分别计算出三种条件下的最大次档距，从安全角度考虑，选取其中最小的次档距作为工程用最大次档距。

（2）端次档距计算理论。端次档距的计算，在保证微风振动防振方案安装到位的条件下，主要考虑上节中的扭转恢复特性确定，同时考虑经验公式。

（3）平均次档距的确定。间隔棒的安装应能抑制次档距的振动，它的安装位置应远离波节点，其平均距离接近振动半波长 $\lambda/2$。振动半波长是振动频率 f 的函数。

$$\frac{\lambda}{2} = \frac{1}{2f}\sqrt{\frac{T}{W}} \qquad (3.2-3)$$

式中：λ 为振动波长，m；T 为导线张力，N；W 为导线单位长度质量，kg/m；f 为频率，Hz。

通常，根据经验公式，最大次档距大概为平均次档距的 1.1～1.2 倍。

（4）间隔棒个数的确定。间隔棒个数由平均次档距决定。端档距一般只有中间次

档距的一半左右，因此把端部次档距算半个次档距，其他次档距算一个次档距，其关系如式（3.2-4）

$$N = \begin{cases} \left[\dfrac{L}{S}\right]+1 & \text{if} \quad \mathrm{mod}(L,S) \neq 0 \\[3mm] \left[\dfrac{L}{S}\right] & \text{if} \quad \mathrm{mod}(L,S) = 0 \end{cases} \qquad (3.2-4)$$

式中：N 为间隔棒的个数；L 为档距，m；S 为平均次档距，m。

（5）档中次档距的确定。对于档中次档距的布置，采用非线性优化的方法进行计算，其中目标函数是决策变量的非线性函数，约束条件是决策变量的线性函数，根据函数模型的特点采用非线性问题的罚函数法求解。

3. 次档距布置原则

（1）最大次档距：主要考虑导线的最大允许位移进行确定。

（2）端次档距：主要考虑导线的恢复扭转特性，参考经验公式确定。

（3）平均次档距：根据最大次档距值和经验公式确定。

（4）中间次档距：中间档距的布置，在满足前面条件的基础上，主要是为了避免相邻档距之间通过间隔棒传递振动，同时考虑扭转恢复特性，按照如下原则布置：

1）相邻档距不相等，即不等距布置；

2）在端次档距确定的情况下，保证在各种共振条件时，总体的振动幅值最小；

3）在满足条件 1）和条件 2）的情况下，使相邻次档距比值之和最大，以使调谐因子最大。

3.3　大跨越金具研制

舟联工程线路大跨越金具研制与应用主要包含以下研究内容：

（1）串型优化。

（2）特高强钢芯铝合金绞线和铝包钢绞线耐张线夹的研制。

（3）大载荷大握力悬垂线夹的研制。

（4）大向心力阻尼间隔棒的研制。

（5）均压环等保护金具的研制。

（6）其他大吨位非标连接金具的研制。

本文重点就串型优化及大跨越导线耐张线夹、悬垂线夹及间隔棒研制进行介绍。

3.3.1　串型优化

1. 导线耐张串的串型优化

西堠门大跨越导线耐张绝缘子串采用六联 420kN 型式，采用三个挂点。各串绝缘子的间距 600mm。子导线为四分裂铝包钢绞线 4×JLB23-380，分裂间距为 500mm。根据挂点结构，联塔金具采用 U–100200S，开档 48mm，螺栓 M52。具体串型如图 3.3–1 所示。

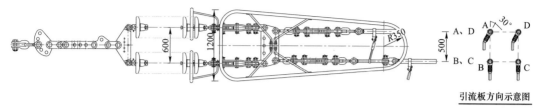

引流板方向示意图

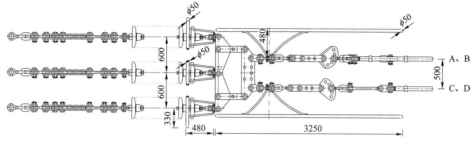

图 3.3–1　六联导线耐张串组装图（mm）

耐张串研制关键点在于：塔侧和导线侧各金具串均需调长，以适应线路转角和微调弧垂。

该串型主要在以下 3 个方面进行了优化：

（1）为提高串型整体的安全系数，挂点金具 U–100200S 的标称荷载提高了一个等级，保证挂点处金具的安全可靠。

（2）在绝缘子串的高压、低压侧均设计了 DB 调整板和 PT 调整板。实际安装时，各串串长可根据需要进行微调或定长调整。

（3）均压环 FJ–500N6L2 为组合型式，可最后安装，且安装方便，性能可靠。

2. 导线悬垂串的串型优化

西堠门大跨越导线悬垂绝缘子串采用四联 550kN 型式，为 2 组双 I 串。根据要求，每组双 I 串采用两个挂点，整体为 4×550kN 的绝缘子串结构，顺线的双悬垂线夹中心垂线的最小间距是 1400mm。每组双 I 串两个挂点顺线路方向布置，间距 600mm，塔头螺栓方向水平且顺线路方向。根据挂点结构，联塔金具采用 EB–55/64–125/130，挂板宽 L= 130mm，螺栓 M=42mm。具体串型如图 3.3–2 所示。

悬垂串研制关键点在于：两对双 I 串适用于不同塔时，需根据具体情况调节长度。

该串型主要在以下两个方面进行了优化：

（1）为提高串型整体的安全系数，挂点金具 EB–55/64–125/130 连接塔头部分结构的强度等级比绝缘子串的标称荷载提高了一个等级，保证挂点处金具的安全可靠。

（2）通过替换不同高度的联板 L–110J/600.1 和联板 LL–110/500，实现需调长的双 I 串短距定长调长；通过替换直角挂板 Z–110220 为直角挂板 ZBD–110250 和平行挂板 P–110，实现需调长的双 I 串长距定长调长。

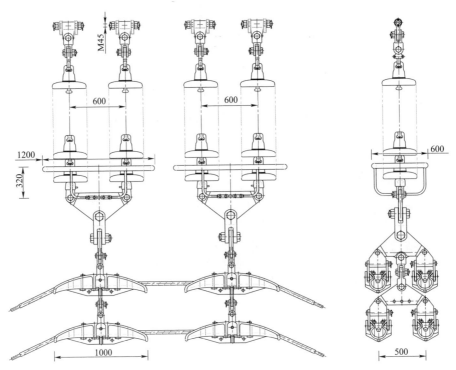

图 3.3-2   四联 550kN 导线悬垂串组装图（mm）

3.3.2   相关金具研制

1. 耐张线夹

（1）性能要求与关键点。本耐张线夹适用导线是铝包钢绞线 JLB23-380，据 GB/T 2314—2008《电力金具通用技术条件》要求，耐张线夹的握力不小于导线计算拉断力的 95%，则本工程要求导线耐张线夹对导线的握力不小于 436.5kN。引流线为铝包钢芯铝绞线 JL/LB20A-300/40。线夹端部连接 U 型挂环 U-64160S 或直角挂板 Z-64150。研制的关键难点在于握力要求高。

（2）耐张线夹的设计。结合工程要求，耐张线夹整体设计为引流板与耐张本体套焊的形式。本体采用型材加工；钢锚采用热镀锌整锻式钢锚；引流板为铸造，并在引流板上设计加强筋板，以增强引流板的抗弯能力。

按照工程建设时执行的 GB/T 2315《电力金具标称破坏载荷系列及连接型式尺寸》，钢锚端部连接孔径为 $\phi45mm$。经计算，钢锚外径取 $\phi52mm$，内径取 $\phi26.2mm$；铝管外径取 $\phi70mm$，内径取 $\phi56mm$；引流线夹与 JL/LB20A-300/40 配套，外径取 $\phi42mm$，内径取 $\phi25.5mm$；钢锚压接长度 370mm，铝管的钢锚侧压接长度 80mm，铝管的导线侧压接长度 130mm，引流线夹压接长度 110mm。具体结构如图 3.3-3 所示。

设计时，耐张线夹的结构从以下 3 个方面进行了优化：

1）钢锚上的凹槽结构改为 R 型圆弧结构，改善了钢锚的受力状况并增加了铝合金管与钢锚间的握力。

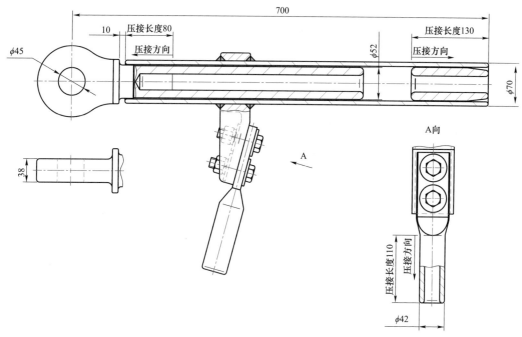

图3.3-3 NY-380BG-23耐张线夹结构图（mm）

2）钢锚端部与铝管进行压接前，留有10mm的间隙，压接后，铝管刚好延伸到钢锚头部，钢锚头对铝管起到了封头作用，避免雨水进入铝管。

3）在铝管与导线的压接端设计了拔梢结构，目的是使铝管端部的压力呈渐减趋势，拔梢长度取值35mm。

4）由于此跨越所处的地理位置特殊，金具承受的风载等荷载较大，所以，对与铝管本体进行焊接的引流板设计了双加强筋结构，保证其强度的可靠性。

（3）耐张线夹试验。对研制的耐张线夹进行试制并完成了线夹握力、直流电阻、温升等相关型式试验，试验结果均满足设计及相关规范要求。

线夹握力试验数据见表3.3-1，满足要求。

表3.3-1　　　　　　　　　　线夹握力试验数据

NY-380BG-23A（B）	试件号	试验要求（kN）	试验加载数据（kN）	试验结果
握力试验	1	436.5	459.5	未滑移
	2		459.5	未滑移
	3		459.5	未滑移
高温握力试验	1	绞线温度130℃，保持60min后握力436.5	459.5	未滑移
	2		459.5	未滑移
	3		459.5	未滑移

2. 悬垂线夹

（1）性能要求与关键点。结合西堠门大跨越特点，设计导线悬垂线夹结构型式为中心回转式，型号为 XGZ-25040Q，破坏载荷为 250kN，线夹尺寸按顺线路方向的双悬垂线夹中心垂线的最小间距 1400mm 约束条件控制。

根据设计要求，悬垂线夹的线夹出口角范围设计为 0°～25°；导线外缠一层护线条后装入悬垂线夹，悬垂线夹和联板 LL-110/500、L-55-150/500 连接。

难点是悬垂线夹垂直破坏载荷及握力要求高。具体见表 3.3-2。

表 3.3-2　　　　　　　　　悬 垂 线 夹 型 号 参 数

导线悬垂线夹型号	适用导线	垂直破坏载荷	线夹握力
XGZ-25040Q	JLB23-380	≥250kN	≥64.4kN

（2）悬垂线夹材质的选用。按 DL/T 756—2009《悬垂线夹》标准与本工程要求，悬垂线夹船体选用 QT450-10 球墨铸铁制造。

（3）悬垂线夹的设计。

1）按工程设计要求，导线需缠一层预绞丝护线条后安装于线夹中，护线条单丝直径为 ϕ6.3mm，导线外径为 ϕ25.2mm，合计 37.8mm，因此导线悬垂线夹线槽 R 取 20mm。

为了保证导线在线夹出口处不受过大的弯曲应力，以避免发生局部拉伤而引起的断股和断线，线夹船形槽必须具有一定的曲率半径和足够的悬垂角。本次设计中悬垂线夹的曲率半径 R 为 575mm，约为导线直径的 22.8 倍，满足实际使用要求。

经计算，悬垂线夹 XGZ-25040Q 的本体长度取 1000mm，高度取 120mm，结构如图 3.3-4 所示。

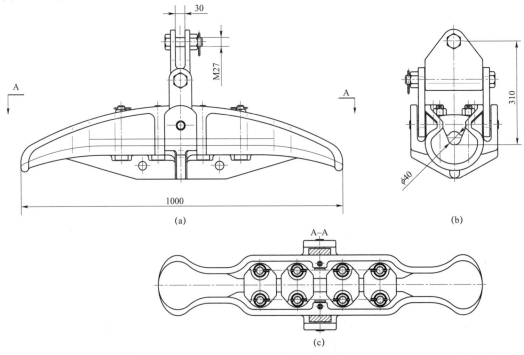

图 3.3-4　XGZ-25040Q 悬垂线夹结构图（mm）

（a）悬垂线夹正视图；（b）悬垂线夹纵向视图；（c）悬垂线夹本体 A-A 向截面视图

为了保证悬垂线夹有较高的握力，设计采用 8 只 M22 螺栓通过四只单压板对导线进行固定，螺栓材质为 40Cr，拧紧力矩为 190～200N•m。螺栓头部的圆头结构上加工出一个平面，可以直接挡在悬垂线夹本体上，安装方便，螺栓结构如图 3.3-5 所示。

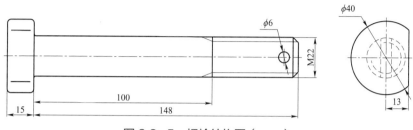

图 3.3-5　螺栓结构图（mm）

2）线夹附件设计。缠在导线外层的预绞丝护线条 FYH-380BG 的结构如图 3.3-6 所示。

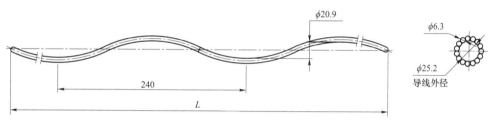

图 3.3-6　FYH-380BG 结构图（mm）

根据各跨越塔悬垂串挂点间距不同确定适用各跨越塔的预绞丝护线条长度。

（4）悬垂线夹试验。对悬垂线夹进行握力试验和破坏试验等型式试验，经试验，悬垂线夹垂直破坏荷载及对导线的握力均满足试验要求，试验数据见表 3.3-3。

表 3.3-3　　　　　　　　　　　**悬 垂 线 夹 试 验 数 据**

XGZ-25040Q	试件组号	试验要求（kN）	实测数据（kN）	评定
垂直破坏试验	1	250	300	试件未破坏
	2		300	试件未破坏
	3		300	试件未破坏
握力试验	1	64.4	70.9	未滑移
	2		70.9	未滑移
	3		70.9	未滑移

3. 间隔棒

（1）性能要求与关键点。大跨越间隔棒设计向心力大，结构强度要求高。舟联工程中采用了四分裂和双分裂两种间隔棒，相对而言双分裂间隔棒制造难度更高，本文以双分裂间隔棒为例进行分析说明。该种间隔棒研制主要针对沥港跨越及响礁门跨越，适用导线为特强钢芯铝合金绞线 2×JLHA1/G4A-800/100，导线线径 39.00mm，计算拉断力

409.9kN。间隔棒的分裂间距是 550mm，线路系统的短路电流取 40kA，对应的间隔棒型号为 FJZ-255/800/100。

间隔棒设计需要满足以下功能：

1）减弱子导线的微风振动和次档距振荡；

2）能够承受在安装、维护和运行条件下的机械负荷，当线路短路产生向心力以及运行温度、环境温度等引起机械载荷时，应无任何部件失效；

3）在最高电压条件下无可见电晕；

4）运行条件下避免损伤导线。

其中，线路短路时产生的向心力是主要设计参数，计算过程如下

$$P_{\max} = 1.566 \times \frac{2}{n} \times \sqrt{n-1} \times I_{cc} \times \sqrt{H \times \log \frac{S}{D}} \qquad (3.3-1)$$

式中：$P_{\max}$ 为由短路电流引起的向心力，N；n 为子导线根数，$n=2$；I_{cc} 为短路电流，线路的短路电流 I_{cc} 取值 40kA；H 为子导线张力，取导线计算拉断力的 25%，N；S 为子导线分裂圆直径，mm；D 为子导线直径，mm。

经计算，间隔棒 FJZ-255/800/100 短路时向心力 $P_{\max}$=21.5kN。此间隔棒设计难点在于向心力大，对结构强度要求高。

（2）间隔棒的设计。通过计算，间隔棒 FJZ-255/800/100 需要克服的向心力较大。间隔棒采用双框板结构，如图 3.3-7 所示，在充分保证其机械力学性能的前提下，对间隔棒本体框架进行科学的布置和调整，合理减轻其质量。

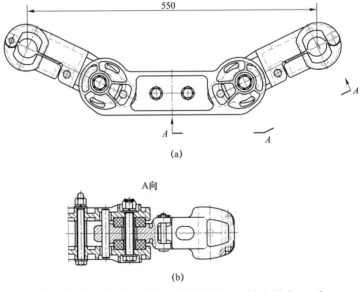

（a）

A向

（b）

图 3.3-7 FJZ-255/800/100 间隔棒结构图（mm）

（a）间隔棒结构正视图；（b）A 向结构示意图

线夹外形采用防电晕设计，通过加大线夹夹头部位的曲率半径，并将夹头表面做大圆弧处理，从而提高引起电晕的电压值，有效的抑制电晕产生。线夹与本体连接设有阻

尼橡胶垫，构成一个完整的阻尼关节。当导线振动时，可有效地吸收微风振动及次档距振动的能量。同时，此种结构型式的橡胶受力面积大，并且受力后恢复性好。

线夹夹头本体和夹头盖板铰接，安装方便。夹头内衬有橡胶衬垫，能改善导线出口处的动弯应变。线夹通过夹头橡胶垫夹紧导线，通过定位销控制夹头橡胶垫的压缩量，从而保证间隔棒的顺线握力和扭握力矩。

（3）间隔棒试验。对间隔棒进行向心力试验，经试验，向心力达到23.7kN时试件未破坏，产品强度满足设计要求，试验数据见表3.3-4。

表3.3-4　　　　　　　　间隔棒向心力试验数据

FJZ-255/800/100	试件组号	试验要求（kN）	实测数据（kN）	评定
40kA短路电流时向心力试验	1	21.5	23.7	试件未破坏
	2		23.7	试件未破坏
	3		23.7	试件未破坏

对间隔棒进行线夹强度试验，试验数据见表3.3-5。

表3.3-5　　　　　　　　间隔棒线夹强度试验数据

FJZ-255/800/100	试件组号	试验要求（kN）	实测数据（kN）	评定
线夹强度试验	1	6.0	7.2	线夹未破坏
	2		7.2	线夹未破坏
	3		7.2	线夹未破坏

对间隔棒进行线夹握力试验，试验数据见表3.3-6。

表3.3-6　　　　　　　　间隔棒线夹握力试验数据

FJZ-255/800/100	试件组号	试验要求	实测数据	评定
线夹顺线握力试验	1	2.5kN	3.0kN	线夹与绞线未产生滑移
	2		3.0kN	线夹与绞线未产生滑移
	3		3.0kN	线夹与绞线未产生滑移
线夹扭握力矩试验	1	40.0N·m	48N·m	线夹与绞线未产生滑移
	2		48N·m	线夹与绞线未产生滑移
	3		48N·m	线夹与绞线未产生滑移

参考文献

[1] 国家电力公司东北电力设计院. 电力工程高压送电线路设计手册 [M]. 2版. 北京：中国电力出版社，2003.

[2] 邵天晓. 架空送电线路的电线力学计算 [M]. 2版. 北京：中国电力出版社，2003.

［3］朱正东，胡建明. 三峡工程用特高强度钢芯铝合金大跨越导线的研制［J］. 电线电缆，2003（6）：17－19.

［4］黄伟中，周丹羽. 江阴长江大跨越导线平均运行应力的取值分析［C］. 上海市电气工程设计研究会. 2007 年学术年会论文集，上海，2007，55－61.

［5］李文浩，徐睿，刘斌. 用于大跨越的高强度耐热铝合金导线的研制［J］. 电线电缆，2008（1）：21－25.

［6］杨振谷. 大跨越工程导线平均运行应力与 T/W 关系［J］. 中国电力，1999（4）：72－74.

［7］朱天浩，徐建国，叶尹，等. 舟山与大陆联网大跨越设计中主要研究结论介绍［C］. 中国电机工程学会输电电气五界二次学术年会论文集，2009.

［8］国家电网公司编. 苏通长江大跨越工程关键技术研究成果专辑［M］. 北京：中国电力出版社，2018.

［9］薄通. 悬垂线夹的设计原则及系列规划［J］. 电力金具，2006（2）：1－4.

第 4 章
大跨越输电塔风荷载

大跨越输电塔全塔高度高、横担长、气动外形复杂。对超高大跨越输电塔开展风洞试验，是确定输电塔风荷载计算相关参数的一种有效且必要的手段。本章基于舟山500kV 联网输变电工程西堠门大跨越输电工程，对大跨越输电塔风洞试验相关研究工作进行介绍。

通过风洞试验，主要对西堠门大跨越超高跨越塔开展如下研究：

（1）跨越塔横担体型系数和角度风分配系数研究：现行规范中的相关规定无法适用于本工程大跨越的超长、超宽横担，通过研究圆截面杆件阻力系数的雷诺数效应、进行不同型式横担的测力风洞试验，获得横担体型系数和角度风分配系数。

（2）跨越塔风振系数研究：现行规范中的风振系数计算公式适用于结构外形和质量沿高度均匀变化的高耸结构，对于具有多横担和沿高度质量突变的跨越塔，需要通过气弹模型风洞试验，获得输电塔的风致响应，基于相关理论计算跨越塔的风振系数。

（3）跨越塔等效风荷载研究：现行规范中的风荷载未考虑顺风向、横风向和扭转向的共同作用，通过跨越塔的高频天平测力风洞试验，获得输电塔的基底弯矩和扭矩，基于相关理论获得输电塔的顺风向、横风向和扭转向的等效设计风荷载，用于跨越塔抗风设计校验。

4.1 圆截面杆件和塔架的雷诺数效应

4.1.1 试验工况

受风洞尺寸限制，跨越塔风洞试验均为缩尺模型试验，圆截面构件的阻力系数受雷诺数效应和表面粗糙度影响较大，本节针对圆截面杆件进行足尺和缩尺模型的风洞试验，获得两种情况下圆截面杆件的阻力系数，以此进行雷诺数效应的研究。试验工况见表4.1-1，试验照片如图 4.1-1 所示。其中 1m 和 0.3m 直径的实物钢管采用了与现场一致的油漆涂装处理，0.01m 和 0.05m 圆杆表面采用镀锌处理。

表 4.1-1   圆截面杆件节段试件的雷诺数效应风洞试验工况

编号	试件内容	试验工况
1	直径 1m 的实物钢管和有机玻璃管	湍流度（0%、4%、8%、12%），风速 3～40m/s
2	直径 0.3m 的实物钢管和有机玻璃管	湍流度（0%、4%、8%、12%），风速 3～40m/s
3	直径 0.05m 的金属杆件	湍流度（0%、4%、8%、12%），风速 3～40m/s
4	直径 0.01m 的金属杆件	湍流度（0%、4%、8%、12%），风速 3～40m/s

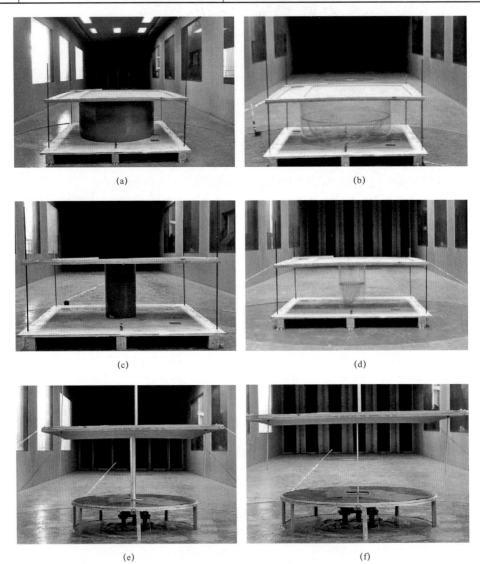

（a）   （b）

（c）   （d）

（e）   （f）

图 4.1-1   不同尺寸圆截面杆件的风洞试验照片

（a）1m 直径实物钢管；（b）1m 直径有机玻璃管；（c）0.3m 直径实物钢管；
（d）0.3m 直径有机玻璃管；（e）0.05m 直径模型钢管；（f）0.01m 直径模型钢管

风洞试验在浙江大学 ZD-1 风洞中进行，试验段截面为 4m×3m，空风洞最高风速可达 55m/s。进行四种湍流度（0%、4%、8%、12%）下的风洞测力和测压试验。

对于直径 1m 和 0.3m 实物钢管和有机玻璃管，在中间断面沿周向每隔 2°布置一个测点，共布置 180 个测点。利用风洞试验测压方法获得圆钢管的阻力系数，阻力系数 C_D 的计算公式为

$$C_D = \frac{\pi}{N} \sum_{i=1}^{N} C_{pi} \cos \alpha_i \tag{4.1-1}$$

式中：N 为测点数目；C_{pi} 为测点风压系数；α_i 为 i 测点与风轴夹角。

由于缩尺后的跨越塔模型多数构件直径约为 0.01m，故选取直径 0.01m 和 0.05m 作为模型杆件，试验件分为光滑圆柱和粗糙杆件。利用风洞测力试验获得圆截面模型杆件的阻力系数，测力试验阻力系数 C_D 的计算公式为

$$C_D = F_D / (0.5 \rho v^2 A) \tag{4.1-2}$$

式中：F_D 为天平测试获得的阻力，N；A 为杆件挡风面积，m^2；v 为来流风速，m/s。

4.1.2　试验结果和分析

光滑圆柱二维绕流的阻力系数 C_D 与雷诺数 Re 密切相关，根据构件阻力系数随雷诺数的变化，可分为亚临界（$Re \leqslant 1.4 \times 10^5$）、临界（$1.4 \times 10^5 < Re \leqslant 3.5 \times 10^5$）、超临界（$3.5 \times 10^5 < Re \leqslant 5 \times 10^6$）和跨临界（$Re > 5 \times 10^6$）。

以西堠门跨越塔为例，塔身圆截面圆杆直径为 0.159~2.3m，以 41m/s 设计风速计算，Re 的范围为 $6.6 \times 10^5 \sim 6.5 \times 10^6$。若采用 1:100 的几何缩尺比和 1:3 的风速缩尺比，试验 Re 范围为 $2.2 \times 10^3 \sim 2.2 \times 10^4$。若采用 1:300 的几何缩尺比和 1:3 的风速缩尺比，试验 Re 范围为 $0.73 \times 10^3 \sim 7.3 \times 10^4$。可见实物钢管的 Re 位于超临界和跨临界区域，而缩尺模型的 Re 位于亚临界区域，如图 4.1-2 所示。

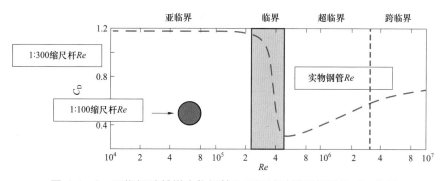

图 4.1-2　西堠门跨越塔实物钢管和风洞试验模型杆件的 Re 范围

图 4.1-3 将美国 NACA（NASA 前身）实验室的测试结果（类似试验）与本次试验结果进行对比，两组试验均基于均匀流场（湍流度 0%）。由图可见：两组试验结果的总体分布和数值比较接近；本次试验结果可见明显的亚临界、临界、超临界和跨临界四个 Re 区域及其典型的 C_D 分布特征。1m 试件在临界和超临界区域的阻力系数与 0.3m 试件有所差异，其原因是 1m 试件的盖板面积不够大导致可能出现三维流效应。

图 4.1-4 为不同湍流下的阻力系数随雷诺数的变化情况，由图可知湍流会导致临界

雷诺数提早出现，且临界雷诺数区域变的不明显。

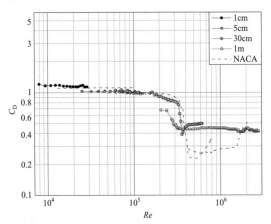

图 4.1-3　均匀流 0.3m 圆柱的阻力系数

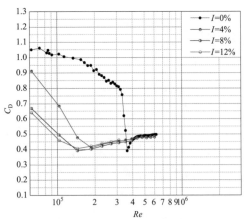

图 4.1-4　湍流 0.3m 圆柱的阻力系数

4.1.3　圆截面杆件的雷诺数效应折算系数 η

表 4.1-2 给出了均匀流下圆截面杆件在实物和模型雷诺数下的阻力系数。表中 ε/D 为构件表面粗糙度，雷诺数折算系数 η 按式（4.1-3）计算，表征杆件模型测力试验结果与实物阻力系数的关系。

$$\eta = \frac{C_{\text{D, 实物雷诺数}}}{C_{\text{D, 模型雷诺数}}} \qquad (4.1-3)$$

表 4.1-2　　各国规范中圆截面杆件在实物雷诺数和模型雷诺数时的阻力系数

规范名称	实物阻力系数（跨/超临界）	模型阻力系数（亚临界）	雷诺数折算系数 η
GB 50009—2012《建筑结构荷载规范》（中国规范）	0.6（$\varepsilon/D=0$） 0.9（$\varepsilon/D=0.02$）	1.2	0.5
ASCE 74—2009《guidelines for electrical transmission line structural loading》（《输电线路结构荷载导则》，美国规范）	0.7	1.2	0.58
EN 1993-3-1—2013《design of steel structures part 3-1: towers，masts and chimney》（《钢结构设计第 3-1 部分：塔架、桅杆和烟囱》，欧洲规范）	0.75（$Re \geqslant 1 \times 10^6$）	1.2（$Re \leqslant 2 \times 10^5$）	0.63
IEC 60826—2017《design criteria of overhead transmission lines》（《架空输电线路设计准则》，IEC 规范）	0.75（$Re \geqslant 3.5e5$）	1.2（$Re \leqslant 2 \times 10^5$）	0.63
JEC 127—2015《standard for design of electrical power transmission structures》（《电力传输结构设计标准》，JEC 规范）	0.75（$Re \geqslant 4 \times 10^5$）	1.2（$Re \leqslant 4 \times 10^5$）	0.63
AS/NZS 1170-2: 2010《structural design actions part 2-wind actions》（《结构设计作用第 2 部分-风作用》，澳新规范）	$Re \geqslant 6.9 \times 10^5$ 情况下 0.5（$\varepsilon/D \leqslant 2 \times 10^{-5}$） 0.7（$\varepsilon/D = 2 \times 10^{-4}$）	1.2（$Re \leqslant 2.7 \times 10^5$）	0.58

图 4.1-5 给出了实物钢管和模型杆件在不同雷诺数和湍流度下的阻力系数 C_{D}，可以发现实物钢管的 C_{D} 不超过 0.5，参考各国设计规范，可以保守取 0.6；对于模型杆件的 C_{D} 不小于 1.0，所以在均匀流下折算系数 η 可取 0.6。

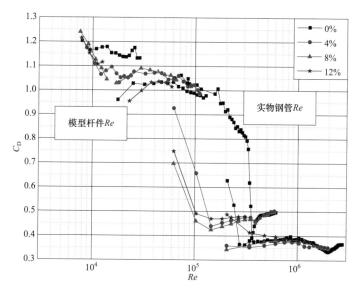

图 4.1-5　实物钢管和模型杆件在不同雷诺数和湍流度下的 C_D

4.1.4　圆截面塔架的雷诺数效应折算系数 η

对于圆钢塔架而言，塔架杆件之间存在显著的气动干扰，塔架的杆件越多气动干扰越严重，背风和侧风杆件处于前方迎风杆件的尾流区，导致雷诺数效应并不会如迎风面杆件那么显著。因此，随着密实度 Φ_s（杆件迎风面积之和与塔架轮廓面积的比值）的增加，塔架尾流区的杆件受雷诺数的影响减少，导致雷诺数折算系数 η 越大，建议采用如下拟合公式计算圆钢塔架雷诺数效应折算系数。

$$\eta = 0.63 + 0.7\Phi_s \ (0 \leqslant \Phi_s \leqslant 4) \tag{4.1-4}$$

如图 4.1-6 所示，该值与 EN 1993-3-1—2013《钢结构设计　第3-1部分：塔架、桅杆和烟囱》和 JEC 127—2015《电力传输结构设计标准》的结果非常接近。

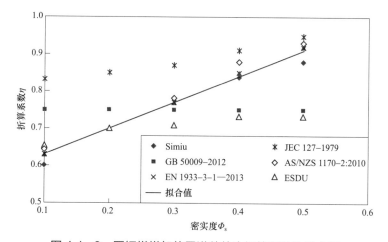

图 4.1-6　圆钢塔塔架的雷诺数效应折算系数的拟合值

4.2　横担体型系数与角度风分配系数

本节针对常见圆钢横担进行体型系数和角度风分配系数的系统性研究，获得横担在不同密实度 Φ_s 和宽高比 b/a 情况下的体型系数和角度风分配系数。

4.2.1　试验工况

针对如图 4.2-1 所示的 Type2、Type4 和 Type6 型三类横担进行试验研究，横担宽高比（b/a）的定义如图 4.2-2 所示。

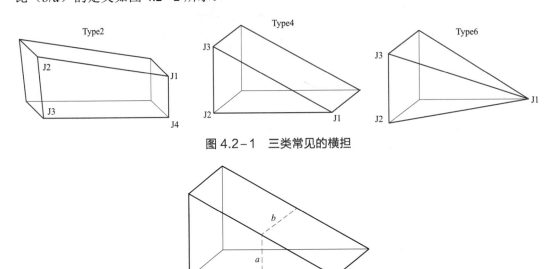

图 4.2-1　三类常见的横担

图 4.2-2　横担宽高比（b/a）的定义

在原型的基础上设计了如表 4.2-1 和表 4.2-2 所示的试验工况，其中表 4.2-1 给出 Type2 型横担的参数，表 4.2-2 给出 Type4 型横担的参数，两表均包含 Type6 型横担且涵盖了不同密实度和宽高比的情况。

表 4.2-1　　　　　　　　　　　　　Type2 型横担试验工况

序号	b/a	密实度	工况说明	塔身编号	横担编号
1	1.19	0.235×1	基准	A1	B1
2	1.19	0.235×1.5	前后面杆件面积乘以 1.5	A1	B2
3	1.19	0.235×2	前后面杆件面积乘以 2	A1	B3
4	1.19	0.235×0.5	前后面杆件面积乘以 0.5	A1	B4
5	0.71（Type6）	0.235	b/a 间距变短，b 缩短 3.2m	A2	B5
6	1.67	0.235	b/a 间距变长，b 变长 3.2m	A3	B6
7	2.15	0.235	b/a 间距变长，b 变长 6.4m	A4	B7
8	2.64	0.235	b/a 间距变长，b 变长 9.6m	A5	B8
9	1.19	0.235	前后两片式	A1	B9

表 4.2-2　　　　　　　　　　　Type4 型横担试验工况

序号	b/a	密实度	工况说明	塔身编号	横担编号
1	1.57	0.286×1	基准	A1	C1
2	1.57	0.286×1.5	前后面杆件面积乘以 1.5	A1	C2
3	1.57	0.286×2	前后面杆件面积乘以 2	A1	C3
4	1.57	0.286×0.5	前后面杆件面积乘以 0.5	A1	C4
5	0.93（Type6）	0.286	b/a 间距变短，b 缩短 3.2m	A2	C5
6	2.21	0.286	b/a 间距变长，b 变长 3.2m	A3	C6
7	2.85	0.286	b/a 间距变长，b 变长 6.4m	A4	C7
8	3.49	0.286	b/a 间距变长，b 变长 9.6m	A5	C8
9	1.57	0.286	前后两片式	A1	C9

试验按 1:30 缩尺比制作了 5 个塔身和 18 对横担，采用双横担体型系数测试系统（如图 4.2-3 和图 4.2-4 所示），获得左右横担的体型系数。各横担试件的雷诺数效应折算系数 η 采用式（4.1-4）计算，本章给出的体型系数均为考虑了雷诺数效应折算系数 η 后的数值。

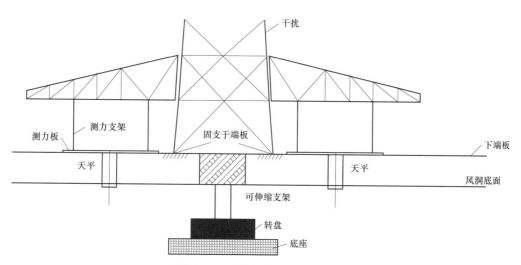

图 4.2-3　横担测力系统示意图

图 4.2-4　横担测力试验实物图

4.2.2 试验结果和分析

在均匀流场中进行高频天平测力试验，无量纲的风阻力系数 C_{Dx}（横担方向）和 C_{Dy}（线路方向）可按下式求出

$$C_{Dx} = F_x / (0.5\rho v^2 S) \qquad\qquad (4.2-1)$$

$$C_{Dy} = F_y / (0.5\rho v^2 S) \qquad\qquad (4.2-2)$$

式中：F_x 与 F_y 分别为横担方向和线路方向的风力，N；S 为风向角 $0°$ 时输电塔模型的正迎风面积，m^2；v 为来流风速，m/s。图 4.2−5 给出了风向角和横担方向定义，该方向的定义与 DL/T 5154—2012《架空输电线路杆塔结构设计技术规定》保持一致。

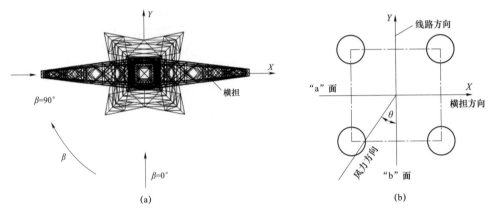

图 4.2−5　风向角和横担方向定义

（a）风向角定义；（b）横担方向定义

图 4.2−6、图 4.2−7 给出了 4 组密实度下 Type2 型（$b/a=1.19$）和 Type4 型（$b/a=1.57$）横担不同方向的阻力系数，可以发现：Type2 型和 Type4 型横担随密实度和风向角的变化规范基本一致，当密实度较小，线路方向 C_{Dy} 的阻力系数较大，随着密度度的增加，阻力系数 C_{Dy} 呈减少趋势；在横担方向 C_{Dx} 的阻力系数随着密实度的增加而减少。

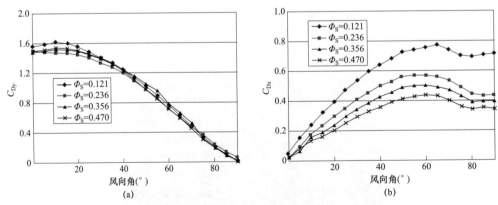

图 4.2−6　不同密实度下 Type2 型横担的 x 和 y 方向的阻力系数

（a）线路方向的体型系数 C_{Dy}；（b）横担方向的体型系数 C_{Dx}

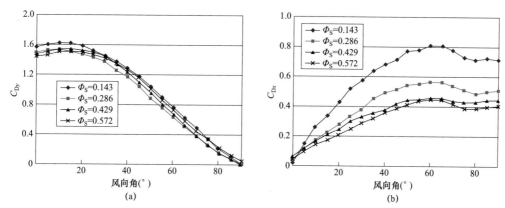

图 4.2－7　不同密实度下 Type4 型横担的 x 和 y 方向的阻力系数

（a）线路方向的体型系数 C_{Dy}；（b）横担方向的体型系数 C_{Dx}

图 4.2－8、图 4.2－9 给出了 5 组宽高比（b/a）下 Type2 型（$\Phi_s=0.236$）和 Type4 型（$\Phi_s=0.286$）横担不同方向的阻力系数，可以发现：Type2 型和 Type4 型横担随宽高比（b/a）和风向角的变化规范基本一致，当宽高比（b/a）较小时，线路方向 C_{Dy} 的阻力系数较小，随着 b/a 的增加，阻力系数 C_{Dy} 呈增大趋势；横担方向 C_{Dx} 的阻力系数随着宽高比（b/a）的增加而增大。

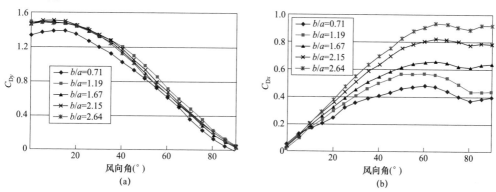

图 4.2－8　不同宽高比 Type2 型横担的 x 和 y 方向的阻力系数

（a）线路方向的体型系数 C_{Dy}；（b）横担方向的体型系数 C_{Dx}

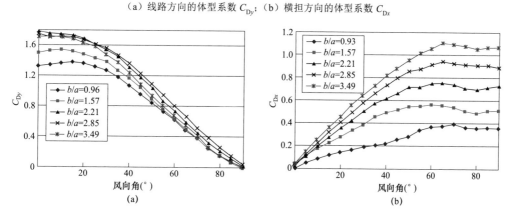

图 4.2－9　不同宽高比 Type4 型横担的 x 和 y 方向的阻力系数

（a）线路方向的体型系数 C_{Dy}；（b）横担方向的体型系数 C_{Dx}

图 4.2-10 给出了不同密实度下 Type2 型（$b/a=1.19$）和 Type4 型（$b/a=1.57$）横担迎风面的体型系数 C_{D0}，可以发现：Type2 型和 Type4 型横担体型系数随密实度的变化规律与规范中体型系数随密实度的变化规律基本一致；各国规范差异较大，试验值在各国规范数据中间；总体而言，试验结果与 GB 50009—2012《建筑结构荷载规范》、DL/T 5254—2010《架空输电线路钢管塔设计技术规定》规范数据较为接近。

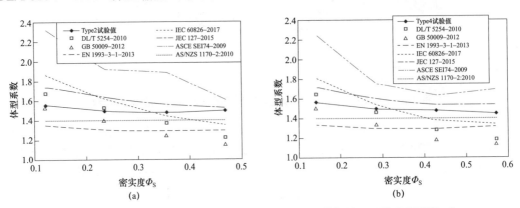

图 4.2-10　不同密实度下 Type2 型和 Type4 型横担迎风面的体型系数 C_{D0}

（a）Type2 型；（b）Type4 型

4.2.3　横担角度风分配系数建议取值

x 和 y 方向的角度风分配系数 n_x（横担方向）、n_y（线路方向）定义如下

$$n_x = C_{Dx} / C_{D0} \qquad (4.2-3)$$

$$n_y = C_{Dy} / C_{D0} \qquad (4.2-4)$$

式中：C_{D0} 为 0° 时横担迎风面的阻力系数。

图 4.2-11、图 4.2-12 给出了不同密实度 Φ_s 情况下 Type2（$b/a=1.19$）与型 Type4 型（$b/a=1.57$）横担的角度风分配系数 n_y 和 n_x，可以发现：沿线路方向的 n_y 在不同密实

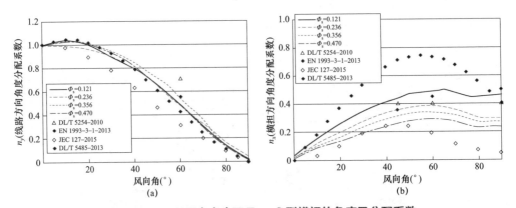

图 4.2-11　不同密实度下 Type2 型横担的角度风分配系数

（a）线路方向角度风分配系数 n_y；（b）横担方向角度风分配系数 n_x

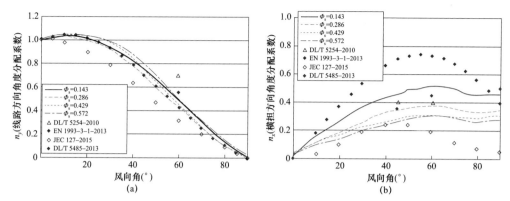

图 4.2-12　不同密实度下 Type4 型横担的角度风分配系数

（a）线路方向角度风分配系数 n_y；（b）横担方向角度风分配系数 n_x

度下结果均比较接近，同时该结果与 EN 1993-3-1—2013《钢结构设计第 3-1 部分：塔架、桅杆和烟囱》和 DL/T 5485—2013《110kV～750kV 架空输电线路大跨越设计技术规程》比较接近，DL/T 5254—2010《架空输电线路钢管塔设计技术规定》数据在 60° 风向角下略大；沿横担方向的 n_x 随密实度减小而增大，同时 EN 1993-3-1—2013 数据比试验值偏大，较小密实度下试验值与 DL/T 5485—2013 和 DL/T 5254—2010 数据接近。

图 4.2-13、图 4.2-14 给出了不同宽高比（b/a）下 Type2 型（$b/a=1.19$）和 Type4 型（$b/a=1.57$）横担的角度风分配系数 n_y 和 n_x，可以发现：沿线路方向，不同宽高比（b/a）的 n_y 均比较接近，同时该结果与 EN 1993-3-1—2013 和 DL/T 5485—2013 比较接近，DL/T 5254—2010 数据在 60° 风向角下略大；沿横担方向，宽高比（b/a）越小，n_x 越小，中等宽高比（b/a）的试验值 n_x 与 DL/T 5485—2013 和 DL/T 5254—2010 数据接近，当宽高比（b/a）较大时，试验值 n_x 大于所有规范的数值。

基于上述对比分析，表 4.2-3 给出了角度风分配系数 n_y、n_y 的建议取值。对于 n_x，当密实度较小或者宽高比较大时，n_x 较大；在常规密实度和 b/a 下，建议值与 DL/T 5551—2018《架空输电线路荷载规范》的结果比较接近。

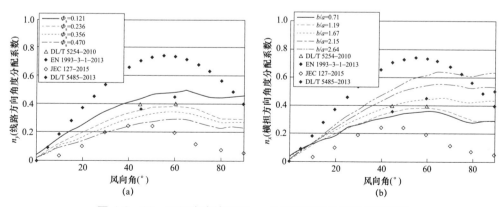

图 4.2-13　不同宽高比下 Type2 型横担的角度风分配系数

（a）线路方向角度风分配系数 n_y；（b）横担方向角度风分配系数 n_x

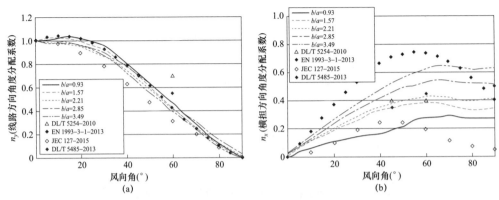

图 4.2-14 不同宽高比下 Type4 型横担的角度风分配系数

（a）线路方向角度风分配系数 n_y；（b）横担方向角度风分配系数 n_x

表 4.2-3   不同风向角下的角度风分配系数

风向角	DL/T 5254—2010		DL/T 5485—2013		DL/T 5551—2018		本文建议值	
	n_x	n_y	n_x	n_y	n_x	n_y	n_x^*	n_y
0	0	1	0	1	0	1	0	1
45	0.4	0.7	0.35	0.7	0.35	0.7	0.35（常规 $\Phi_s \geqslant 0.2$、$b/a \leqslant 2$） 0.45（小 Φ_s：$\Phi_s < 0.2$） 0.5（大 b/a：$b/a > 2$）	0.73
60	0.4	0.7	0.45	0.55	0.4	0.55	0.4（常规 $\Phi_s \geqslant 0.2$、$b/a \leqslant 2$） 0.5（小 Φ_s：$\Phi_s < 0.2$） 0.55（大 b/a：$b/a > 2$）	0.5
90	0.4	0	0.5	0	0.45	0	0.35（常规 $\Phi_s \geqslant 0.2$、$b/a \leqslant 2$） 0.45（小 Φ_s：$\Phi_s < 0.2$） 0.55（大 b/a：$b/a > 2$）	0

*对于同时达到小 Φ_s 和大 b/a 条件的横担，取两者结果的大值。

4.3 跨越塔风致响应分析和风振系数计算

风对结构的作用包含静、动荷载效应，现行设计方法对风的动力效应是通过风振系数来体现的，即静力风荷载乘以动荷载效应的增大系数。本节以西堠门跨越塔为例，对跨越塔的风致响应进行理论分析，再介绍基于模态分解法的输电塔风振系数计算方法。

4.3.1 有限元建模和动力特性分析

利用有限元软件对西堠门跨越塔进行建模，三维有限元模型如图 4.3-1 所示。

跨越塔前九阶模态的频率结果见表 4.3-1，分别为 x 向弯曲振型、y 向弯曲振型以及扭转振型。

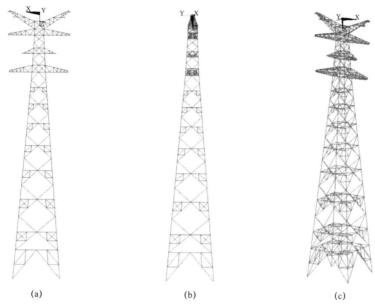

图 4.3-1 西堠门跨越塔三维有限元模型

（a）正视图；（b）侧视图；（c）轴侧图

表 4.3-1   西堠门跨越塔振动频率

阶数	频率（Hz）	模态
1 阶	0.595	x 向一阶弯曲
2 阶	0.598	y 向一阶弯曲
3 阶	0.836	一阶扭转
4 阶	0.860	x 向二阶弯曲
5 阶	0.870	y 向二阶弯曲
6 阶	1.172	二阶扭转
7 阶	1.476	x 向三阶弯曲
8 阶	1.578	y 向三阶弯曲
9 阶	1.943	x 向四阶弯曲

4.3.2 风致响应时域和频域计算方法

1. 时域计算方法

采用基于 POD 分解算法的 WAWS 法进行风场模拟。顺风向的风速谱 $S_u(\omega)$ 采用 Davenport 谱：

$$S_u(\omega) = \frac{4kv_{10}^2}{\omega}\frac{x^2}{(1+x^2)^{4/3}}, \quad x = \frac{600\omega}{\pi v_{10}} \quad (4.3-1)$$

式中：v_{10} 为 10m 高度的基本风速，m/s；k 为地面粗糙度系数；ω 为脉动风圆频率，采用 Davenport 提出的相干函数。

$$Coh_{ij}(\omega)=\exp\left[-\frac{\omega}{\pi}\frac{\sqrt{\sum_r C_{rs}^2(r_i-r_j)^2}}{v(z_i)+v(z_j)}\right]\quad r=x,y,z;s=u,v,w \qquad (4.3-2)$$

指数衰减系数为

$$C_{xu}=6,C_{yu}=16,C_{zu}=10$$
$$C_{xv}=3,C_{yv}=6.5,C_{zv}=6.5 \qquad (4.3-3)$$
$$C_{xw}=0.5,C_{yw}=6.5,C_{zw}=3$$

表 4.3-2 给出了脉动风场模拟的参数，其中沿高度模拟 181 个点，分别对应输电塔迎风面的各层节点。

表 4.3-2 脉动风场模拟参数取值

参数名称	参数值
地面粗糙度指数	0.12
10m 高平均风速（m/s）	41
地面粗糙长度（m）	0.003
初始圆频率（rad/s）	0
截止圆频率（rad/s）	4π
频率等分数	1024
模拟时间步长（s）	0.25
模拟总持续时间（s）	512

采用谐波叠加法得到各个节点的风速时程，顺线路方向的脉动风速时程和风速谱如图 4.3-2 所示，可见模拟点的功率谱密度和 Davenport 谱吻合较好。

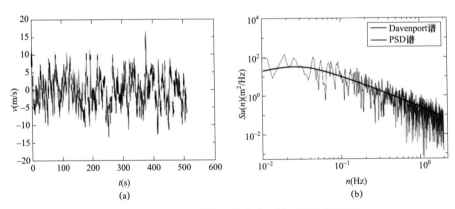

图 4.3-2 第 10 模拟点的脉动风速时程和风速谱
(a) 脉动风速时程；(b) 风速谱

利用风场模拟方法得到风速时程，可转化得到风荷载时程，作用于结构上任一点 M 坐标的瞬时风速 $v(M,t)$ 由两部分组成：平均风速 $\overline{v}(M)$ 和脉动风速 $v'(M,t)$，根据准定

常假定，结构上任意一点所受的风荷载 $F(M,t)$ 计算公式为

$$F(M,t) = \frac{1}{2}\rho_a C_D(M)A(M)[\bar{v}(M) + v'(M,t)]^2 \qquad (4.3-4)$$

式中：ρ_a 为空气密度，kg/m^3；C_D 为构件截面阻力系数；A 为该区域结构的挡风面积，m^2。

结构响应的计算步骤如下：

（1）进行重力荷载静力分析。

（2）利用模拟风速得到总风荷载时程，将荷载直接施加于输电塔的三维有限元模型上，采用 Newmark 法进行时程分析求得结构的响应，如构件内力、结构位移、加速度等。

2. 频域计算方法

频域法计算输电塔风致响应一般采用模态分解算法，取 y 表示结构位移，则结构在风荷载作用下的振动方程为

$$[M]\{y''(t)\} + [C]\{y'(t)\} + [K]\{y(t)\} = \{P(t)\} \qquad (4.3-5)$$

将结构的位移按振型分解表示为

$$\{y(z,t)\} = \sum_{j}^{n} \varphi_j(z)q_j(t) = [\varphi]\{q(t)\} \qquad (4.3-6)$$

式中：n 为模态阶数；φ_j 为第 j 阶模态；q_j 为第 j 阶模态的广义坐标。利用模态的正交性，可以对方程进行解耦，将方程简化为 n 个振动方程

$$q_j''(t) + 2\xi_j\omega_j q_j'(t) + \omega_j^2 q_j(t) = \frac{\{\varphi_j\}^T P(t)}{M_j} \qquad (4.3-7)$$

式中：M_j 为第 j 阶的广义模态质量，$M_j = \{\varphi_j\}^T[M]\{\varphi_j\}$。

机械导纳（第 i 阶模态的频响函数）$|H_i(n)|^2$ 取决于结构固有特性

$$|H_i(n)|^2 = \frac{1}{\left[1 - \left(\dfrac{n}{n_i}\right)^2\right]^2 + \left(2\xi_i\dfrac{n}{n_i}\right)^2} \qquad (4.3-8)$$

式中：n 为频率；n_i 为第 i 阶模态的频率。

采用完全二次项平方根法（complete quadratic combination，CQC）计算位移均方根 $\sigma_y(z)$，其计算公式为

$$\sigma_y(z)^2 = \sum_i \sum_j \varphi_i(z)\varphi_j(z)\sigma_{q_i q_j}^2 \qquad (4.3-9)$$

式中：$\sigma_{q_i q_j}^2$ 为第 i 阶和第 j 阶模态广义坐标的协方差。

根据机械导纳 $|H_i(n)|^2$ 可以建立广义力功率谱和广义坐标响应谱之间的关系，即广义坐标响应互功率谱可表示为

$$S_q(i,j,n) = \frac{1}{K_i K_j} H_i^*(n) H_j(n) S_{F^*}(i,j,n) \qquad (4.3-10)$$

由均方根与功率谱的关系，得 $\sigma_{qiqj}^2 = \int_0^\infty S_q(i,j,n)\,\mathrm{d}n$。

根据维纳-辛钦关系，互功率谱可由互相关系数得到

$$S_{F^*}(i,j,n) = \int_{-\infty}^{\infty} R_{FiFj}(z,z',\tau)\exp(-i2\pi n\tau)\,\mathrm{d}\tau = \frac{1}{M_i M_j}\sum_z\sum_{z'} S_F(z,z',n)\,\varphi_i(z)\,\varphi_j(z')$$

$$(4.3-11)$$

其中

$$S_F(z,z',n) = [\rho_a C_D(z) A(z)\overline{U}(z)][\rho_a C_D(z') A(z')\overline{U}(z')]S_V(z,z',n) \qquad (4.3-12)$$

当结构满足小阻尼和模态稀疏不密集条件时，忽略不同模态交叉项的影响，采用平方和开平方（SRSS）的近似方法计算各点位移响应均方根为

$$\sigma_y(z)^2 = \sum_i \varphi_i(z)\sigma_{qi}^2 \qquad (4.3-13)$$

4.3.3　顺风向风致响应计算结果

钢结构的阻尼比通常定义为 0.005～0.01，钢管混凝土结构的阻尼比通常定义为 0.01～0.02，本例计算分别考虑阻尼比为 0.005、0.01、0.015 和 0.02 的情况。

图 4.3-3 为塔顶顺风向位移响应和加速度响应时程及功率谱密度。从图 4.3-3（d）中可以看出，加速度响应主要以一阶振型为主，这部分响应可以称为响应的共振分量，主要体现了输电塔的动力特性。而图 4.3-3（c）中给出的位移响应功率谱除去共振分量外，低频处也有较高的能量分布，这部分响应具有准静态的性质，称为响应的背景分量。

塔身部分各高度位移和加速度响应的均方根如图 4.3-4 所示，图中纵坐标的高度数据对应于输电塔塔身迎风面右侧各层节点高度。由图可知，输电塔顶部线路方向平均位移响应为 377mm，随着阻尼比增大，位移和加速度的脉动响应逐渐减小。

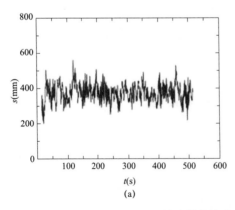
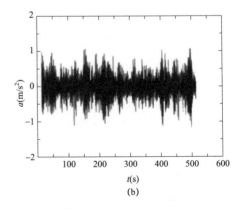

图 4.3-3　输电塔线路方向的响应和功率谱密度（一）

（a）位移响应；（b）加速度响应

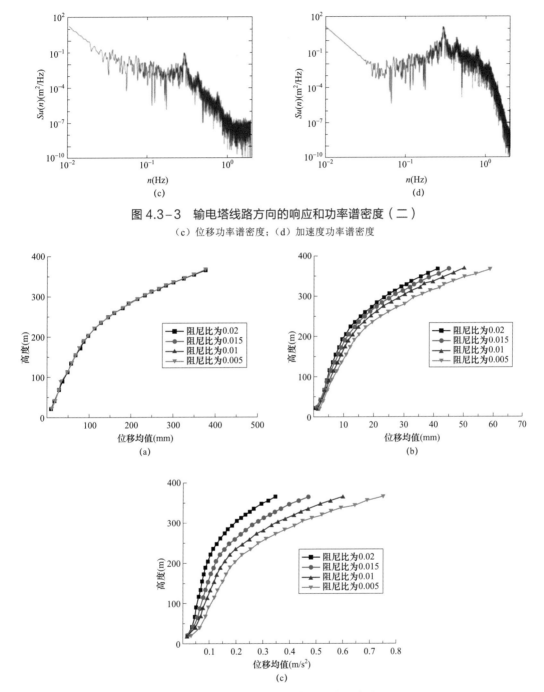

图 4.3-3　输电塔线路方向的响应和功率谱密度（二）

（c）位移功率谱密度；（d）加速度功率谱密度

图 4.3-4　输电塔塔身时域法风致响应结果

（a）位移均值；（b）位移均方根；（c）加速度均方根

4.3.4　风振系数计算

按现行规范，风对结构顺风向的脉动作用主要采用风振系数加以考虑，按照 GB

50009—2012《建筑结构荷载规范》中的定义，风振系数表达式为

$$\beta_z = 1 + 2gI_{10}B_z\sqrt{1+R^2} \tag{4.3-14}$$

式中：g 为峰值因子；I_{10} 为 10m 高度名义湍流强度；R 为脉动风荷载的共振分量因子；B_z 为脉动风荷载的背景分量因子。

结构 z 高度处的风振系数 $\beta(z)$ 定义为该处结构所受到的动风力 $P_{eq}(z)$ 和静风力 $P_c(z)$ 的比值，式（4.3-14）可等效为式（4.3-15）

$$\beta_z(z) = 1 + \frac{P_{eq}(z)}{P_c(z)} = 1 + \frac{P_{eq}(z)}{\mu_s(z)\mu_z(z)w_0A(z)} \tag{4.3-15}$$

采用振型分解法后，结构在脉动风力作用下的等效静力荷载 $P_{eq}(z)$ 为

$$P_{eq}(z) = g\sum_i m(z)\omega_i^2\varphi_i(z)q_i \tag{4.3-16}$$

式中：m 为各质点的质量，kg；φ_i 为第 i 阶模态；q_i 为第 i 阶模态的广义坐标；ω_i 为第 i 阶振型的圆频率。

当第一阶振型起控制作用时，式（4.3-16）可简化为：

$$P_{eq}(z) = m^2(z)\omega_1^2 g\varphi_1(z)\sigma_{q1}(z) = m^2(z)\omega_1^2 g\sigma_{y1}(z) \tag{4.3-17}$$

式中：$\sigma_{y1}(z)$ 为跨越塔不同高度 z 处位移响应均方根，m。可采用 4.3.2 节所述的时域或频域方法计算得到。

表 4.3-3 给出顺线路方向和横线路方向来流时的顺风向风振系数，表中数据为阻尼比 $\xi=0.02$、峰值因子 $g=2.5$ 工况。由表可知：

（1）GB 50135—2019《高耸结构设计标准》与 GB 50009—2012《建筑结构荷载规范》的结果基本一致；

（2）在顺线路方向，数值计算的横担风振系数小于规范值，其原因为数值计算时考虑了横担在迎风面上较大的平均风荷载，而规范未考虑该增大因素；

（3）在横线路方向，数值计算的横担风振系数大于规范值，其原因为该方向横担迎风面上的平均风荷载较小，导致风振系数变大，而规范未考虑该因素；

（4）规范中的风振系数计算公式适用于质量和挡风面积沿高度均匀变化的结构，而输电塔在横担位置存在质量和挡风面积的突变。

表 4.3-3　　　　　　　　　　西堠门跨越塔风振系数

部位	顺线路方向来流			横线路方向来流		
	GB 50009—2012	GB 50135—2019	数值计算	GB 50009—2012	GB 50135—2019	数值计算
上横担	1.48	1.48	1.31	1.48	1.52	1.61
Type2 型上横担	1.50	1.47	1.25	1.49	1.50	1.62
Type4 型横担	1.48	1.45	1.24	1.48	1.48	1.98
Type2 型下横担	1.46	1.44	1.17	1.44	1.47	1.57
塔身 293~365m	1.49	1.46	1.35	1.48	1.49	1.28

续表

部位	顺线路方向来流			横线路方向来流		
	GB 50009—2012	GB 50135—2019	数值计算	GB 50009—2012	GB 50135—2019	数值计算
塔身 234～293m	1.41	1.43	1.25	1.40	1.46	1.21
塔身 112.8～234m	1.30	1.33	1.33	1.29	1.35	1.23
塔身 0～112.8m	1.15	1.13	1.18	1.15	1.16	1.13

4.4　跨越塔气弹模型风洞试验和风振系数计算

采用理论公式进行风振系数计算时，需对结构进行必要的简化。对气动外形复杂的结构，为获得更加准确的结构风致动力响应，采用风洞试验方法确定结构风振系数是一种有效的手段。下文以西堠门大跨越工程为例，对跨越塔气弹模型风洞试验进行介绍。

4.4.1　气弹模型设计

西堠门跨越塔原型实际高度为 380m，根据相似准则制作气弹模型，模型的几何缩尺比取 1:200。在完成模型制作后，进行地面标定试验，以确定模型自振特性；根据跨越塔所处的地貌，进行 A 类地貌的气弹模型风洞试验，测定输电铁塔在风荷载作用下的加速度响应和位移响应，通过数据分析，给出沿高度变化的跨越塔风振系数。

试验模型的设计制作需满足几何相似、质量分布相似、刚度分布相似、阻尼比和密度比尽量接近于原型的要求。本试验采用离散刚度法制作该输电塔的气动弹性模型，选择不锈钢毛细管作为模型杆件芯棒以模拟各杆件的拉伸刚度，为了保证受风面积的相似要求，模型杆件外径采用无刚度的美纹纸外包作为补充，以达到几何相似要求。气弹模型外观如图 4.4-1 所示。

在进行风洞试验之前，需要进行输电塔模型动力特性标定试验，确定原型与模型的频率相似系数，以进一步获得模型风洞试验

图 4.4-1　西堠门跨越塔气弹模型

的风速比。模型的动力特性标定试验主要提供模型的频率、振型，标定结果见表 4.4-1。

表 4.4-1　　　　　　　　　　全气弹模型模态参数标定结果

振型	频率（Hz）	阻尼比	振型表述
一阶	33.93	0.011	x 向一弯
二阶	34.23	0.011	y 向一弯

根据动力标定试验结果，确定一阶频率的相似系数、风速相似系数以及加速度相似系数，最终相似系数见表 4.4-2。

表 4.4-2 西堠门跨越塔的模型相似系数

相似系数名称	相似系数值	
尺寸相似系数 C_L	$1/n$	1/200
面积相似系数 C_A	$1/n^2$	1/40 000
空气密度相似系数 $C_{\rho f}$	1	1
结构密度相似系数 $C_{\rho s}$	L	2
质量相似系数 C_m	L/n^3	1/4 000 000
拉伸刚度相似系数 C_{EA}	$1/n^2 m^2$	1/144 000
频率相似系数 C_f	C_f^*	58
加速度相似系数 C_a	$C_f^2 C_L/L$	8.41
风速相似系数 C_v	$C_f C_L$	1:3.45
位移相似系数 C_y	$1/n$	1/200

* C_f 由动力特性标定试验测定。

4.4.2 试验工况

气弹模型风洞试验在浙江大学 ZD-1 边界层风洞实验室中进行。试验的紊流流场按 A 类地貌模拟，地貌指数取 $\alpha=0.12$，湍流强度剖面依据 GB 50009—2012《建筑结构荷载规范》中的公式模拟。

气弹模型顶部安装 2 只加速度传感器（质量约为 4g/个），信号采集和分析采用 NI 动态信号测试系统。采用 IMETRUM 非接触式视频测量仪，测试输电线顺线向和横线向的位移响应，采样频率为 100Hz。为了让非接触式视频测量仪更好捕捉测点位置，在输电塔测点位置布置纸质标靶，非接触式视频测量仪布置在风洞外，以减少风对测量仪器的干扰。测点布置和试验情况如图 4.4-2 所示，图 4.4-2（a）中三角形为位移测点，圆点为加速度测点。

本试验风速工况为：6、8、10、12、14、16、18m/s；根据风速缩尺比，风洞风速和实际风速的对照见表 4.3-3。风向角工况为 0°、15°、30°、45°、60°、75°、90°。跨越塔 10m 高度设计风速为 41m/s，对应 300m 高度梯度风风速为 61.665m/s，相应试验风速为 17.58m/s。

表 4.4-3 风洞参考风速与原型梯度风高度（300m）风速对应值 单位：m/s

风洞参考风速 v_r	6.10	8.14	10.17	12.20	14.24	16.27	18.30
原型梯度风高度风速 v_{300}	21.05	28.07	35.08	42.10	49.12	56.13	63.15

(a)　　　　　　　　　　　　　(b)

图 4.4-2　跨越塔气弹模型的测点布置和测试仪器

（a）测点布置；（b）Imetrum 视频测量仪

4.4.3　试验数据分析和风振系数计算

一、加速度响应分析

试验得到各风向角各风速下加速度时程曲线，并转换为对应功率谱曲线。西堠门跨越塔在 $0°$ 风向角 $v_r = 18\text{m/s}$ 风速下，塔顶顺线路方向的加速度时程及功率谱曲线如图 4.4-3 所示，可见跨越塔的加速度响应主要是以一阶振型的共振响应为主。

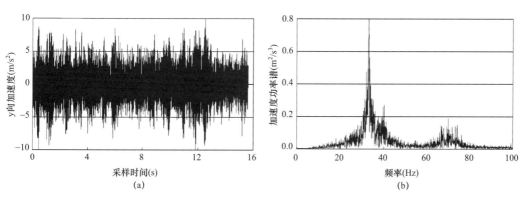

(a)　　　　　　　　　　　　　(b)

图 4.4-3　模型的塔顶测点加速度响应

（a）时程；（b）功率谱

二、位移响应分析

图 4.4-4 给出了跨越塔在 $0°$ 风向角 $v_r = 18\text{m/s}$ 风速下，顺线路方向塔顶测点的位移

响应时程及对应功率谱，从位移响应的功率谱可知，与加速度响应主要为共振响应不同，位移响应主要为背景响应和一阶振型的共振响应。

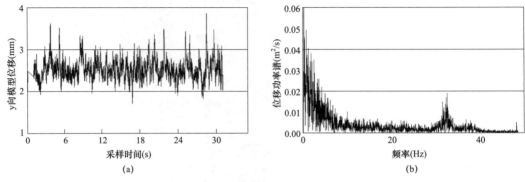

图 4.4-4　模型的塔顶测点位移响应

（a）时程；（b）功率谱

三、风振系数

风振系数沿跨越塔高度方向是变化的，为便于比较，式（4.4-1）给出按底部弯矩等效原则计算的风振系数加权值

$$\beta_{\mathrm{E}} = \frac{\sum_{z=0}^{H} \mu_s(z)\mu_z(z)W_0 A(z)z \cdot \beta_z(z)}{\sum_{z=0}^{H} \mu_s(z)\mu_z(z)W_0 A(z)z} \quad (4.4-1)$$

表 4.4-4 给出不同方法确定的顺线路方向和横线路方向风振系数加权值，由表中数据对比可以看出，对于西堠门跨越塔，基于试验结果得到的风振系数加权值与按理论公式计算的结果比较接近。

表 4.4-4　　　　　　　　基于底部弯矩等效的线路方向和横担方向风振系数

风振系数加权值 β_E	GB 50009—2012	理论计算	气弹模型风洞试验结果
顺线路方向	1.53	1.37	1.38
横线路方向	1.53	1.33	1.35

4.5　跨越塔高频天平测力试验和等效风荷载计算

4.5.1　模型制作与试验工况

高频测力天平技术（HFFB）可以直接测量结构的基底剪力、弯矩和扭矩时程，测试模型只需要保持结构的几何外形与原型一致，被广泛应用于结构的风洞试验研究。为了保证高频测力天平试验的有效性，要求试验模型的质量尽量小，频率足够高，保证模型天平系统频率远远高于风荷载谱密度的频率范围，使得模型振动对荷载测量上的误差可以忽略不计。

基于上述要求，采用不锈钢管制作了西堠门跨越塔的刚性模型，模型缩尺比为1:300，跨越塔模型试验照片如图4.5−1所示，风场地貌为 A 类。测力时坐标原点取为塔底座中心点，定义 y 轴为线路方向，x 轴为横担方向。测力试验风向角范围为 $0°\sim90°$，每 $5°$ 设定一个工况。

为了将试验所得的数据直接应用于原型，测量数据均以无量纲的力系数和力矩系数表达：风阻力系数 C_x 和 C_y，侧倾力矩系数 C_{mx} 和 C_{my}、扭矩系数 C_T 定义如下：

图 4.5−1 西堠门跨越塔高频天平测力试验

$$C_x = F_x / (0.5\rho v_H^2 S) \tag{4.5−1}$$

$$C_y = F_y / (0.5\rho v_H^2 S) \tag{4.5−2}$$

$$C_{mx} = M_y / (0.5\rho v_H^2 SB) \tag{4.5−3}$$

$$C_{my} = M_x / (0.5\rho v_H^2 SB) \tag{4.5−4}$$

$$C_T = T / (0.5\rho v_H^2 SB) \tag{4.5−5}$$

式中：S 为跨越塔线路方向（y 向）的迎风面积，m²；B 为跨越塔根开，m；v_H 为风洞 1m 高度处试验风速，m/s。

4.5.2 基于基底力谱的节点荷载功率谱插值方法

输电塔基底弯矩的风荷载谱曲线是输电塔不同高度受到的风荷载的总体反应，试验测得的基底弯矩 S_{MX}、S_{MY} 和基底扭矩 S_{MZ} 与各个节点处风力互谱的关系为

$$S_{MY}(f) = \sum_{i=1}^{N}\sum_{j=1}^{N} S_{FX}(z_i, z_j; f)z_i z_j$$

$$S_{MX}(f) = \sum_{i=1}^{N}\sum_{j=1}^{N} S_{FY}(z_i, z_j; f)z_i z_j \tag{4.5−6}$$

$$S_{MZ}(f) = \sum_{i=1}^{N}\sum_{j=1}^{N} S_{FN}(z_i, z_j; f)$$

式中：N 为输电塔沿高度分布的节点数；$S_{FX}(z_i, z_j; f)$ 和 $S_{FY}(z_i, z_j; f)$ 分别为 z_i、z_j 位置的顺风向风荷载互谱与横风向风荷载互谱；$S_{FN}(z_i, z_j; f)$ 为 z_i、z_j 位置的扭矩互谱。

根据叶丰等的研究，脉动风荷载无量纲自功率谱沿高度不变，即

$$\frac{S_{\text{Fu}}(z_i;f)}{\sigma_{\text{F}}^2(z_i)} = \frac{S_{\text{Fu}}(z_j;f)}{\sigma_{\text{F}}^2(z_j)} = S_{\text{F}}'(f) \quad\quad (4.5-7)$$

式中：$\sigma_{\text{F}}(z_i)$ 为第 i 个节点的风荷载均方根，不同高度处的风荷载互功率谱为

$$S_{\text{Fv}}(z_i, z_j; f) = \sqrt{S_{\text{Fu}}(z_i;f)S_{\text{Fu}}(z_j;f)}\,\text{coh}_{\text{F}}(z_i, z_j) \quad\quad (4.5-8)$$

式中：$\text{coh}_{\text{F}}(z_i, z_j)$ 为 z_i，z_j 位置脉动风荷载相关性，基于准定常假设可以用脉动风速的相干性来代替。

基于式（4.5-7）、式（4.5-8）可进一步改写为

$$S_{\text{Fu}}(z_i, z_j; f) = E(z_i) E(z_j) \sigma_{\text{u}'}(z_i) \sigma_{\text{u}'}(z_j) S_{\text{F}}'(f) \text{coh}(z_i, z_j)$$

$$E(z_i) = \rho_{\text{a}} \overline{u}_H \left(\frac{z}{H}\right)^{\alpha} C_{\text{D}}(z_i) A(z_i) \quad\quad (4.5-9)$$

式中：$C_{\text{D}}(z_i)$ 为第 i 个节点的风荷载体型系数；$A(z_i)$ 为第 i 个节点的迎风面面积，m^2；$\sigma_{\text{u}'}(z_i)$ 为第 i 个节点的脉动风速均方根。从而获得无量纲风荷载自功率谱为

$$S_{\text{F}}'(f) = \frac{S_{\text{MX}}(f)}{\displaystyle\sum_{i=1}^{N}\sum_{j=1}^{N} E(z_i)E(z_j)\sigma_{\text{u}'}(z_i)\sigma_{\text{u}'}(z_j)\text{coh}(z_i, z_j)z_i z_j} \quad\quad (4.5-10)$$

最终获得各节点的力谱为

$$S_{\text{Fu}}(z_i, z_j; f) = \frac{S_{\text{MX}}(f)E(z_i)E(z_j)\sigma_{\text{u}'}(z_i)\sigma_{\text{u}'}(z_j)\,coh(z_i, z_j)}{\displaystyle\sum_{i=1}^{N}\sum_{j=1}^{N} E(z_i)E(z_j)\sigma_{\text{u}'}(z_i)\sigma_{\text{u}'}(z_j)\,coh(z_i, z_j)z_i z_j} \quad\quad (4.5-11)$$

同理，假设横风向与扭转向的风荷载沿高度分布规律与顺风向风荷载相同，可以得到各个节点处横风向与扭转向风荷载互功率谱。

4.5.3　基于高频测力天平试验的等效风荷载计算

按响应的特点，输电塔结构的顺风向风致响应可以分为平均响应、背景响应和共振响应，相应地，等效风荷载也由平均风荷载、等效背景风荷载和等效共振风荷载三部分组成。

（1）平均风荷载。平均风荷载可由准定常假设得到，任意高度处的平均风荷载为

$$\overline{F}(z) = \frac{1}{2}\rho_{\text{a}}\overline{U}^2(z)C_{\text{D}}(z)A(z) \quad\quad (4.5-12)$$

式中：$\overline{U}$ 为平均风速。

（2）等效背景风荷载。求解等效背景风荷载的最为有效的方法是荷载-响应-相关法（LRC 法），其基本原理是将一点的风荷载与所求响应的相关系数作为风荷载的加权系数，从而得到结构的准静态等效风荷载的最不利分布。背景响应具有准静态特性，与动力特性无关，可以参考静力响应，但由于脉动风的随机性，响应的统计值仍有意义。z_0 位置 r 响应的均方值表达式为

$$\sigma_{r,\mathrm{B}}^2(z_0) = \int_0^H \int_0^H R_{\mathrm{F}}(z_1, z_2) I_r(z_0, z_1) I_r(z_0, z_2)\mathrm{d}z_1\mathrm{d}z_2 \tag{4.5-13}$$

式中：$R_{\mathrm{F}}(z_i, z_j)$ 为结构空间两点上脉动风荷载的协方差；$I_r(z_0, z_1)$（r 代表响应类型，如位移、弯矩等）为对应于响应的影响线系数，其物理意义为在 z_1 位置施加单位荷载于 z_0 位置产生的响应值 r 的大小。

当考虑保证因子 g_{B} 时等效背景风荷载为

$$F_{r,\mathrm{B}}(z_0) = g_{\mathrm{B}}\rho_{r,\mathrm{F}}\sigma_{\mathrm{F}}(z_0) \tag{4.5-14}$$

式中：$\rho_{r,\mathrm{F}}$ 为脉动响应和脉动风荷载的互相关系数，其表达式为

$$\rho_{r,\mathrm{F}} = \frac{\int_0^H R_{\mathrm{F}}(z_1, z_2) I_r(z_0, z_2)\mathrm{d}z_1}{\sigma_{r,\mathrm{B}}(z_0)\sigma_{\mathrm{F}}(z_2)} \tag{4.4-15}$$

（3）等效共振风荷载。等效共振风荷载可以用惯性力来表示，当考虑保证因子 g_{R} 时，第 i 阶等效共振风荷载为

$$F_{ri,\mathrm{R}}(z) = g_{\mathrm{R}} m(z)\omega_i^2\varphi_i(z)\sigma_{qi,\mathrm{R}} \tag{4.5-16}$$

式中：$\sigma_{qi,\mathrm{R}}$ 为第 i 阶响应的共振分量，其表达式为

$$\sigma_{qi,\mathrm{R}}^2 = \int_0^\infty S_{qi,\mathrm{R}}(f)\mathrm{d}n = \frac{1}{K_i^2}\frac{\pi n_i}{4\xi_i}S_{\mathrm{F}_i}(f_i) \tag{4.5-17}$$

式中：f_i、K_i、ξ_i 分别是 i 阶模态的频率、广义刚度和阻尼比。

分别求得等效平均风荷载、等效背景风荷载和等效共振风荷载后，总的等效静力风荷载为

$$F_r(z) = F(z) + w_{\mathrm{B}}F_{r,\mathrm{B}}(z) + \sum_{i=1}^N w_{\mathrm{R}i}F_{ri,\mathrm{R}}(z) \tag{4.5-18}$$

式中：w_{B} 与 $w_{\mathrm{R}i}$ 为等效背景风荷载和 i 阶等效共振风荷载的加权系数；N 为模态总数，表达式为

$$w_{\mathrm{B}} = \frac{g_B\sigma_{r,\mathrm{B}}}{\sqrt{g_{\mathrm{B}}^2\sigma_{r,\mathrm{B}}^2 + \sum_{i=1}^N g_{\mathrm{R}}^2\sigma_{r,\mathrm{R}i}^2}} \tag{4.5-19}$$

$$w_{\mathrm{R}i} = \frac{g_R\sigma_{r,\mathrm{R}i}}{\sqrt{g_{\mathrm{B}}^2\sigma_{r,\mathrm{B}}^2 + \sum_{i=1}^N g_{\mathrm{R}}^2\sigma_{r,\mathrm{R}i}^2}} \tag{4.5-20}$$

4.5.2 节采用高频测力天平试验得到的基底弯矩和基底扭矩推导出各节点的风荷载功率谱，代入式（4.5-14）、式（4.5-16）、式（4.5-18）后即可计算得到各节点的等效风荷载。图 4.5-2 给出了西堠门大跨越输电塔基于顶部位移和基底弯矩等效的不同高度处节点等效风荷载。

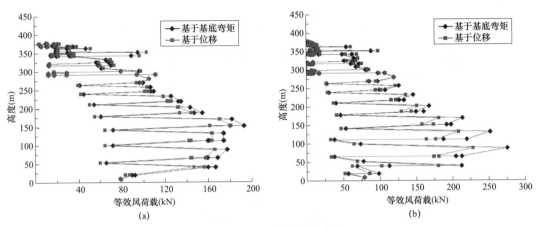

图 4.5-2　节点等效风荷载

（a）0° 风向角 *x* 方向；（b）90° 风向角 *y* 方向

　　将不同风向角下的等效风荷载施加在跨越塔节点上，即可进行跨越塔抗风设计，与采用风振系数考虑风荷载脉动效应相比，等效风荷载法更为直接，并可同时考虑顺风向、横风向风载作用，计算结果更为准确。

参考文献

［1］ Cheung C K，Melboure W H. Wind tunnel blockage effect on a circular cylinder in turbulent flows［C］. 7th Australasian hydraulics and fluid mechanics conference，Brisbane，18-22，August，1980.

［2］ Niemann H，Hölscher N. A review of recent experiments on the flow past circular cylinders［J］. Journal of Wind Engineering and Industrial Aerodynamics，1990，33（1-2）：197-209.

［3］ Simiu E，Scanlan R H. Wind effects on structures：fundamentals and applications to design［M］. New York，John Wiley & Sons Inc，1996.

［4］ Ballio G，Maberini F，Solari G. A 60 year old，100 m high steel tower：limit states under wind actions ［J］. Journal of Wind Engineering and Industrial Aerodynamics，1992，43（1-3）：2089-2100.

［5］ Momomura Y，Marukawa H，Okamura T，et al. Full-scale measurements of wind-induced vibration of a transmission line system in a mountainous area［J］. Journal of Wind Engineering and Industrial Aerodynamics，1997，72：241-252.

［6］ 沈国辉，姚剑锋，郭勇，等. 直径 30cm 圆柱的气动力参数和绕流特性研究［J］. 振动与冲击，2020，39（6）：22-28.

［7］ 楼文娟，孙炳楠，唐锦春. 高耸格构式结构风振数值分析及风洞试验［J］. 振动工程学报，1996，9（3）：318-322.

［8］ 顾明，周印. 用高频动态天平方法研究金茂大厦的动力风荷载和风振响应［J］. 建筑结构学报. 2000，21（4）：55-61.

［9］ 叶丰，顾明. 估算高层建筑顺风向等效风荷载和响应的简化方法［J］. 工程力学，2003，20（1）：63-67.

［10］ 郭勇. 大跨越输电塔线体系的风振响应及振动控制研究［D］. 浙江大学，2006.

［11］黄俏俏. 输电塔风致响应和等效风荷载的理论与试验研究［D］. 浙江大学，2011.

［12］郭勇，叶尹，应建国. 多回路输电塔风振系数研究［J］. 建筑结构，2011，41（3）：110－113.

［13］沈国辉，项国通，邢月龙，等. 2 种风场下格构式圆钢塔的天平测力试验研究［J］. 浙江大学学报（工学版），2014，48（4）：704－710.

［14］姚旦，沈国辉，潘峰，等. 基于向量式有限元的输电塔风致动力响应研究［J］. 工程力学，2015，32（011）：63－70.

［15］郭勇，孙炳楠，叶尹，等. 大跨越输电塔线体系风振响应频域分析及风振控制［J］. 空气动力学学报，2009，27（3），288－295.

［16］郭勇，孙炳楠，叶尹，等. 大跨越输电塔线体系气弹模型风洞试验［J］. 浙江大学学报工学版，2007，41（9）：1482－1486.

［17］潘峰，姚耀明，胡文侃，等. 全方位角度风作用下铁塔风荷载分配系数特性研究［J］. 中国电力，2016，49（7）：32－38.

［18］钱程，沈国辉，郭勇，等. 节点半刚性对输电塔风致响应的影响［J］. 浙江大学学报（工学版），2017，51（6）：1082－1089.

［19］郭勇，孙炳楠，叶尹，等. 大跨越输电塔线体系风振响应的时域分析［J］. 土木工程学报，2006，39（12）：12－17.

［20］楼文娟，梁洪超，卞荣. 基于杆件荷载的角钢输电塔风荷载体型系数计算［J］. 浙江大学学报（工学版），2018，52（9）：6－12.

［21］卞荣，楼文娟，李航，等. 不同流场下钢管输电塔塔身气动力特性［J］. 浙江大学学报（工学版），2019，53（5）：910－916.

［22］梁洪超，楼文娟，丁浩，等. 非线性振型结构 HFFB 试验模态力计算方法及不确定性分析［J］. 工程力学，2019，36（3）：81－88.

［23］Von Karman T. Progress in the statistical theory of turbulence［J］. Proceedings of the National Academy of Sciences of the United States of America，1948，34（11）：530－539.

［24］Kaimal J C，Wyngaard J C，Izumi Y，et al. Spectral characteristics of surface-layer turbulence［J］. Quarterly Journal of the Royal Meteorological Society，2010，98（417）：563－589.

［25］Kasperski M，Niemann H J. The LRC method-a general method for estimating unfavourable wind load distributions for linear and nonlinear structural behaviour［J］. Journal of Wind Engineering and Industrial Aerodynamics.1992，41－44：1753－1763.

［26］Holmes J D. Along-wind response of lattice towers：part I-derivation of expressions for gust response factors［J］. Engineering Structures，1994，16（4）：287－292.

第5章
大跨越新型构件设计

钢管混凝土是指在钢管中填充混凝土而形成的构件，由于钢管对其核心混凝土的约束作用，使混凝土处于三轴应力状态，从而提高了混凝土的强度、塑性等力学性能。同时由于核心混凝土的支撑作用，可以延缓甚至避免钢管过早地发生局部屈曲，从而可以保证钢材性能的充分发挥。钢管混凝土不仅可以弥补两种材料各自的缺点，而且能够充分发挥它们的优点，使得钢管混凝土具有承载力高、塑性和韧性良好、施工方便、耐火性能较好和经济效益高等优点。

研究和工程中应用较多的圆钢管混凝土横截面形式如图 5.1-1 所示，内配加劲件型式如角钢桁架、钢筋和型钢，其中内配格构式角钢和钢筋钢管混凝土主要应用于输电铁塔中。

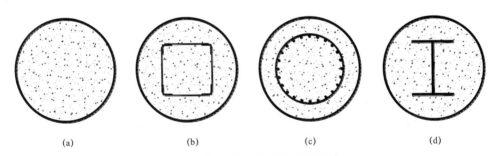

(a)   (b)   (c)   (d)

图 5.1-1　圆钢管混凝土截面形式

（a）钢管混凝土；（b）内配格构式角钢；（c）内配钢筋；（d）内配型钢

大跨越塔中钢管混凝土节点由于刚度较大，往往受到杆端弯矩作用，轴心受力构件同时承受轴向力和弯矩，形成压弯（或拉弯）构件。拉弯构件需要计算其强度，压弯构件需要计算强度和稳定。构件往往是铁塔中结构承载的薄弱环节，主要破坏通常是杆件受压整体失稳和局部失稳破坏，钢管混凝土构件作为一种新的主材形式应用于大跨越塔中，因此对构件承载性能的研究尤为必要。

本章依据舟联工程跨越塔中钢管混凝土构件的结构型式及受力状态，对轴压、轴拉、纯弯、压弯、拉弯等荷载作用下内配钢骨钢管混凝土的受力特性开展了大量试验和数值研究，最终推导了钢管混凝土构件在不同受力状态下的承载力实用计算方法。

5.1　内配钢骨钢管混凝土轴心受压构件设计

内配钢骨钢管混凝土在大跨越输电塔中为承受压力的主要构件，合理地确定钢管混凝土构件的轴压承载力及刚度是钢管混凝土输电铁塔设计的重要前提之一。

5.1.1　内配钢骨钢管混凝土轴压试验

以长度、配骨指标、截面尺寸为主要研究参数，进行了 19 个内配格构式角钢钢管混凝土柱轴心受压试验，研究长细比（λ）、和配骨指标（ρ）等参数对构件的轴心受压力学性能、破坏模式和极限承载力的影响。

1. 试验概况

内配格构式角钢钢管混凝土轴压试件的详细参数见表 5.1-1，其纵向、横向剖面图如图 5.1-2 所示。试件编号中，"ZY"表示轴压，字母后面的数字或字母分别代表了试件的长度、外钢管直径、内配格构式角钢的尺寸；外钢管直径的数值后面加以 A、B 以分别代表 L40×4、L50×6 角钢。比如编号 ZY2-4B 代表长度为 2m、外钢管直径为 400mm且内配 L50×6 角钢的轴压试件。对于重复性试验构件，分别在试件名称后面加"1""2"等符号加以区分。

表 5.1-1　　　　　　　　　　轴 压 试 件 参 数 信 息

试件	重复试件	长度 L（mm）	钢管（mm）	角钢	破坏模式	极限荷载（kN） 荷载	均值
ZY1-4	—	1000	400×5	—	剪切破坏	5572	5572
ZY1-4A	ZY1-4A1	1000	400×5	L40×4	材料破坏	6179	6185
	ZY1-4A2				材料破坏	6191	
ZY1-4B	ZY1-4B1	1000	400×5	L50×6	材料破坏	7148	6866
	ZY1-4B2				材料破坏	6584	
ZY1-4B（BC）	—	1000	400×5	L50×6	材料破坏	6571	6571
ZY2-4	—	2000	400×5	—	剪切破坏	6018	6018
ZY2-4A	ZY2-4A1	2000	400×5	L40×4	材料破坏	6062	6267
	ZY2-4A2				材料破坏	6471	
ZY2-4B	ZY2-4B1	2000	400×5	L50×6	材料破坏	6639	6754
	ZY2-4B2				材料破坏	6868	
ZY4-4	—	4000	400×5	—	双向弯曲失稳	5697	5697
ZY4-4A	ZY4-4A1	4000	400×5	L40×4	双向弯曲失稳	6199	6256
	ZY4-4A2				双向弯曲失稳	6312	
ZY4-4B	ZY4-4B1	4000	400×5	L50×6	双向弯曲失稳	6615	6523
	ZY4-4B2				双向弯曲失稳	6430	
ZY1-3A	—	1000	300×5	L40×4	材料破坏	3675	3675
ZY2-3A	—	2000	300×5	L40×4	材料破坏	4131	4131
ZY4-3A	—	4000	300×5	L40×4	双向弯曲失稳	3796	3796

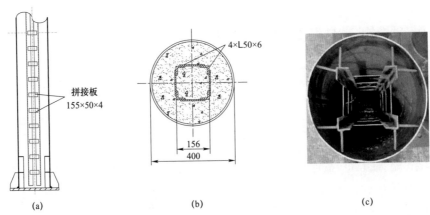

图 5.1-2　内配格构式角钢钢管混凝土构件示意图（ZY1-4B，单位：mm）

(a) 纵向剖面图；(b) 横向剖面图；(c) 试件截面实拍图

所有试验工况的钢管混凝土试件钢材的材料特性试验结果见表 5.1-2。轴心受压试件的钢材采用 Q235 钢，混凝土材料采用 C40 级混凝土，抗拉强度及抗压强度实测值分别为 2.92MPa 和 52MPa。

表 5.1-2　钢材的材料特性试验结果

材料	E（GPa）	f_y（MPa）	f_u（MPa）	f_p（MPa）	f_p/f_y
外钢管（壁厚为 4mm）	220.0	558	639	505	0.91
外钢管（壁厚为 6mm）	215.0	458	560	345	0.75
外钢管（壁厚为 5mm）	204.2	281	427	188	0.67
$\phi16$ 钢筋	205.0	418	573	371	0.89
角钢 L40×4	212.5	298	452	283	0.95
角钢 L56×5	205.2	376	555	310	0.82
角钢 L50×6	213.0	285	449	271	0.95

注　E 为钢材拉伸试验件的弹性模量；f_y 为屈服强度；f_u 为极限抗拉强度；f_p 为拉伸试验件的弹塑性阶段与弹性阶段的分界点的应力。

钢管混凝土试件轴压试验在压力试验机上进行。长度为 1m 的短柱试件一端采用铰接支座，另一端采用固定支座；长度超过 1m 的长柱试件采用两端铰接支座。轴压试验采用位移控制加载，且加载速度控制在 1mm/min。

2. 试验现象与试验结果

（1）试验现象。长度为 1m 和 2m 的纯钢管混凝土构件发生了剪切破坏，而内配钢骨钢管混凝土构件发生了材料破坏（即外钢管局部屈曲，混凝土压碎），如图 5.1-3 所示；长度为 4m 的钢管混凝土构件发生了明显的弯曲失稳破坏，如图 5.1-4 所示。

（2）试验结果与分析。长度为 1m 和 2m 的轴压柱荷载-位移曲线基本类似，如图 5.1-5 所示，曲线均经历了弹性段、弹塑性段和塑性段等。相比纯钢管混凝土试件，内配钢骨钢管混凝土构件的荷载下降幅度均比较平缓，这说明内配钢骨的存在提高了试件的承载力和延性，使得轴压试件具有良好的受力性能；长度为 4m 的轴压长柱荷载−位移曲线经历了四个阶段：弹性段、弹塑性段、塑性段和下降段，如图 5.1−6 所示，其中在下降段，试件的荷载急剧下降，此时试件发生了失稳破坏，与轴压短柱有着明显的不同，说明当试件的长细比较大时，试件的破坏模式由材料破坏转变为稳定破坏。

(a)　　　　　(b)　　　　　(c)　　　　　(d)　　　　　(e)

图 5.1−3　长度为 1m 和 2m 的轴压试件破坏模式

（a）ZY1−4；（b）ZY1−4A1；（c）ZY1−4B1；（d）ZY2−4A2；（e）ZY2−4B2

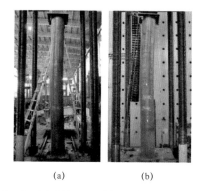

(a)　　　　　(b)

图 5.1−4　长度为 4m 的轴压长柱试件破坏模式

（a）ZY4−4A2；（b）ZY4−4B2

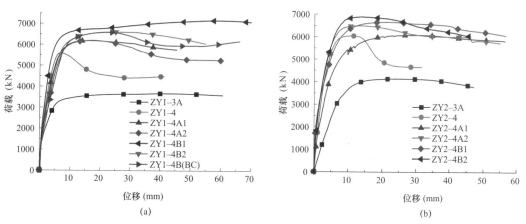

(a)　　　　　　　　　　　(b)

图 5.1−5　长为 1m 轴压柱和 2m 轴压柱荷载−位移曲线

（a）1m 轴压短柱；（b）2m 轴压柱

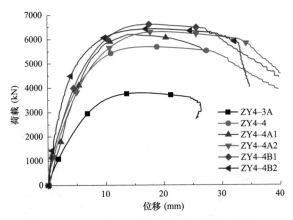

图 5.1-6 长为 4m 轴压长柱荷载-位移曲线

5.1.2 内配钢骨钢管混凝土轴压有限元分析

1. 有限元计算方法

有限元分析时采用混凝土损伤塑性模型，定义屈服面实现在外钢管约束条件下的混凝土强度提高，且采用韩林海提出的约束钢管混凝土本构关系模型来体现受约束混凝土的塑性性能提高。采用能量破坏准则来考虑混凝土受拉软化性能即应力-断裂能关系。

试件外钢管采用 4 节点减缩积分壳单元（S4R），混凝土和内部角钢采用 8 节点线性六面体减缩积分实体单元（C3D8R）。外钢管与核心混凝土之间接触面采用面面接触模拟：法向接触行为选择"硬"接触；切向力模拟采用库仑摩擦模型。钢管与混凝土界面的摩擦系数 $\mu=0.6$。

建立钢管混凝土轴压试件有限元模型，边界条件根据试验实际状态施加，轴压试件两端为铰支支座，采用位移加载，如图 5.1-7 所示。

2. 算例分析

利用上述有限元分析方法对钢管混凝土轴压试件进行了计算，并与试验结果进行了对比，荷载-位移曲线对比如图 5.1-8 所示。可见，有限元计算结果和试验结果吻合较好，说明有限元模型合理，且能准确地预测轴压构件的整个受力过程。

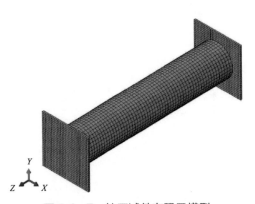

图 5.1-7 轴压试件有限元模型

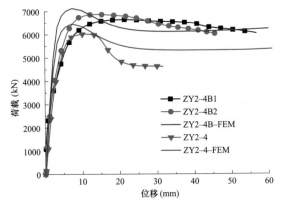

图 5.1-8 轴压试件荷载-位移曲线对比

5.1.3　内配钢骨钢管混凝土轴压承载力

CECS 408—2015《特殊钢管混凝土构件设计规程》中关于钢管混凝土短柱的轴心受压强度承载力的计算公式为

$$N_0 = A_{sc}f_{sc} + A_\rho f_\rho \qquad (5.1-1)$$

$$f_{sc} = [1.212 + B\xi + C\xi^2]f_c \qquad (5.1-2)$$

式（5.1-1）和式（5.1-2）中，A_{sc} 为钢管混凝土横截面面积，即外钢管和核心混凝土面积之和；ξ 为钢管混凝土构件的套箍系数，$\xi = A_s f / (A_c f_c)$，A_c、A_s、A_ρ 分别为钢管、管内混凝土、内配钢骨面积，f_{sc}、f、f_c、f_ρ 分别为钢管约束素混凝土截面、钢材、混凝土、内配钢骨的抗压强度设计值，B、C 分别为钢材、混凝土等级对套箍效应的影响系数。

计算轴压长柱稳定承载力时在短柱承载力的基础上乘以一个稳定系数 φ，利用式（5.1-3）计算稳定系数 φ 时，采用式（5.1-2）的 f_{sc} 代替 f_{scy} 求得构件的正则长细比 $\bar{\lambda}$。

$$\begin{cases} \varphi = \dfrac{1}{2\bar{\lambda}^2}\left[\bar{\lambda}^2 + (1+\varepsilon_{sc}) - \sqrt{\left[\bar{\lambda}^2 + (1+\varepsilon_{sc})\right]^2 - 4\bar{\lambda}^2} \right] \\ \varepsilon_{sc} = K\bar{\lambda} \\ \bar{\lambda} = \dfrac{\lambda}{\pi}\sqrt{\dfrac{f_{scy}}{E_{sc}}} \end{cases} \qquad (5.1-3)$$

式中，ε_{sc} 为构件的等效初始偏心率；K 为等效初始弯曲系数，对于高强钢管混凝土构件，K 取为 $0.25\,(235/f_{yd})^{0.8}$，f_{yd} 为高强钢管抗压强度设计值，对其他构件，K 取 0.25。

钢管混凝土轴压试件按 CECS 408—2015《特殊钢管混凝土构件设计规程》计算的结果与试验结果的对比见表 5.1-3。

表 5.1-3　　　　　　　　　　轴压试件承载力试验值和计算值对比

试件	重复试件	N_{ue}（kN）	N_{u-CECS}（kN）	N_{u-CECS}/N_{ue}
ZY2-4	—	6018	5966	0.991
ZY2-4A	ZY2-4A1	6062	6279	1.036
	ZY2-4A2	6471		0.970
ZY2-4B	ZY2-4B1	6639	6525	0.983
	ZY2-4B2	6868		0.950
ZY4-4	—	5697	5586	0.981
ZY4-4A	ZY4-4A1	6199	5891	0.950
	ZY4-4A2	6312		0.933
ZY4-4B	ZY4-4B1	6615	6130	0.927
	ZY4-4B2	6430		0.953
ZY2-3A	—	4131	3894	0.943
ZY4-3A	—	3796	3518	0.927

注　N_{ue} 为轴压试件的承载力试验值，N_{u-CECS} 为按照 CEC S408—2015《特殊钢管混凝土构件设计规程》计算的轴压承载力。

结果表明，CECS 408—2015《特殊钢管混凝土构件设计规程》的公式能非常准确的预测内配格构式角钢钢管混凝土构件的轴压极限承载力。

5.1.4 内配钢骨钢管混凝土轴压刚度

CECS 408—2015《特殊钢管混凝土构件设计规程》中关于内配加劲件钢管混凝土构件的轴心受压刚度计算公式如下

$$(EA)_c = E_{so}A_{so} + E_cA_c + E_{si}A_{si} \tag{5.1-4}$$

式中，E_{so}、E_c、E_{si} 分别为外钢管、混凝土、内配钢骨的弹性模量；A_{so}、A_c、A_{si} 分别为外钢管、混凝土、内配钢骨的截面面积。

根据轴心受压短柱试件（试件的长度 $L=1\text{m}$）的荷载－轴向位移曲线得到轴压刚度试验值，与 CEC S408—2015《特殊钢管混凝土构件设计规程》中公式计算结果进行对比，对比结果见表 5.1-4。

表 5.1-4　　　　　　　轴心受压短柱试件的轴压刚度

试件	$(EA)_{ce}(\times 10^6\text{kN})$	$(EA)_{cc}(\times 10^6\text{kN})$	$(EA)_{cc}/(EA)_{ce}$
ZY1-3A	2.45	2.9	1.184
ZY1-4	3.69	4.38	1.187
ZY1-4A-1	3.71	4.64	1.251
ZY1-4A-2	3.52	4.64	1.318
ZY1-4B-1	3.79	4.86	1.282
ZY1-4B-2	4.61	4.86	1.054
ZY1-4B（BC）	4.19	4.86	1.160

注　$(EA)_{ce}$ 为轴心受压短柱试件的轴压刚度试验值；$(EA)_{cc}$ 为使用式（5.1-4）计算得到的轴心受压短柱试件的轴压刚度。

分析结果表明，使用式（5.1-4）计算的轴心受压短柱试件轴压刚度结果均大于试验结果。

5.2 内配钢骨钢管混凝土轴心受拉构件设计

钢管混凝土构件在建筑结构中主要承受压力作用，但在输电铁塔主材中，不可避免会承受拉力作用。目前，对钢管混凝土构件的受拉性能研究较少，合理地确定钢管混凝土构件的轴拉承载力及轴拉刚度是钢管混凝土输电铁塔设计的重要前提之一。

5.2.1 内配钢骨钢管混凝土轴拉试验

以内配钢骨形式、配骨指标、截面尺寸、角钢连接方式、法兰连接为主要研究参数，进行了内配格构式角钢钢管混凝土柱轴心受拉试验，研究轴心受拉构件的力学性能、破坏模式和极限承载力。

5.2.1.1 试验概况

轴拉试件截面形式共有空钢管、纯钢管混凝土、内配钢筋钢管混凝土和内配格构式角钢钢管混凝土四种，其中外钢管考虑法兰连接和无法兰连接；内部角钢考虑无断开、普通螺栓连接和高强摩擦螺栓连接，其中螺栓连接是指在角钢跨中位置处截断，采用外包大一号角钢连接［如图 5.2－1（c）所示］。内配钢筋钢管混凝土构件的纵向、横向剖面图分别如图 5.2－1（a）和图 5.2－1（b）所示。轴拉试件参数信息见表 5.2－1。试件编号中，KG、GH、RGH 和 BGH 分别代表空钢管、纯钢管混凝土、内配钢筋钢管混凝土和内配格构式角钢钢管混凝土；在试件类型名之后，以符号"－"加数字 4、5、6 来区分外钢管厚度 t_0；试件的全名和外钢管壁厚的后面以符号"－"加字母 FC、BC、MBC 来表示外钢管法兰连接试件、内部角钢螺栓连接试件或内部角钢高强摩擦螺栓连接试件；试件外钢管壁厚的数值后面加以 A、B 以分别代表 L40×4、L50×6 角钢。

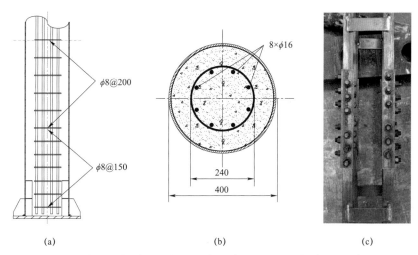

(a) (b) (c)

图 5.2－1 钢管混凝构件示意图（RGH－4，单位：mm）

（a）内配钢筋试件纵向剖面图；（b）内配钢筋试件横向剖面图；（c）内配格构式角钢螺栓连接

表 5.2－1 轴 拉 试 件 参 数 信 息

试件名称	钢筋直径 ϕ（mm）	角钢规格（mm）	外钢管强度等级	内配角钢强度等级	混凝土强度等级	备注
GH－4	—	—	Q420	Q345	C60	钢管混凝土
GH－6	—	—	Q420	Q345	C60	钢管混凝土
RGH－4	8×ϕ16	—	Q420	Q345	C60	—
RGH－6	8×ϕ16	—	Q420	Q345	C60	—
RGH－6－FC	8×ϕ16	—	Q420	Q345	C60	外钢管法兰连接
BGH－4	—	4×L56×5	Q420	Q345	C60	—
BGH－4－FC	—	4×L56×5	Q420	Q345	C60	外钢管法兰连接
BGH－6	—	4×L56×5	Q420	Q345	C60	—
BGH－6－BC	—	4×L56×5	Q420	Q345	C60	内部角钢普通螺栓连接
KG－4	—	—	Q420	Q345	C60	钢管

续表

试件名称	钢筋直径 ϕ（mm）	角钢规格（mm）	外钢管强度等级	内配角钢强度等级	混凝土强度等级	备注
KG-6	—	—	Q420	Q345	C60	钢管
BGH-5A	—	4×L40×4	Q235	Q235	C40	—
BGH-5B	—	4×L50×6	Q235	Q235	C40	—
BGH-5A-FC	—	4×L40×4	Q235	Q235	C40	外钢管法兰连接
BGH-5A-BC	—	4×L40×4	Q235	Q235	C40	内部角钢普通螺栓连接
BGH-5A-FC/BC	—	4×L40×4	Q235	Q235	C40	外钢管法兰连接内部角钢普通螺栓连接
BGH-5A-MBC	—	4×L40×4	Q235	Q235	C40	内部角钢高强摩擦螺栓连接

轴心受拉试件的混凝土材料采用 C40 及 C60 级混凝土，抗拉强度实测值分别为 2.92、4.06MPa，抗压强度实测值分别为 52、61.2MPa。钢材的材料特性试验结果见 5.1.1 节所述。

轴心受拉试验在拉力试验机上进行，轴拉试件两端采用球铰支座，采用位移控制加载，加载速度控制为 1.2mm/min。根据韩林海等的研究成果，以轴拉试件的外钢管纵向应变达到 5000με 所对应的荷载作为试件的极限荷载。这主要是由于：① 当纵向拉应变达到 5000με 时，荷载-应变曲线接近弹塑性阶段末尾，钢管已完全屈服；② 此后，拉应变显著增加，但拉伸荷载增加缓慢。因此，试验过程中待试件的外钢管纵向应变大于 5000με 之后即可停止加载，此时试件的外钢管已完全屈服。

5.2.1.2 试验现象与试验结果

1. 试验现象

当轴拉试件外钢管中部所有纵向应变均达到 5000με 时，试件未观测到明显的破坏痕迹，卸载之后试件有肉眼可见的残余变形。将试件跨中附近 2m 范围内的外钢管割开，并用黑色笔标出内部混凝土裂缝的平均宽度，用红色笔标出两条相邻的裂缝之间的大致间距，如图 5.2-2 所示。

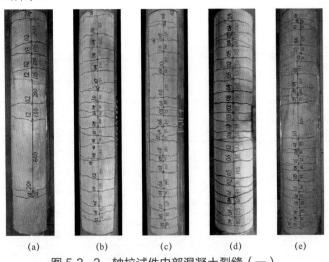

(a)　(b)　(c)　(d)　(e)

图 5.2-2　轴拉试件内部混凝土裂缝（一）

（a）GH-4；（b）RGH-4-2；（c）BGH-4；（d）BGH-6；（e）BGH-6-BC

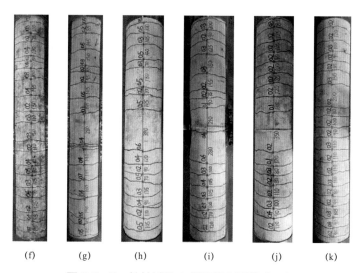

|(f)|(g)|(h)|(i)|(j)|(k)|

图 5.2-2　轴拉试件内部混凝土裂缝（二）

（f）BGH-5A；（g）BGH-5A-BC；（h）BGH-5A-MBC；（i）BGH-5A-FC；（j）BGH-5A-FC/BC；（k）BGH-5B-2

结果表明，内配钢筋或角钢钢管混凝土构件的核心混凝土裂缝间距相比纯钢管混凝土构件要小，且其裂缝间距和宽度比较一致。这表明内部钢筋或角钢有效地参与了受拉构件的轴心受力过程，产生这种裂缝的原因是由于外钢管壁与混凝土的摩擦力使得混凝土开裂之后，位于两条裂缝之间的混凝土又能够与内部钢骨依靠锚固力相互作用进而继续参与构件的受力，从而使得其裂缝分布较为均匀一致。综上可认为内配钢骨钢管混凝土构件相比纯钢管混凝土构件具有更好的整体受拉性能，且外钢管壁能够有效地将轴拉力传递给内部钢骨。

相对于角钢连续构件，角钢螺栓连接构件试件跨中部位的裂缝间距相对更大，这是由于构件中部的螺栓连接区域与混凝土咬合更加紧密。

对于外钢管法兰连接的构件，法兰连接区域内的混凝土裂缝分布较为稀疏且裂缝间距相比其他部位明显偏大，这说明法兰的存在削弱了法兰区域内的钢管与混凝土之间的摩擦力，从而导致了混凝土的裂缝间距偏大，因此在实际工程中，即使外钢管的法兰连接并没有对构件的轴拉承载力产生影响，也应该在保证法兰连接强度同时尽量降低法兰的高度或使用内、外双层法兰以保证外钢管与混凝土之间在受拉作用下的协同作用。

2. 极限承载力

取轴心受拉试件外钢管纵向应变为 $5000\mu\varepsilon$ 时所对应的轴拉力为试件的轴心受拉极限承载力，得到各试件的极限承载力见表 5.2-2。

表 5.2-2　　　　　　　　　　　　轴拉试件的极限承载力

试件	T_{ue}（kN）	T_{ue}/T_1	T_{ue}/T_2	$(T_{ue}-T_2)/T_R$	$(T_{ue}-T_2)/T_B$
KG-4	2524（T_1）	1	—	—	—
GH-4	2874（T_2）	1.137	1	—	—
RGH-4-1	3593	1.424	1.252	1.075	—

续表

试件	T_{ue}（kN）	T_{ue}/T_1	T_{ue}/T_2	$(T_{ue}-T_2)/T_R$	$(T_{ue}-T_2)/T_B$
RGH－4－2	3578	1.418	1.246	1.052	—
BGH－4	3907	1.548	1.361	—	1.273
BGH－4－FC	3805	1.508	1.326	—	1.148
KG－6	3158（T_1）	1	—	—	—
GH－6－1	3649（T_2）	1.155	1	—	—
GH－6－2	3618	1.146	0.992	—	—
RGH－6	4324	1.369	1.185	1.005	—
RGH－6－FC	4397	1.392	1.205	1.114	—
BGH－6	4509	1.428	1.236	—	1.057
BGH－6－BC	4540	1.438	1.244	—	1.094
BGH－5A	2148	—	—	—	—
BGH－5A－BC	2117	—	—	—	—
BGH－5A－MBC	2139	—	—	—	—
BGH－5A－FC	2146	—	—	—	—
BGH－5A－FC/BC	2139	—	—	—	—
BGH－5B－1	2439	—	—	—	—
BGH－5B－2	2437	—	—	—	—

注　T_{ue} 为轴心受拉构件的极限承载力试验值；T_1 为空钢管构件 KG－4 或 KG－6 的受拉极限承载力；T_2 为钢管混凝土构件 GH－4 或 GH－6－1 试件的受拉极限承载力；T_R 为内配钢筋笼受拉屈服时对应的荷载，根据 5.1.1 节材料特性试验结果计算，$T_R=672$kN；T_B 为内配角钢受拉屈服时所对应的荷载，根据 5.1.1 节材料特性试验结果计算，$T_B=814$kN。

表 5.2－2 中，$(T_{ue}-T_2)/T_R$ 或 $(T_{ue}-T_2)/T_B$ 表示的是构件内部钢筋或角钢发挥的作用大小，其值均大于 1，表明在试件达到极限荷载时，内部钢筋及角钢均已经达到屈服。由此可认为钢筋或角钢有效地参与了试件的受拉过程，试件内部加劲肋或钢管壁和混凝土之间的相互作用以及钢筋或角钢与混凝土之间的黏结作用能够使内配钢筋或角钢与外钢管共同作用。

比较发现，外钢管法兰连接或内部角钢螺栓连接试件与同规格无法兰或角钢螺栓连接试件的极限承载力几乎相等，说明外钢管或内部角钢的连接方式对构件的轴拉极限承载力没有影响。

3. 荷载－位移曲线

轴拉试件的荷载－位移曲线均有相同的特征，如图 5.2－3 所示，即曲线包括了弹性段、弹塑性段、塑性段三个阶段，其中在塑性段荷载仍有上升，上升幅度较慢。试件卸载之后均有不同程度的残余变形，且卸载路径与初始加载路径近似平行。

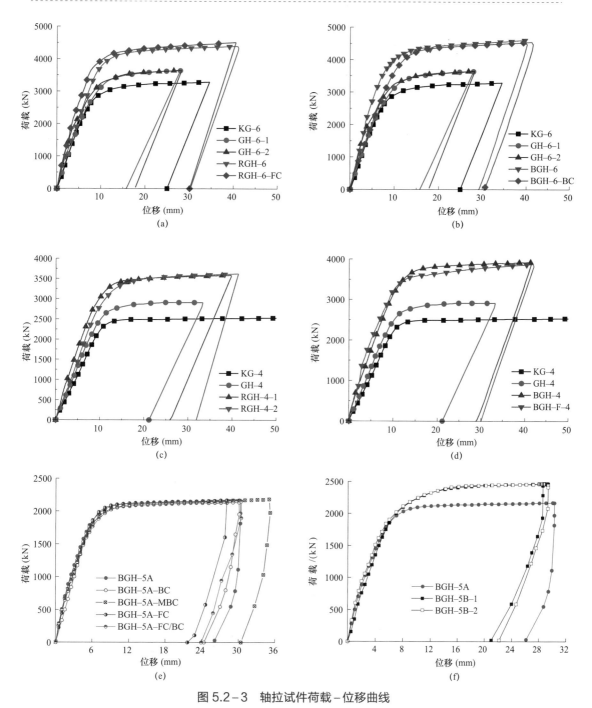

图 5.2-3　轴拉试件荷载-位移曲线

（a）内配钢筋试件（$t_0 = 6$mm）；（b）内配角钢试件（$t_0 = 6$mm）；（c）内配钢筋试件（$t_0 = 4$mm）；
（d）内配角钢试件（$t_0 = 4$mm）；（e）内配 L40×4 角钢试件（$t_0 = 5$mm）；（f）内配 L50×6 角钢试件（$t_0 = 5$mm）

　　轴拉试件的荷载-跨中环向平均应变关系图如图 5.2-4 所示。钢管混凝土试件的环向变形由于受到了核心混凝土的约束，其环向应变相比空钢管要小很多。

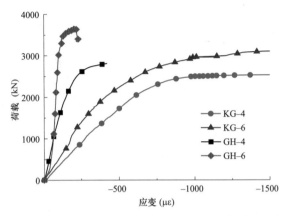

图 5.2-4 试件 GH-4 和 GH-6 荷载-跨中环向平均应变关系图

5.2.2 内配钢骨钢管混凝土轴拉有限元分析

1. 计算方法

轴拉试件有限元模型中所采用的钢材和混凝土本构模型、钢材和混凝土之间的相互作用属性、单元类型的选取等基本参数均与轴压试件一致。轴心受拉构件的边界条件施加，根据实际试验状态。分析时根据对称性可取轴拉构件的 1/2 进行模拟，有限元网格划分如图 5.2-5 所示。

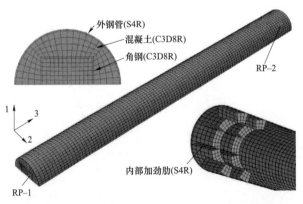

图 5.2-5 轴心受拉模型的有限元网格划分示意图

2. 算例分析

有限元模拟得到的轴拉荷载-轴向应变曲线的有限元和试验结果对比如图 5.2-6 所示，从图中可以看出，轴拉试件的轴拉荷载-轴向应变曲线的试验结果和模拟结果均比较接近，说明有限元模型可准确模拟试件在轴心受拉状态下的力学性能。

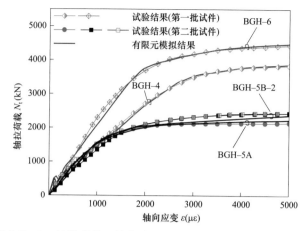

图 5.2-6　轴拉荷载-轴向应变曲线的有限元和试验结果对比

5.2.3　内配钢骨钢管混凝土轴拉承载力

1. 规范计算方法

CECS 408—2015《特殊钢管混凝土构件设计规程》中关于内配加劲件的钢管混凝土构件轴心受拉极限承载力的计算公式为

$$T_{u-CECS} = 1.1 A_{so} f_{yo} + A_{si} f_{yi} \tag{5.2-1}$$

式中，A_{so}、A_{si} 分别为外钢管、内部钢骨的截面面积，f_{yo}、f_{yi} 分别为外钢管、内部钢骨的抗拉强度设计值。式（5.2-1）中的系数 1.1 就是考虑了圆钢管混凝土构件中外钢管处于双向受拉状态下承载力的提高。

AISC 360—2016《规范建筑钢结构》中规定内配加劲件钢管混凝土构件在轴心受拉作用下的极限承载力的计算公式为

$$T_{u-AE} = A_{so} f_{yo} + A_{si} f_{yi} \tag{5.2-2}$$

从式（5.2-1）和式（5.2-2）可以看出，AISC 360—2016《规范建筑钢结构》与 CECS 408—2015《特殊钢管混凝土构件设计规程》相比在外钢管的承载力一项缺少 1.1 的系数，未考虑核心混凝土对外钢管的约束支撑作用带来的构件轴拉承载力的提高。

2. 轴拉承载力计算公式

通过对内配格构式角钢钢管混凝土构件的外钢管、混凝土、内部角钢三者之间的组合效应的分析可知，内配格构式角钢钢管混凝土构件的轴拉极限承载力的计算公式如下

$$T_{uc} = \beta_{so} f_{yo} A_{so} + \beta_{si} f_{yi} A_{si} = \begin{cases} (1.1-0.4\alpha) A_{so} f_{yo} + 0.85 A_{si} f_{yi} & 0.2 \leqslant \varphi_{si} \leqslant 0.95 \\ (1.1-0.4\alpha) A_{so} f_{yp} + \dfrac{0.828}{\sqrt{\varphi_{si}}} \cdot A_{si} f_{yi} & 0.95 < \varphi_{si} \leqslant 100 \end{cases} \tag{5.2-3}$$

式中：T_{uc} 为内配格构式角钢钢管混凝土构件的轴拉极限承载力；β_{so} 为外钢管的应力系数，$\beta_{so} = 1.1 - 0.4\alpha$；$\beta_{si}$ 为内部角钢的应力系数；φ_{si} 为与构件的长度 L、含钢率 α 和角钢横截面面积 A_{si} 三个因素相关的系数，决定了内部角钢能否有效地发挥强度，其计算公式如下

$$\varphi_{si} = \frac{A_{si}}{C_i L} \frac{\rho_{si}}{\alpha} \qquad (5.2-4)$$

式中：ρ_{si} 为角钢和外钢管的强度之比，即 $\rho_{si}=A_{si}f_{yi}/A_{so}f_{yo}$；$\alpha$ 为构件的含钢率，$\alpha=A_{so}/A_c$；$\dfrac{A_{si}}{C_i L}$ 为角钢横截面面积和其侧表面（和混凝土的接触面）面积之比；而 $\dfrac{\rho_{si}}{\alpha}$ 则表示单位围压下的角钢和外钢管的强度之比。

实际工程中内配角钢构件的 φ_{si} 均大于 0.2。有限元参数分析得到的角钢应力系数 β_{si} 和其影响因素 φ_{si} 的关系曲线如图 5.2-7 所示。$\beta_{si}=(N_{tu}-N_{tu-CFST})/f_{yi}A_{si}$，即内配格构式角钢钢管混凝土构件和纯钢管混凝土构件的轴拉极限承载力之差与内部角钢屈服时承载力的比值。通过数据拟合，考虑 95% 保证率得到角钢应力系数 β_{si} 的计算公式如下

$$\beta_{si} = \begin{cases} 0.85 & 0.2 \leqslant \varphi_{si} \leqslant 0.95 \\ \dfrac{0.828}{\sqrt{\varphi_{si}}} & 0.95 < \varphi_{si} \leqslant 100 \end{cases} \qquad (5.2-5)$$

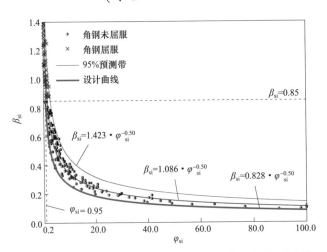

图 5.2-7　角钢应力系数 β_{si} 和其影响因素 φ_{si} 的关系曲线

将式（5.2-3）的计算结果、试验结果和有限元模拟结果进行对比，具体见表 5.2-3。可见，采用式（5.2-3）计算的构件轴拉极限承载力比较准确且偏于安全。

表 5.2-3　轴拉试件极限承载力试验结果、有限元模拟结果及计算结果的对比

试件	T_{ue}（kN）	T_{u-FEA}（kN）	T_{uc}（kN）	T_{u-FEA}/T_{ue}	T_{uc}/T_{ue}
BGH-4	3907	3806	3282	0.97	0.84
BGH-6	4509	4476	4103	0.99	0.91
BGH-5A	2148	2232	2084	1.04	0.97
BGH-5B-1	2439	2371	2122	0.97	0.87
BGH-5B-2	2437	2371	2122	0.97	0.87

注　T_{ue} 为轴拉极限承载力试验值，T_{u-FEA} 为轴拉极限承载力有限元模拟值，T_{uc} 为给出的设计式（5.2-3）计算出的轴拉极限承载力。

5.2.4 内配钢骨钢管混凝土轴拉刚度

研究表明，内配格构式角钢钢管混凝土构件的内配钢骨从构件受拉开始时即参与受力，因此，构件轴拉刚度的计算需要考虑内配钢骨的贡献。事实上，内配钢骨对构件轴拉刚度的贡献只有在核心混凝土发生开裂时才会出现，因此，内配格构式角钢钢管混凝土构件轴拉刚度的计算公式如下

$$(EA)_t = E_{so}A_{so} + 0.1(E_cA_c + E_{si}A_{si}) \qquad (5.2-6)$$

试件的轴拉刚度可根据试件的荷载–应变曲线（方法 A）或荷载–轴向位移曲线（方法 B）等试验数据求得，如图 5.2–8 所示。根据方法 A、方法 B 以及式（5.2–6）计算得到轴拉试件的轴拉刚度，计算结果见表 5.2–4。

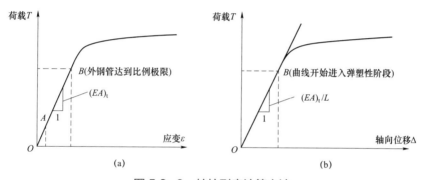

图 5.2–8 轴拉刚度计算方法

（a）方法 A；（b）方法 B

表 5.2–4 轴拉刚度的计算结果

试件	$(EA)_{tA}$ ($\times 10^6$kN)	$(EA)_{tB}$ ($\times 10^6$kN)	$(EA)_{tc}$ ($\times 10^6$kN)	$(EA)_{tc}/(EA)_{tA}$	$(EA)_{tc}/(EA)_{tB}$
KG–4	0.972	0.922	1.007	1.036	1.092
GH–4	1.502	1.241	1.459	0.971	1.185
RGH–4–1	1.556	1.456	1.492	0.959	1.025
RGH–4–2	1.444	1.275	1.492	1.033	1.170
BGH–4	1.550	1.378	1.504	0.970	1.091
BGH–4–FC	1.426	1.468	1.504	1.055	1.025
KG–6	1.401	1.453	1.476	1.054	1.016
GH–6–1	1.958	1.641	1.901	0.971	1.158
GH–6–2	2.031	1.891	1.901	0.936	1.005
RGH–6	2.036	1.784	1.934	0.950	1.084
RGH–6–FC	1.958	1.973	1.934	0.988	0.980
BGH–6	2.066	1.968	1.946	0.942	0.989
BGH–6–BC	1.982	1.690	1.946	0.982	1.151
BGH–5A	1.597	1.533	1.603	1.004	1.046

试件	$(EA)_{tA}$ ($\times 10^6$kN)	$(EA)_{tB}$ ($\times 10^6$kN)	$(EA)_{tc}$ ($\times 10^6$kN)	$(EA)_{tc}/(EA)_{tA}$	$(EA)_{tc}/(EA)_{tB}$
BGH−5A−BC	1.456	1.342	1.603	1.101	1.194
BGH−5A−MBC	1.491	1.419	1.603	1.075	1.130
BGH−5A−FC	1.421	1.454	1.603	1.128	1.102
BGH−5A−FC/BC	1.383	1.420	1.603	1.159	1.129
BGH−5B−1	1.546	1.55	1.626	1.052	1.049
BGH−5B−2	1.572	1.519	1.626	1.034	1.070

注　$(EA)_{tA}$、$(EA)_{tB}$ 分别为方法 A、方法 B 计算得到的试件轴拉刚度；$(EA)_{tc}$ 为使用式（5.2−6）计算得到的试件轴拉刚度。

由表 5.2−4 可见，方法 A 计算得到的轴拉刚度总体上大于方法 B 计算结果，公式计算结果在整体上均大于方法 A 和方法 B 计算得到的结果，但与方法 A 更为接近。

5.3　内配钢骨钢管混凝土纯弯曲构件设计

研究钢管混凝土的纯弯力学性能，将有助于深入认识压弯构件的工作机理，同时，合理地确定钢管混凝土组合抗弯模量和组合抗弯刚度等力学性能指标，是进行钢管混凝土输电铁塔受力分析的重要前提之一。

5.3.1　内配钢骨钢管混凝土纯弯曲试验

以配骨指标、截面尺寸为主要研究参数，进行了内配格构式角钢钢管混凝土柱受弯试验，研究配骨指标（ρ）和径厚比（D/t）等参数对构件的受弯力学性能、破坏模式和极限承载力的影响。

5.3.1.1　试验概况

表 5.3−1 给出了受弯试件的详细参数，试件编号中，"W" 分别代表受弯，后面的数字或字母分别代表了试件的长度（m）、外钢管直径（mm）、内配角钢的尺寸等。对于重复性试验构件，分别在试件名称后面加 "−1" "−2" 等符号加以区分。

表 5.3−1　　　　　　　　　　　受弯试件参数信息及极限承载力

试件	重复试件	长度 L（m）	外钢管尺寸（mm）	角钢型号	P_u（kN）	$\bar{P}_u$（kN）	M_u（kN·m）	$\bar{M}_u$（kN·m）	δ（mm）
W2−4	—	2	400×5	—	1022	1022	306.6	306.6	8.6
W2−4A	W2−4A1	2	400×5	40×4	1152	1159	345.6	347.6	11.7
	W2−4A2				1165		349.5		11.1
W2−4B	W2−4B1	2	400×5	50×6	1237	1242	371.1	372.6	9.1
	W2−4B2				1242		372.6		10
	W2−4B3				1247		374		11.2

续表

试件	重复试件	长度 L (m)	外钢管尺寸 (mm)	角钢型号	P_u (kN)	$\overline{P}_u$ (kN)	M_u (kN·m)	$\overline{M}_u$ (kN·m)	δ (mm)
W2-3	—	2	300×5	—	528	528	158.4	158.4	11.8
W2-3A	W2-3A1	2	300×5	40×4	624	626	187.2	187.7	15.1
	W2-3A2				627		188.1		16.2
W2-3B	W2-3B1	2	300×5	50×6	735	714	220.5	214.1	14.1
	W2-3B2				692		207.6		10.4

注 P_u 为受弯试件受拉侧最大纤维应变为 10 000με 所对应的荷载，即构件的极限荷载；$\overline{P}_u$ 为极限荷载平均值；M_u 为试件的极限弯矩；$\overline{M}_u$ 为试件的极限弯矩平均值，δ 为极限荷载所对应的跨中挠度。

受弯试件的钢材采用 Q235 钢，混凝土采用 C40 商品混凝土，钢材和混凝土的材料特性试验结果见 5.1.1 节所述。

受弯试验在 10 000kN 压力试验机上进行，试件的四个支座部位均添加辊轴保证试件在受弯过程中的变形，四个支座将试件分为了 3 段，每段长度 600mm，试件跨中挠度达到 80mm 以上时，停止加载，受弯试验加载装置如图 5.3-1 所示。受弯试验采用位移控制加载，且加载速度控制在 1mm/min。

图 5.3-1 受弯试件加载装置

5.3.1.2 试验现象与试验结果

1. 试验现象

纯钢管混凝土试件和内配钢骨钢管混凝土构件均表现出良好的塑性性能，且在进入塑性阶段后，试件荷载均缓慢上升，无下降段。所有试件均由于跨中挠度过大发生塑性破坏，破坏后试件在卡槽处及两侧卡槽间的纯弯段内有局部鼓曲，如图 5.3-2 所示。

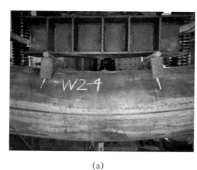

(a) (b)

图 5.3-2 受弯试件 W2-4 和 W2-4B2 破坏模式图

（a）W2-4；（b）W2-4B2

观察试件 W2-3B1 切开后的混凝土裂缝，其中试件受拉侧裂缝分布俯视图如图 5.3-3 所示。试件的受拉侧裂缝分布较密，剪弯段裂缝稀疏或几乎没有裂缝。

图 5.3-3 试件 W2-3B1 受拉侧裂缝分布俯视图

试件 W2-3B1 纯弯段混凝土裂缝分布的正视图如图 5.3-4 所示,破坏时试件位于卡槽附近的混凝土被压碎,主要是由于应力集中,受拉侧的混凝土裂缝分布并未越过中轴线,说明位于受压侧的两根角钢很有可能处于全截面受压状态。

取受弯试件受拉侧最大纤维应变为 10 000με 所对应的荷载为试件的极限荷载,受弯

**图 5.3-4 试件 W2-3B1 纯弯段混凝土
裂缝分布正视图**

试验的所有试件的极限承载力和对应的跨中挠度见表 5.3-1。

2. 荷载-跨中挠度曲线

受弯试件荷载-跨中挠度的关系曲线如图 5.3-5 所示,试件达到极限荷载之后,其承载力仍有缓慢上升。试件的受力过程可分为三个阶段,即弹性阶段、弹塑性阶段和塑性阶段,所有试件均表现出良好的塑性性能,内配钢骨明显地提高了试件的承载力,重复性试验构件的荷载-跨中挠度曲线基本重合。

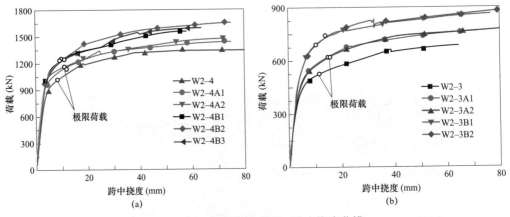

图 5.3-5 受弯试件荷载-跨中挠度曲线
(a) $D=400mm$ 试件组;(b) $D=300mm$ 试件组

3. 弯矩-曲率曲线

图 5.3-6 给出了部分试件的弯矩-曲率曲线,试件的弯矩-曲率曲线也可分为弹性段、弹塑性段和塑性段三段。试件在达到极限荷载之后还有上升,但上升幅度较缓,试件具有良好的塑性变形性能。

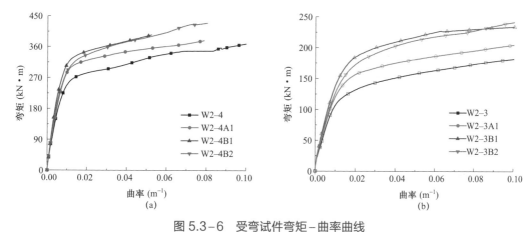

图 5.3-6　受弯试件弯矩-曲率曲线

（a）$D=400mm$ 试件组；（b）$D=300mm$ 试件组

5.3.2　内配钢骨钢管混凝土纯弯曲有限元分析

1. 计算方法

受弯试件的有限元模型中所采用的钢材和混凝土本构模型、钢材和混凝土之间的相互作用属性、单元类型的选取等基本参数均与轴压试件的有限元模型一致，如图 5.3-7 所示。

受弯构件的边界条件根据实际试验状态施加，荷载施加在受弯构件上部的两个卡槽上。

2. 算例分析

受弯试件的破坏模式对比图如图 5.3-8 所示，可见有限元模型比较准确地预测了试件的整个受力过程。

图 5.3-7　受弯构件有限元模型图

（a）　　　　　　　　　　　　　　　　　（b）

图 5.3-8　受弯试件的破坏模式对比图

（a）试验破坏模式图；（b）有限元模拟破坏模式图

受弯构件荷载-跨中位移曲线的有限元模拟结果和试验结果的对比如图 5.3-9 所示，两者很接近，说明有限元模型是合理的且能准确地预测受弯构件的整个受力过程。

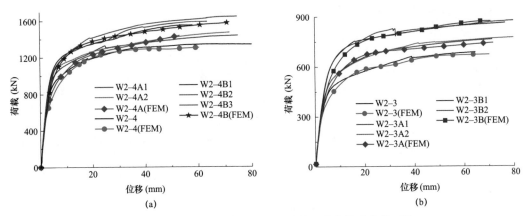

图 5.3-9   有限元模拟与试验的荷载-跨中位移曲线对比

（a）$D=400mm$ 试件组；（b）$D=300mm$ 试件组

3. 参数化分析

内配钢骨钢管混凝土构件的抗弯承载力除了受配骨指标 ρ、套箍系数 ξ、混凝土强度 f_c、钢材强度 f_{yo} 和 f_{yi} 的影响之外，还受一个重要因素的影响：角钢最外侧间距 h。众所周知，当角钢最外侧间距越大，试件的抗弯承载力就越大。

定义：两角钢最外侧间距与钢管内径之比为角钢的相对位置 χ，则

$$\chi = \frac{h}{D_o - 2t_o}\qquad(5.3-1)$$

式中，D_o、t_o 分别为外钢管的外径、厚度。

参数分析时，选取构件长度均为 2m，角钢包含 L40×4、L50×6、L63×6 三种规格，定义相对承载力 R_F 为内配钢骨钢管混凝土构件与同尺寸钢管混凝土构件受弯极限承载力的比值，有限元计算可得 R_F 和配骨指标的关系如图 5.3-10 所示。

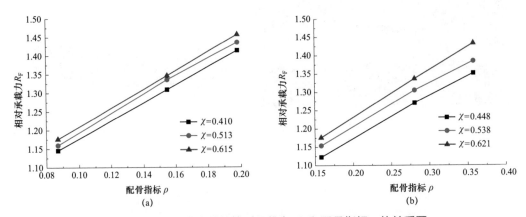

图 5.3-10   受弯构件的相对承载力 R_F 和配骨指标 ρ 的关系图

（a）$D=400mm$ 试件组；（b）$D=300mm$ 试件组

从图 5.3-10 可以看出：

（1）对受弯构件承载力影响最大的是配骨指标 ρ，其次是角钢相对位置；

（2）构件的相对承载力 R_F 与配骨指标 ρ 呈线性关系，且对于不同距离的角钢而言，相对承载力-配骨指标曲线的斜率基本一致；

（3）角钢的相对位置 χ 越大，试件受弯承载力越高。

从图 5.3-10 可以看出：构件的相对承载力 R_F 与配骨指标 ρ 呈线性关系，因此用 R_F-ρ 曲线的斜率 k 来考虑套箍系数 ξ 对构件承载力的影响。图 5.3-11 给出了构件 R_F-ρ 曲线的斜率 k 与套箍系数 ξ 的散点图，可以看出，k 与 ξ 呈线性关系。根据散点图拟合得到 k 与 ξ 关系如下

$$k = -4.616\xi + 3.729 \tag{5.3-2}$$

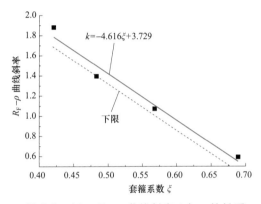 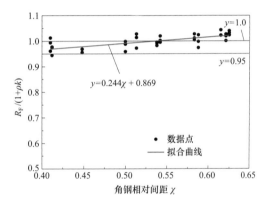

图 5.3-11　R_F-ρ 曲线斜率 k 与 ξ 的关系　　图 5.3-12　系数 $R_F/(1+\rho k)$ 和 χ 关系散点图

图 5.3-12 给出了系数 $\dfrac{R_F}{1+\rho k}$ 和角钢相对位置 χ 的关系散点图，可知角钢相对位置 χ 对构件的受弯极限承载力影响较小。根据散点图拟合得到

$$\frac{R_F}{1+\rho k} = 0.244\chi + 0.869 \tag{5.3-3}$$

5.3.3　内配钢骨钢管混凝土抗弯承载力

根据有限元参数分析结果，得到内配钢骨钢管混凝土构件的受弯极限承载力计算公式为

$$\begin{cases} M_u = R_F M_{u0} \\ R_F = (0.244\chi + 0.869)[1 + (3.729 - 4.616\xi)\rho] \\ M_{u0} = \gamma_m W_{scm} f_{sc} \end{cases} \tag{5.3-4}$$

式（5.3-4）计算的构件受弯承载力和有限元结果的对比见表 5.3-2。由表 5.3-2 可知给出的拟合公式与有限元模拟结果吻合较好，且相对偏于安全，可以应用于工程实际。

表 5.3−2　　　　　　　　构件的受弯承载力计算结果与有限元模拟结果对比

外钢管 $D_o \times t_o$	角钢型号	h（mm）	x	ρ	$M_{\text{u-FE}}$	M_{up}	M_{uc}	$M_{\text{up}}/M_{\text{u-FE}}$	$M_{\text{uc}}/M_{\text{u-FE}}$
400×5	L40×4	240	0.615	0.087	345.8	314.4	349.7	0.909	1.011
		200	0.513		340.8	314.3	341.1	0.922	1.001
		160	0.410		336.8	314.3	332.5	0.933	0.987
	L50×6	240	0.615	0.155	395.9	345.6	386.4	0.873	0.976
		200	0.513		392.6	344.8	377.0	0.878	0.960
		160	0.410		384.8	344.8	367.5	0.896	0.955
	L63×6	240	0.615	0.198	428.3	363.0	409.7	0.848	0.957
		200	0.513		421.9	358.1	399.7	0.849	0.947
		160	0.410		415.6	358.1	389.6	0.862	0.937
	—	—	—	0	303.3	274.0	297.1	0.903	0.980
350×5	L40×4	200	0.588	0.115	246.8	239.5	248.1	0.970	1.005
		170	0.500		244.3	246.5	242.8	1.009	0.994
		140	0.412		240.9	239.3	237.6	0.993	0.986
	L50×6	200	0.588	0.204	268.2	265.2	276.3	0.989	1.030
		170	0.500		264.1	259.4	270.5	0.982	1.024
		140	0.412		260.1	263.3	264.6	1.012	1.017
	L63×6	200	0.588	0.261	300.4	279.4	294.4	0.930	0.980
		170	0.500		293	272.4	288.2	0.930	0.984
		140	0.412		286.8	295.8	281.9	1.031	0.983
	—	—	—	0	210.9	206.1	209.0	0.977	0.991
300×5	L40×4	180	0.621	0.158	204	177.3	195.4	0.869	0.958
		156	0.538		200.1	174.3	191.6	0.871	0.958
		130	0.448		194.7	171.2	187.4	0.879	0.963
	L50×6	180	0.621	0.281	231.8	198.7	218.1	0.857	0.941
		156	0.538		226.3	194.1	213.8	0.858	0.945
		130	0.448		220.3	189.4	209.1	0.860	0.949
	L63×6	180	0.621	0.358	248.6	210.5	232.3	0.847	0.934
		156	0.538		240.1	205.0	227.7	0.854	0.948
		130	0.448		234.4	199.3	222.7	0.850	0.950
	—	—	—	0	173.4	148.2	163.2	0.855	0.941
250×5	L40×4	150	0.625	0.231	122.1	123.5	115.6	1.011	0.947
		140	0.583		120.6	122.3	114.4	1.014	0.949
		130	0.542		119.7	121.1	113.3	1.012	0.947
	L50×6	150	0.625	0.410	130.6	140.0	125.6	1.072	0.962
		140	0.583		128.2	138.2	124.4	1.078	0.970
		130	0.542		127	136.4	123.1	1.074	0.969
	L63×6	150	0.625	0.523	138.3	149.1	132.0	1.078	0.954
		140	0.583		135.6	146.9	130.7	1.083	0.964
		130	0.542		134.4	144.8	129.4	1.077	0.963
	—	—	—	0	104.2	100.2	100.4	0.962	0.964

注　表中，外钢管尺寸和角钢型号均以 mm 计，h 为角钢最外侧间距，x 为角钢的相对位置，ρ 为配骨指标，$M_{\text{u-FE}}$ 为有限元模拟的受弯极限承载力，M_{up} 为通过极限平衡法计算的受弯极限承载力，M_{uc} 为通过拟合的公式计算的受弯极限承载力。

角钢间距对其受弯极限承载力影响不大，从工程实用的角度出发，可将 R_F 公式的中的 $0.224\chi+0.869$ 简化取为 0.95（即图 5.3-12 下限），并取构件 $R_F-\rho$ 曲线斜率的下限，从而提出用于工程设计的相对承载力 R_F 为

$$R_F = [0.95 + (3.45 - 4.39\xi)\rho] \tag{5.3-5}$$

5.3.4　内配钢骨钢管混凝土抗弯刚度

1. CECS 408—2015《特殊钢管混凝土构件设计规程》抗弯刚度计算公式

CECS 408—2015 规定内配钢骨钢管混凝土构件的抗弯刚度 $(EI)_c$ 按式（5.3-6）计算

$$(EI)_c = E_{so}I_{so} + E_cI_c + E_{si}I_{si} \tag{5.3-6}$$

式中，E_{so}、E_c 和 E_{si} 分别为外钢管弹性模量、混凝土弹性模量和内配角钢弹性模量；I_{so}、I_c 和 I_{si} 分别为外钢管截面惯性矩、混凝土截面惯性矩和内配角钢截面惯性矩。

2. AISC 360—2016《规范建筑钢结构》抗弯刚度计算公式

AISC360—2016《规范建筑钢结构》中规定内配钢骨钢管混凝土构件的抗弯刚度 $(EI)_a$ 按式（5.3-7）计算

$$(EI)_a = E_{so}I_{so} + C_3E_cI_c + E_{si}I_{si} \tag{5.3-7}$$

式中，C_3 为刚度计算系数，$C_3 = 0.6 + 2\left[\dfrac{A_{so}}{A_{so}+A_c}\right] \leqslant 0.9$，$A_{so}$ 和 A_c 分别为外钢管面积和混凝土面积；混凝土的弹性模量 $E_c = 4700\sqrt{f_c'}$，f_c' 为混凝土圆柱体抗压强度。

3. ENV 1994-1-1—2004《钢和混凝土组合结构设计规范》抗弯刚度计算公式

ENV 1994-1-1—2004《钢和混凝土组合结构设计规范》中规定内配钢骨钢管混凝土构件的抗弯刚度 $(EI)_e$ 按式（5.3-8）进行计算

$$(EI)_e = E_{so}I_{so} + 0.6E_cI_c + E_{si}I_{si} \tag{5.3-8}$$

式中，混凝土的弹性模量 $E_c = 22\,000 \cdot \left(\dfrac{f_c'}{10}\right)^{0.3}$，$f_c'$ 为混凝土圆柱体抗压强度。

不同抗弯刚度计算规定的主要区别在于考虑混凝土材料对构件抗弯刚度的贡献上有所不同。根据式（5.3-6）～式（5.3-8）计算得到试件的抗弯刚度结果与初始抗弯刚度试验结果的对比见表 5.3-3。

表 5.3-3　　　　　受弯试件抗弯刚度计算结果与试验结果对比

试件	$\bar{K}_i$ ($\times10^4$kN·m²)	$K_{c\text{-}AISC}$ ($\times10^4$kN·m²)	$K_{c\text{-}CECS}$ ($\times10^4$kN·m²)	$K_{c\text{-}EC4}$ ($\times10^4$kN·m²)	$K_{c\text{-}AISC}/\bar{K}_i$	$K_{c\text{-}CECS}/\bar{K}_i$	$K_{c\text{-}EC4}/\bar{K}_i$
W2-4	4.58	4.70	6.29	4.69	1.026	1.373	1.024
W2-4A	5.18	5.10	6.66	5.09	0.985	1.286	0.983
W2-4B	5.45	5.25	6.80	5.24	0.963	1.248	0.961
W2-3	1.90	1.75	2.2	1.71	0.921	1.158	0.900
W2-3A	2.07	2.15	2.57	2.11	1.039	1.242	1.019
W2-3B	2.13	2.30	2.71	2.27	1.080	1.272	1.066

注　$\bar{K}_i$ 为试件初始阶段受弯刚度平均值；$K_{c\text{-}AISC}$、$K_{c\text{-}CECS}$ 和 $K_{c\text{-}EC4}$ 分别为采用 AISC 360—2016《规范建筑钢结构》、CECS 408—2015《特殊钢管混凝土构件设计规程》和 ENV 1994-1-1—2004《钢和混凝土组合结构设计规范》计算的试件抗弯刚度。

从表 5.3 – 3 可以看出，AISC 360—2016《规范建筑钢结构》的计算结果与试验结果最为接近，而 ENV 1994 – 1 – 1—2004《钢和混凝土组合结构设计规范》的计算结果次之，且相对偏于安全；CECS 408—2015《特殊钢管混凝土构件设计规程》的计算结果与试验结果相比明显偏大，这主要是因为 CECS 408—2015《特殊钢管混凝土构件设计规程》与上述两个规范相比没有对混凝土的抗弯刚度进行折减。因此，实际计算试件的抗弯刚度时，推荐采用 AISC 360—2016《规范建筑钢结构》或 ENV 1994 – 1 – 1—2004《钢和混凝土组合结构设计规范》。

在计算试件的使用阶段抗弯刚度时，以上三种规范的计算结果均要比试验结果偏大，此时需要考虑受弯构件受拉区混凝土开裂的影响。根据试验结果，计算试件使用阶段的抗弯刚度时建议对 AISC 360—2016《规范建筑钢结构》或 ENV 1994 – 1 – 1—2004《钢和混凝土组合结构设计规范》计算的抗弯刚度进行 0.75 倍的折减。

5.4 内配钢骨钢管混凝土压弯构件设计

在钢管混凝土输电铁塔中，主材及节点刚度较大，由于柱端弯矩的存在，钢管混凝土主材会承受偏压荷载，需要对其压弯承载力进行校核，因此，深入研究这类构件的力学性能和设计方法十分重要。

5.4.1 内配钢骨钢管混凝土压弯试验

以偏心距、配骨指标为主要研究参数，进行了 11 根内配格构式角钢钢管混凝土柱压弯试验，研究偏心距、配骨指标等参数对构件的压弯力学性能、破坏模式和极限承载力的影响。

5.4.1.1 试验概况

表 5.4 – 1 给出了试件的详细参数，试件编号中，"YW"代表压弯试件，后面的数字或字母分别代表了试件的长度、外钢管直径、内配角钢尺寸、偏心距等。对于重复性试验构件，分别再在名称后面加"– 1""– 2"等符号加以区分。

表 5.4 – 1　　　　　　　　　压 弯 试 件 参 数 信 息

试件	重复试件	钢管（mm）	角钢	偏心距 e（mm）	破坏模式	极限承载力（kN）	平均值（kN）
YW2 – 4 – 30	—	400 × 5	—	30	端部屈曲	3903	3903
YW2 – 4A – 30	YW2 – 4A – 30 – 1	400 × 5	L40 × 4	30	弯曲失稳	5811	5866
	YW2 – 4A – 30 – 2				弯曲失稳	5921	
YW2 – 4B – 30	YW2 – 4B – 30 – 1	400 × 5	L50 × 6	30	弯曲失稳	6383	6272
	YW2 – 4B – 30 – 2				弯曲失稳	6354	
	YW2 – 4B – 30 – 3				弯曲失稳	6078	
YW2 – 4 – 60	—	400 × 5	—	60	弯曲失稳	4862	4862
YW2 – 4A – 60	YW2 – 4A – 60 – 1	400 × 5	L40 × 4	60	弯曲失稳	5099	5033
	YW2 – 4A – 60 – 2				弯曲失稳	4967	
YW2 – 4B – 60	YW2 – 4B – 60 – 1	400 × 5	L50 × 6	60	弯曲失稳	5658	5692
	YW2 – 4B – 60 – 2				弯曲失稳	5725	

注　试件长度均为 2m。

受弯试件的钢材采用 Q235 钢，混凝土采用 C40 商品混凝土，钢材和混凝土的材料特性试验结果见 5.1.1 节所述。

压弯试件两端为铰接支座，通过使试件的轴心线偏离试验机加载头与底部球铰中心的连线实现偏心加载。

5.4.1.2　试验现象与试验结果

1. 试验现象

试件 YW2－4A－30－2、YW2－4－60 和 YW2－4A－60－1 的破坏模式图如图 5.4－1 所示，压弯试件均发生弯曲破坏，且破坏后试件的偏压侧跨中附近外钢管发生了局部屈曲。

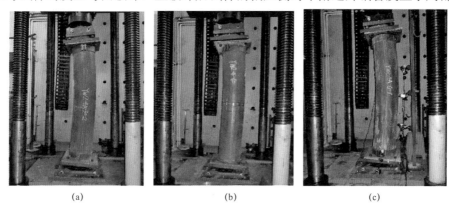

(a)　　　　　　　　(b)　　　　　　　　(c)

图 5.4－1　压弯试件破坏模式

（a）YW2－4A－30－2；（b）YW2－4－60；（c）YW2－4A－60－1

2. 极限承载力

所有压弯试件极限承载力和破坏模式的总结见表 5.4－1。可以看出，压弯试件的偏心距越大，承载力越小；配骨指标越高，其承载力越大。

3. 荷载－位移曲线

压弯试件的荷载－位移曲线经历了弹性段、弹塑性段和塑性段三个阶段，如图 5.4－2 所示。轴压试件相比压弯试件具有更高的承载力，且在塑性段轴压试件的荷载下降较慢，而压弯试件下降较快，可见轴压试件相比压弯试件具有较好的延性。

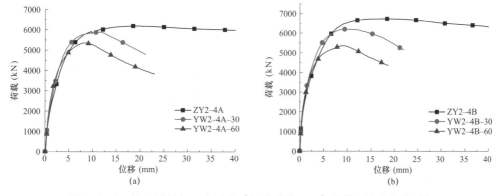

图 5.4－2　轴压试件与压弯试件（长度均为 2m）荷载－位移曲线对比

（a）内配 L40×4 角钢；（b）内配 L50×6 角钢

4. 荷载挠度曲线

图 5.4-3 给出了试件 YW2-4-60 和 YW2-4A-30 的侧向挠度曲线。高度 H 表示侧向百分表所在位置与底部端板的距离，n 表示试件侧向挠度值对应的荷载与其极限荷载的比值。

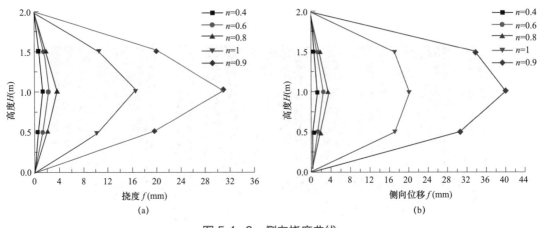

(a)　　　　　　　　　　　　(b)

图 5.4-3　侧向挠度曲线

（a）试件 YW2-4-60；（b）YW2-4A-30-1

从图 5.4-3 可以看出，当试件加载至 0.8 倍极限荷载之后，试件的侧向弯曲开始明显增大；试件达到极限荷载之后，其侧向挠度发展很快。试件侧向挠度曲线近似服从半波正弦曲线。

5.4.2　内配钢骨钢管混凝土压弯有限元分析

1. 计算方法

压弯试件的有限元模型中所采用的钢材和混凝土本构模型、钢材和混凝土之间的相互作用属性、单元类型的选取等基本参数均与轴压试件的有限元模型一致。压弯构件的边界条件根据实际试验状态施加。

2. 算例分析

压弯试件有限元计算的破坏模式与试验结果对比如图 5.4-4 所示，可见，有限元模型准确地预测了试件的破坏模式。

压弯试件有限元模拟的荷载-跨中挠度曲线和试验结果的对比如图 5.4-5 所示，可见有限元模拟结果与试验结果较接近。

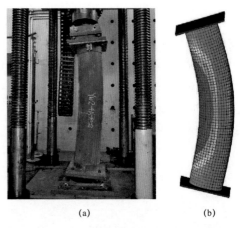

(a)　　　　　(b)

图 5.4-4　压弯试件破坏模式对比图

（a）试验破坏模式图；（b）有限元破坏模式图

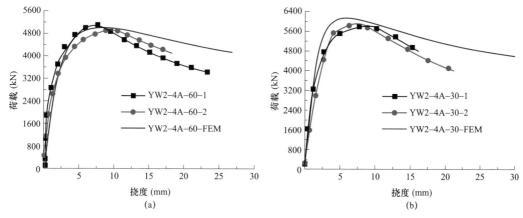

图 5.4-5　有限元模拟与试验的荷载-跨中位移曲线对比

（a）$e=30$mm；（b）$e=60$mm

5.4.3　内配钢骨钢管混凝土压弯承载力

韩林海的研究结果表明，钢管混凝土构件典型的 N/N_u-M/M_u 关系曲线如图 5.4-6 中抛物线所示，采用该曲线（简称方法 A）时，计算小偏心受压情况比较简单，但计算大偏心受压情况时涉及二次方程，不利于实际工程应用。因此，从安全实用的角度出发，将抛物线进行简化，可得到用三段直线描述的内配格构式角钢钢管混凝土构件的 N/N_u-M/M_u 相关方程（简称方法 B）

$$
\begin{cases}
\dfrac{N}{\varphi N_u}+\dfrac{a_2}{d}\dfrac{M}{M_u}=1 & (2\varphi^3\eta_o \leqslant N/N_u) \\[3mm]
\dfrac{\zeta_o-1}{(2\zeta_o-1)\varphi^3\eta_o}\left(\dfrac{N}{N_u}\right)+\dfrac{1}{(2\zeta_o-1)d}\left(\dfrac{M}{M_u}\right)=1 & (\varphi^3\eta_o \leqslant N/N_u < 2\varphi^3\eta_o) \\[3mm]
\dfrac{1-\zeta_o}{\varphi^3\eta_o}\left(\dfrac{N}{N_u}\right)+\dfrac{1}{d}\dfrac{M}{M_u}=1 & (0 < N/N_u < \varphi^3\eta_o)
\end{cases}
\quad (5.4-1)
$$

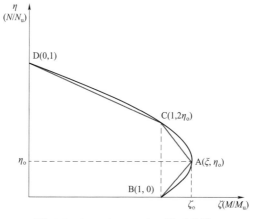

图 5.4-6　N/N_u-M/M_u 关系曲线

式中，$1/d$ 为考虑二阶效应对弯矩的放大系数；a_2 和 d 为计算系数，$a_2 = 1 - 2\varphi^2\eta_\mathrm{o}$，$d = 1 - 0.4\left(\dfrac{N}{N_\mathrm{E}}\right)$，$N_\mathrm{E}$ 为欧拉临界力，$N_\mathrm{E} = \dfrac{\pi^2 (EI)_\mathrm{sc}}{l_0^2}$，$(EI)_\mathrm{sc}$ 为组合构件的抗弯刚度；M_u 为受弯极限承载力，可根据 5.3 节介绍方法进行计算。

稳定系数 φ 按式（5.4-2）计算

$$\varphi = \begin{cases} 1 & (\lambda \leqslant \lambda_\mathrm{s}) \\ a_0\lambda^2 + b_0\lambda + c_0 & (\lambda_\mathrm{o} < \lambda \leqslant \lambda_\mathrm{p}) \\ \dfrac{d_0}{(\lambda + 35)^3} & (\lambda_\mathrm{p} < \lambda) \end{cases} \tag{5.4-2}$$

式中，a_0、b_0、c_0、d_0 为计算系数，$a_0 = \dfrac{1 + (35 + 2\lambda_\mathrm{p} - \lambda_\mathrm{o}) \cdot e_0}{(\lambda_\mathrm{p} - \lambda_\mathrm{o})^2}$、$b_0 = e_0 - 2a_0\lambda_\mathrm{p}$、

$c_0 = 1 - a_0\lambda_\mathrm{o}^2 - b_0\lambda_\mathrm{o}$、$d_0 = \left[13\,000 + 4657 \cdot \ln\left(\dfrac{235}{f_{\mathrm{yo}}}\right)\right] \cdot \left(\dfrac{25}{f_{\mathrm{ck}} + 5}\right)^{0.3} \left(\dfrac{\alpha}{0.1}\right)^{0.05}$，$e_0 = \dfrac{-d_0}{(\lambda_\mathrm{p} + 35)^3}$；

λ_p 和 λ_o 分别为钢管混凝土构件发生弹性或弹塑性失稳时的界限长细比，$\lambda_\mathrm{p} = \dfrac{1743}{\sqrt{f_{\mathrm{yo}}}}$，

$\lambda_\mathrm{o} = \pi\sqrt{\dfrac{420\xi + 550}{(1.02\xi + 1.14)f_{\mathrm{ck}}}}$。

图 5.4-7 给出了有限元模拟的极限承载力和计算的极限承载力（包含按方法 A、方法 B 及 CECS 408—2015《特殊钢管混凝土构件设计规程》中公式计算的极限承载力）的比较，其中纵坐标为模拟极限承载力，横坐标为计算极限承载力。

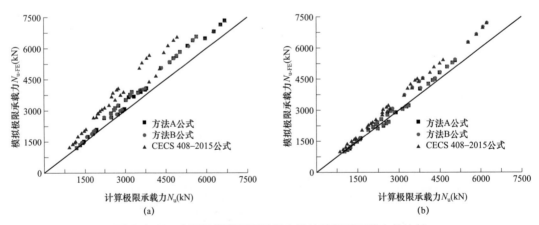

图 5.4-7　有限元模拟极限承载力的计算极限承载力的比较

（a）$L=2\mathrm{m}$；（b）$L=4\mathrm{m}$

从图 5.4-7 可以看出，方法 A 和 B 的计算结果基本一致，CEC S408—2015《特殊钢管混凝土构件设计规程》中公式计算的偏心受压构件的极限承载力明显偏于保守，为便于工程利用，计算压弯承载力时推荐采用方法 B。

5.5　内配钢骨钢管混凝土拉弯构件设计

在钢管混凝土输电铁塔中，主材及节点刚度较大，由于柱端弯矩的存在，钢管混凝土主材会承受偏拉荷载，需要对其拉弯承载力进行校核，因此，深入研究这类构件的力学性能和设计方法十分重要。

5.5.1　内配钢骨钢管混凝土拉弯试验

5.5.1.1　试验概况

以内配钢骨形式、配骨指标、截面尺寸、角钢连接方式、法兰连接为主要研究参数，进行了内配格构式角钢钢管混凝土构件拉弯试验，研究拉弯构件的力学性能、破坏模式和极限承载力。表 5.5-1 给出了试件的详细参数，试件编号原则与轴拉试件一致，差别在于名字加后缀"e20""e30"等来表示试件偏心距的大小。拉弯试验的加载方式和轴拉试验一致，也采用位移控制进行加载，且加载速度控制为 1.2mm/min。

表 5.5-1　　　　　　　　　　拉 弯 试 件 参 数 信 息

试件名称	重复试件	钢筋 ϕ (mm)	角钢 (mm)	钢管强度等级	角钢强度等级	T'_{ue} (kN)	T_{ue} (kN)	T'_u / T_{ue}
GH-6-e20	GH-6-e20	—	—	Q420	Q345	3529	3634	0.971
RGH-6-e20	RGH-6-e20	8×ϕ16	—	Q420	Q345	4151	4324	0.96
BGH-6-e20	BGH-6-e20-1	—	4×L56×5	Q420	Q345	4460	4509	0.989
	BGH-6-e20-2	—		Q420	Q345	4309		0.956
BGH-6-FC-e20	BGH-6-FC-e20	—	4×L56×5	Q420	Q345	4397		0.975
RGH-6-e40	RGH-6-FC-e20	8×ϕ16	—	Q420	Q345	4135	4397	0.94
BGH-6-e40	BGH-6-e40	—	4×L56×5	Q420	Q345	4321	—	0.958
GH-5-e30	GH-5-e30	—	—	Q235	Q235	1874	—	—
BGH-5A-e30	BGH-5A-e30-1	—	4×L40×4	Q235	Q235	2049	2148	0.954
	BGH-5A-e30-2	—		Q235	Q235	2103		0.979
BGH-5B-e30	BGH-5B-e30-1	—	4×L50×6	Q235	Q235	2225	2438	0.913
	BGH-5B-e30-2	—		Q235	Q235	2216		0.909
	BGH-5B-e30-3	—		Q235	Q235	2265		0.929
GH-5-e60	GH-5-e60	—	—	Q235	Q235	1654	—	—
BGH-5A-e60	BGH-5A-e60-1	—	4×L40×4	Q235	Q235	1765	2148	0.822
BGH-5B-e60	BGH-5B-e60-1	—	4×L50×6	Q235	Q235	1873	2438	0.768
	BGH-5B-e60-2	—		Q235	Q235	1913		0.785

注　e 为拉弯试件的偏心距，T'_{ue} 为拉弯试件的极限承载力试验值，T_{ue} 为与拉弯试件同尺寸轴拉试件的极限承载力试验值。

偏心受拉试件的材料特性试验结果与轴拉试件相一致。偏拉试验采用位移控制加载，且加载速度控制为 1.2mm/min。根据韩林海等的研究成果，取偏拉试件的外钢管最大纤维受拉侧（即受拉变形最大侧）的纵向应变达到 5000με 所对应的拉力作为偏拉试件的极限荷载，因此，在试验过程中待试件的外钢管受拉变形最大侧的纵向应变片读数大于5000με 之后即停止加载。

5.5.1.2 试验现象与试验结果

1. 试验现象

与轴拉试件类似，拉弯试件在卸载后也有肉眼可见的残余变形，且未发现焊缝撕裂或明显的破坏痕迹。

图 5.5-1 和图 5.5-2 分别给出了试件 BGH-6-e20-1 和试件 BGH-6-e40 的混凝土裂缝分布图。试件最大纤维受拉侧的混凝土开裂程度稍微高于试件最小纤维受拉侧。

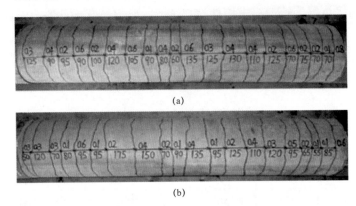

(a)

(b)

图 5.5-1　试件 BGH-6-e20-1 裂缝分布

（a）最大受拉侧；（b）最小受拉侧

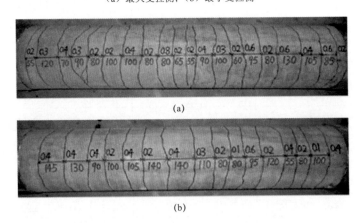

(a)

(b)

图 5.5-2　试件 BGH-6-e40 裂缝分布

（a）最大受拉侧；（b）最小受拉侧

2. 极限承载力

压弯试验得到的试件极限承载力见表 5.5-1。偏心距为 20mm 的拉弯试件的极限承载力约为同尺寸轴拉试件的 96.5%；偏心距为 30、60mm 的拉弯试件的极限承载力约为同尺寸轴拉试件的 93.5%、79.2%。

3. 荷载-位移曲线

图 5.5-3 和图 5.5-4 分别给出了内配钢筋、内配格构式角钢钢管混凝土构件的荷载-位移关系曲线。拉弯试件的荷载-位移曲线与轴拉试件相似，也包括了弹性段、弹塑性段、塑性段三个阶段，塑性段荷载也缓慢上升，且卸载路径与初始加载路径近似平行。试件的偏心距越大，其极限荷载越小。

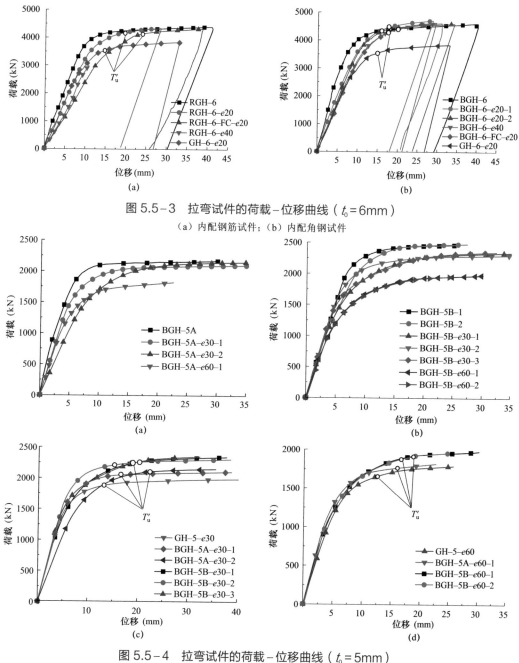

图 5.5-3　拉弯试件的荷载-位移曲线（$t_0 = 6$mm）

（a）内配钢筋试件；（b）内配角钢试件

图 5.5-4　拉弯试件的荷载-位移曲线（$t_0 = 5$mm）

（a）内配 L40×4 角钢，偏心距不同；（b）内配 L50×6 角钢，偏心距不同；

（c）偏心距为 30mm，角钢尺寸不同；（d）偏心距为 60mm，角钢尺寸不同

从图 5.5-3 和图 5.5-4 中可以看出，拉弯试件的初始阶段刚度比轴拉试件小，且外钢管法兰连接试件的初始阶段刚度比外钢管通直试件小，这是由于外钢管法兰连接试件的法兰板之间存在缝隙或法兰螺栓拧紧程度不一导致。

4. 荷载应变曲线

拉弯试件的荷载−纵向应变关系曲线包括了弹性段、弹塑性段和塑性段三个阶段，如图 5.5-5（a）所示，由于荷载偏心的影响，在塑性段之前试件的纵向应变数据按照 1～7 的顺序从小到大依次排列，分布不均匀；试件在不同荷载阶段纵向应变的分布情况如图 5.5-5（b）所示，距离 d 表示横截面内应变测点位置距离受拉变形最大侧 7 号应变片的高度。试件 RGH−6−e20 在 $0.3T_u$、$0.6T_u$ 和 $0.9T_u'$ 这三个荷载阶段纵向应变分布沿其截面高度方向近似于直线，在 $0.9T_u'$ 之前跨中截面上的纵向应变分布服从平截面假定。

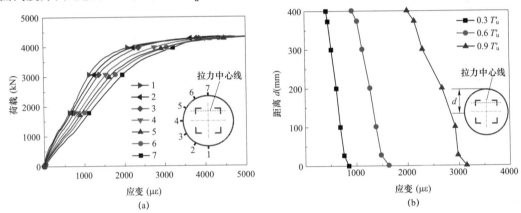

图 5.5-5   试件 RGH−6−e20 跨中截面荷载−纵向应变曲线及纵向应变分布情况
（a）荷载−纵向应变曲线；（b）不同荷载阶段的纵向应变分布情况

5.5.2   内配钢骨钢管混凝土拉弯有限元分析

1. 计算方法

拉弯构件有限元模型中所采用的钢材和混凝土本构模型、钢材和混凝土之间的相互作用属性、单元类型的选取等基本参数均与轴拉试件的有限元模型一致，且根据拉弯试件在受荷过程中的对称性，其有限元模型也取试件的 1/2 部分进行模拟。拉弯构件的边界条件根据实际试验状态施加。

2. 算例分析

拉弯试件有限元模拟的荷载−位移曲线和试验结果的对比如图 5.5-6 所示，可见，有限元模型可以准确地预测偏心受拉试件的整个受力过程。

5.5.3   内配钢骨钢管混凝土拉弯承载力

拉弯构件参数分析的结果表明：偏心距 e 对拉弯构件的极限承载力影响最大；此外，影响轴拉构件极限承载力的因素也会影响拉弯构件，即拉弯构件的极限承载力与其轴拉极限承载力有关。

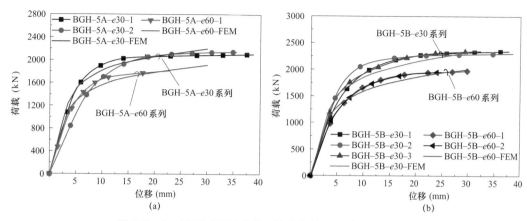

图 5.5-6 拉弯试件的荷载-位移曲线对比（$t_0 = 5$mm）

（a）内配 L40×4 角钢；（b）内配 L50×6 角钢

韩林海和李威等给出的圆钢管混凝土拉弯构件的极限承载力计算公式，以及 GB 50936—2014《钢管混凝土结构技术规范》、CECS 408—2015《特殊钢管混凝土构件设计规程》等规范给出的圆钢管混凝土、内配加劲件圆钢管混凝土拉弯构件的极限承载力计算公式均为

$$\frac{T}{T_u} + \frac{M}{M_u} = 1 \qquad (5.5-1)$$

式中，T_u 为圆钢管混凝土或内配加劲件圆钢管混凝土构件的轴心受拉极限承载力；M_u 为受弯极限承载力；T 和 M 分别为作用在构件上的轴心拉力和弯矩。

图 5.5-7 给出了有限元参数分析的拉弯构件 T/T_u-M/M_u 关系曲线，说明式（5.5-1）与有限元模拟结果吻合较好，建议采用式（5.5-1）来计算内配格构式角钢钢管混凝土拉弯构件的极限承载力。

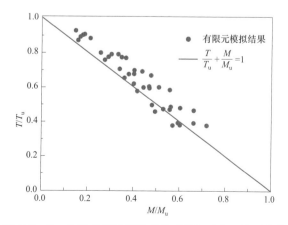

图 5.5-7 参数分析拉弯构件的 T/T_u-M/M_u 关系曲线

参考文献

[1] 韩林海. 钢管混凝土结构的特点及发展 [J]. 工业建筑，1998，28（10）：1-5.

[2] 蔡绍怀. 我国钢管混凝土结构技术的最新进展 [J]. 土木工程学报，1999，32（4）：16-26.

[3] 钟善桐. 钢管混凝土结构在我国的应用和发展 [J]. 建筑技术，2001，32（2）：80-82.

[4] 钟善桐. 钢管混凝土中钢管与混凝土的共同工作 [J]. 哈尔滨建筑大学学报，2001，34（1）：6-10.

[5] 谢芳. 钢管混凝土结构及其在输电塔中的应用 [D]. 杭州：浙江大学，2010.

[6] 陈宝春，韦建刚，周俊，等. 我国钢管混凝土拱桥应用现状与展望 [J]. 土木工程学报，2017，50（6）：50-61.

[7] 裴万吉，赵均海，魏雪英. 钢管混凝土的截面形式及其承载力分析[J]. 建筑科学与工程学报，2006，23（1）：49-53.

[8] 田宇. 圆钢管混凝土短柱轴轴压性能尺寸效应试验研究 [D]. 哈尔滨：哈尔滨工业大学，2014.

[9] 陈鹏，王玉银，刘昌永. 圆钢管混凝土轴压性能尺寸效应试验研究 [J]. 建筑结构学报，2017，38（s1）：249-257.

[10] Katashi FUJII，Chikafusa KOTERA，Hirotoshi YAMAMOTO. Experiments on buckling Strength of Mortar Filled Steel Tubular Columns of Two Types [J]. Kou Kouzou Rombunshuu，1994，1（2）：47-56.

[11] Stephen P. Schneider. Axially loaded concrete-filled steel tubes [J]. Journal of Structural Engineering，1998，124（10）：1206-1209.

[12] M. Elchalakani，X.L. Zhao，R.H. Grzebieta. Concrete-filled circular steel tubes subjected to pure bending [J]. Journal of Constructional Steel Research，2001，57（11）：1141-1168.

[13] C. S. Huang，Y.-K. Yeh，G.-Y. Liu，et al. Axial load behavior of stiffened concrete-filled steel columns [J]. Journal of Structural Engineering，2002，128（9）：1222-1230.

[14] Mathias Johansson，Kent Gylltoft. Mechanical behavior of circular steel-concrete composite stub columns [J]. Journal of Structural Engineering，2002，128（8）：1073-1081.

[15] Georgios Giakoumelis，Dennis Lam. Axial capacity of circular concrete-filled tube columns[J]. Journal of Constructional Steel Research，2003，60（7）：1049-1068.

[16] Kenji Sakino，Hiroyuki Nakahara，Shosuke Morino，Isao Nishiyama. Behavior of centrally loaded concrete-filled steel-tube short columns [J]. Journal of Structural Engineering，2004，130（2）：733-745.

[17] Hui Lu，Lin-hai Han. Flexural behavior of steel tubes filled with self-consolidating concrete [M]. Elsevier Inc，2005，5（7）：659-664.

[18] HAN L H，HE S H，LIAO F Y. Performance and calculations of concrete filled steel tubes（CFST） under axial tension [J]. Journal of Constructional Steel Research，2011，67（11）：1699-1709.

[19] Muhammad Naseem Baig，Jiansheng Fan，Jianguo Nie. Strength of concrete filled steel tubular columns [J]. Tsinghua Science & Technology，2006，11（6）：657-666.

[20] K. Abedi，A. Ferdousi，H. Afshin. A novel steel section for concrete-filled tubular columns [J].

Thin-Walled Structures，2007，46（3）：310－319.

［21］ Manojkumar V. Chitawadagi，Mattur C. Narasimhan. Strength deformation behaviour of circular concrete filled steel tubes subjected to pure bending［J］. Journal of Constructional Steel Research，2009，65（8）：1836－1845.

［22］ Manojkumar V. Chitawadagi，Mattur C. Narasimhan，S.M. Kulkarni. Axial strength of circular concrete-filled steel tube columns-DOE approach［J］. Journal of Constructional Steel Research，2010，66（10）：1248－1260.

［23］ G. P. Shu，X. Lv. Ultimate bearing capacity factor and whole process analysis for large size concrete filled steel tube columns［J］. The IES Journal Part A：Civil & Structural Engineering，2013，6（2）：165－172.

［24］ Burak Evirgen，Ahmet Tuncan，Kivanc Taskin. Structural behavior of concrete filled steel tubular sections（CFT/CFST）under axial compression［J］. Thin-Walled Structures，2014，80（9）：46－56.

［25］ Yahia Raad Al-Ani. Finite element study to address the axial capacity of the circular concrete-filled steel tubular stub columns［J］. Thin-Walled Structures，2018，126（3）：2－15.

［26］ 钟善桐，王用纯. 钢管混凝土轴心受压构件计算理论的研究［J］. 建筑结构学报，1980，1（1）：61－71.

［27］ 余志武，丁发兴，林松. 钢管高性能混凝土短柱受力性能研究［J］. 建筑结构学报，2002，23（2）：41－47.

［28］ 陈宝春，王来永，欧智菁，等. 钢管混凝土偏心受压应力－应变试验研究［J］. 工程力学，2003，20（6）：154－159.

［29］ 张素梅，王玉银. 圆钢管高强混凝土轴压短柱的破坏模式［J］. 土木工程学报，2004，37（9）：1－10.

［30］ 洪涛，钟善桐，张素梅. 各种截面钢管混凝土轴压短柱基本性能连续性的理论研究［J］. 工业建筑，2004，34（8）：93－95.

［31］ 丁发兴，余志武，蒋丽忠. 圆钢管混凝土轴压中长柱的承载力［J］. 中国公路学报，2007，20（4）：65－70.

［32］ 刘界鹏，张素梅，郭兰慧. 圆钢管约束高强混凝土短柱的轴压力学性能［J］. 哈尔滨工业大学学报，2008，40（4）：528－531.

［33］ 何益斌，肖阿林，郭健，等. 钢骨－钢管自密实高强混凝土偏压柱力学性能试验研究［J］. 建筑结构学报，2010，31（4）：102－109.

［34］ 刘立平，李英民，夏洪流，等. 钢骨钢管混凝土柱偏心受压力学性能试验［J］. 重庆大学学报，2012，35（4）：52－58.

［35］ 丁发兴，李刚，龚永智，等. 钢骨－圆钢管混凝土轴压短柱力学性能分析［J］. 中南大学学报（自然科学版），2012，43（9）：3625－3630.

［36］ 吴乃森，吴志坤，赵艳艳，等. 钢管混凝土构件抗弯刚度折减系数的回归分析［J］. 工业建筑，2012，42（8）：144－148.

［37］ 刘劲，丁发兴，龚永智，等. 圆钢管混凝土短柱局压力学性能研究［J］. 湖南大学学报（自然科学版），2015，42（11）：33－40.

［38］ 陈兰响，关萍，刘晴晴. 钢骨－圆钢管高强混凝土长柱的力学性能研究［J］. 广西大学学报（自然科学版），2015，40（2）：264－271.

［39］ 徐亚丰，金松. 钢骨－圆钢管高强混凝土组合柱偏心受压有限元分析［J］. 沈阳建筑大学学报（自然科学版），2016，32（1）：40－50.

［40］ 查晓雄，陈德劲，王维肖，等. 内配加劲件钢管混凝土构件受弯性能理论与试验研究［J］. 建筑结构学报，2017，38（s1）：471－477.

［41］ 陈驹，王军，金伟良. 配筋钢管混凝土柱轴拉及偏拉性能试验研究［J］. 建筑结构学报，2017，38（s1）：272－277.

［42］ 王军，董建尧，赵建，等. 内配钢筋钢管混凝土构件轴心受拉性能研究［J］. 钢结构，2018，33（7）：33－39.

第6章
大跨越节点设计

输电线路大跨越塔属于高耸结构，钢管构件或钢管混凝土构件通过节点相互连接，其构件传力完全通过节点完成，节点型式的确定以及节点构造要求将直接影响大跨越塔的整体受力性能，所以节点的安全对整个塔来说至关重要，节点的破坏往往会导致连接在节点处的各个杆件失效，从而引起整个结构的破坏。本章重点介绍内外法兰节点和钢管加劲相贯焊节点的设计计算方法或连接构造。

6.1 内外法兰设计

传统的法兰连接形式在荷载不大的情况下受力合理，性能优越，设计方法也日趋成熟，然而对于大跨越、大高度、大荷载的输电塔法兰节点，存在大直径螺栓脆断和法兰盘厚板层状撕裂的风险。针对大荷载杆塔设计时传统法兰的局限性，为提高输电铁塔的整体安全性，提出了一种内外双圈法兰的连接形式，即对于直径较大的钢管（可进人拧螺栓），在外法兰的基础上配置内法兰，如图 6.1-1所示。新型内外法兰作为刚性法兰的一种，有着承载力高、刚度大的特点，解决了普通法兰的承载力不足问题，避免

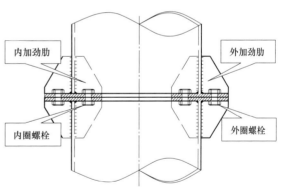

图 6.1-1　内外法兰形式

了大直径螺栓脆断和法兰板层状撕裂的安全隐患，显著提高了节点承载力，可降低法兰质量约 20%，节约投资，降低工程造价，具有重要的工程应用价值。

6.1.1 内外法兰试验

选取大跨越钢管塔中内外法兰进行缩尺试验，并变化螺栓数量及规格、法兰板厚、螺栓边距等参数，开展内外双圈法兰轴拉、偏拉、纯弯承载力试验，研究内外法兰的承载力特性、变形特点及破坏模式，重点研究轴拉作用下外内圈螺栓轴拉力比值及偏拉、

纯弯作用下的法兰旋转轴位置。

　1. 试验概况

　为了考察大小管径、法兰板厚度、螺栓规格、内外螺栓数量比、螺栓等级、螺栓间距及螺栓边距系数等参数对法兰节点承载力特性的影响，共设计了 18 副法兰轴拉试件（表 6.1-1）、3 副法兰纯弯试件（表 6.1-2）、6 副法兰偏拉试件（表 6.1-3）及 2 副法兰偏压试件（表 6.1-4），开展了试验研究。

表 6.1-1　　　　　　　　　　　　法兰轴拉试件尺寸

编号	类型	数量	钢管规格（mm）	法兰板尺寸（mm）			内螺栓			外螺栓			加劲肋尺寸（mm）
				内径	外径	厚度	螺栓圆直径（mm）	等级	数量规格	螺栓圆直径（mm）	等级	数量规格	
SC-ZL-1-1	n 同、d 同（对应 F1 法兰）SC-ZL-1-2 为 A、B、C	1	$\phi610\times16$	468	720	16	518	6.8S	28M16	670	6.8S	28M16	130×10
SC-ZL-1-2		3	$\phi610\times16$	468	720	20	518	6.8S	28M16	670	6.8S	28M16	130×10
SC-ZL-1-3		1	$\phi610\times16$	468	720	24	518	6.8S	28M16	670	6.8S	28M16	130×10
SC-ZL-2	改变螺栓总数量	1	$\phi610\times16$	448	740	20	508	6.8S	20M20	680	6.8S	20M20	130×10
SC-ZL-3-1	n 不同、d 同	1	$\phi610\times16$	468	720	20	518	6.8S	28M16	670	6.8S	32M16	130×10
SC-ZL-3-2		1	$\phi610\times16$	448	740	20	508	6.8S	20M20	680	6.8S	24M20	130×10
SC-ZL-4	n 同、d 不同	1	$\phi610\times16$	468	740	20	518	6.8S	24M16	680	6.8S	24M20	130×10
SC-ZL-5	n 不同、d 不同、等级不同（对应 FTJ 法兰）SC-ZL-5 为 A、B、C	3	$\phi610\times16$	468	740	20	518	8.8S	28M16	680	6.8S	32M20	130×10
SC-ZL-6	主管不等直径（对应 F2 法兰）SC-ZL-6 为 A、B、C	3	$\phi610\times16/$ $\phi584\times16$	442	740	20	492	6.8S	28M16	680	6.8S	28M20	130×10
SC-ZL-7	增大螺距	1	$\phi610\times16$	448	740	20	508	6.8S	16M20	680	6.8S	16M20	130×10
SC-ZL-8	增大外螺栓内边距	1	$\phi610\times16$	468	750	20	518	6.8S	28M16	700	6.8S	28M16	130×10
SC-ZL-9	增大外螺栓外边距	1	$\phi610\times16$	468	760	20	518	6.8S	28M16	670	6.8S	28M16	130×10

　　注　n 为螺栓个数，d 为螺栓直径。

表 6.1-2　　　　　　　　　法 兰 纯 弯 试 件 尺 寸

编号	类型	数量	钢管规格（mm）	法兰板尺寸（mm）			内螺栓			外螺栓			加劲肋尺寸（mm）
				内径	外径	厚度	螺栓圆直径（mm）	等级	数量规格	螺栓圆直径（mm）	等级	数量规格	
SC-W-1	n 同、d 同	1	$\phi610\times16$	468	720	20	518	6.8S	28M16	670	6.8S	28M16	130×10
SC-W-4	n 同、d 不同	1	$\phi610\times16$	468	740	20	518	6.8S	24M16	680	6.8S	24M20	130×10
SC-W-5	n 不同、d 不同、强度等级不同	1	$\phi610\times16$	468	740	20	518	8.8S	28M16	680	6.8S	32M20	130×10

表 6.1-3　　　　　　　　　法 兰 偏 拉 试 件 尺 寸

编号	类型	数量	钢管规格（mm）	法兰板尺寸（mm）			内螺栓			外螺栓			加劲肋尺寸（mm）
				内径	外径	厚度	螺栓圆直径（mm）	等级	数量规格	螺栓圆直径（mm）	等级	数量规格	
SC-LW-1	n 同、d 同	3	$\phi610\times16$	468	720	20	518	6.8S	28M16	670	6.8S	28M16	130×10
SC-LW-5	n 不同、d 不同、强度等级不同	3	$\phi610\times16$	468	740	20	518	8.8S	28M16	680	6.8S	32M20	130×10

注　SC-LW-1 偏心距分别为：0.25R、0.75R、1.5R；SC-LW-5 偏心距分别为：0.25R、0.28R、0.75R；R 为钢管半径。

表 6.1-4　　　　　　　　　法 兰 偏 压 试 件 尺 寸

编号	类型	数量	钢管规格（mm）	法兰板尺寸（mm）			内螺栓			外螺栓			加劲肋尺寸（mm）
				内径	外径	厚度	螺栓圆直径（mm）	等级	数量规格	螺栓圆直径（mm）	等级	数量规格	
SC-YW-1	n 同、d 同	2	$\phi610\times16$	468	720	20	518	6.8S	28M16	670	6.8S	28M16	130×10

注　偏心距分别为：2R、3.3R。

2. 试验装置及数据测量

（1）材性试验。利用万能试验机测试钢管试样的材料力学性能，得到材性数据见表 6.1-5。利用 MTS 试验机测试螺栓的材料力学性能，6.8S-M16 螺栓的屈服强度平均值约为 480MPa，极限强度平均值约为 640MPa。

表 6.1-5　　　　　　　　　钢 管 材 性 试 验 结 果

试件	宽（mm）	厚（mm）	面积（mm²）	屈服强度（MPa）	平均屈服强度（MPa）	极限强度（MPa）	平均极限强度（MPa）
Q345-101	30.28	16.44	497.803	379.9		589.8	
Q345-102	30.17	16.40	494.788	377.0	380	571.3	576
Q345-103	30.17	16.37	493.883	385.0		568.4	

（2）试验装置。内外双圈法兰轴拉、偏拉、偏压和纯弯试验的加载装置如图 6.1-2 所示。试验机加载端通过分配梁将力传到钢管混凝土柱，顶法兰下端传力分配梁，从而将压力转为拉力，实现法兰节点的轴拉加载；当进行法兰偏拉试验时，通过调整试验机加载端到试验法兰中心轴线的距离，以实现法兰节点的偏拉加载；试验机加载端通过钢箱梁将力传到上分配梁，通过调节加载端中心距法兰中心的距离，达到偏压加载的目的；纯弯试验采用四点加载方式，法兰节点处于纯弯段。

(a)　　　　　　　　　　(b)　　　　　　　　　　(c)

(d)

图 6.1-2　内外双圈法兰试验加载装置

（a）轴拉加载装置；（b）偏拉加载装置；（c）偏压加载装置；（d）纯弯加载装置

3. 试验现象及试验结果

（1）法兰节点变形特性。

1）轴拉工况。轴拉试验过程中，法兰节点的法兰板相互张开；加载临近结束时，螺栓接近断裂或发生突然的脆性断裂，继而整个法兰节点发生失效破坏，如图 6.1-3 所示（以 SC-ZL-1-2-B 为例）；而法兰板、肋板及焊缝均未发生明显的变形。有限元模拟失效形式如图 6.1-3（c）所示，与试验结果失效形式吻合。

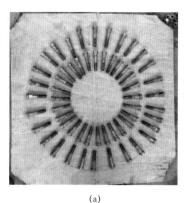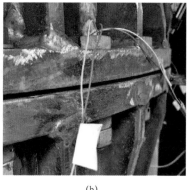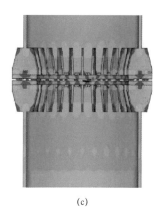

（a）　　　　　　　　　（b）　　　　　　　　　（c）

图 6.1-3　SC-ZL-1-2-B 法兰轴拉失效形式对比

（a）螺栓断裂；（b）法兰板脱开；（c）有限元模拟失效模式

2）偏拉工况。法兰 SC-LW-1、SC-LW-5 在不同偏心距受拉作用下均发生了螺栓颈缩破坏。偏拉试验过程中，法兰节点试件（以 SC-LW-1-0.75R 为例）靠近拉力侧法兰板相互张开，螺栓发生明显的颈缩变形，如图 6.1-4 所示。有限元模拟失效形式如图 6.1-4（c）所示，与试验结果的失效形式吻合。

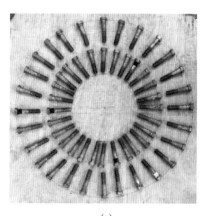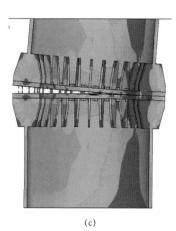

（a）　　　　　　　　　（b）　　　　　　　　　（c）

图 6.1-4　SC-LW-1-0.75R 法兰偏拉失效形式对比

（a）螺栓颈缩；（b）法兰板脱开；（c）有限元模拟失效模式

3）偏压工况。当偏心距较小时，偏压法兰节点试件的破坏模式表现为钢管受压区的局部失稳，而偏心距较大时，则出现了螺栓颈缩破坏的情况。偏压试验过程中，远离压力侧法兰板相互张开。外圈螺栓接近断裂，因此停止加载。加载结束后，法兰板相互张开，螺栓发生明显的颈缩变形，如图 6.1-5 所示（以 SC-YW-1-3.3R 为例）。有限元模拟失效形式如图 6.1-5（c）所示，与试验结果的失效形式吻合。

4）纯弯工况。法兰 SC-W-1、SC-W-4、SC-W-5 在纯弯工况下均发生了螺栓颈缩破坏。纯弯试验过程中，靠近拉力侧法兰板相互张开。加载结束后，法兰板相互张开，螺栓发生明显的颈缩变形，如图 6.1-6 所示（以 SC-W-1 为例）。有限元模拟失效形式如图 6.1-6（c）所示，与试验结果的失效形式吻合。

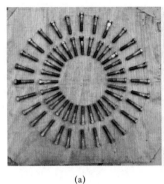  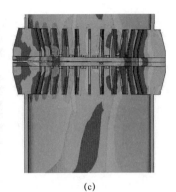

(a)　　　　　　　　　　　　(b)　　　　　　　　　　　　(c)

图 6.1-5　SC-YW-1-3.3R 法兰偏压失效形式对比

（a）螺栓颈缩；（b）法兰板脱开；（c）有限元模拟失效模式

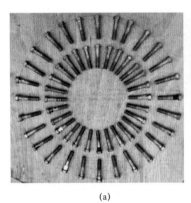  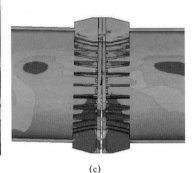

(a)　　　　　　　　　　　　(b)　　　　　　　　　　　　(c)

图 6.1-6　SC-W-1 法兰纯弯失效形式对比

（a）螺栓颈缩；（b）法兰板脱开；（c）有限元模拟失效模式

（2）不同参数的轴拉试件数据分析。不同法兰点的外内圈螺栓轴拉力比见表 6.1-6。由表可知：随着板厚的增大，外内圈螺栓拉力比增大；当外圈螺栓数量多于内圈时，外内圈螺栓拉力比增大；当外内圈螺栓数量均减小时，外内圈螺栓拉力比减小；当外圈螺栓规格大于内圈时，外内圈螺栓拉力比增大；当外圈螺栓远离主管时，外内圈螺栓拉力比增大。

表 6.1-6　　　　　　　　　　　不同法兰节点对外内圈螺栓拉力比值影响

编号	板厚（mm）	内圈螺栓		外圈螺栓		单个外内螺栓拉力比	外内圈螺栓拉力比
		螺栓圆直径（mm）	数量规格	螺栓圆直径（mm）	数量规格		
SC-ZL-1-1	16	518	28M16	670	28M16	1.07	1.07
SC-ZL-1-2	20	518	28M16	670	28M16	1.08	1.08
SC-ZL-1-3	24	518	28M16	670	28M16	1.178	1.178
SC-ZL-2	20	508	20M20	680	20M20	1.068	1.068
SC-ZL-3-1	20	518	28M16	670	32M16	1.057	1.208
SC-ZL-3-2	20	508	20M20	680	24M20	1.014	1.217

续表

| 编号 | 板厚（mm） | 内圈螺栓 | | 外圈螺栓 | | 单个外内螺栓拉力比 | 外内圈螺栓拉力比 |
		螺栓圆直径（mm）	数量规格	螺栓圆直径（mm）	数量规格		
SC－ZL－4	20	518	24M16	680	24M20	1.252	1.252
SC－ZL－7	20	508	16M20	680	16M20	0.952	0.952
SC－ZL－8	20	518	28M16	700	28M16	1.07	1.07
SC－ZL－9	20	518	28M16	670	28M16	1.068	1.068

6.1.2　内外法兰承载力计算方法

6.1.2.1　轴拉承载力计算方法

1. 外内圈螺栓轴拉力比值

内外法兰轴拉力学特性的关键在于外内圈螺栓轴拉力比值的确定。借助数据拟合软件对有限元分析结果进行拟合，得到外内螺栓荷载分配比值 k 与内外法兰各部分刚度关系

$$k = a\left(\frac{K_O}{K_I}\right) + b\left(\frac{K_2}{K_1}\right) + c\left(\frac{K_4}{K_3}\right) + d\left(\frac{K_5}{K_3}\right) + e\left(\frac{K_5}{K_4}\right) \quad (6.1-1)$$

式中：K_1、K_O 为内、外法兰板区格抗弯刚度；K_1、K_2 为内、外螺栓刚度；K_3、K_4 为内、外倒 T 形梁抗弯刚度；K_5 为弧形钢板环向扭转刚度，各参数取值见表 6.1-7。

表 6.1-7　　　　　各 参 数 取 值

a	b	c	d	e
－0.0178	0.4603	0.784	－0.2755	0.2051

（1）内、外螺栓刚度 K_1、K_2。《风力发电机组设计导则》中提到了螺栓刚度的计算，螺栓刚度可表示为

$$K = n(B_K + B_L) = n\left(\frac{EA}{0.4d} + \frac{EA}{l}\right) \quad (6.1-2)$$

式中：n 为螺栓个数；B_K 为螺栓头刚度；B_L 为螺杆刚度；E 为弹性模量；A 为螺栓公称面积；d 为螺栓公称外径；l 为螺杆长度。

（2）内、外侧倒 T 形梁抗弯刚度 K_3、K_4。法兰单个区格中，加劲肋与法兰板组成长度为 L_x 的倒 T 形截面梁，如图 6.1-7 所示。近似地，可将加劲肋的刚度归入法兰板刚度，得到法兰板与加劲肋组成的整体刚度。

倒 T 形梁截面惯性矩可表示为

$$I_T = \frac{1}{12}L_x C^3 + L_x C\left(x - \frac{C}{2}\right)^2 + \frac{1}{12}th^3 + th\left(x - \frac{h}{2} - C\right)^2 \quad (6.1-3)$$

单位长度内、外侧刚性法兰整体抗弯刚度近似为

$$K = f\left(\frac{L_y}{L_x}, h, C, t\right) = \frac{EI_T}{L_x} = E\left[\frac{C^3}{12} + C\left(x - \frac{C}{2}\right)^2 + \frac{1}{12L_x}th^3 + \frac{th}{L_x}\left(x - \frac{h}{2} - C\right)^2\right] \quad (6.1-4)$$

式中：x 为倒 T 形截面形心距法兰板底高度；h 为加劲肋高度；t 为加劲肋厚度；C 为法兰板厚度；I_T 为倒 T 形梁截面惯性矩。

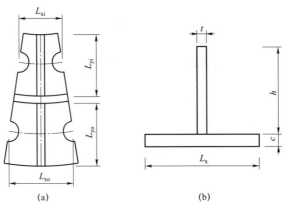

图 6.1-7　倒 T 形梁截面
（a）法兰单个区格；（b）倒 T 形梁

（3）弧形钢板环向扭转刚度 K_5。

弧形钢板的环向扭转刚度 K_5 计算公式如下

$$K_5 = \frac{EI_P}{D} \quad (6.1-5)$$

式中：I_P 为钢管的惯性矩；D 为钢管的直径。

（4）内、外法兰板区格抗弯刚度 K_I、K_O。

1）法兰板区格模拟分析。法兰板扇形区格如图 6.1-8 所示，选取不同 L_x / L_y、板厚 C 的法兰板区隔进行模拟分析，约束情况：与加劲肋相连侧为刚接，与主管相连侧为简支，悬臂端自由，在法兰板上施加均布荷载。

2）拟合外法兰板抗弯刚度计算公式。

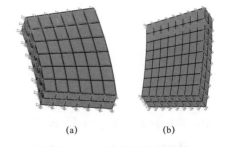

图 6.1-8　法兰板扇形区格
（a）外法兰扇形区格；（b）内法兰扇形区格

区格惯性矩：
$$I = \frac{L_x C^3}{12} \quad (6.1-6)$$

法兰板区格抗弯刚度：
$$K_O = \frac{EI}{L_x L_y}\gamma \quad (6.1-7)$$

$$\gamma = \frac{1}{0.031C - 0.000\,1L_y + 0.022L_x - 0.022\,1D} \quad (6.1-8)$$

式中：I 为区格惯性矩；γ 为外法兰板抗弯刚度折减系数，借助数据拟合软件对分析结果进行拟合得到；L_x 为扇形区格环向平均宽度；L_y 为扇形区格径向平均宽度；C 为法兰区格板厚；D 为螺栓直径。

3）拟合内法兰板抗弯刚度计算公式。

区格惯性矩：
$$I = \frac{L_x C^2}{12} \tag{6.1-9}$$

法兰板区格抗弯刚度：
$$K_O = \frac{EI}{L_x L_y} \gamma \tag{6.1-10}$$

$$\eta = \frac{1}{0.016\,4C - 0.001\,7L_y + 0.003\,7L_x - 0.011D} \tag{6.1-11}$$

式中：I 为区格惯性矩；η 为内法兰板抗弯刚度折减系数，借助数据拟合软件对分析结果进行拟合得到；L_x 为扇形区格环向平均宽度；L_y 为扇形区格径向平均宽度；C 为法兰区格板厚；D 为螺栓直径。

外内圈螺栓拉力比分析值与拟合值的对比见表 6.1-8，除个别点误差较大，其余误差均很小，表明该拟合公式较准确。

2. 轴拉承载力设计方法

（1）螺栓。轴拉荷载作用下内外法兰的计算模型如图 6.1-9 所示，内外圈螺栓拉力可按式（6.1-12）～式（6.1-14）确定。

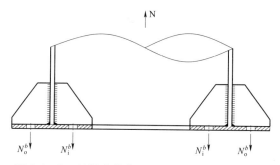

图 6.1-9 轴拉荷载作用下内外法兰的计算模型

$$N = N_i + N_o = n_i N_i^b + n_o N_o^b = (n_i + k n_o) N_i^b \tag{6.1-12}$$

$$N_i^b = \frac{N}{(n_i + k n_o)} \leqslant N_{ti}^b \tag{6.1-13}$$

$$N_o^b = k N_i^b \leqslant N_{to}^b \tag{6.1-14}$$

式中：N 为法兰承受的拉力；N_i、N_o 分别为内、外圈螺栓所承受的拉力；n_i、n_o 分别为内、外圈螺栓的数目；N_i^b、N_o^b 分别为内、外圈单个螺栓的拉力；k 为单个外圈螺栓拉力与内圈螺栓拉力的比值；N_{ti}^b、N_{to}^b 分别为内、外圈单个螺栓的受拉承载力设计值。经有限元分析及理论推导，外内圈螺栓轴拉力比值 k 建议按 6.1.2.1 章节中公式确定。

表 6.1—8　外内圈螺栓拉力比试验值、分析值与拟合值对比

编号	类型	钢管规格(mm)	法兰板尺寸(mm) 内径	外径	厚度	内螺栓 螺栓圆直径(mm)	等级	数量规格	外螺栓 螺栓圆直径(mm)	等级	数量规格	加劲肋尺寸(mm)	螺栓刚度 K_1、K_2 内圈	外圈	倒T梁刚度 K_3、K_4 内圈	外圈	钢管刚度 K_5	外内圈螺栓拉力比试验值	外内圈螺栓拉力比分析值	外内圈螺栓拉力比拟合值
SCFL-1	改变板厚	φ610×16	468	720	16	518	6.8S	28M16	670	6.8S	28M16	130×10	2.11E+08	2.11E+08	2.99E+10	2.53E+10	4.44E+10	1.069	1.065	1.063
SCFL-2	改变板厚	φ610×16	468	720	20	518	6.8S	28M16	670	6.8S	28M16	130×10	2.04E+08	2.04E+08	3.36E+10	2.83E+10	4.44E+10	1.088	1.092	1.068
SCFL-3	改变板厚	φ610×16	468	720	24	518	6.8S	28M16	670	6.8S	28M16	130×10	1.99E+08	1.99E+08	3.71E+10	3.12E+10	4.44E+10	1.175	1.127	1.070
SCFL-4	改变螺距	φ610×16	448	740	20	508	6.8S	20M20	680	6.8S	20M20	130×10	1.88E+08	1.88E+08	2.75E+10	2.24E+10	4.44E+10	1.068	1.025	1.048
SCFL-5	改变螺距	φ610×16	448	740	20	508	6.8S	16M20	680	6.8S	16M20	130×10	1.51E+08	1.51E+08	2.36E+10	1.90E+10	4.44E+10	0.952	0.948	1.039
SCFL-6	改变螺距	φ610×16	468	720	20	518	6.8S	20M16	670	6.8S	20M16	130×10	1.75E+08	1.75E+08	3.03E+10	2.55E+10	4.44E+10	—	1.062	1.060
SCFL-7	改变螺距	φ610×16	468	720	20	518	6.8S	24M16	670	6.8S	24M16	130×10	1.46E+08	1.46E+08	2.68E+10	2.24E+10	4.44E+10	—	1.005	1.055
SCFL-8	螺栓规格	φ610×16	468	740	20	518	6.8S	24M16	680	6.8S	24M20	130×10	1.75E+08	2.26E+08	3.03E+10	2.55E+10	4.44E+10	1.164	1.14	1.181
SCFL-9	改变螺栓边距	φ610×16	468	750	20	518	6.8S	28M16	700	6.8S	28M16	130×10	2.04E+08	2.04E+08	3.36E+10	2.33E+10	4.44E+10	0.921	0.916	0.942
SCFL-10	改变螺栓边距	φ610×16	468	760	20	518	6.8S	28M16	670	6.8S	28M16	130×10	2.04E+08	2.04E+08	3.36E+10	3.86E+10	4.44E+10	1.081	1.105	1.224
SCFL-11	改变螺栓边距	φ610×16	498	690	20	538	6.8S	28M16	650	6.8S	28M16	130×10	2.04E+08	2.04E+08	3.57E+10	3.15E+10	4.44E+10	1.083	1.083	1.088
SCFL-12	改变螺栓边距	φ610×16	398	790	20	488	6.8S	28M16	700	6.8S	28M16	130×10	2.04E+08	2.04E+08	3.81E+10	3.00E+10	4.44E+10	—	1.142	1.051
SCFL-13	同时改变管厚、板厚	φ610×12	476	720	14	526	6.8S	28M16	670	6.9S	28M16	130×10	2.16E+08	2.16E+08	2.77E+10	2.37E+10	3.37E+10	—	1.06	1.071
SCFL-14	同时改变管厚、板厚	φ610×16	468	720	14	518	6.8S	28M16	670	6.8S	28M16	130×10	2.16E+08	2.16E+08	2.80E+10	2.37E+10	4.44E+10	—	1.031	1.069
SCFL-15	同时改变管厚、板厚	φ610×20	460	720	14	510	6.8S	28M16	670	6.8S	28M16	130×10	2.16E+08	2.16E+08	2.83E+10	2.37E+10	5.47E+10	—	1.001	1.055
SCFL-16	同时改变管厚、板厚	φ610×12	476	720	20	526	6.8S	28M16	670	6.8S	28M16	130×10	2.04E+08	2.04E+08	3.32E+10	2.83E+10	3.37E+10	—	1.152	1.089
SCFL-17	同时改变管厚、板厚	φ610×20	460	720	20	510	6.8S	28M16	670	6.8S	28M16	130×10	2.04E+08	2.04E+08	3.39E+10	2.83E+10	5.47E+10	—	1.087	1.063
SCFL-18	同时改变管厚、板厚	φ610×12	476	720	26	526	6.8S	28M16	670	6.8S	28M16	130×10	1.98E+08	1.98E+08	3.85E+10	3.26E+10	3.37E+10	—	1.176	1.085
SCFL-19	同时改变管厚、板厚	φ610×20	468	720	26	518	6.8S	28M16	670	6.8S	28M16	130×10	1.98E+08	1.98E+08	3.89E+10	3.26E+10	4.44E+10	—	1.143	1.076
SCFL-20	同时改变管厚、板厚	φ610×20	460	720	26	510	6.8S	28M16	670	6.8S	32M16	130×10	1.98E+08	1.98E+08	3.93E+10	3.26E+10	5.47E+10	—	1.117	1.065
SCFL-21	改变螺栓数量	φ610×16	468	720	20	518	6.8S	28M16	670	6.8S	24M20	130×10	2.04E+08	2.33E+08	3.36E+10	3.10E+10	4.44E-10	1.208	1.249	1.170
SCFL-22	改变螺栓数量	φ610×20	448	740	20	508	6.8S	20M20	680	6.8S	28M16	130×10	1.88E+08	2.26E+08	2.75E+10	2.55E+10	4.44E-10	1.217	1.241	1.180
SCFL-23	改变加劲肋高	φ610×16	468	720	20	518	6.8S	28M16	670	6.8S	28M16	90×10	2.04E+08	2.04E+08	1.38E+10	1.15E+10	4.44E-10	—	1.078	1.011
SCFL-24	改变加劲肋高	φ610×16	468	720	20	518	6.8S	28M16	670	6.8S	28M16	170×10	2.04E+08	2.04E+08	6.54E+10	5.53E+10	4.44E-10	—	1.035	1.092

（2）内外法兰盘厚度。板厚可分别计算钢管内侧的板厚及外侧的板厚，取其中的较大者。受力简图可按照两边固定、一边铰接、一边自由确定，如图6.1-10所示。

板上均布荷载

$$q_i = \frac{N_i^b}{L_{xi} \times L_{yi}} \tag{6.1-15}$$

$$q_o = \frac{N_o^b}{L_{xo} \times L_{yo}} \tag{6.1-16}$$

板中最大弯矩

$$M_{i,max} = \beta \times q_i \times L_{xi}^2 \tag{6.1-17}$$

$$M_{o,max} = \beta \times q_o \times L_{xo}^2 \tag{6.1-18}$$

式中：β 为弯矩系数，见表6.1-9。

法兰板厚度

$$t_i \geqslant \sqrt{\frac{5M_{i,max}}{f}} \tag{6.1-19}$$

$$t_o \geqslant \sqrt{\frac{5M_{o,max}}{f}} \tag{6.1-20}$$

$$t \geqslant \max\{t_i, t_o\} \tag{6.1-21}$$

式中：t_i、t_o 分别为计算的内外法兰板厚度，最终厚度取其较大值。

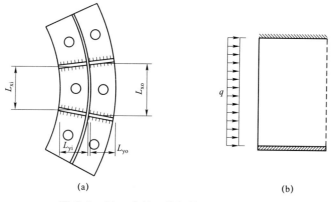

图6.1-10 内外双排螺栓法兰计算简图
（a）法兰扇形区格；（b）区格受力简图

（3）内外法兰加劲板。按照加劲板受力时的正应力及剪应力确定厚度及高度。

竖向

$$\tau_f = \frac{\alpha \cdot N_o^b}{h \cdot t} \leqslant f_v \tag{6.1-22}$$

$$\sigma_{\mathrm{f}} = \frac{6 \times \alpha \cdot N_{\mathrm{o}}^{t} \cdot e}{t \cdot h^2} \leqslant f_{\mathrm{t}} \qquad (6.1-23)$$

$$\sqrt{\sigma_{\mathrm{f}}^2 + 3\tau_{\mathrm{f}}^2} \leqslant 1.1 f_{\mathrm{t}} \qquad (6.1-24)$$

水平

$$\sigma_{\mathrm{f}} = \frac{\alpha \cdot N_{\mathrm{o}}^{t}}{t \cdot B} \leqslant f_{\mathrm{t}} \qquad (6.1-25)$$

式中：τ_{f} 为水平长度方向的剪应力；σ_{f} 为竖直长度方向的拉应力；B 为加劲板的宽度；t 为加劲板的厚度；e 为 N_{i}^{t} 或 N_{o}^{t} 的偏心距；α 为加劲板承担反力的比例，按表 6.1–9 确定；h 为加劲板高度；f_{v}、f_{t} 分别为钢材抗拉、抗剪强度设计值。

表 6.1–9　　　　　　　弯矩系数 β 和加劲板反力比 α

$L_{\mathrm{y}}/L_{\mathrm{x}}$	0.35	0.40	0.45	0.50	0.55	0.60	0.65	0.70	0.75	0.80	0.85
β	0.0785	0.0834	0.0874	0.0895	0.0900	0.0901	0.0900	0.0897	0.0892	0.0884	0.0872
α	0.67	0.71	0.73	0.74	0.76	0.79	0.80	0.80	0.81	0.82	0.83
$L_{\mathrm{x}}/L_{\mathrm{y}}$	0.90	0.95	1.00	1.10	1.20	1.30	1.40	1.50	1.75	2.0	>2.0
β	0.0860	0.0848	0.0843	0.0840	0.0838	0.0836	0.0835	0.0834	0.0833	0.0833	0.0833
α	0.83	0.84	0.85	0.86	0.87	0.88	0.89	0.90	0.91	0.92	1

注　L_{y} 为扇形区域径向平均宽度，L_{x} 为扇形区域径向平均宽度，如图 6.1–10 所示。

6.1.2.2　纯弯承载力计算方法

变化法兰节点的螺栓直径、螺栓数量、法兰板宽度、螺孔离钢管壁距离、主管及肋板厚度等参数进行了有限元分析，根据计算结果绘制了归一化的弯矩承载力和轴力之间的关系曲线如图 6.1–11 所示。其中，内外螺栓直径和数量一致，直径变化范围为 12～20mm，数量变化范围为 20～28 个；螺孔中心与管壁的距离变化范围为 20～45mm；主管厚度和加劲肋厚度同步变化，主管厚度变化范围为 12～20mm，加劲肋厚度变化范围为 8～12mm。

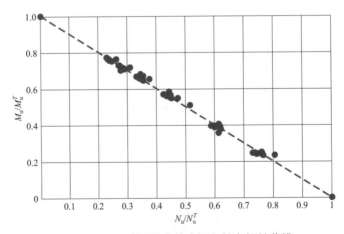

图 6.1–11　法兰节点的弯矩和轴力相关曲线

由图 6.1-11 可知，法兰的弯矩极限承载力与轴力基本成线性递减关系，即

$$\frac{N_u}{N_u^T} + \frac{M_u}{M_u^T} \approx 1 \qquad (6.1-26)$$

式中，注 N_u^T 为法兰轴拉承载力设计值；M_u^T 为法兰纯弯承载力设计值。

记法兰的抗拉承载力和抗压承载力分别为 N_u 和 P_u。拉压强度比 μ 表征了螺栓和法兰主管之间的强弱情况。

$$\mu = \frac{N_u}{P_u} = \frac{f_{yt}}{f_y} \frac{A_t}{A_S + A_L} \qquad (6.1-27)$$

式中，A_S 为钢管的截面积；A_t 为螺栓的总截面积；A_L 为肋板的总截面积；f_y 为钢管的屈服强度；f_{yt} 为螺栓的屈服强度。

当 $\mu < 1$，可记作"强主管、弱螺栓"。此时 N_u^T、M_u^B 均以螺栓为控制对象；当 $\mu > 1$，可记作"强螺栓、弱主管"，此时 N_u^T、M_u^B 均以主管为控制对象。

当 $\mu < 1$ 时，

$$\begin{cases} M_u^B = \dfrac{N_t^b \sum Y_i^2}{Y_1} \\ N_u^T = n N_t^b \end{cases} \qquad (6.1-28)$$

式中，旋转轴位置按纯弯时 $0.6R$ 确定；R 为钢管半径。

当 $\mu > 1$ 时，

$$\begin{cases} M_u^B = 1.15 W_S f_y \\ N_u^T = A_S f_y \end{cases} \qquad (6.1-29)$$

式中：W_S 为钢管的抗弯截面模量。

6.1.2.3　拉弯承载力计算方法

DL/T 5154—2012《架空输电线路杆塔结构设计技术规定》所描述的旋转轴是一个等效的截面旋转轴，实际并不存在，不同于中和轴。采用该旋转轴的方法，可使法兰截面的螺栓拉力计算较为简单。旋转轴位置随着法兰结构特性和法兰受力情形发生变化。以 DL/T 5486—2020《架空输电线路杆塔结构设计技术规程》为例，其中刚性法兰螺栓受力参考的是 GB 50017—2017《钢结构设计标准》中普通螺栓群受弯，螺栓拉力呈三角形线性分布，只是旋转轴的位置有所调整。当偏心距小于钢管半径时，取管中心为旋转轴；当偏心距大于钢管半径时，取管外壁切线为旋转轴。对于内外法兰，其螺栓拉力的计算模型可以借鉴传统刚性法兰螺栓拉力模型，旋转轴定义为压区合力中心线。对于内外法兰承受偏拉作用，可将其分为小偏拉、大偏拉，计算模型如图 6.1-12 所示。

对最大受力螺栓螺杆中部截面积分得到螺栓拉力，依照最大受力螺栓计算公式，反推螺栓群旋转轴位置。

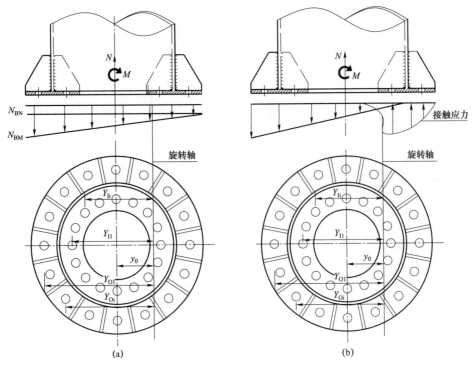

$$\text{图 6.1-12 \quad 法兰螺栓受力计算模型}$$
（a）小偏心受拉；（b）大偏心受拉

1. 小偏拉（全部螺栓受拉）

当 $N_{\text{Bomin}} = \dfrac{N}{n_{\text{O}} + n_{\text{I}}} - \dfrac{MY_{\text{O1}}}{\sum Y_{\text{Oi}}^2 + \sum Y_{\text{Ii}}^2} \geqslant 0$，法兰承受小偏心拉力作用时，远离偏心力方向最边缘螺栓受拉力，即全部螺栓均受拉。螺栓群绕旋转轴旋转，最大受力螺栓的拉力由轴力和弯矩分别作用下的内力叠加而成

$$N_{\text{Bomax}} = N_{\text{BM}} + N_{\text{BN}} = \frac{MY_{\text{O1}}}{\sum Y_{\text{Oi}}^2 + \sum Y_{\text{Ii}}^2} + \frac{N}{n_{\text{O}} + n_{\text{I}}} \qquad (6.1-30)$$

外圈螺栓到旋转轴位置满足

$$Y_{\text{Oi}} = y_0 + y_{\text{oi}} \qquad (6.1-31)$$

因此

$$\left(n_{\text{O}} + n_{\text{I}}\right) y_0^{\,2} + \left(2\sum y_{\text{Oi}} + 2\sum y_{\text{Ii}} - \frac{M}{N_{\text{tmax}} - \dfrac{N}{n_{\text{O}} + n_{\text{I}}}}\right) y_0 + \sum y_{\text{Oi}}^{\,2} + \sum y_{\text{Ii}}^{\,2} - \frac{M}{N_{\text{tmax}} - \dfrac{N}{n_{\text{O}} + n_{\text{I}}}} y_{\text{O1}} = 0$$

$$(6.1-32)$$

则

$$
y_0 = \dfrac{-\left(2\sum y_{Oi} + 2\sum y_{Ii} - \dfrac{M}{N_{tmax} - \dfrac{N}{n_O + n_I}}\right) \pm \sqrt{\begin{array}{l}\left(2\sum y_{Oi} + 2\sum y_{Ii} - \dfrac{M}{N_{tmax} - \dfrac{N}{n_O + n_I}}\right)^2 - 4^*(n_O + n_I) \\ \left(\sum y_{Oi}{}^2 + \sum y_{Ii}{}^2 - \dfrac{M}{N_{tmax} - \dfrac{N}{n_O + n_I}} y_{O1}\right)^2\end{array}}}{2 \times (n_O + n_I)}
$$

（6.1-33）

2. 大偏拉（部分螺栓受拉）

当 $N_{Bomin} = \dfrac{N}{n_O + n_I} - \dfrac{MY_{O1}}{\sum Y_{Oi}^2 + \sum Y_{Ii}^2} \leqslant 0$，法兰承受大偏心拉力作用时，远离偏心力方向最边缘螺栓不受拉力，即部分螺栓受拉。螺栓群绕旋转轴旋转，最大受力螺栓的拉力由对旋转轴的力矩平衡求解而成

$$
N_{Bomax} = \dfrac{(M - Ny_0)Y_{O1}}{\sum Y_{Oi}^2 + \sum Y_{Ii}^2}
$$

（6.1-34）

外圈螺栓到旋转轴位置满足

$$
Y_{Oi} = y_0 + y_{Oi}
$$

（6.1-35）

因此

$$
\left(n_O + n_I + \dfrac{N}{N_{tmax}}\right) y_0^2 + \left(2\sum y_{Oi} + 2\sum y_{Ii} - \dfrac{M - Ny_{O1}}{N_{tmax}}\right) y_0 + \sum y_{Oi}^2 + \sum y_{Ii}^2 - \dfrac{M}{N_{tmax}} y_{O1} = 0
$$

（6.1-36）

则

$$
y_0 = \dfrac{-\left(2\sum y_{Oi} + 2\sum y_{Ii} - \dfrac{M - Ny_{O1}}{N_{tmax}}\right) \pm \sqrt{\left(2\sum y_{Oi} + 2\sum y_{Ii} - \dfrac{M - Ny_{O1}}{N_{tmax}}\right)^2 - 4 \times \left(n_O + n_I + \dfrac{N}{N_{tmax}}\right)\sqrt{\left(\sum y_{Oi}^2 + \sum y_{Ii}^2 - \dfrac{M}{N_{tmax}} y_{O1}\right)}}}{2 \times \left(n_O + n_I + \dfrac{N}{N_{tmax}}\right)}
$$

（6.1-37）

式中：N_{Bomax} 为外圈受力最大螺栓所受的拉力；M 为法兰所受的弯矩；N 为法兰所受的轴力；y_O 为旋转轴到钢管中心的距离；y_{Oi} 为外圈螺栓到钢管中心的距离；Y_{O1} 为外圈受力最大螺栓中心到旋转轴的距离；Y_{Oi} 为外圈螺栓中心到旋转轴的距离；Y_{Ii} 为内圈螺栓中心到旋转轴的距离。

运用式（6.1-37）计算时，借助软件反复迭代计算以得到 y_0。

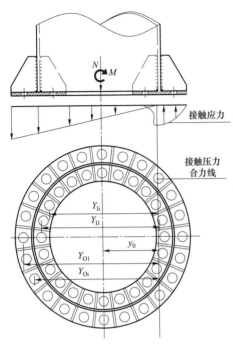

图 6.1－13　法兰螺栓受力计算模型
Y_{I1}—内圈受力最大螺栓中心到旋转轴的距离

6.1.2.4　压弯承载力计算方法

1. 压弯作用内外法兰的旋转轴位置确定

针对传统刚性法兰，多个规范所给出旋转轴位置基本一致。以 DL/T 5486—2020《架空输电线路杆塔结构设计技术规程》为例，对于刚性法兰螺栓受力参考 GB 50017—2017《钢结构设计标准》中普通螺栓群受弯，螺栓拉力呈三角形线性分布，只是旋转轴的位置有所调整。当偏心距小于钢管半径时，取管中心为旋转轴；当偏心距大于钢管半径时，取管外壁切线为旋转轴。相对于传统刚性法兰，内外法兰节点在钢管内部多布置了一圈螺栓，其计算螺栓拉力的旋转轴位置与传统法兰有所区别。但其螺栓拉力的计算模型可以借鉴传统刚性法兰螺栓拉力模型，按图 6.1－13 计算，即假定螺栓拉力为传统的三角形分布模型，受拉螺栓所对应的法兰板间不存在撬力，可按式（6.1－38）计算螺栓拉力。

$$N_{tmax}^{b} = \frac{MY_1}{\sum Y_i^2} + \frac{N}{n} \leqslant N_t^b \qquad (6.1-38)$$

法兰承受偏心压力作用时，远离偏心力方向最边缘的螺栓受拉力，即部分螺栓受拉。螺栓群绕旋转轴旋转，最大受力螺栓的拉力由对旋转轴的力矩平衡求解而成

$$N_{Bomax} = \frac{(M - Ny_0)Y_{O1}}{\sum Y_{Oi}^2 + \sum Y_{Ii}^2} \qquad (6.1-39)$$

外圈螺栓到旋转轴位置满足

$$Y_{Oi} = y_0 + y_{Oi} \qquad (6.1-40)$$

因此

$$\left(n_O + n_I + \frac{N}{N_{tmax}}\right)y_0^2 + \left(2\sum y_{Oi} + 2\sum y_{Ii} - \frac{M - Ny_{O1}}{N_{tmax}}\right)y_0 + \sum y_{Oi}^2 + \sum y_{Ii}^2 - \frac{M}{N_{tmax}}y_{O1} = 0 \qquad (6.1-41)$$

则

$$y_0 = \frac{-\left(2\sum y_{Oi} + 2\sum y_{Ii} - \frac{M - Ny_{O1}}{N_{tmax}}\right) \pm \sqrt{\left(2\sum y_{Oi} + 2\sum y_{Ii} - \frac{M - Ny_{O1}}{N_{tmax}}\right)^2 - 4\times\left(n_O + n_I + \frac{N}{N_{tmax}}\right)\left(\sum y_{Oi}^2 + \sum y_{Ii}^2 - \frac{M}{N_{tmax}}y_{O1}\right)}}{2\times\left(n_O + n_I + \frac{N}{N_{tmax}}\right)}$$

$$(6.1-42)$$

式中：N_{Bomax} 为外圈受力最大螺栓所受的拉力；M 为法兰所受的弯矩；N 为法兰所受的轴力；y_0 为旋转轴到钢管中心的距离；$y_{\text{O}i}$ 为外圈螺栓到钢管中心的距离；$Y_{\text{O}1}$ 为外圈受力最大螺栓中心到旋转轴的距离；$Y_{\text{O}i}$ 为外圈螺栓中心到旋转轴的距离；$Y_{\text{I}i}$ 为内圈螺栓中心到旋转轴的距离。

运用式（6.1–42）计算时，借助软件反复迭代计算以得到 y_0。

2. 压弯作用内外法兰承载力设计理论

法兰节点的破坏模式有两种情况：① 螺栓拉断致使法兰破坏；② 钢管局部屈服致使钢管丧失承载力而破坏。根据压弯作用下法兰的有限元模型数值分析结果可知：当偏心距 $e \leqslant 0.33R$ 时，法兰节点的破坏形式表现为钢管破坏，而当 $e \geqslant 0.5R$ 时则表现为螺栓断裂破坏。

因此，偏于保守地规定，压弯时的设计承载力计算方法为：

当 $e \leqslant 0.33R$ 时，钢管局部破坏。

$$\frac{N_{\text{u}}}{f_{\text{y}} A_{\text{s}}} + \frac{M_{\text{u}}}{1.15 W_{\text{s}} f_{\text{y}}} = 1 \tag{6.1–43}$$

当 $e \geqslant 0.5R$ 时，螺栓断裂破坏。

$$\frac{N_{\text{u}}}{n N_{\text{t}}^{b}} + \frac{M_{\text{u}}}{\dfrac{N_{\text{t}}^{b} \sum Y_{\text{i}}^{2}}{Y_{1}}} = 1 \tag{6.1–44}$$

式中：A_{s} 为钢管的截面积；f_{y} 为钢管的屈服强度；W_{s} 为钢管的抗弯截面模量；n 为螺栓总数量；N_{t}^{b} 为螺栓强度设计值。

6.2　钢管加劲相贯焊节点设计

当外荷载较大，仅采用相贯焊连接已无法满足钢管主材的承载要求，考虑在相贯焊节点两侧采用加劲板、鞍板或环板进行加劲，从而提高主管局部的稳定承载力。但加劲板与相贯焊节点共同工作的性能、加劲板与相贯焊节点间承受的外荷载分配、主材轴力对节点承载力的影响等问题尚无参考依据。为保证节点设计的安全性和经济性，同时深入探明加劲相贯焊钢管节点的破坏规律和承载机理，需要对该类节点进行节点试验和有限元分析，并推导简化计算公式以指导工程设计。

6.2.1　K 形加劲相贯焊节点

K 形加劲相贯焊节点主要用于大跨越输电钢管塔的主材与斜材连接，这种节点在连接处的受力情况较为复杂，加劲后的承载力提高无法定量计算，为此，开展 K 形加劲相贯焊节点试验、有限元及计算方法研究，进一步指导工程中加劲相贯节点的设计。

6.2.1.1　K 形加劲相贯焊节点试验

根据支管直径、加劲板长度、主管厚度、鞍板角度的不同，有无支管环板和鞍板，共设置 9 个相贯焊节点试件，开展相贯焊节点试验，获取节点的极限承载力和破坏形态。

1. 试验概况

试件详细尺寸见表 6.2-1，加劲相贯焊节点型式如图 6.2-1 所示。其中试件 KG-AB2 为标准试件，即在研究带支管的加劲相贯焊节点承载力随参数变化时作为参照试件。各参数含义如图 6.2-2 所示。

表 6.2-1   各试验节点的主要尺寸

工况	编号	主管（mm）		支管（mm）		加劲板（mm）	鞍板	环板（mm）
		长度	管径/壁厚	长度	管径/壁厚	长×高/厚	高度（mm）×宽度（mm）/角度（°）	高×厚
改变加劲板长度	KG-AB1	3000	400/4	1330	203/10	1000×445/16	100×10/45	40×10
	KG-AB2	3000	400/4	1330	203/10	1200×445/16	100×10/45	100×10
	KG-AB3	3000	400/4	1330	203/10	1400×445/16	100×10/45	100×10
改变鞍板角度	KG-AB4	3000	400/4	1330	203/10	1200×445/16	100×10/90	100×10
	KG-AB5	3000	400/4	1330	203/10	1200×445/16	100×10/120	100×10
环板及鞍板对承载力影响	KG-AB6	3000	400/8	1330	203/10	1000×300/16	100×10/90	40×10
	KG-AB7	3000	400/8	1330	203/10	1000×300/16	—	40×10
	KG11	3000	400/8	1330	203/10	1000×300/16	100×10/90	—
	KG3	3000	400/8	1330	203/10	1000×300/16	—	—
主管厚度的影响	KG-AB8	3000	400/8	1330	203/10	1200×445/16	100×10/90	100×10
	KG-AB9	3000	400/4	1330	203/10	1000×300/16	100×10/90	40×10

注 表中支管与主管的夹角都为 45°。

(a)   (b)   (c)   (d)

图 6.2-1 节点三维示意图

（a）相贯节点；（b）加劲相贯节点；（c）加劲相贯带鞍板节点；（d）加劲相贯带鞍板和环板节点

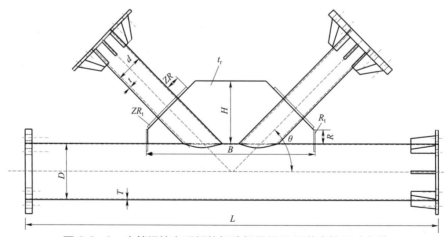

图 6.2-2 支管焊接有环板的加劲相贯焊 K 形节点的尺寸参数

注：D 为主管直径，T 为主管厚度，L 为主管长度，d 为支管直径为，t 为支管厚度，R 为主管鞍板高度，R_t 为主管鞍板厚度，ZR 为支管加劲环板高度，ZR_t 为支管加劲环板厚度，B 为加劲板长度，H 为加劲板高度，t_r 为加劲板厚度。

2. 加载装置和数据测量

相贯焊节点试验采用多方位空间加载装置加载，如图 6.2-3 所示。

为了准确测量试件的位移，在试件支管上布置位移测点，主管上放置一个三脚架，以测量支管相对主管中心沿支管轴线方向的位移。拉、压支管两侧各布置一个位移计，以消除试件偏心及扭转带来的影响，如图 6.2-4 所示。

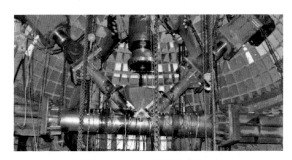 

图 6.2-3　试验加载装置　　　　　　　图 6.2-4　位移计布置图

节点试验采用力控制加载，并用跨中挠度的 $P-\Delta$ 曲线监控加载过程：试验前期用荷载控制模式，按 50～200kN 的增量分级加载，加载速率为 20～25kN/min；待位移有明显增大迹象时，减小分级增量荷载，直至破坏。

3. 试验结果与分析

（1）试验结果。表 6.2-2 给出了 9 个相贯焊节点试件的承载力及破坏形态。应变测试结果显示，节点相贯的局部区域往往过早进入屈服状态，且屈服规律难以捕捉。因此这里主要分析由 Lu 准则获得的屈服承载力。极限承载力，即为位移荷载曲线中的峰值，或是管径变形量达到 3%D 时的荷载，取两者小值。

表 6.2-2　　　　支管带环板的加劲相贯焊 K 形节点承载能力及破坏形态汇总表

试件编号	屈服承载力（kN）		极限承载能力（kN）		破坏形态
	基于位移荷载曲线	基于应变	破坏荷载	3%D 变形对应值	
KG-AB1	959	466	1225	1161	主管局部凹陷
KG-AB2	1075	430	1325	1234	主管局部凹陷
KG-AB3	931	524	1425	1372	主管局部凹陷
KG-AB4	1133	547	1425	1359	主管局部凹陷
KG-AB5	1260	588	1450	1394	主管局部凹陷
KG-AB6	1747	758	1875	1875	主管局部凹陷，加劲板撕裂
KG-AB7	1771	663	1948	1868	主管局部凹陷
KG-AB8	1640	620	>1980	—	主管局部凹陷
KG-AB9	1021	466	1215	1198	主管局部凹陷，主支管焊缝撕裂

试验表明，极限状态下大部分试验件的变形均超过了 3%D，表明在支管加环形成的 K 形加劲相贯焊节点具有良好的延性；支管焊接有环板后，K 形加劲相贯焊试件的主要破坏方式为主管出现凹陷，即主管局部屈曲破坏，如图 6.2-5 所示，个别试件还发生相贯区

域的焊缝撕裂或者节点板被剪裂[图6.2-5(f)]。其中主管凹陷出现在所有的试验试件中，表明加劲相贯焊节点的承载力高于传统加劲相贯焊承载力，在极限状态下加劲相贯焊节点承载力为主管压陷的传统相贯焊承载力和加劲板、环板提供的承载能力之和；支管焊接有环板后，仍出现了节点板被剪裂的破坏模式，表明节点板的抗剪应该进行相关的验算。

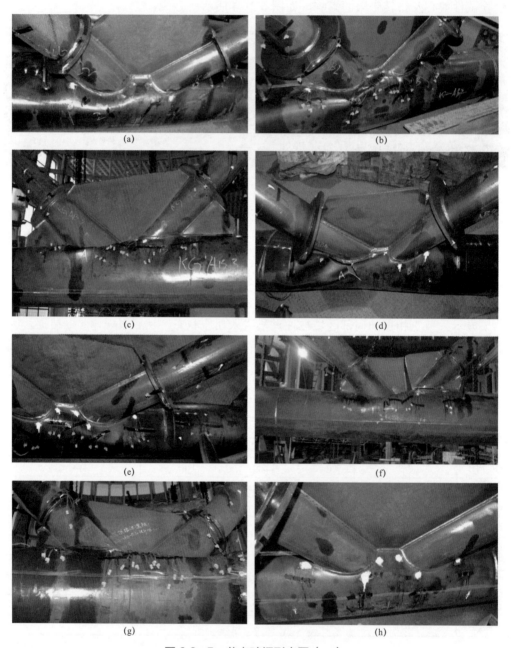

图6.2-5 节点破坏形态图（一）

（a）KG-AB1节点；（b）KG-AB2节点；（c）KG-AB3节点；（d）KG-AB4节点；

（e）KG-AB5节点；（f）KG-AB6节点；（g）KG-AB7节点；（h）KG-AB8节点

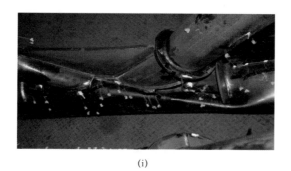

(i)

图 6.2-5　节点破坏形态图（二）

(i) KG-AB9 节点

（2）试验结果分析。

1）加劲板长度对承载力影响。图 6.2-6 给出了承载力随加劲板长度的变化情况，节板长度的变化范围为 1000～1400mm，可以发现随着加劲板长度的增加，节点的极限承载力基本呈线性增加，而屈服承载力则呈无规律变化。

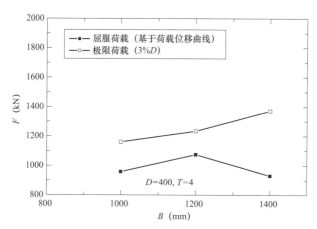

图 6.2-6　节点承载力随加劲板长度变化

D—主管直径；T—主管厚度

2）鞍板角度对承载力影响。图 6.2-7 给出了承载力随鞍板角度的变化情况，鞍板角度的变化范围为 45°、90° 和 120°，可以发现随着角度的增加，节点的屈服承载力和极限承载力均为呈线性增加，但增长幅度并不大。

3）鞍板和环板对节点承载力的影响。表 6.2-3 给出了各个试件试验获得的承载力，采用材性试验结果获得各个试件的无量纲承载力，即 $N/(f_y T^2)$。由表 6.2-3 可见，采用鞍板后可以提高节点的承载力，但幅度较小；而在支管增加环板后，节点的承载能力大大提高。

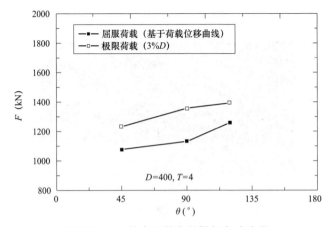

图 6.2-7   节点承载力随鞍板角度变化

表 6.2-3   试件的无量纲承载力

编号	试件承载力（kN）		主管材性试验（MPa）		试件无量纲承载力		备注
	屈服	极限	屈服	极限	屈服	极限	
KG-AB6	1747	1875	395	491	59.67	69.11	带鞍板、环板
KG-AB7	1771	1868	399	495	58.96	69.35	有环板、无鞍板
KG11	1227	1772	406	503	47.22	55.04	无环板，有鞍板
KG3	1131	1614	406	503	43.53	50.14	无环板、无鞍板

4）主管厚度的影响。表 6.2-4 给出了不同主管厚度试件的承载力比较。由表可见，提高主管厚度可以有效的提高承载力，主管直径增加一倍后，节点的承载力提高了约 50%～70%，这与普通 K 行节点的承载能力规律一致，但可发现承载力的增加并非和厚度的平方成正比。

表 6.2-4   试件的承载力比较

试件编号	屈服承载力（kN）	极限承载能力（kN）	备注
KG-AB4	1133	1359	$T=4$mm，$B=1200$mm
KG-AB8	1640	>1980	$T=8$mm，$B=1200$mm
KG-AB6	1747	1875	$T=8$mm，$B=1000$mm
KG-AB9	1021	1198	$T=4$mm，$B=1000$mm

6.2.1.2   K 形加劲相贯焊节点有限元分析

1. 计算方法

采用通用有限元计算软件，选用壳单元对各节点构件进行建模，采用位移加载来模拟试验条件下的静力加载过程，加载过程打开大变形开关和应力刚化。材料非线性采用增量理论、多线性随动强化准则。节点模型的边界条件采用主管两端固支，支管约束除沿轴线方向外的位移，建立有限元模型如图 6.2-8 所示。

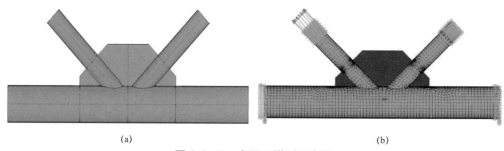

(a)　　　　　　　　　　　　　　　　(b)

图 6.2-8　有限元模型示意图

（a）几何模型；（b）网格划分与加载约束

　　节点的塑性破坏准则采用极限变形准则，即认为使主管管壁产生过度的局部变形时，管节点的强度为其最大承载能力，并以此来控制支管的最大轴向力或弯矩。

　　2. 计算结果

　　有限元分析得到的荷载-位移曲线及等效应力云图，如图 6.2-9 和图 6.2-10 所示。可以看到有限元刚度略大于试验刚度，这是由于有限元模型过于理想，未能考虑试验构件材料、制作以及安装上的误差；试验与有限元分析的破坏模式基本一致，节点在极限荷载作用下靠近主管受压区的屈服区域明显增大，大范围出现塑性。表 6.2-5 列出了所有试验节点有限元分析结果与试验结果的对比，可见有限元模型可以较准确地反映节点的实际受力情况。

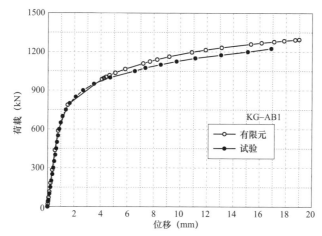

图 6.2-9　KG-AB1 荷载-位移曲线

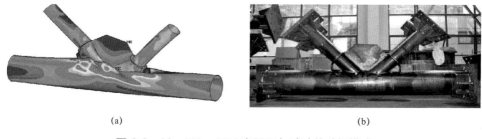

(a)　　　　　　　　　　　　　　　　(b)

图 6.2-10　KG-AB1 有限元与试验的破坏模式

（a）有限元分析结果；（b）试验结果

表 6.2-5   节点有限元分析结果与试验结果对比

编号	屈服荷载（kN）			极限荷载（kN）			破坏模式	
	有限元	试验	误差（%）	有限元	试验 13	误差（%）	有限元	试验
KG-AB1	983	959	2.5	1216	1161	4.5	主管局部凹陷	主管局部凹陷
KG-AB2	1043	1075	-1.3	1302	1234	5.3	主管局部凹陷	主管局部凹陷
KG-AB3	1087	931	14.4	1349	1372	-1.7	主管局部凹陷	主管局部凹陷
KG-AB4	1106	1131	-2.4	1352	1359	-0.5	主管局部凹陷	主管局部凹陷
KG-AB5	1158	1260	-8.8	1387	1394	-0.5	主管局部凹陷	主管局部凹陷
KG-AB6	1706	1747	2.4	1930	1875	2.9	主管局部凹陷	主支管焊缝拉裂
KG-AB7	1559	1771	-13.6	1730	1868	-8	主管局部凹陷	主管局部凹陷
KG-AB8	2090	1640	21.5	2348	—	—	主管局部凹陷	主管局部凹陷
KG-AB9	1019	1036	1.7	1547	1520	-1.7	主管局部凹陷	主管撕裂
KG11	1199	1227	2.3	1701	1772	4.2	主管局部凹陷	拉管断裂

6.2.1.3 K 形加劲相贯焊节点计算方法

基于试验和有限元分析结果，实际工程中推荐采用如图 6.2-11 所示的 K 形加劲相贯焊节点形式，支管采用环板加劲，主管增加节点板和鞍板。

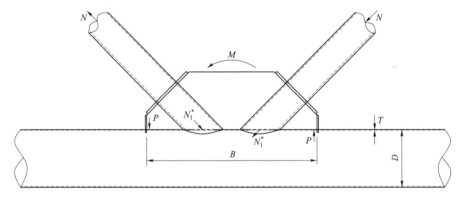

图 6.2-11 K 形加劲相贯焊节点承载力分布图

由于 K 形加劲相贯节点是在 K 形相贯节点的基础上增加加劲板、主管鞍板和支管环板，因此可视加劲相贯节点的承载力由两部分组成：一部分为 K 形纯相贯焊节点承载力 N_1^*；另一部分为带鞍板 K 形管板节点承载力或无鞍板 K 形管板节点承载力 N_2^*，如图 6.2-11 所示，K 形加劲相贯焊节点的承载力公式

$$N = N_1^* + N_2^* \qquad (6.2-1)$$

式中：N 为 K 形加劲相贯焊承载力。K 形纯相贯焊节点承载力 N_1^* 的计算公式

$$\frac{\sin(\theta_1)N_1^*}{f_y t^2} = (0.912\,3 + 12.296\beta)\,\gamma^{0.2}\psi_a\psi_n \qquad (6.2-2)$$

间隙修正系数 ψ_a：$\psi_a = 1 + \dfrac{2.19}{1+7.5a/d}\left(1-\dfrac{20.1}{6.6+2\gamma}\right)(1-0.77\beta)$。

轴力修正系数 ψ_n：$\psi_n = 1 - 0.3\dfrac{\sigma}{f_y} - 0.3\left(\dfrac{\sigma}{f_y}\right)^2$，$\sigma$ 为节点两侧主管轴力较大值。在这里不区分拉压，这是由于 K 形节点可能存在主管受拉或受压破坏，因此主管内力无论是拉力还是压力都会影响节点承载力。这一点在工程节点的计算结果中也得到了体现。

带鞍板 K 形管板节点承载力或无鞍板 K 形管板节点承载力 N_2^* 的计算公式

$$N_2^* = \frac{M_u}{D\cos(\theta)} \tag{6.2-3}$$

当采用带鞍板 K 形管板节点时，M_u 按下列公式计算

$$M_u = \min(P_1, P_2, P_3)B \tag{6.2-4}$$

$$P_1 = 21\beta_1 T^2 f K_N \tag{6.2-5}$$

$$P_2 = \begin{cases} \dfrac{2R^2 t_r f_r}{C}(1+2K-K^2)K_N & K \leqslant 1 \\[3mm] \dfrac{4R^2 t_r f_r}{C}K_N & K > 1 \end{cases} \tag{6.2-6}$$

$$P_3 = \frac{2Rt_r f_r}{\sqrt{3}}K_N \tag{6.2-7}$$

$$K = \frac{BeT}{Rt_r}, \quad Be = 1.52\sqrt{Tr} + t_r, \quad r = \frac{D-T}{2}, \quad \beta_1 = \frac{C}{D} \tag{6.2-8}$$

式中：f 和 f_r 分别为主管和加强板的强度；K_N 取值与 ψ_n 相同。

当采用无鞍板 K 形管板节点时，M_u 按下列公式计算

$$M_u / (f_y T^2 B) = 7 \tag{6.2-9}$$

对于 KK 节点，建议根据中国规范的处理方法，在式（6.2-1）的基础上再乘以 0.9。

6.2.1.4　计算公式适用性验证

为验证公式的可靠性，设计了大量具有不同尺寸参数的加劲相贯焊节点试件。各个试件主要参数变化范围为：$16.67 \leqslant \gamma \leqslant 50$，$0.3 \leqslant \beta \leqslant 0.6$，$2.75 \leqslant B/D \leqslant 4.5$，鞍板角度 45° 和 90°，详见表 6.2-6。

表 6.2-6　　　　　　　　加劲相贯焊节点各参数取值范围

主管直径 D（mm）	主管厚度变化 T（mm）	支管直径变化 d（mm）	加劲板长度 B（m）	鞍板角度 θ（°）
400	4，6，8，10，12	120，160，200，240	1.1，1.2，1.4，1.6，1.8	45，90

在保证不发生支管破坏的模式下，纵坐标采用有限元计算结果，而横坐标采用带鞍板的管板节点计算公式的计算结果，可以得到图 6.2-12（a）。由图可见随着无量纲承载力的增大，有限元计算结果与公式计算值的比值也在增大，说明 K 形加劲相贯焊节点安

全储备随着无量纲承载力的增大而增加。有限元计算结果无量纲常数比按式（6.2-1）计算得到的无量纲常数的比值在 0.98～2.0 之间，其均值为 1.427，说明 K 形加劲相贯焊节点还是有较高安全储备。

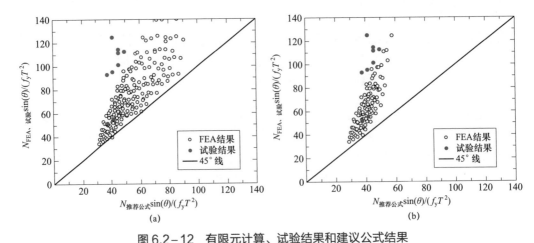

图 6.2-12　有限元计算、试验结果和建议公式结果
（a）基于鞍板节点计算公式；（b）基于管板节点计算公式

　　在保证不发生支管破坏的模式下，纵坐标采用有限元计算结果，而横坐标采用无鞍板的管板节点计算公式的计算结果，可以得到图 6.2-12（b）。由图可见，按式（6.2-1）和式（6.2-4）计算得到的结果更加接近有限元的计算结果，这是因为式（6.2-4）比式（6.2-9）考虑了鞍板的增强作用。

6.2.2　X 形加劲相贯焊节点

6.2.2.1　X 形加劲相贯焊节点试验

　　X 形加劲相贯焊节点主要用于大跨越输电钢管塔斜材相交节点、横担主材与塔身主材的连接节点。

　　1. 试验概况

　　针对 X 形相贯增加加劲板节点（称加劲相贯焊节点）开展试验研究，变化支管直径、加劲板长度、环板宽度等参数，共设计了 16 个试件。试件的详细尺寸见表 6.2-7，图 6.2-13 给出了加劲相贯焊节点的各尺寸参数示意图。

表 6.2-7　　　　　　　　　　　X 形加劲相贯焊节点试件尺寸参数表　　　　　　　　　单位：mm

编号	主管		支管		加劲板			主管环板		支管环板		数量
	直径 D	厚度 T	直径 d	厚度 t	长度 B'	宽度 H	厚度 t_r	环高 R	厚度 R_t	环高 ZR	厚度 ZR_t	
XG1	406	8	203	6	—	—	—	—	—	—	—	1
XG2	406	8	406	8	—	—	—	—	—	—	—	1
XJG3	406	8	203	6	300	300	20	100	10	80	16	2
XJG4	406	8	299	6	300	300	20	100	10	80	16	2

续表

编号	主管		支管		加劲板			主管环板		支管环板		数量
	直径 D	厚度 T	直径 d	厚度 t	长度 B'	宽度 H	厚度 t_r	环高 R	厚度 R_t	环高 ZR	厚度 ZR_t	
XJG5	406	8	356	7	300	300	20	100	10	80	16	2
XJG6	406	8	203	6	500	300	20	100	10	150	16	1
XJG7	406	8	203	6	700	300	20	100	10	150	16	1
XJG8	406	8	203	6	300	300	20	50	10	80	16	2
XJG9	406	8	203	6	300	300	20	150	10	80	16	2
XJG10	406	8	203	6	500	300	20	100	10	60	16	1
XJG11	406	8	203	6	500	300	20	100	10	40	16	1

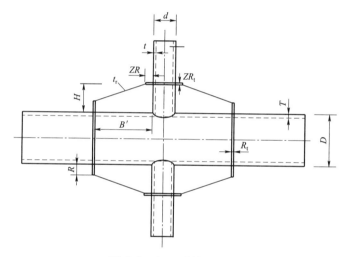

图 6.2-13　试件示意图

2. 加载装置

X 形相贯焊节点试验利用多功能试验机加载，加载装置如图 6.2-14 所示。X 形相贯焊节点采用力控制加载：试验前期用荷载控制模式，按 50～200kN 的增量进行分级加载，加载速率为 20～25kN/min；待位移有明显增大迹象时，减小分级增量荷载，直至破坏。

3. 试验结果与分析

（1）试验结果。表 6.2-8 给出了 16 个相贯焊节点试件的承载能力及破坏形态。承载能力从两方面来体现：一是屈服承载力，根据 lu 准则或者应变屈服准则获得，应变测试结果显示，节点相贯的局部区域往往过早进入屈服状态，且屈服规律难以捕捉，因此这里主要分析由 lu 准则获得的屈服承载力；二是极限承载力，即为荷载-位移曲线中的

图 6.2-14　试验加载装置

峰值，或是管径变形量达到3%D时的荷载。

表 6.2-8　　　　　　　　各个试件承载能力及破坏形态汇总表

编号	屈服承载力（kN）		极限承载力（kN）		破坏形态
	基于荷载-位移曲线	基于应变	破坏荷载	3%D变形对应值	
XG1	95	130	252	173	主管压陷、支管偏转
XG2	800	800	810	800	主管压陷
XJG3-1	704	592	1068	961	主管压陷、环板焊缝开裂
XJG3-2	680	543	1044	927	主管压陷、环板焊缝开裂
XJG4-1	740	660	1198	1048	主管压陷、环板屈曲
XJG4-2	747	664	1222	1067	主管压陷、环板屈曲、环板焊缝开裂
XJG5-1	886	824	1307	1188	主管压陷、环板焊缝开裂
XJG5-2	927	751	1318	1210	主管压陷、环板屈曲
XJG6	597	585	1165	942	主管压陷、支管偏转、环板屈曲
XJG7	495	605	1132	828	主管压陷
XJG8-1	328	254	584	458	主管压陷
XJG8-2	334	247	571	453	主管压陷、环板焊缝开裂
XJG9-1	962	962	1362	1325	环板弯曲
XJG9-2	971	917	1399	1333	支管偏转
XJG10	490	635	1011	810	主管压陷
XJG11	423	597	825	676	主管压陷

　　节点试件的破坏形态主要为主管压陷、主管环板屈曲或主管环板焊缝开裂，如图 6.2-15 所示。其中主管压陷出现在所有的试验试件中，表明加劲相贯焊节点的承载力高于传统加劲相贯焊承载力，在极限状态下加劲相贯焊节点承载力为主管压陷的传统相贯焊承载力和加劲板、环板提供的承载能力之和。

(a)

(b)

图 6.2-15　节点试验破坏形态（一）

（a）XG1 节点主管压陷；（b）XJG3-1 节点环板裂缝开裂

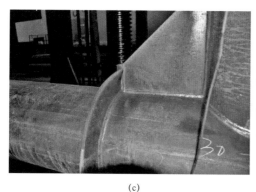

(c)　　　　　　　　　　　　　　　　(d)

图 6.2-15　节点试验破坏形态（二）

（c）XJG4-1 节点环板屈曲；（d）支管偏转

　　加劲相贯焊节点破坏模式中频繁出现主管环板焊缝开裂的情况，这是由于主管环板焊缝位于与 X 形节点平面垂直的位置，试验结果表明该位置是环板应力最大区域，因此建议在焊接主管环板时改变焊接位置或者采取其他加强焊缝的措施。

　　（2）试验结果与分析。

　　1）支管尺寸对承载力的影响。不同支管尺寸的试件共有 6 个，支管直径的变化范围为 203～356mm，试件编号为 XJG3（-1/-2）～XJG5（-1/-2）。图 6.2-16 给出了承载力随支管直径的变化情况，可以发现：随着支管直径的增加，节点的承载力基本呈增加趋势，且承载力提高的幅值并不大，表明相贯焊承载力占节点总承载力的比例并不高，这与相贯焊计算公式基本一致。

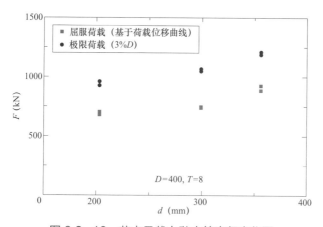

图 6.2-16　节点承载力随支管直径变化图

　　2）加劲板长度对承载力的影响。不同加劲板长度的试件共有 4 个，加劲板长度的变化范围为 300～700mm，试件编号为 XJG3（-1/-2）、XJG6、XJG7。图 6.2-17 给出了承载力随加劲板长度的变化情况，可以发现：随着加劲板长度的增加，节点的承载力基本呈线性递减。这是由于加劲相贯焊的承载力与环板承载力有着密切的关系，随着加劲板长度增加，环板承载力对节点总承载力的贡献降低，因此总承载力也随之下降。

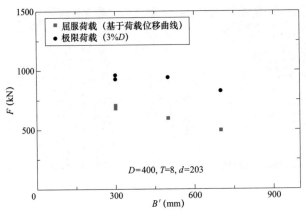

图 6.2-17　节点承载力随加劲板长度变化

3）主管环板宽度对承载力的影响。不同主管环板宽度的试件共有 6 个，主管环板宽度的变化范围为 50～100mm，试件编号为 XJG3（-1/-2）、XJG8（-1/-2）、XJG9（-1/-2）。图 6.2-18 给出了承载力随环板宽度的变化情况，可以发现：随着环板宽度的增加，节点的承载力有了显著的增加，表明主管环板对节点总承载力的贡献占主要成分。

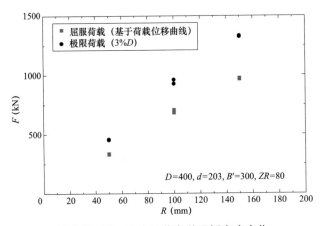

图 6.2-18　节点承载力随环板宽度变化

4）支管环板宽度对承载力的影响。不同支管环板宽度的试件共有 4 个，支管环板宽度的变化范围为 40～80mm，试件编号为 XJG3（-1/-2）、XJG10、XJG11。图 6.2-19 给出了承载力随支管环板宽度的变化情况，可以发现：随着支管环板宽度增加，节点的承载力基本呈线性增加。分析表明，过小的支管环板会削弱节点的承载力，只有当支管环板足够强时，才能使得主管环板发挥有效的作用。

5）相贯节点规范的验证。XG1～XG2 节点为 2 个变化支管直径的相贯节点，其目的为验证规范对相贯节点的规定是合适的。表 6.2-9 给出了 2 个试件的承载力与几种规范结果的比较情况。由表 6.2-9 可见，对于主支管直径比为 2:1（XG1）时，各国规范均过高的估计了节点的承载力，而当主支管直径比为 1:1（XG2）时，各国规范又低估了节点的承载力。

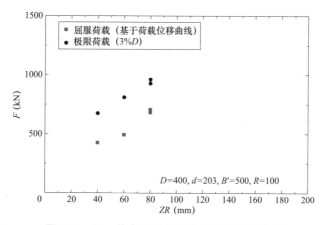

图 6.2-19　节点承载力随支管环板宽度变化

表 6.2-9　　　　　　　　　相贯节点与规范比较

试件编号	主支管直径比	极限荷载 F_u/kN	CIDECT F_{CIEDCT}/kN	中国规范 $F_{中国规范}$/kN	日本规范 $F_{日本规范}$/kN	F_u/F_{CIEDCT}	$F_u/F_{中国规范}$	$F_u/F_{日本规范}$
XG1	2:1	173	248	233	232	0.71	0.76	0.76
XG2	1:1	800	708	723	720	1.13	1.11	1.11

6.2.2.2　X 形加劲相贯焊节点有限元分析

表 6.2-10 列出了节点有限元计算得到的极限荷载和破坏模式与试验结果的对比。图 6.2-20 和图 6.2-21 分别给出了试验与有限元的破坏模式及荷载-位移曲线比较。可以发现，有限元计算结果与试验结果较为接近，破坏模式基本一致，有限元模型可以准确反映节点受力过程及破坏模式。

表 6.2-10　　　　　　　　节点有限元计算结果与试验结果对比

编号	屈服荷载（kN）			极限荷载（kN）			破坏模式	
	有限元	试验	误差（%）	有限元	试验	误差（%）	有限元	试验
XG1	218	167	30.2	292	234	24.8	主管局部凹陷	主管压陷、支管偏转
XG2	802	667	20.3	802	811	−1.1	主管局部凹陷	主管压陷
XJG3−1	803	964	−16.7	934	1068	−12.6	主管局部凹陷	主管压陷、环板焊缝开裂
XJG3−2	803	915	−12.2	934	1043	−10.5	主管局部凹陷	主管压陷、环板焊缝开裂
XJG4−1	970	1040	−6.8	1047	1171	−10.6	主管局部凹陷	主管压陷、环板屈曲
XJG4−2	970	1063	−8.8	1047	1196	−12.4	主管局部凹陷	主管压陷、环板屈曲、环板焊缝开裂
XJG5−1	1123	1174	−4.4	1175	1285	−8.6	主管局部凹陷	主管压陷、环板焊缝开裂
XJG5−2	1123	1199	−6.4	1175	1298	−9.5	主管局部凹陷	主管压陷、环板屈曲
XJG6	815	926	−11.9	975	1123	−13.2	主管局部凹陷	主管压陷、支管偏转、环板屈曲
XJG7	818	834	−1.9	986	1062	−7.1	主管局部凹陷	主管压陷
XJG8−1	391	439	−11.1	500	536	−6.6	主管局部凹陷	主管压陷

续表

编号	屈服荷载（kN）			极限荷载（kN）			破坏模式	
	有限元	试验	误差（%）	有限元	试验	误差（%）	有限元	试验
XJG8-2	391	433	-9.8	500	538	-7	主管局部凹陷	主管压陷、环板焊缝开裂
XJG9-1	1216	1338	-9.2	1341	1362	-1.5	主管局部凹陷	环板弯曲
XJG9-2	1216	1345	-9.6	1341	1398	-4.1	主管局部凹陷	支管偏转
XJG10	754	821	-8.1	862	986	-12.6	主管局部凹陷	主管压陷
XJG11	662	667	-0.7	762	811	-6.1	主管局部凹陷	主管压陷

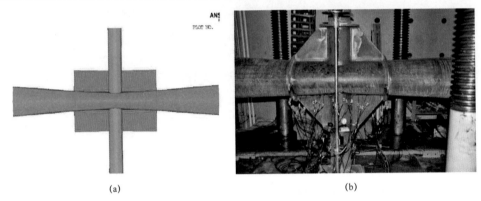

(a)   (b)

图 6.2-20　XJG8 有限元与试验的破坏模式

（a）有限元分析结果；（b）试验结果

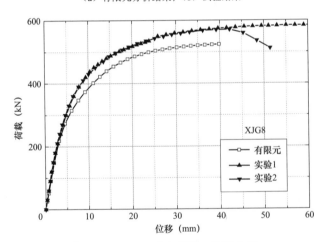

图 6.2-21　XJG8 荷载-位移曲线

6.2.2.3　X 形加劲相贯焊节点计算方法

1. 环板有效翼缘宽度

在实际计算中发现，采用 Thurlimann 公式 $B_e = 152\sqrt{R_z T} + t_r$ 计算有效翼缘宽度 B_e 时，在主管厚度 T 相对于环板厚度 t_r 较大时，利用该公式得到的有效翼缘宽度会比有限元计算分析得到的结果大。这是由于环板的刚度过小，难以带动主管大范围变形以共同承力。

设计了一套计算有效翼缘宽度的有限元算例，分析发现若采用一个反映径厚比和 t_r/T

影响的折减系数来对规范公式进行修正，就可以获得一个相对较为准确的有效翼缘宽度，由此总结得到的有效翼缘宽度计算公式为

$$B_e = (1.52\sqrt{R_z T} + t_r) \cdot \xi, \quad \text{若 } B_e < t_r, \text{ 取 } B_e = t_r \tag{6.2-10}$$

式中：$R_z = (D-T)/2$；ξ 为折减系数，反映当环板厚度 t_r 小于主管厚度时的有效宽度，以及 γ 的影响。采用归一化方法，再通过回归拟合可以获得折减系数 ξ 的经验公式为

$$\xi = 1 - 1.07 e^{-0.073\,(t_r/t)^{0.23}\,(R_z/t)^{1.03}} \tag{6.2-11}$$

拟合结果有可能会出现小于 t_r 的情况，故建议 $B_e < t_r$ 时，取 $B_e = t_r$。

2. 极限承载力简化计算公式

X 形加劲相贯焊（图 6.2-22）的计算公式如下

$$F_u = F_{u1} + F_{u2} + F_{u3} \tag{6.2-12}$$

式中：F_u 为加劲相贯焊承载力；F_{u1}、F_{u3} 为环板承载力，其计算式为

$$F_{u1HB} = 2 f_y \min\left[\left(\frac{\lambda R_T}{W_N} + \frac{1}{A_T} \right)^{-1}, \left(\frac{\lambda R_T}{W_w} - \frac{1}{A_T} \right)^{-1} \right] \tag{6.2-13}$$

式中：$\lambda = 1 - 2/\pi$ 为弯矩系数；f_y 为屈服强度；R_T 为环板宽度；A_T 为 T 形梁面积。

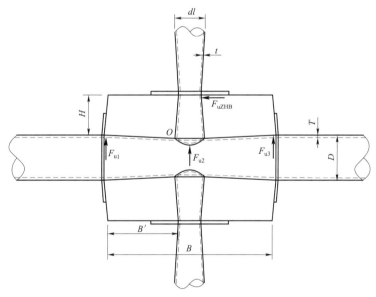

图 6.2-22 X 形加劲相贯焊节点

T 形环梁截面如图 6.2-23 所示，T 形截面形式的翼缘宽度取值可采用拟合公式计算，即

$$B_e = (1.52\sqrt{R_z T} + t_r) \cdot \xi, \quad \text{当 } B_e < t_r \text{ 时，取 } B_e < t_r \tag{6.2-14}$$

式中：ξ 为折减系数，按式（6.2-11）计算。

此外，环板宽厚比应满足构造要求 $R/t_r < 25$。当环板宽厚不满足时，可采用环板的稳

定承载力公式。采用图 6.2-24 的计算简图进行局部稳定计算。

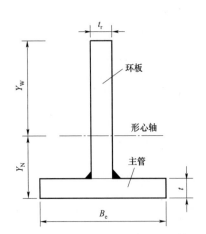
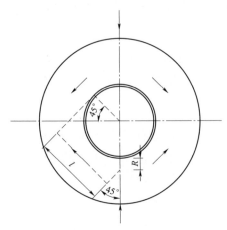

图 6.2-23　环板形成的 T 形截面环梁的截面图　　图 6.2-24　局部稳定的简化计算示意图

局部稳定承载力为

$$P_{\mathrm{lj}} = \sqrt{2}\,\frac{\pi^2 EI}{(\mu l)^2} \tag{6.2-15}$$

式中：μ 为有效长度系数，取 0.5；I 为环板的面外惯性矩，取 $I = \dfrac{1}{12} R t_{\mathrm{r}}^3$；$l$ 为计算长度，可按下式计算

$$l = \sqrt{2}(D/2 + R/4)/2 + D/2 \tag{6.2-16}$$

式中：D 为主管直径；R 为环板宽度。

F_{u2} 为传统相贯焊极限承载力，其计算式采用中国规范

$$F_{\mathrm{u2}} = \frac{5.45}{1 - 0.81\beta} f_{\mathrm{y}} T^2 \tag{6.2-17}$$

适用范围：$0.2 \leqslant \beta \leqslant 1.0$，$\gamma \leqslant 50$，$\gamma_{\mathrm{i}} \leqslant 30$　$0.7 \leqslant B'/H \leqslant 2.3$。

构造要求：环板宽厚比应满足 $R/t_{\mathrm{r}} < 25$，环板力矩比 $\alpha \leqslant 1.0$。

6.2.2.4　计算公式适用性验证

为验证公式的可靠性，同时改变影响承载力的 4 个参数开展有限元分析，参数变化范围：$12.5 \leqslant \gamma \leqslant 50$，$0.6 \leqslant \beta \leqslant 0.9$，$0.2 \leqslant R/D \leqslant 0.4$，$0.5 \leqslant t_{\mathrm{r}}/T \leqslant 4$，见表 6.2-11。计算的数据汇总于图 6.2-25 中。

表 6.2-11　　　　　　　　　　X 形加劲相贯焊节点参数变化范围　　　　　　　　　　单位：mm

主管直径 D	主管厚度 T	支管直径 d	环板宽度 R	环板厚度 t_{r}
400	4、8、16	240、360	80、120、160	8、12、16

注　共有 $3 \times 2 \times 3 \times 3 = 54$ 组算例，每组不变的参数有 $D = 400$，$t = 15$，$B' = 400$，$H = 300$，$t_{\mathrm{j}} = 20$，$R_{\mathrm{z}} = 200$，$t_{\mathrm{rz}} = 0.075 \times d$，单位均为 mm。

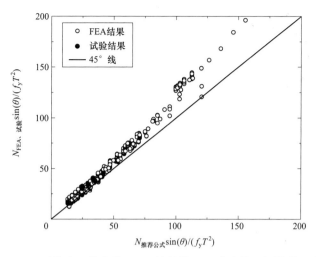

图 6.2-25　X 形节点承载力的 FEA 计算结果、试验结果与推荐公式的比较

从图 6.2-25 可以发现，当无量纲承载力较小时，有限元结果和推荐公式吻合较好。随着无量纲承载力的增大，有限元计算结果与公式计算值的比值也在增大，说明 K 形加劲相贯焊节点安全储备随着无量纲承载力的增大而增加。

参考文献

[1] 刘振亚. 特高压交直流电网 [M]. 北京：中国电力出版社，2013.

[2] 董建尧，何江，魏顺炎. 输电线路大跨越钢管塔的应用和结构设计探讨 [J]. 电力勘察设计，2008（1）：53 – 58.

[3] 李峰，田璐，陈海波，等. 特高压钢管塔研制与应用 [J]. 电力建设，2012，33（11）：70 – 73.

[4] 吴耀华，吴文齐. 钢管在结构工程中的应用与发展 [J]. 钢结构，2005，20（78）：45 – 49.

[5] 吴龚泉，肖立群. 新型钢管塔的设计与应用研究 [J]. 华东电力，2009，37（8）：1265 – 1269.

[6] 廖宗高，张克宝. 关于输电钢管塔设计有关问题的探讨 [J]. 电力设计，2005（4）：55 – 58.

[7] 易建山，李明华. 舟山大跨越工程 [Z]. 国家电网公司年鉴. 2011.

[8] 宗亮，王元清，石永久，等. 钢管结构法兰连接节点的应用与研究现状 [J]. 钢结构，2010（增刊）：57 – 66.

[9] 杨靖波，李茂华，杨风利，等. 我国输电线路杆塔结构研究新进展 [J]. 电网技术，2008，32（22）：77 – 83.

[10] 陈俊岭，马人乐，何敏娟. 塔桅结构中加劲肋法兰连接的受力研究 [J]. 结构分析，1999（4）：16 – 20.

[11] 周卫，何敏娟，马人乐，等. 500kV 变电所架构柔性法兰的试验研究 [J]. 电力建设. 2004，25（1）：24 – 27.

[12] 王笑峰，何敏娟，马人乐，等. 柔性法兰节点试验分析及简化计算方法研究 [J]. 工业建筑，2001，31（3）：56 – 61.

[13] 陈亦. 无加劲肋法兰盘节点研究与应用 [D]. 上海：同济大学，1997.

[14] 陈亦，马里，王肇民. 无肋法兰盘节点的研究与应用 [J]. 建筑结构，2002，5.

[15] 高湛，彭少民，刘宗辉，等. 变电构架中刚性法兰的有限元分析 [J]. 工业建筑，2005，35（增刊）：294-309.

[16] 王元清，孙鹏，石永久. 圆钢管法兰连接承载性能的有限元分析 [J]. 钢结构，2009，24（123）：16-20.

[17] 曾程，大跨越输电塔结构极限承载力分析 [D]. 上海：同济大学，2009.

[18] 曾程，刚性法兰节点有限元分析 [J]，电网与水力发电进展，2008，24（2）：31-33.

[19] 吴海洋，谢平，舒爱强. 受拉刚性法兰计算方法研究和有限元分析 [J]. 电力建设，2009，30（10）：91-94.

[20] 邓洪洲，黄誉，金晓华. 钢管塔新型内外法兰节点试验研究与有限元分析 [J]. 建筑结构学报，2009，30（5）：140-148.

[21] 冯德奎，包永忠. 新型法兰盘在输电塔中的研究 [J]. 电网与清洁能源，2009，25（6）：43-47.

[22] 荀兴文. 钢管结构法兰连接节点性能研究 [D]. 中冶集团建筑研究总院工学硕士学位论文，2010.

[23] 荀兴文，季小莲，何文汇，等. 轴向拉力作用下圆钢管法兰连接节点承载性能的试验研究 [J]. 钢结构，2010，25（9）：24-29.

[24] 张庆旭. 钢管结构法兰连接在轴向拉力作用下的性能研究 [D]. 西安建筑科技大学，2010.

[25] 黄誉，邓洪洲，金晓华. 钢管杆塔新型内外法兰受弯性能试验研究及有限元分析 [J]. 建筑结构学报，2011，32（10）：73-81.

[26] 张庆雅. 火箭发动机法兰连接系统模糊可靠性分析 [D]. 西北工业大学，2010.

[27] 王元清，宗亮，石永久. 钢管结构法兰连接节点抗弯承载性能的试验研究 [J]. 湖南大学学报（自然科学版），2011，38（7）：13-19.

[28] 宗亮，王元清，石永久. 钢管结构法兰连接节点抗弯承载力简化设计方法 [J]. 钢结构，2012，27（1）：28-31.

[29] 向洋，苏明周，杨俊芬，等. 法兰盘厚度对刚性法兰连接节点刚度影响的有限元分析 [J]. 水利与建筑工程学报，2012，10（6）：69-73.

[30] 王宇强. 新型圆钢管刚性法兰抗弯承载力试验及理论分析 [D]. 南京：南京工业大学工学硕士论文，2014.

[31] 蒋国庆，李家文，唐国金. 参数化建模的螺栓法兰连接刚度分析 [J]. 国防科技大学学报，2014（6）：180-184.

[32] 龚国伟. 风电机组法兰螺栓连接建模与仿真技术研究 [D]. 重庆大学，2014.

[33] 陈怡甸，邓洪洲. 新旧杆塔技术规定对刚性法兰设计对比研究 [J]. 电网与清洁能源，2015，31（2）：21-27.

[34] E. H. Mansfield. Studies in collapse analysis of rigid-plastic with a square yield diagram [J]. Proceedings of The royal society London，Series A 1957 241：311-338.

[35] Packer J A，Henderson J E 著. 曹俊杰译. 空心管结构连接设计指南 [M]. 北京：科学出版社，1997.

[36] IGARASHI, S., WAKIYAMA, K., INOUE, K., MATSUMOTO, T. and MURASE, Y., 1985,

Limit design of high strength bolted tube flange joint，parts 1 and 2，Journal of Structure and Construction Engineering Transactions of A1J，Department of Architecture Report，Osaka University，Japan.

［37］ Rockey，K. C & Griffiths，D. W.，The Behaviour of Bolted Flange Joints in Tension. Conference on joints in structure，Sheffield，England，1970.

［38］ Kato.B，Mukai.A. Bolted tension flanges joining square hollow section members ［J］. Construct. Steel Research 5，1985：163 – 177.

［39］ Kimura H，Nonaka S，Kimura H，et al. Flexural Rigidity of Annular Flange Connections ［J］. Journal of Pressure Vessel Technology，1998，120（2）：164 – 169.

［40］ 吴昌栋，陈云波. 钢管结构在建筑工程中的应用 ［J］. 工业建筑，1997，27（2）：10 – 15.

［41］ Yura，J.A.，Edwards，I.F.，and Zettlemoyer，N.U ltimate capacity of circular tubular joints. J. Struct. Div.，ASCE，1981，107（10）：1965 – 1984.

［42］ Kurobane，Y.，Makino，Y.，and Ochi，K，Ultimate resistance of unstiffened tub ular joints，Journal of Structural Engineering，ASCE，1984，110（2）：385 – 400.

［43］ Paul J.C.，et all.Ultimate Resistance of　Unstiffened Multiplanar Tubular TT-and KK-Joints，Journal of Structural Engineering，ASCE，1994，120（10）：2853 – 2870.

［44］ Makino，Y.，Kurobane，Y.，Ochi，K.，Vegte，G.J.，Wilmshurst，S.R.Database of Test and Numerical Analysis Results for Unstiffened Tubular Joints，IIW Doc.XV – E – 96 – 220，1996.

［45］ Kang，C.T.，Moffat，D.G.，and Mistry，J.Strength of DT tubular joints with brace and chord compression. Journal of Structural Engineering，ASCE，1998，124（7）：775~783.

［46］ C.K.Soh.，T.K.Chan.，S.K.Yu. Limit Analysis of ultimate strength of tubular X-Joints，Journal of Structural Engineering，ASCE，，2000，126（7）：790 – 797.

［47］ B. Kozy，and C. J. Earls Bearing Capacity in Long-Span Tubular Truss Chords，Journal of Structural Engineering，ASCE，133（3）：356 – 367. 2007.

［48］ R. Feng，Y. Chen，L. Wei，X. Ruan. Behaviour of CHS brace-to-H-shaped chord X-joints under in-plane bending，Journal of Constructional Steel Research，114：8 – 19. 2015.

［49］ 刘建平，郭彦林.K 型方、圆相贯节点的极限承载力非线性有限元分析 ［J］.建筑科学，2001，17（2）：50 – 53.

［50］ 刘建平，郭彦林，管节点弹塑性大挠度有限元分析 ［J］.青海大学学报（自然科学版），2001，19（1）：38 – 42.

［51］ 刘建平，郭彦林，陈国栋. 方圆相贯节点极限承载力研究 ［J］.建筑结构，2001，31（8）：21~24.

［52］ 陈俊岭，黄皇. 钢管结构中 T 型节点平面内抗弯刚度分析 ［J］. 石家庄铁道大学学报（自然科学版），2015，02：1 – 6.

［53］ 王迎春，郝际平. 空间圆钢管相贯节点极限承载力分析 ［J］. 空间结构，2007，04：25 – 27，63.

［54］ 罗永赤. 钢管相贯节点焊接残余应力与热损伤的非线性有限元分析 ［J］. 焊接学报，2007，03：65 – 68，116.

[55] 罗永赤. 钢管相贯 K 型节点焊接残余应力的数值模拟与试验分析[J]. 钢结构，2006，06：21－25.

[56] 林颖儒，王守义，徐晓明，等. 钢管直接相贯焊接节点设计与研究 [A]. 中国土木工程学会桥梁及结构工程分会空间结构委员会. 第九届空间结构学术会议论文集 [C]. 中国土木工程学会桥梁及结构工程分会空间结构委员会，2000：9.

[57] 鲍华. 圆钢管相贯焊节点计算的国内外规范比较 [J]. 工业建筑，2012，02：125－128，138.

[58] 隋庆海，孙建奖，申豫斌. 铸钢与钢管相贯焊组合节点的研究与试验[J]. 建筑钢结构进展，2010，04：51－56.

[59] 李庆钢，杜钦钦，贾连光，等. 斜交网格结构空间相贯焊接节点承载力有限元分析 [J]. 钢结构，2011，09：31－35，26.

[60] 陈俊岭，马人乐，何敏娟. "桉叶糖" 异型钢管相贯焊节点试验和有限元分析 [J]. 同济大学学报（自然科学版），2009，03：308－311，338.

[61] 丁芸孙. 圆管结构相贯节点几个设计问题的探讨 [J]. 空间结构，2002，02：56－64.

[62] 刘丽敏，邓洪洲，傅俊涛. 钢管塔相贯焊接节点的极限承载力研究 [J]. 浙江建筑，2006，11：26－28.

[63] 王阁，张季超. 内置加强板空间相贯圆钢管节点在广东科学中心工程中的应用研究 [J]. 工业建筑，2007，10：93－97.

[64] 吴静，邓洪洲，傅俊涛. 输电塔圆钢管相贯节点强度分析 [J]. 特种结构，2006，03：63－65.

[65] 李茂华，邢海军，胡晓光，等. 输电线路钢管塔小角度 K 形节点承载力研究[J]. 建筑结构，2013，05：48－53.

[66] 丁北斗，吕恒林，周淑春，等. T 形圆管相贯节点的抗弯性能试验与理论分析 [J]. 四川建筑科学研究，2008，34（6）：16－18.

[67] 沈泽渊，赵熙元. 焊接钢桁架外加式加劲板静力性能的研究 [J]. 工业建筑，1987（8）：19－26.

[68] 傅俊涛. 跨越钢管塔节点强度理论与试验研究 [D]. 上海：同济大学，2006.

[69] 鲍侃袁，沈国辉，孙炳楠等. 高耸钢管塔 K 型结点极限承载力的试验研究与理论分析 [J]. 工程力学，2008，25（12）：114－122.

[70] 邓洪洲，黄誉. 钢管塔十字加劲板强度理论与试验研究[J]. 同济大学学报（自然科学版），2011，39（10）：1426－1433.

[71] 栗新然. 输电塔钢管－插板连接加劲板承载力研究 [D]. 重庆：重庆大学，2012.

第 7 章
大跨越输电塔加工技术

大跨越输电塔加工参考的标准主要有：GB 50205—2020《钢结构工程施工质量验收标准》、GB 50661—2011《钢结构焊接规范》、DL/T 646—2021《输变电钢管结构制造技术条件》、Q/GDW 1384—2015《输电线路钢管塔加工技术规程》等。大部分的技术参数引用自标准文件，也有部分参数是根据工程实际情况特别制定。

加工的主要工序有原材料采购、放样、零部件加工、直缝管加工、装配定位焊、焊接、试组装、镀锌等。

7.1　原材料采购

大跨越输电塔的原材料主要有制管钢板、普通钢板、法兰、钢球、型钢、无缝管、高强螺栓、普通螺栓、焊材等。

7.1.1　一般原材料

（1）所有原材料应符合现行有关标准规定和设计文件的技术要求，并具有合格的质量证明书。

（2）原材料应按规定进行入厂复检：对文件资料的审查包括原材料质量证明书、第三方检验报告（若有）等；对实物复检项目包括表面质量、外形规格尺寸、化学成分、力学性能、外包装等。

质量证明书上的炉批号、数量、规格必须与实物及外包装相一致。从生产商采购的原材料的质量证明书必须是原件，盖红色公章；从供应商处采购的转供材料，质量证明书可为复印件，但必须在质量证明书上注明转供日期、规格、数量、转供单位，并加盖转供单位红色公章，否则应拒收。

原材料应按质量证明书中每一炉批号进行取样，并根据相关标准进行理化检验。合格则入库；若不合格，则按规定重新取样，或按不合格品进行退换货处理。

（3）原材料不得露天存放，应在仓库或指定场地有序堆放。

（4）原材料应做到全过程可追溯。

7.1.2 制管板的要求

大跨越输电塔所用钢板可分为制作钢管用钢板和零部件用钢板,制管用钢板因其在跨越塔结构中常用于主要受力构件,其性能直接影响跨越塔的安全性,有以下 4 方面的特殊要求:

(1)厚度负偏差应满足 GB/T 709—2019《热扎钢板和钢带的尺寸、外形、重量及允许偏差》中的 B 类要求,即钢板厚度负偏差小于 0.3mm。

(2)表面应平整,不得有开裂、结疤、折叠、起皮、夹杂、压痕、明显麻面等对使用有害的缺陷,内部不应有分层。表面的锈蚀、麻点、划痕等应不影响使用且为可去除的局部缺陷,其深度不得大于该钢板厚度允许负偏差值的 1/2,且累计尺寸在允许负偏差内。

(3)化学成分中的微量元素可根据工程实际情况作特殊要求。

(4)对厚度大于等于 20mm 的钢板宜进行超声波检测,验收标准为 GB/T 2970—2016《厚钢板超声检测方法》中的 Ⅰ 级。

探伤扫描方式:在钢板边缘 50mm 或剖口预定线两侧各 25mm 范围内进行 100%检测;在钢板中部区域,探头沿垂直于钢板压延方向、间距不大于 100mm 的平行线进行检测,如图 7.1-1 所示。

7.1.3 钢球的要求

跨越塔中的钢球节点一般位于变坡或横担与塔身连接处等重要的受力节点,如图 7.1-2 所示。

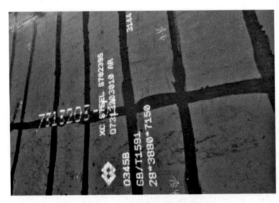

图 7.1-1 厚钢板超声波检测

图 7.1-2 钢球节点

以舟联工程西堠门跨越塔为例,钢球分为 Q1-ϕ2000mm×26mm、Q2-ϕ1300mm×24mm 两种规格。采用了 S、P 含量低,脆化及裂纹倾向性较小的 Q345R 材质。

钢球由两个钢半球拼接而成,压制钢半球用钢板应符合标准 GB/T 2970—2016《厚钢板超声检测方法》中 Ⅰ 级要求,表面不允许有裂纹、折叠、结疤、重皮等缺陷,端边或断口处以及钢材内部不得有分层夹渣等缺陷。表面的锈蚀等级应符合标准 GB 8923.1—

2011《涂覆涂料前钢材表面处理　表面清洁度的目视评定　第 1 部分：未涂覆过的钢材表面和全面清除原有涂层后的钢材表面的锈蚀等级和处理等级》的 A 级。

由于钢球直径较大，无法通过单块钢板直接压制而成，在压制前需要把钢板拼接。拼缝等级必须达到二级及以上，并对焊缝内部质量进行 100%无损检测。

压制后的钢半球表面不允许有裂纹等缺陷，厚度不允许存在负偏差。

7.1.4　法兰的尺寸及性能要求

大跨越输电塔法兰一般分为内外法兰和外法兰，如图 7.1-3 所示。

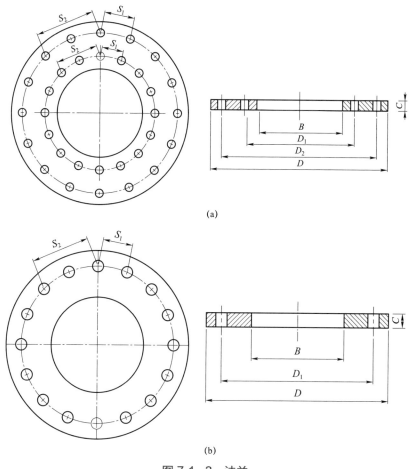

图 7.1-3　法兰

（a）内外法兰；（b）外法兰

法兰表面粗糙度及螺栓孔粗糙度宜分别达到 $Ra \leqslant 6.3\mu m$ 和 $Ra \leqslant 12.5\mu m$ 的要求。外形尺寸允许偏差宜符合表 7.1-1 的要求。

表 7.1-1 法兰尺寸允许偏差

项 目	法兰形式	尺寸范围	允许偏差（mm）
法兰厚度 C	内外法兰、外法兰	所有规格	$0\sim+1.0$
法兰内径 B	内外法兰	所有规格	$-1.0\sim0$
	外法兰		$0\sim+1.0$
法兰外径 D	内外法兰、外法兰	所有规格	±2.0
螺栓孔中心圆直径 D_1/D_2	内外法兰	$D_1\leqslant1500$	±1.0
		$D_1>1500$	±1.5
	外法兰	所有规格	±1.0
相邻两螺栓孔的距离 S_1	内外法兰	所有规格	±0.7
	外法兰	$M20\sim M24$	±0.5
		$M27\sim M33$	±0.6
		$>M33$	±0.7
任意两螺栓孔的距离 S_2	内外法兰、外法兰	$\leqslant DN500$	±1.0
		$>DN500$	±1.2
螺栓孔直径 L	内外法兰、外法兰	所有规格	$0\sim+0.8$
螺栓孔中心圆与法兰接触面的同轴度公差	内外法兰、外法兰	所有规格	$\phi1.0$
法兰两端面间的平行度	内外法兰、外法兰	所有规格	$\leqslant1$
法兰端面与轴线垂直度	内外法兰、外法兰	所有规格	$\leqslant1$
法兰密封面平面度偏差 p	内外法兰、外法兰	所有规格	$-0.5\sim+0.5$
	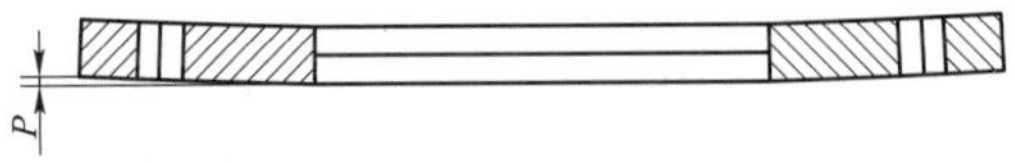		

注 1. DN 为钢管公称直径。
   2. 法兰允许偏差参考 DL/T 646—2021《输变电钢管结构制造技术条件》，个别尺寸根据工程实际情况调整。

应对法兰用的原材料钢坯进行取样复验，合格后方可投入生产。法兰质量应达到 NB/T 47008—2017《承压设备用碳素钢和合金钢锻件》中的Ⅲ级要求，并进行硬度及表面无损检测。

法兰内部质量应按 NB/T 47013.3—2015《承压设备无损检测 第 3 部分：超声检测》进行超声波检验，单个缺陷等级为Ⅱ级合格，密集区缺陷等级为Ⅰ级合格，由缺陷引起底波降低量等级为Ⅰ级合格。

7.1.5 10.9 级高强螺栓的性能要求

10.9 级高强螺栓（如图 7.1-4 所示）因强度较高，材质一般采用合金钢，如 42CrMo

等。螺栓及配套螺母均应通过淬火和回火处理，最终的化学成分和力学性能应符合相应标准的规定。

图 7.1-4 黑铁高强螺栓

应选择氢脆敏感性低的工艺和技术生产 10.9 级螺栓与配套螺母，如应采用机械抛丸（喷砂）方法去除表面锈污，采用碱性方法去除表面油脂。不宜采用酸洗的方法除油、除锈。

在制造完成 24h 内进行氢脆检测，检测方法参照 GB/T 3098.17—2000《紧固件机械性能 检查氢脆用预载荷试验 平行支承面法》；去氢处理后不得损伤螺栓原有的抗拉强度和扭力。

在制造完成 48h 后按螺栓生产批号进行 20%的磁粉或渗透探伤抽检。检测与评定要求分别按 NB/T 47013.4—2015《承压设备无损检测 第 4 部分：磁粉检测》、NB/T 47013.5—2015《承压设备无损检测 第 5 部分：渗透检测》的规定进行。若有不合格品时，则应对该批次螺栓进行 100%检验。

7.2 放样

加工厂应根据设计蓝图，通过 CAD 等专业软件 1:1 放样，出图至车间进行生产。

7.2.1 一般规定

在工程开始前，应全面、仔细地核查图纸和有关技术文件，领会设计意图，进行全塔总体初审。然后，根据放样人员的技术水平、工作能力，以及工程进度要求，做好明确分工，同时做好重点技术交底和进度安排。

跨越塔放样时，需复核主体单线尺寸、钢管管径、钢板厚度、法兰厚度、法兰外径、角钢准线、孔间距、孔边距等，需特别注意分段位置相互连接配合的正确性。在出图以前必须仔细核对每个单件、样板与设计图纸是否相符，放样时除了零部件尺寸外，还要对镀锌工艺孔、加劲板切角、相关结构进行处理，主要包括：

（1）应在合理的部位开设镀锌工艺孔、过焊孔。若焊接形成大于 200mm×200mm 的密闭腔，应开设镀锌通气（流锌）孔。不宜在主要承载构件上开设镀锌通气（流锌）孔。小尺寸加劲板可按设计要求开圆形流锌孔，如图 7.2-1 所示。

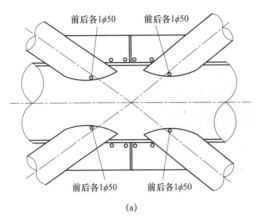 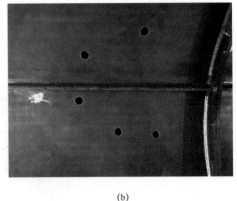

(a) (b)

图 7.2-1 镀锌工艺孔

（a）结构图；（b）实物图

（2）加劲板与法兰焊接处等空间十字焊缝部位，为保证主焊缝的贯通，宜对加劲板进行弧形切角，形成过焊孔，如图 7.2-2 所示。

图 7.2-2 过焊孔

（3）当结构上存在异面角使得构件安装贴合面之间有 2mm 及以上的间隙时，放样时应考虑进行弯曲或开合角处理。

（4）连接板与插板装配处，不应出现插板边缘压住焊缝的现象，插板边缘距焊缝边宜为 5～10mm。

（5）爬梯、走道等附属设施与塔体连接时，螺栓孔可采用长孔以减少加工精度误差的影响，孔长宜为孔径的 2 倍。

（6）对于需要进行开豁口弯曲之后再焊接的特殊构件，如设计图中未明确为焊接件，应征得设计同意，并确认焊缝质量等级。

7.2.2 关键、复杂节点的放样

关键、复杂节点放样时，首先要重点考虑工艺可实现性，其次是现场的可安装性。需要分析零件加工的具体尺寸参数、构件加工的焊接变形、焊接空间是否足够或必须采用的加工顺序和方法、现场吊装和安装能否顺利进行、紧固件安装空间是否足够等因素。对复杂节点应进行 1:1 建模，通过平剖面或立体的分析、模拟，确认无误后再出加工图。

7.2.3 出图技术要求

（1）单件图。单件图主要用于钢管、无缝管、角钢等型钢的加工及检验。

所有单件图均需签署责任人姓名、工程名称、钢印、塔型、件号、规格、材质，以及代料与否、单基量、总量、长度、准线、端距、开槽位置等。

（2）样板。样板主要用于规则或不规则的钢板的加工及检验。

样板一律采用透明塑料绘图纸 1:1 打印。应打印出工程名称、塔型、件号、钢印、规格、数量、孔径、孔数、孔距、焊件或散件、火曲及其正反压，以及用箭头表示基准边，所有标注尺寸的位置均需进行校对。

（3）焊件图。焊件图主要用于焊接构件的装配、焊接及检验。

焊件图一般为一件一图，并标注清楚钢印、单基数量、总数量。

严格按通用的制图要求进行绘图，要求粗细线、实线、点划线等线种分明，相位关系表示清楚，图面布局合理。

标注的尺寸需便于做工装、装配及检验。

必须清楚、明白、全面地写明技术要求（包括材质、焊条型号、焊接要求、防腐要求）。

应考虑焊接变形产生的收缩量，当无经验数据可参照时，应进行焊接试验并根据试验数据确定焊接收缩量。

7.3　零部件加工

7.3.1　钢板的加工要求

（1）钢板的切断。钢板的切断可采用机械剪切（如图 7.3－1 所示）、火焰切割（如图 7.3－2 所示）和数控等离子切割（如图 7.3－3 所示）等方法，应根据零件的材质、形状、厚度，合理选择切割加工工艺。优先采用机械加工，其次采用自动、半自动等离子或火焰切割，环形筋板等不规则零件采用数控（火焰或等离子）切割机进行切割下料。

热切割面质量应满足 JB/T 10045—2017《质量和几何技术规范》2 级质量要求。

钢板切割前，应将表面切割区域内的铁锈、油污等清除干净。切割质量应满足下列要求：

图 7.3－1　机械剪切

1）热切割时，切割面平面度应不大于 $0.05t$（t 为切割件的厚度，mm），且不大于 2.0mm，割纹深度不大于 0.3mm，局部缺口深度不大于 1.0mm。

2）钢材切割面应无裂纹、夹杂、分层；剪切边缘缺棱不大于 1.0mm；型钢端部垂直度偏差不大于 2.0mm。

3）钢材切割面上深度大于 1.0mm 的局部缺口、深度大于 0.3mm 的割纹，以及切割面上的熔瘤、挂渣、飞溅物等应予打磨；剪切边毛刺、撕裂棱及深度大于 1.0mm 的缺棱应清除或修磨。

图 7.3-2 数控火焰切割

图 7.3-3 数控等离子切割

4）下料尺寸偏大的零件，不得随意切割，应分析原因，若为放样原因，应修改加工图及归档图。

厚度不大于 12mm 的直线外轮廓钢板，剪板机上剪切下料；曲线外轮廓钢板采用火焰或等离子切割机上下料。钢板厚度不小于 14mm 的，火焰或等离子切割机上下料。

钢板的切断允许偏差应符合表 7.3-1 的规定。

表 7.3-1 钢板切割基本尺寸的允许偏差

序号	项目	允许偏差（mm）		示意图
1	零件基本尺寸	长度 L 对接形式	±1.5	
		长度 L 其他形式	±2.0	
		宽度 b	±2.0	
2	圆盘直径	$D/100$ 且不大于 3.0		
3	环形板	弧长 L	$\begin{matrix}-2.0\\0\end{matrix}$	
		宽度 b	±2.0	
4	端面倾斜 P	$t \leqslant 20$	1.0	
		$20 < t \leqslant 36$	1.5	
		$t > 36$	2.0	

注 允许偏差参考 DL/T 646—2021《输变电钢管结构制造技术条件》，个别尺寸根据工程实际情况调整。

（2）钢板的制孔。除设计文件或图纸注明孔的制作方法外，Q420、Q345 构件厚度大于等于 14mm 和 Q235 构件厚度大于等于 16mm 时应采用钻孔（如图 7.3-4 所示），小于上述厚度时可采用冲孔（如图 7.3－5 所示）。

图 7.3－4　钻孔

图 7.3－5　冲孔

连接孔加工宜采取冲孔或钻孔工艺，所有挂线孔应采用钻孔加工。严禁用火焰或等离子切割（吹割）方式加工螺栓连接孔。

应采取措施控制冲孔面翘曲、控制孔内壁出现撕裂，打磨所有孔周边毛刺。

制孔后零件不得有明显变形，制孔表面不得有明显的凹凸面缺陷，孔壁与零件表面的边界交接处，不得有大于 0.5mm 的缺棱或塌角，大于 0.3mm 的毛刺须清除。

制孔加工应严格按制孔工艺执行，不得出现错孔、漏孔，严禁焊接补孔。

制孔的允许偏差见表 7.3－2。

表 7.3－2　　　　　　　　　　　　　　制 孔 的 允 许 偏 差

序号	项　目	允许偏差（mm）		示意图
1	公称直径 d	镀锌前	$+0.8$ 0	
		镀锌后	$+0.5$ -0.3	
2	圆度 $d_{max} - d_{min}$	$\leqslant 1.2$		
3	孔上下直径差 $d_1 - d$	$\leqslant 0.12t$		

续表

序号	项 目	允许偏差（mm）		示意图
4	孔垂直度 P	0.03t 且≤0.5		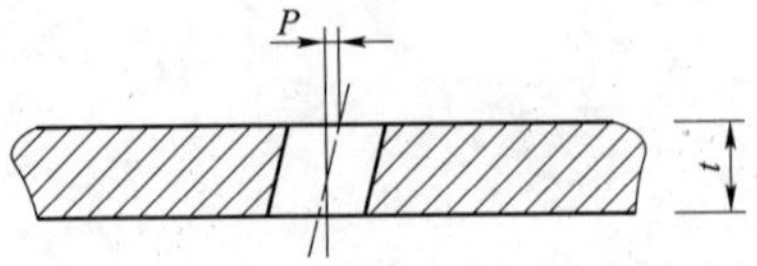
5	同组内不相邻两孔距离 S_1	±0.7		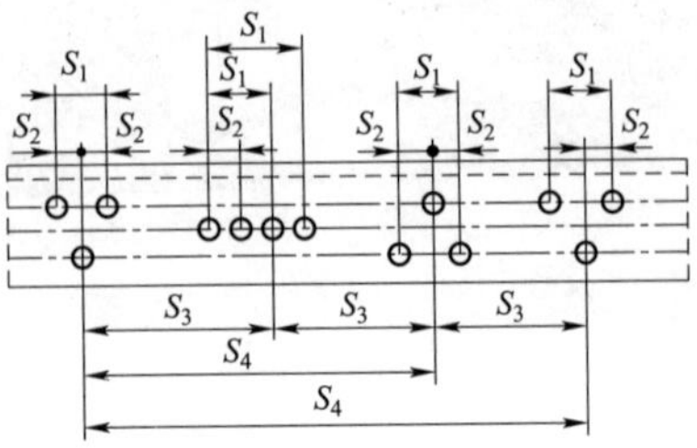
	同组内相邻两孔距离 S_2	±0.5		
	相邻组两孔距离 S_3	±1.0		
	不相邻组两孔距离 S_4	±1.5		
6	角钢准距 a_1、a_2	±1.0		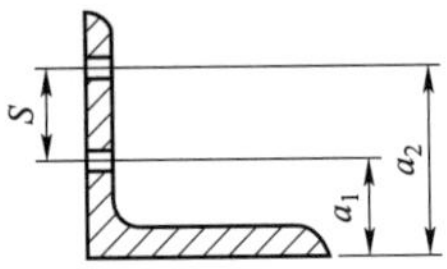
7	角钢排间距 S	±1.0		
8	连接法兰孔间距离 S	±0.5		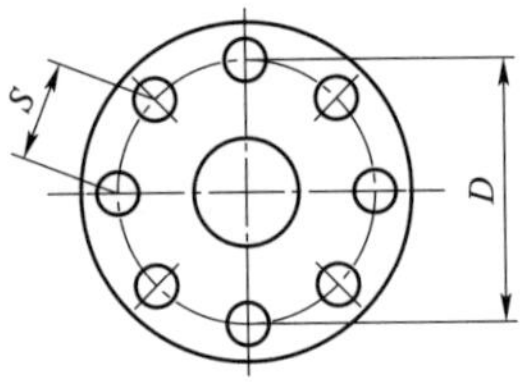
	连接法兰孔中心直径 D	±1.0		
9	地脚法兰孔间距离 S	D≤1500	±1.5	
		D>1500	±2.0	
	地脚法兰孔中心直径 D	±2.0		
10	边距 S_g	±1.5		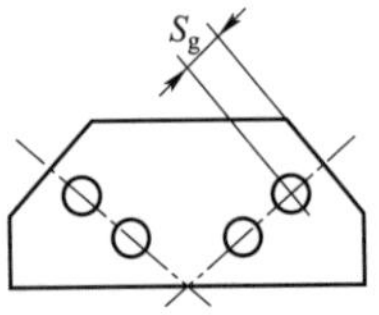

注 1. 序号 1 镀锌前后偏差不应同时存在，宜控制镀前偏差。

2. 冲孔的位置测量应在其小径所在平面进行。

3. t 为材料厚度，mm。

4. 允许偏差参考 DL/T 646—2021《输变电钢管结构制造技术条件》，个别尺寸根据工程实际情况调整。

7.3.2 角钢、槽钢等型钢的加工要求

角钢一般在自动流水线上下料并制孔，其余型钢如槽钢等，一般用锯床下料（如图 7.3-6 所示），然后用钻孔机钻孔，另外还有气割修整、冷弯曲、热弯曲等加工工艺。角钢清根、铲背、开坡口允许偏差见表 7.3-3。

图 7.3-6   型钢下料用锯床

表 7.3-3   清根、铲背、开坡口规定

项 目		允许偏差（mm）	示 意 图
长度 L 或宽度 b		±2.0	
切断面垂直度 P		≤±（t/8）且＜3.0	
角钢端部垂直度 P		≤±（3b/100）且＜±3.0	
清根 h	d≤10	+0.8 -0.4	
	10＜d≤16	+1.2 -0.4	
	d＞16	+2.0 -0.6	
角钢铲背圆弧半径 R₁		+2.0	R 为包角钢的内圆弧半径
开坡口	开角 a	±5°	
	钝边 C	±1.0	

注   允许偏差参考 DL/T 646—2021《输变电钢管结构制造技术条件》，个别尺寸根据工程实际情况调整。

7.3.3 钢管下料及相贯线切割要求

图 7.3-7 相贯线切割

钢管下料按切割方法一般分为锯切、火焰气割等，按设备主要分为锯床切割、手工火焰气割（如图 7.3-7 所示）、自动相贯线火焰切割机等。

厚度大于 10mm 的钢管，优先采用锯床切割；当钢管直径超出切割范围时，采用火焰切割，但切割后的飞溅物、熔瘤、熔沟要求磨平，材料的切割断面保证光滑并与材料的平面呈垂直状态。

外径在 ϕ 600mm 及以下的钢管在相贯线切割机或锯床上下料；钢管外径大于 ϕ 600mm 可用相贯线切割机或手工火焰气割下料。

直缝钢管开槽应避开钢管纵向焊缝，宜采用专用开槽机或数控切割开槽机；采用手工火焰或等离子切割机开槽时，应通过靠模定位切割开槽。切割面应平整，开槽根部切割面直角处应有过渡圆弧，不应出现根部过切割。对出现的开槽割缝或开槽过宽、过长，不得补焊修补，应予以报废或修改后用于较短的部件。

火焰切割下料的技术参数见表 7.3-4。

表 7.3-4　　　　　　　　　　　火焰切割下料技术参数

切割厚度（mm）	割嘴号（号）	割口宽度（mm）	气体压力（MPa）	
			氧气压力	乙炔压力
3～12	1	3～4	0.2～0.3	0.05～0.08
14～25	2	3～4	0.4～0.6	0.08～0.1
28～50	3	5～6	0.6～0.9	0.1～0.15

钢管下料断面倾斜及开槽允许偏差见表 7.3-5。

表 7.3-5　　　　　　　　　钢管下料端面倾斜及开槽允许偏差

序号	项目		允许偏差（mm）	示意图
1	端面倾斜（D 管外径）	$D \leqslant 219$	1.0	
2		$219 < D \leqslant 426$	1.5	
3		$426 < D \leqslant 508$	2.0	
4		$D > 508$	2.5	
5	开槽	开槽长度 k	+4.0 0	
6		开槽宽度 Δ	+2.0 0	
7		开槽倾角 β	$\leqslant 1.0°$	
8		开槽偏移 p	$\leqslant 2.0$	
9		开槽中线偏斜 e	$\leqslant 2.0$	

注　允许偏差参考 DL/T 646—2021《输变电钢管结构制造技术条件》，个别尺寸根据工程实际情况调整。

7.4　钢管加工

7.4.1　普通钢管的加工要求

（1）制管板下料。钢板的下料采用火焰切割或等离子切割，边缘必须留出必要的加工余量；板边加工后，要求板边光滑、洁净、无裂纹，宽度一致，满足管径尺寸精度要求，如图 7.4-1 所示。

（a）　　　　　　　　　　　　　　　　　　　　（b）

图 7.4-1　制管钢板下料（开屏、气割）

（a）开屏；（b）气割

钢板切割面应无裂纹、夹渣、分层和大于 1mm 的缺棱，切割割纹深度不大于 1mm，并清除切割后产生的溶瘤、飞溅物等。

钢管端头需开设坡口的，钢板下料时要加一定长度的余量，坡口角度允许误差±2°。

下料前，应认真核对图纸中的工程名称、塔型、件号、材料规格及材质、切割长度、数量等。检查钢板外观，发现缺陷时，必须挑出，不允许下料。

下料时，应及时把原材料的可追溯标识转移到每一块制管钢板上，且保证标识清晰、明确。

下料完成后的余料，按量以回收或废料处理，若回收，应做好标识，统一存放。

（2）钢板制弯。所有钢管在正式加工之前，必须进行试样压制。试样符合图纸要求后，方可进行正式压制。试样应与制管板在同一块钢板或同一批钢板上取样，试样长度不小于 200mm。

试样宽度与正式加工工件宽度相同，试样压制后进行合缝、焊接、整圆，测量其直径尺寸是否符合要求。若符合要求，进行制管板的压制。若不符合要求，根据偏差值调整试样宽度，直到符合图纸要求。

制管板应变形均匀，制弯后其边缘应圆滑过渡，内外表面不允许有裂纹、折叠等缺陷。表面有锈蚀、麻点、划痕时，表面修磨后的实际厚度满足钢管厚度负偏差的要求。

制管板在压制过程中，每压 2～3 刀，应用测量圆弧板测量钢管圆弧是否符合要求，以便及时调整压机参数。在满足压力机压制能力的前提下，宜选择较多的压制刀数，以保证钢管圆度，如图 7.4－2 所示。

图 7.4－2 钢板制弯

钢管成型开口，要求不大于 50mm，且不可相互交叠；在批量压制前，应对每一块钢板进行宽度复测，以保证钢管直径。

（3）合缝。应根据形状及管径的不同，选择合适的模具进行钢管合缝。合缝时应该根据不同的钢管形状、管径、厚度以及压制情况，考虑焊接工序可能产生的变形，在合缝过程中采取反变形措施。

定位焊必须由持证焊工施焊。严禁在焊缝以外的母材上打火。定位焊用的焊接材料，应该与正式焊接用的材料相同。对 Q345B、Q420B 钢材，一般采用的气体保护焊丝型号为 ER50－6、ER55－G。

定位焊工艺参数应按焊接工艺执行，定位焊缝两头应平滑，防止正式焊接时造成未焊透或裂纹。

焊缝长度及间距：每条定位焊缝长度为 30～40mm，每段焊缝间距 350～500mm。定位焊缝不允许有裂纹、夹渣、气孔等缺陷。定位焊应有足够的强度，以保证钢管拼装后不会开裂。但在满足装配要求的前提下，定位焊缝高度应尽可能小，一般不大于 1/3 板厚。定位焊完毕后应清除焊缝表面焊渣，方便后续的焊接工序。

（4）打底、埋弧焊工艺。钢管合缝定位后，应先用气体保护焊打底，防止埋弧焊时烧穿。

焊接前应对焊缝两侧 50mm 范围内的铁锈、油污等进行清除，焊接时应选择匹配的电流和电压，以及焊丝伸长量、气体流量、焊枪倾斜角度等。另外应注意起弧处和收弧处的衔接。

打底焊每一道焊层厚度一般应大于 4mm，以便于埋弧自动焊焊接。焊缝应平整，不允许有气孔、焊瘤等缺陷，如图 7.4－3 所示。

打底焊完成后，采用埋弧自动焊对纵焊缝进行填充、盖面焊接。

埋弧焊前应对焊接部位表面进行清理。根据焊接工艺的要求选择焊接材料。焊剂使用前应按照要求进行烘干。一般熔炼焊剂（如 HJ431）的烘干温度为 200～250℃，保温时间为 1～2h；烧结焊剂（如 SJ101、SJ301）的烘干温度为 300～400℃，保温时间为 2h。回收利用的焊剂必须经过筛选、磁选，重新烘干后方可使用，如图 7.4－4 所示。

在焊接时焊缝的首尾应加引弧板和收弧板。

焊缝的外形尺寸（见表 7.4－1、图 7.4－5）：焊缝最大宽度 B_{max} 和最小宽度 B_{min} 差值，在任意 50mm 焊缝长度范围内的偏差值为 2.0mm，整个焊缝长度范围内的偏差值为 3.0mm。

图 7.4－3　钢管打底焊

图 7.4－4　钢管埋弧焊

表 7.4－1 焊 缝 宽 度 和 余 高

焊缝形式	焊缝宽度 B（mm）		焊缝余高 h（mm）
	B_{min}	B_{max}	
I 形坡口	$b+6$	$b+16$	0～2.5
非 I 形坡口	$g+2$	$g+8$	

注　1. b 为装配间隙；g 为坡口宽度＋装配间隙。

　　2. 参考 DL/T 646—2021《输变电钢管结构制造技术条件》。

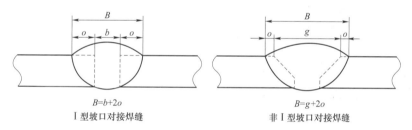

$B=b+2o$ I 型坡口对接焊缝　　　　$B=g+2o$ 非 I 型坡口对接焊缝

图 7.4－5　焊缝余高

焊缝边缘直线度：在任意 300mm 连续焊缝长度内，焊缝边缘沿焊缝轴向的直线度偏差不大于 4.0mm。

当钢管壁厚不大于 12.5mm 时，超过钢管原始表面轮廓的焊缝余高应不大于 2.0mm；当钢管壁厚大于 12.5mm 时，应不大于 2.5mm。但管端部 200mm 范围内的焊缝余高应不大于 0.5mm。焊缝余高超高部分允许修磨。

直缝埋弧焊管的内外表面应光滑，不允许有裂缝、结疤、折叠、分层、重皮、气泡等缺陷存在，允许有不大于壁厚允许负偏差 1/2 的划道、刮伤，引起应力集中的尖锐划伤应打磨平，表面修磨后的实际厚度应满足钢管厚度负偏差的要求。

直缝埋弧焊管焊缝处不得有开焊、搭焊及烧穿。焊缝表面不得有气孔、夹渣等。咬边的深度不大于 0.5mm、连续长度不大于 150mm、累计长度不得超过管长的 15%。

焊缝表面用钢丝刷抛光，使得焊缝表面质量一目了然，自检合格后，焊工应在所焊的焊缝附近明显处打上焊工钢印代号。

钢管纵向对接焊缝应满足二级焊缝质量要求，且应进行 100%无损检测，管端 300mm

范围内要求达到一级焊缝质量要求。

直缝埋弧焊管的焊缝缺陷允许修补，但受以下条件限制：

1）每根管修补不多于 3 处，每处补焊最小长度 50mm，总的补焊长度不得超过管长的 10%。在距离管端 200mm 内不允许补焊。补焊焊缝应修磨，修磨后焊缝高度应与原焊缝一致。同一位置修补次数不得超过 2 次。

2）修补可以采用焊条电弧焊或混合气体保护焊方法进行。修补后按 GB/T 11345—2013《焊缝无损检测 超声检测 技术、检测等级和评定》进行超声波检测，B2 级合格。

3）钢管焊缝两侧钢板的径向错位不应大于 0.15 倍的壁厚，且不大于 1.2mm。不允许用焊接方法对错边超标处进行修补。

（5）整圆、矫正。一般刚焊完的钢管的圆度、直线度都不能达到技术要求，需经过整圆和矫正。

整圆需选择相应直径的整圆模具，在液压机上进行，保证钢管圆度达到技术标准要求。

图 7.4－6 钢管矫正

矫正需要采用与钢管直径相适合的模具，防止钢管局部变形。低合金结构钢在环境温度低于−5℃时，不应进行冷矫正和冷弯曲。在加热矫正时，加热温度不应超过 900℃，在加热矫正后应自然冷却，如图 7.4−6 所示。

矫正工作顺序为先矫正大弯，后矫正小弯，在矫正过程中，应防止过矫正。工件冷矫正的最小曲率半径 $r \geqslant 50D$；最大弯曲矢高 $f \leqslant L/1500$。矫正后的钢材外观没有明显的凸凹面和损伤，表面划痕深度不大于 0.5mm，且不应大于该钢材厚度负允许偏差的 1/2，超过标准需要补焊磨平，见表 7.4−2。

表 7.4−2　　钢管整圆、矫正后允许偏差

偏差名称	允许偏差值（mm）		示意图
钢管直线度 f	L/1500 且≤5		
钢管圆度	对接接头、带颈法兰连接	D≤500　1.0	
		D＞500　2.0	
	插接接头	D/100 且不大于 5.0	
	平面法兰连接	3.0	

续表

偏差名称	允许偏差值（mm）		示意图
钢管管径	对接接头、带颈法兰连接	$D\leqslant 500$　±1.0	
		$D>500$　±2.0	
	插接接头	$\pm D/100$ 且 $\left\|\dfrac{D}{100}\right\| \leqslant 3.0$	
	平面法兰连接	±3.0	

注　允许偏差参考 DL/T 646—2021《输变电钢管结构制造技术条件》，个别尺寸根据工程实际情况调整。

7.4.2　特大钢管的制管板下料

特大钢管指直径不小于 1200mm 的直缝焊管，如西堠门大跨越钢骨钢管混凝土构件采用的直缝焊管，该类钢管需要在内部设置多道环向及纵向加劲板，两端需开设坡口，以便与内外法兰相连。

特大钢管用制管板需经两次下料，在两次下料之间有一道预弯工序。

（1）第一次下料。制管板第一次下料时需要对毛料钢板的长度和宽度按每 1m 间距进行实测度量，长度和宽度留出 6mm 作为切割余量，切割设备采用数控等离子、火焰切割机或半自动跑车式火焰气割机；同时开设管端环焊缝坡口，如图 7.4-7 所示。

切割端部要求切割面光滑，所产生的切割氧化皮应清除。检验长方形对角线尺寸和板端坡口尺寸，要求坡口角度和尺寸偏差分别在 ±1° 和 ±1mm 以内（如图 7.4-8 所示）；长度尺寸允许偏差为 0～+2.0mm；对角线尺寸允许偏差为 ±2.0mm。

图 7.4-7　一次下料

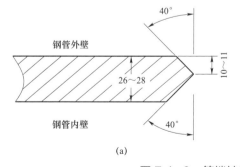

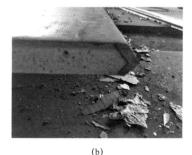

（a）　　　　　　　　　　　　　　（b）

图 7.4-8　管端坡口（mm）

（a）结构图；（b）实物图

图 7.4-9　钢板预弯

（2）两侧预弯。因为设备及结构原因，较厚钢板的边缘不能直接压成圆弧形，钢板的两侧需预弯，即在增加了一定钢板宽度的两侧先压弯，达到制管的弧度要求，再割除多余的钢板宽度，如图 7.4-9 所示。

钢板两边预弯成形后，其弯曲部分的圆弧弦长要求达到 200～300mm，圆弧部位的弯曲半径采用 300mm 弦长内圆弧卡模板进行检验，达到内圆弧卡模板与钢板预弯部分内弯曲半径弧面贴合，其弧面离钢板有效弯曲面范围内局部间隙小于等于 0.5mm。

（3）第二次下料。第二次下料是割除用于预弯时的多余钢板宽度，以符合制管用的钢板宽度，同时开设纵焊缝坡口。

切割后的每块预弯板，应按图纸的数据进行检验，切割面坡口角度允许偏差为±2°（如图 7.4-10 所示），气割缺口深度不大于 1.0mm。

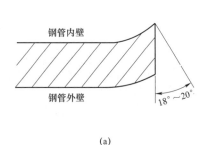

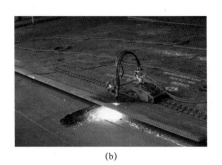

(a)　　　　　　　　　　　　　　　　(b)

图 7.4-10　钢板二次下料

（a）结构图；（b）实物图

7.4.3　特大钢管的制弯及合缝

（1）钢管的制弯。钢管的制弯采用数控成型机，前端推料装置逐步递进且逐步折弯，使前端钢板按设置的弯曲半径达到钢管近 1/4 圆弧形状。然后将钢板调转 180°后进入成型机前端上料工作台，继续将未成形的预弯钢板一端逐步递进且逐步折弯，使另一端预弯钢板按设置的弯曲半径折弯成形。使得整张预弯钢板成为钢管的 1/2 圆弧（即：180°半圆形管件），如图 7.4-11 所示。

圆弧部位的弯曲半径采用 300mm 弦长内圆弧卡模板进行检验，要求内圆弧卡模板与内弯曲半径弧面贴合，其弧面离缝局部间隙在钢板有效弯曲面范围内小于等于 0.5mm，半圆钢管开口尺寸以负偏差为宜。

（2）钢管的合缝。首先在专用合缝平台上固定好 180°半圆形管件，然后根据钢管内环加劲板布置图画线，安放环向加强劲板并定位焊固定，覆盖上另一片 180°半圆形管件并对齐管口。收拢缝隙定位环向加劲板及纵向劲板；完成合缝定位焊，检验加劲板位置正确后，将管件吊运至待放区摆放，如图 7.4-12 所示。

图 7.4-11　钢板制弯

图 7.4-12　钢管合缝

纵缝定位焊缝应牢固可靠，长度宜 50～80mm，厚度一般不超过钢板厚度的 1/3，每段间距 350～600mm。焊缝坡口间隙均匀，以 1.0～3.0mm 为宜，钢管径向错边量不得超过 $0.125t$ 且最大不超过 2.0mm。定位焊缝要求无裂纹、气孔等缺陷。

7.4.4　特大钢管的纵缝焊接

特大钢管的纵缝焊接同样需要先进行气体保护焊打底，以便于埋弧焊接，保证焊缝质量，如图 7.4-13 所示。

打底焊接前应对焊缝两侧 50mm 范围内的铁锈、油污等进行清除。打磨合缝定位焊缝两端形成斜坡（有缺陷的焊缝应在焊接前清除）。管端设置引弧板和引出板，要求与正式焊缝有相同的坡口，长度不小于 300mm。

打底焊缝应平整，厚度均匀，不允许有气孔、焊瘤、未熔合、裂纹等缺陷。

钢管埋弧焊先焊接纵缝外侧，外侧焊缝焊接完成后将管件吊运至专门区域进行内侧焊缝气体保护焊封底焊接，如图 7.4-14 所示。

图 7.4-13　钢管打底焊

图 7.4-14　钢管埋弧焊

　　埋弧焊缝的宽度应比坡口宽度至少大 4mm，但不得比坡口宽度大 14mm 以上。焊缝余高允许修磨，控制在 2.5mm 以内。

　　每根钢管修补不多于 3 处，总的补焊长度不得超过管长的 10%。补焊焊缝应修磨，焊缝高度应与原焊缝一致。同一位置修补次数不得超过 2 次。

　　焊缝表面不得有气孔、夹渣，咬边深度不大于 0.5mm、连续长度应不大于 150mm、累计长度不得超过管长的 15%。

7.5　装配定位焊

　　装配定位焊是把需要焊接构件的零部件通过平台、模具等辅助工具，采用定位焊装配在一起，形成待焊构件。

7.5.1　基本要求

　　装配定位焊前应先熟悉图纸，理解全部技术要求，根据装配图纸及明细表清点零件的数量，确认零件规格、件号。检查零件的加工质量和平整度、直线度是否符合装配要求。

　　钢管构件的组装应在工作平台上（如图 7.5-1 所示）进行，并由胎板控制构件的精确度，要求平台平面度小于等于 1mm（在平台总长上）。

图 7.5-1　装配平台

　　应制作专用定位工装模具，且模具的定位基准应与构件的安装尺寸一致，保证钢管塔零件组对质量。工装胎板必须有足够的强度，以控制组对件尺寸的精确度。同时在批量组对加工过程中，应定期检查工装胎模的松动情况、定位基准偏差情况，确保批量组对定位尺寸的质量稳定性，批量生产组对完成的构件应具有通用性和互换性。对批量少或构造复杂不具备互换条件的构件，生产时应做好标识并留有记录，以备重新加工时查用。

　　拼装前，连接表面及沿焊缝边 30～50mm 范围内的铁锈、毛刺和油污等必须清除干净。

　　所有零部件装配时，必须使用靠模，法兰用销子定位（销子直径 d=孔径−0.2～

-0.3mm），钢管的基准为轴心线，球节点的基准为球心。

7.5.2 定位焊缝的要求

定位焊时，必须由持证焊工施焊，不应在焊缝以外的母材上引弧。使用的焊接材料，应与正式施焊用的材料相同。

定位焊缝应有足够的强度，以保证组装时的安全。形状对称的构件，定位焊缝应对称排列。构件上有交叉焊缝的地方，不应有定位焊缝，定位焊缝距离交叉点应在 50mm以上。在焊缝方向急剧变化处不应进行定位焊。

定位焊焊接电流应比正常焊接电流大 15%~20%，以防产生未焊透现象。焊缝两头应平滑，防止正式焊接时造成未焊透或裂纹。焊缝尺寸在满足装配要求的前提下，尽可能减小定位焊尺寸。可以通过缩小定位焊缝间距的方法来减少定位焊缝的尺寸。在个别对保证焊件尺寸起重要作用的部位，可适当增加定位焊缝尺寸和数量。定位焊缝的尺寸可按表 7.5-1 选用：

表 7.5-1   零部件定位焊缝的参考尺寸   单位：mm

焊件厚度	焊缝高度	焊缝长度	间距
≤4	<4	5~10	50~100
4~12	3~6	10~20	100~200
>12	3~6	15~30	100~300

定位焊完毕后应清除焊缝表面焊渣，方便后续的焊接工序。

7.5.3 特大构件的装配及精度控制技术

大跨越输电塔的特大构件一般为底部段别的主管构件，构件内含有法兰、相贯管件、连接板及附件等。装配时首先装配主管法兰，其次装配相贯线支管、连接板等主要零部件，最后装配脚钉、爬梯连接件等附件。下面以西堠门跨越塔的构件为例进行说明。

（1）主管与内外法兰的装配。主管与内外法兰的装配，在专用的工装模具上进行，如图 7.5-2 所示。

用带螺纹的销子把法兰安装到工装模具上，并拧紧固定。用铅垂线校核由于法兰重量引起的工装轮盘变形，控制法兰面的平面度偏差不超过±1mm，否则应用千斤顶调整并固定。校核两侧法兰孔中心高度方向的同心度误差，偏差不超过±1mm；校核两侧法兰孔中心水平方向的同心度误差，偏差不超过±1mm。

图 7.5-2   主管法兰装配

钢管用行车起吊并基本就位，用升降平台微调钢管高度和偏斜，使钢管中心与法兰中心重合，用滚轮架按图纸要求微调钢管相位，使内环形劲板、纵向劲板、焊缝位置符合装配图纸要求。

纵向微调工装一端轮盘的位置，使法兰与法兰距离为装配图的长度尺寸 L+焊接收缩量，调整钢管与两端内外法兰的位置，要求间隙均匀，宜控制在 2mm 以内，以减小钢管与法兰环焊缝焊接引起的法兰变形。

主管装配工装示意如图 7.5-3 所示。

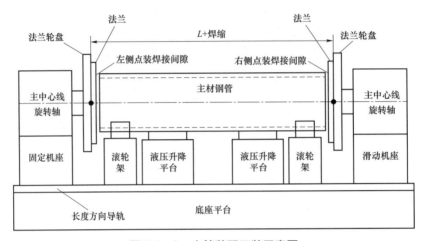

图 7.5-3　主管装配工装示意图

（2）主管上其他零件装配。主管上的其他零件，如相贯钢管、连接板、加劲板等，应在工装平台上进行装配，并由模板控制构件的精度。

工装平台和模板必须有足够的强度和刚度，工装平台的平面度小于等于 1mm，搭设的模板尺寸精度应达到±1mm。

在工装平台上 1:1 画出构件中心线，根据装配图定出法兰位置点 A、C、D、E 点，如图 7.5-4 所示。

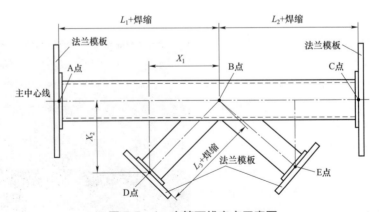

图 7.5-4　支管画线定点示意图

在定位点 A、C、D、E 处设置法兰模板，用水准仪同时调平法兰模板的模具孔位中心点，并可靠固定。

支管装配分两次完成，一般先装配塔体正面支管，然后主管旋转约 90°，使已装配的支管朝上，然后再装配侧面支管，如图 7.5-5 所示。正侧面相同时可使用同一定位模板，不相同时模板要重新定位。

设置法兰模板后，先固定支管法兰到模板上，校核关键法兰位置尺寸 C_1、C_2、C_3、C_4，如图 7.5-6 所示，校核尺寸无误后，方可装配支管。

图 7.5-5　支管装配

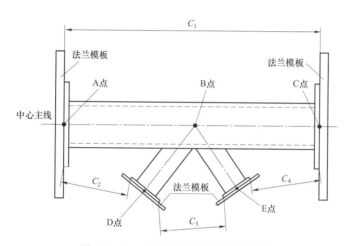

图 7.5-6　支管装配尺寸检查示意图

（3）单构件二次或多次装配工艺。为保证支管法兰的焊缝质量和焊接效率，带支管的主管、六通节点、球节点等复杂构件，采取二次装配或多次装配工艺。

当装配大尺寸构件的支管和法兰时，先将支管相贯线和支管法兰装配，尺寸校核无误后，磨掉相贯线处焊缝，卸下支管、支管法兰及法兰加劲板，放平支管和法兰后单独焊接。支管和法兰的单独焊接，有利于提高焊接质量和效率。

支管和法兰、法兰加劲板焊接完成后，再利用装配模具，定位焊支管和其他零件。装配全部完成后，最后焊接相贯焊缝，以加快焊接速度，减少翻转时的安全风险。

7.5.4　特大钢球的装配及精度控制技术

球节点的装配以西堠门跨越塔的 Q2 节点为例，钢球内径 2000mm，设计厚度 26mm。

球节点装配分为内部劲板装配、两半球对接装配、外部零部件装配等几个环节。

（1）内部劲板装配。

1）如图 7.5-7 所示，将拼接好的 2、4 号环向劲板与 6、3 号劲板分别定位焊到两个半球内壁。

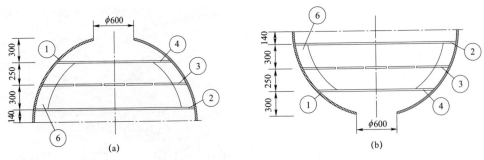

图 7.5－7 内部劲板装配（mm）

（a）上半球；（b）下半球

2）如图 7.5－8 所示，在下半球内将 7A 号劲板定位焊到 9 号（ϕ203mm×16mm）钢管与半球内壁上，在上半球内用钢管定位球心，将 7B 号定位焊到半球内壁，再取走定位钢管。

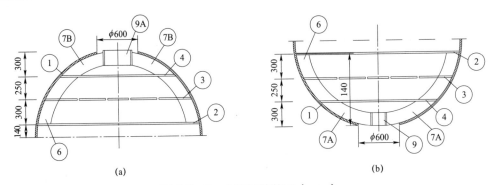

图 7.5－8 内部短管装配（mm）

（a）上半球；（b）下半球

（2）两半球对接装配。

1）使用行车对两半球进行定位对接，应控制错边在 2mm 以内。待对接定位焊后，将 A 号板依照装配图装配入内，如图 7.5－9 所示。

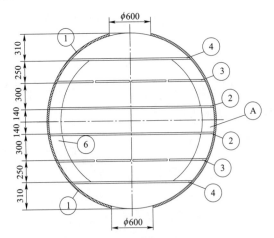

图 7.5－9 两半球对接（mm）

2）记录该球体所用半球的钢印号及相应的炉批号，并在合缝后的球体上打上钢球的钢印序号（或用油漆笔注明）。

3）装配时球节点的成品钢印号前仍需加上序号，并登记球号、法兰号、钢管号等。

（3）外部零部件装配。

1）为便于清渣，保证焊缝质量，球节点上相贯焊接处坡口需开在钢管内侧，坡口大小为管壁厚度一半。

2）相贯焊接支管装配需严格按照球节点装配图进行。

3）装配连接板、加劲板，控制法兰与法兰的距离在误差 2mm 以内，并最终装配成型。

7.6　焊接

7.6.1　一般要求

加工厂家依据焊接工艺评定报告，结合大跨越输电塔质量要求及生产能力编制焊接工艺规程、焊接工艺卡。焊工应经过专门的理论和实操培训，考试合格并取得国家电网钢结构焊工资格证书，实际操作项目应在考试合格的项目覆盖范围内。无损检测人员（包括射线、超声波、磁粉、渗透）应取得国家或行业的无损检测资格。

大跨越输电塔焊缝质量等级的确定应按照图纸、技术文件的要求。若图纸、技术文件没有明确要求时，按照相关的标准要求执行。

焊接作业场所出现以下情况时必须采取措施，否则不应施焊：

（1）焊条电弧焊时，风速超过 8m/s；气体保护焊时，风速超过 2m/s；制作车间内有直吹向焊接作业点的穿堂风或风机鼓风。

（2）相对湿度大于 90%。

（3）焊接 Q235 钢材时，环境温度低于−10℃；焊接 Q345 钢时，Q420 环境温度低于 0℃。

焊缝坡口型式和尺寸，按照 GB/T 985.1—2008《气焊、焊条电弧焊、气体保护焊和高能束焊的推荐坡口》、GB/T 985.2—2008《埋弧焊的推荐坡口》的有关规定为依据进行设计，对图纸特殊要求的坡口形式和尺寸，应依据图纸并结合焊接工艺评定确定。焊缝坡口加工优先采用机械加工，也可选用自动或半自动气割或等离子切割、手工切割的方法制作。应保证焊缝坡口处平整、无毛刺。焊件在组对前应将坡口表面及附近母材（内、外壁或正、反面）的油、漆、污垢、锈蚀、氧化皮、割渣等清除干净，直至出现金属光泽，清理范围如下：

（1）对接焊缝：坡口每侧各 15～20mm。

（2）角焊缝：焊脚尺寸（值）+15mm。

（3）埋弧焊焊缝：上述（1）或（2）的清理范围+5mm。

焊接过程中应严格按照专项焊接工艺规程规定的焊接方法、焊接参数进行焊接。焊接完毕，应将焊缝及母材表面上的飞溅、熔渣等清理干净，并检查外观质量。影响镀锌质量的焊缝缺陷应在镀锌前进行修磨或补焊，且补焊的焊缝应与原焊缝间保持圆滑过渡。二级及以上焊缝经自检合格后，焊工应在距焊缝端头 50mm 位置处打上责任人的钢印代号，且在防腐处理后清晰可见。

7.6.2 特大钢管与法兰的全熔透焊接要求

西堠门跨越塔的部分特大钢管与法兰的 T 接焊缝、法兰加劲板的焊缝需要全熔透焊接，并达到外观二级质量标准。其中主管最大规格为 2300×28mm，与内外法兰 T 形焊接，法兰最大外径达 2640mm，配有 88 块加劲板，焊缝应力集中程度高，法兰容易产生翻翘变形。通过大量的焊接试验以及试验塔的加工，总结出以下焊接工艺方案。

（1）对于大直径构件，若采用传统的手工电弧焊，存在劳动强度大、质量不稳定、工作效率低，同时热输入不稳定，容易导致焊后变形大的问题。由于受结构的限制，不能采用埋弧焊工艺，从焊接可操作性、稳定性、生产效率、控制变形量等方面出发，对于该类大型构件的焊接选择细丝全自动气体保护焊（如图 7.6-1 所示）或半自动气体保护焊（如图 7.6-2 所示）工艺。细丝混合气体（85%Ar+15%CO_2）保护焊工艺为低氢焊接工艺，焊缝可获得较高的冲击韧性质量，同时工效较高。由于采用 $\phi1.2$mm 的细丝，配合较小的焊接热输入，可大大减小焊接变形量。采用的焊接设备型号为 ATM-500，焊丝型号为 ER50-6。

图 7.6-1 全自动气体保护焊

图 7.6-2 半自动气体保护焊

（2）坡口开设工艺。大型钢管法兰采用内外法兰连接方式，为 T 形焊接接头。该结构的特点是管内法兰刚度大、变形小；管外法兰自由度大，容易产生变形。从坡口的加工操作便利性方面来讲，输电铁塔制作主要采用 V 形坡口。从熔透性、减少焊接变形、提高效率方面来讲，采取不对称双面坡口，钢管加工坡口角度为 40°，管外侧坡口大小为内侧坡口的 2/3 左右，如图 7.6-3 所示。

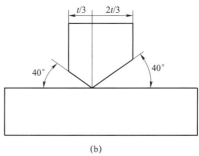

图 7.6-3　管端坡口工艺

（a）成型后角度专检尺检测图；（b）钢管法兰 T 形焊接示意图

7.6.3　特大钢球的赤道焊接要求

西堠门跨越塔共有 $\phi 2000 \times 26mm$ 和 $\phi 1300 \times 24mm$ 两种规格的钢球，球内约有 200 多块经纬向加强筋，赤道焊缝要求达到 GB/T 11345—2013《焊缝无损检测　超声检测　技术、检测等级和评定》规定的 B2 级或以上要求，焊接质量要求高，焊后应力集中程度大。对于钢球赤道焊缝焊接，主要采取以下焊接工艺方案。

（1）焊接方案。内侧气体保护焊（GMAW）、外侧埋弧焊（SAW）的焊接方法。相应坡口设计为内侧小坡口，外侧大坡口，先内侧气体保护焊，外侧清根后埋弧焊。

（2）坡口开设工艺。钢球赤道焊缝处开不等边 K 形坡口，坡口打磨至露出金属光泽，为保证焊缝质量，降低对接坡口处的硬度，避免焊接裂纹，半球内外坡口处硬度测量值控制在 190HB 以下，凡测量值在 190HB 以上的，均需重新打磨再测量，打磨深度大于 1mm，坡口角度保持不变。对坡口焊接处的内外球面，必须清除油锈，范围在 30mm 左右。赤道坡口形式及尺寸如图 7.6-4 所示。

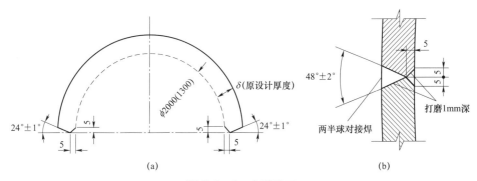

图 7.6-4　赤道坡口

（a）单边坡口尺寸；（b）装配坡口尺寸

（3）焊接。装配前检查半球内部纵、环劲板焊缝质量，不得出现漏焊、未焊满等情况，检查焊渣是否清理干净。使用行车对两半球进行定位对接，如图 7.6-5 所示。两半球的对接应将上下半球对应指示线对齐，控制错边在 2mm 以内。将钢球置于滚轮架上，进行水平滚动赤道焊缝焊接，如图 7.6-6 所示。在焊接赤道焊缝的同时，以相同的焊接方法、焊接参数焊接随炉试板。

图 7.6-5　赤道拼装　　　　　　　　　图 7.6-6　赤道焊缝焊接

7.6.4　焊接质量控制及焊接变形控制技术

（1）焊接质量控制。焊接质量控制可分为焊前控制、焊中控制和焊后控制三个阶段。其中焊前控制为最重要的阶段，主要体现在焊接人员、焊接设备、焊接材料、焊接工艺、焊接环境等方面。

1）焊接人员。所有的焊接人员都必须持证上岗，焊接特殊结构的焊接人员还应经过专门的培训，才能施焊，如图 7.6-7 所示。

（a）　　　　　　　　　　　　　　　　（b）

图 7.6-7　焊工培训（一）

（a）培训场地；（b）教师指导

（c）　　　　　　　　　　　　　　　　　　（d）

图 7.6-7　焊工培训（二）

（c）焊工练习；（d）练习试件

2）焊接设备。所有的焊接设备，都应定期保养。电流表、电压表等均应检定合格，以能够准确的反应焊接参数，达到焊接工艺要求。

3）焊接材料。

所有焊接材料应在合格供应商处采购，入厂按要求进行复检，合格后按要求分类堆放于焊材库。

焊材库应保持适宜的温度及湿度，室内温度在 5℃以上，相对湿度不超过 60%，室内应保持干燥、清洁，不得存放有害介质。焊材应与地面和墙壁有一定的间隙，如图 7.6-8 所示。

焊条和焊剂使用前应按要求烘干，累计烘干次数不宜超过 3 次。

4）焊接工艺。焊接工艺管理人员需根据工程要求，结合图纸，整理接头形式、钢材材质等，审核现有的焊接工艺评定是否能够满足工程加工要求，若不满足，则应增加焊接工艺评定。

图 7.6-8　气保焊丝

有了完备的焊接工艺评定后，工艺管理人员根据焊接工艺评定，为每一种/类接头形式制定焊接工艺卡，并编制工程焊接作业指导书。

5）焊接环境。焊接环境应符合 GB 50661—2011《钢结构焊接规范》的相关规定，超出标准要求范围的应采取有效改善措施。

焊接过程中质量控制主要体现为按照工艺进行施焊，不得随意更改焊接参数。多层多道焊时，焊道应用钢丝刷或磨光机清理干净，不得存在超出标准要求的缺陷。

焊后的质量控制主要为对焊缝尺寸、焊缝外观的检查，以及焊缝的无损检测等。对于超出标准要求的焊缝缺陷，应及时补焊或返修，并再次检验确认。

（2）焊接变形控制技术。大跨越高塔的焊接变形主要在于法兰焊接变形、相贯线钢管焊接变形、连接板焊接变形等。

1）法兰焊接变形的控制。

a. 反变形法。

法兰的反变形法就是在加工法兰时预先车出弧形凹凸面，以抵消焊接过程中的变形，达到焊后法兰面平整的目的。单圈螺栓孔的插接法兰和双圈螺栓孔的 T 接法兰反变形加工方法如图 7.6-9 所示。

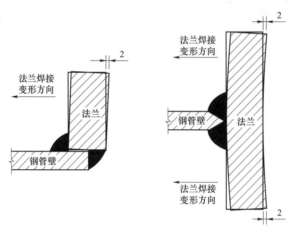

图 7.6-9　法兰反变形（mm）

焊接过程中，要实时对法兰的变形进行测量，掌握法兰变形的规律和趋势，以便实时调整工艺参数和填充量。

b. 刚性模具固定法。刚性模具固定法是在焊前采用螺栓将刚性模具与法兰固定在一起，防止法兰在焊接过程发生变形的方法，焊接完毕，待焊件冷却至室温后取下刚性固定模具。如图 7.6-10 所示。

图 7.6-10　法兰刚性固定

2）K 形节点焊接变形的控制。K 形节点为管与管相贯焊缝，是钢管塔受力的关键部位。钢管直接相贯节点因为支管的数量、角度、尺寸的不同，使得各支管端部的相贯线成为形态各异的三维曲线，支管与主管的倾角最小仅 38°，该部位要求全焊透，且达到外观二级质量要求。

在 K 节点相贯处，相贯线是不断变化的空间曲线，根据相贯节点的特性，通常将其焊缝区分为 A 区（趾部）、B 区（侧部）、C 区（跟部）3 个区域，如图 7.6-11 所示。

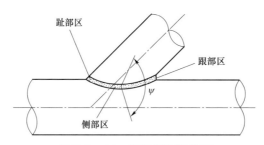

图 7.6-11　相贯线焊缝分区

采用全焊透相贯线焊缝时，其焊缝构造形式如图 7.6-12 所示。

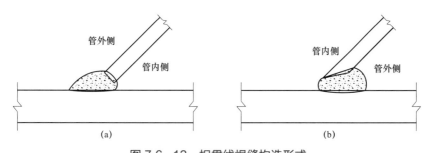

图 7.6-12　相贯线焊缝构造形式

（a）趾部焊缝；（b）跟部焊缝

由于相贯线焊缝不对称，且填充量较大，热输入量高，在无劲板支撑的情况下容易导致支管相位变形，从而使支管上的法兰产生位移。

为了控制相贯线支管的焊接变形，一般在装配的时候就附加刚性固定件，防止焊接过程中的焊接变形。同时在焊接完成后，采用振动消除应力法去除焊接应力。

振动处理技术又称为振动消除应力法。它是将激振器安放在构件上，并将构件用橡胶垫等弹性物体支撑，通过控制器启动电动机并调节其转速，使构件处于共振状态，约经 20～30min 的振动处理即可达到降低残余应力的目的。

7.7　试组装

7.7.1　一般要求

试组装前应制定试组装方案，包括试组装形式、试组装场地、起重设备、安全措施、质量控制项目等。

试组装按连续性可分为整塔试组装和分组试组装，按安装形式可分为立式试组装和卧式试组装。当分组试组装时，一次组装的段数不应少于 2 段，其中变坡段与其相邻段应同时组装。分段组装应保证有承接段并至少有一个横隔面，且保证每个部件号均经过试组装。

大跨越塔因结构尺寸较大，通常采用分组试组装的形式。塔身部位一般采用卧式组装，横担及其相连的塔身可采用卧式或立式组装。

下面以西堠门大跨越高塔的试组装为例进行说明。

7.7.2 卧式试组装的可行性、有效性分析

卧式组装一般选择在拼装加固焊接后进行，能够反映出塔料加工的精度和可装程度。卧式组装功效高，可以多段或整塔一起组装，能够客观的反映钢管塔加工的累计误差，且安全风险小。

采用具有互换性的钢结构焊接构件制造技术，相同件号焊接构件可实现互换，选择安装底面和一个立面的一半，就可以反映构件的加工准确性。采用卧式试组装能准确测量各控制尺寸、每根杆件以及爬梯等附件的加工尺寸与图纸尺寸的符合性。在组装时，保证钢管塔中心线水平，根据塔身的坡度，垫以高低不同的支架。

7.7.3 试组装策划

（1）试组装顺序。大跨越高塔一般在横担以下，采取卧式试组装底面和一个立面的一半，从塔腿开始自下而上试组装，由于场地限制，分多次试装，每次不少于 3 段。

1）塔身试组装。以图 7.7-1 为例，试组装两个段别构件，可完全反映出塔内三角部分的构件，以及水平隔面构件的可安装性，可测量各控制尺寸和加工尺寸与图纸尺寸的符合性，可检验主材爬梯等附件的可安装性、相位正确性。

塔身段正面构件的试组装顺序如图 7.7-1 所示。

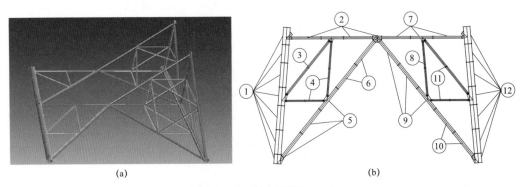

（a）　　　　　　　　　　　（b）

图 7.7-1　塔身组装示意图
（a）模型图；（b）组装顺序

立面塔腿斜材组装顺序如图 7.7-2。

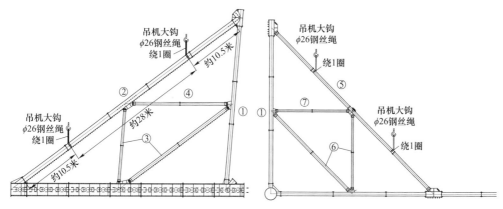

图 7.7－2　立面塔腿斜材组装顺序图

2）横隔面试组装。

制做主材假腿和井筒假腿，从底部段开始自下而上，平面试组装每个段别的横隔面（平台、走道也需安装），检验平台上斜材、平台、走道的可安装性，如图 7.7－3 所示。

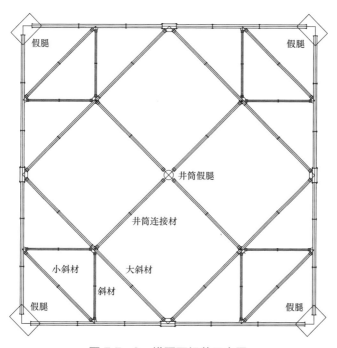

图 7.7－3　横隔面组装示意图

在定位并调平好水平管假腿和井筒假腿后，在横隔面四边钢管下方，间隔 10～20m 摆放枕垫。组装时首先安装隔面四边的水平材，然后安装其他斜材，斜材下方不垫枕垫，组装螺栓为实际用量的 1/2。

3）横担立式试组装。立式整体试组装身部构件和横担，需制作 4 个假腿安装在节点底部，如图 7.7－4 所示。

图 7.7−4 身部构件和横担组装示意图

图 7.7−5 塔头卧式单侧整体组装图

4）横担卧式试组装。卧式单侧整体试组装塔头部段和横担，如图 7.7−5 所示。

（2）组装环境及工器具。

1）试组装场地。试组装场地应平整，最好是硬化场地。若是沙泥地区域，吊机就位位置、车辆通道、主管位置等，需铺设钢板，或者用压路机压实。

附近及高空不许有障碍物。塔身平面需与水平面平行，尽量减少塔面各构件的安装应力。

场地位置应方便短驳运输，节省短驳和吊机台班费用，减少装卸过程中构件擦碰撞伤。

场地应方便观察和进行安全监护。不得影响其他工程的试组装进度或影响其他工作的正常开展。

2）工器具。测量工具采用全站仪、经纬仪、水准仪、100m 钢卷尺。

组装用的起重设备为汽车吊、铲车等，辅以钢丝绳固定高空杆件，法兰的连接用定位销或同规格的螺栓。

（3）试组装检验。根据高塔的特点，按照设计图纸、技术协议以及相关国家标准进行试组装，检验设计及加工的正确性，以下为检验关键点：

1）检验铁塔控制尺寸的正确性；

2）每根杆件的加工尺寸与图纸尺寸的符合性、可安装性；

3）检验平台、走道、爬梯等附件的可安装性；

4）检验井筒直线度和长度累计误差；

5）检验井筒与塔身的可安装性，检验井筒电梯门的相位准确性。

当试组装时发现主管或井筒钢管长度方向累计误超 20mm 时，需调整上段主管或井筒长度，以减小累计误差。

试组装的检验结果应符合表 7.7−1 的要求。

表 7.7-1　　　　　　　试组装尺寸允许偏差（针对每段总体尺寸）

偏差名称	允许偏差值（mm）	示意图
开档尺寸 L_1、L_2	±10	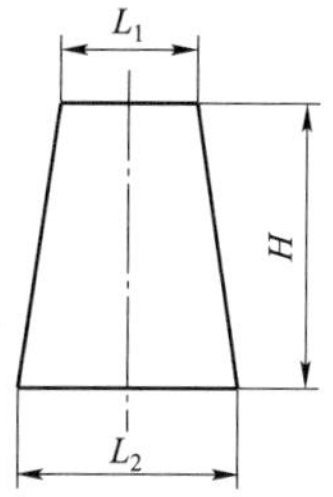
高度尺寸 H	±5	
垂直度 $\triangle$	≤0.065%H	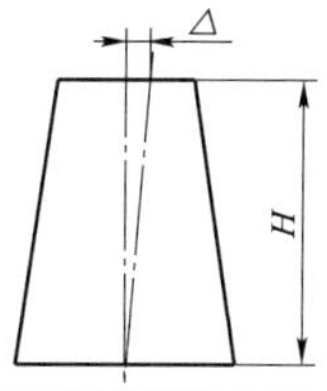
横担对铁塔 中心线垂直度 X	按设计要求， 只准向上起拱	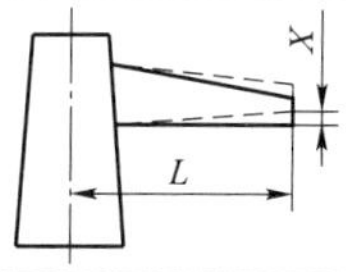
法兰拼装后间隙 C	≤2.0，且应有 75%以上面接触	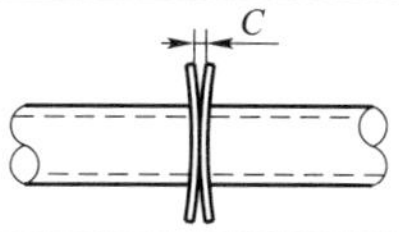
整塔弯曲矢高 f	$L/1500$ 且≤80mm	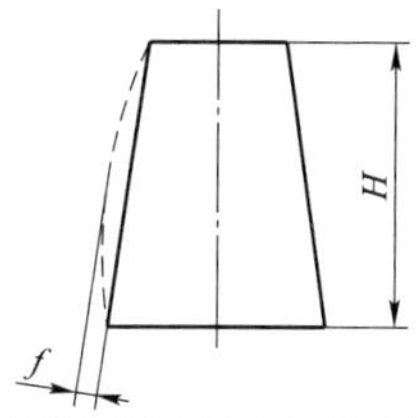

注　允许偏差参考 DL/T 646—2021《输变电钢管结构制造技术条件》，个别尺寸根据工程实际情况调整。

7.8　镀锌

7.8.1　镀锌要求

大跨越高塔的所有构件包括连接螺栓一般均采用热浸镀锌防腐（如图 7.8-1 所示）。热浸镀锌应符合 GB/T 2694—2018《输电线路铁塔制造技术条件》中的锌层质量要求。

镀锌件表面应不残留锌渣，过多的锌棱、锌液。镀锌件表面应没有气泡、疙瘩、斑纹等缺陷。外观检验不符合要求的，应返工重镀或补镀。

镀锌后要求检验构件变形是否超差，对不合格构件均需进行矫正。镀锌后的构件钢印应清晰明了。在镀锌后的构件上用油漆笔标出与钢印内容相同但字体较大的标记，给相关方提供方便。

图 7.8－1　钢构件镀锌

镀锌层平均附着量主要指标为厚度和面密度，通常以金属涂镀层测厚仪直接测量锌层厚度。发生争议时，以脱层试验方法测试面密度作为仲裁。

镀锌层进行钝化处理，符合镀锌工艺规程的要求。热浸镀锌技术要求按表 7.8－1 规定。

表 7.8－1　　　　　　　　　　热 浸 镀 锌 技 术 要 求

项目		技术要求	
镀锌层平均附着量	厚度（μm）	镀件厚度（mm）	<5	65
			≥5	86
	面密度（g/m²）		<5	460
			≥5	610
外观 镀锌表面状态		镀锌层表面应光滑、颜色均匀、没有明显色差、连续完整，不得有结瘤和过分沉积等使用上有害的缺陷	
均匀性		镀锌层厚度应均匀，做硫酸铜试验，耐浸蚀次数应不低于 4 次	
附着性		镀锌层应与基本金属结合牢固，经落锤试验镀锌层不凸起、不剥离	

注　参照 DL/T 646—2021《输变电钢管结构制造技术条件》。

7.8.2　大型复杂构件的外形尺寸要求

大型复杂构件，首先需确认起重行车能否起吊、工装模具尺寸能否满足装配要求、镀锌时能否实现整体浸入锌锅镀锌等问题，其次要考虑运输是否可行，最后应考虑是否满足现场安装要求。

7.8.3　大型复杂构件的工艺孔设置

镀锌工艺孔的设计应按照镀锌工艺要求，在放样和绘制焊接图的过程中完成。根据构件的外形尺寸和钢管的空间布局，工艺孔的开设需达到以下目的：

（1）确保有安全可靠的吊点。

（2）确保可以顺利进出锌锅。

（3）确保流锌顺畅（根据技术要求开设流锌孔）。

（4）确保顺利排灰、通气（根据技术要求开设排灰、通气孔）。

应根据构件的镀锌角度和方位，结合钢管结构布局按以下原则确定镀锌工艺孔：

（1）吊挂孔，工件在设计镀锌孔时，为保证按一定角度和方向浸锌，均须考虑原有安装孔能否作为吊挂孔，否则需要提供吊挂孔（点）。

（2）顺畅流锌，为减少积锌，流锌孔应尽量位于低点，面积一般不小于腔体截面积的 30%。

（3）顺畅通气和排锌灰，针对封闭（半封闭）腔体、三个或以上构件平面交叉处，需要开设通气孔，通气孔位于高点，面积一般不小于腔体截面积的 30%。

在钢管相贯连接部位开镀锌工艺孔时，开孔位置和开孔大小需征得设计单位同意，塔身主管开设镀锌孔需采用加强圈补强，灌注混凝土的主管需封堵镀锌孔。

7.8.4　大型复杂构件的吊点设置

长型构件的吊点原则上应设置在两端，一般钢管构件，利用两端的法兰孔做吊点。不规则外形的构件，原则上吊点应设置在重心的反方向，以实现起吊时重心在下，保持平稳。可利用法兰孔、连接板上的螺栓孔等做吊点。当结构无吊点时，应在放样时增设吊耳并焊接于构件上，吊耳的大小或板厚，需根据构件重量及所用 U 形挂环的尺寸确定。

7.8.5　大型构件的浸锌工艺

大型构件浸入锌锅时，可能会引起锌液温度降低，延迟锌液在钢材表面的熔化时间，从而需要延长镀锌时间，最终可能会导致锌层偏厚、附着力不佳等问题。因此在大型构件镀锌时，可采取提高锌液的初始温度、镀锌过程中持续加热等措施来控制锌液温度。

7.9　包装、运输

7.9.1　包装

包装采用的包装物应牢固，不论采用何种包装材料或何种包装方法，应保证产品在正常运输条件下不受损坏，包装应有足够的强度，保证在短途搬运、货物储存和装车中承受较大冲击而不散包。

包装物应保证在运输过程中包捆不松动，避免构件之间、构件与包装物之间相互摩擦，损坏镀锌层。

每个主管构件采用单独包装，在运输和装卸车过程中防止变形，并保证螺栓、垫片等附件同步与配套。突出部分，如法兰、节点板等，应采用有弹性包装物捆扎牢固。

零部件根据塔材编号、规格大小包装若干捆。角钢构件每捆重量限于 2～3t，小支管构件多根打捆，构件之间用方木隔开，每捆一般不超过 5t。每包塔材必须做到包捆整齐、牢固不松动，并应有防止锌层损坏措施。

外包装标记标明加工厂家名称和工程名称、品种、数量、重量、到达目的地以及其他必须的资料，以免发生产品丢失或包装错误。

螺栓包装应符合 DL/T 284—2012《输电线路杆塔及电力金具用热浸镀锌螺栓与螺母》的要求，采用袋装方式单基包装，确保在正确储存和保管的前提下，不出现锈蚀现象。

包装后堆放应按段别配套分垛，便于发运。

7.9.2　运输

（1）发运要求。装车发运时，根据技术联系单和成品清册按要求发货，构件必须与清册钢印一一对应。钢管塔构件标记的钢印有塔型及零部件号，排列整齐，字形没有残缺，钢印深度根据钢材厚度在 0.5～1.0mm 以内。焊接部件的钢印保证不被覆盖，并加盖油印。

随车发运必须有装车清单，构件发运的顺序应按计划要求进行。在货物交付时附有包装发货清单。

运输中应注意装卸方法，应在构件间垫木板垫块，并绑扎牢固，避免在运输时相互滑动，破坏锌层，避免破坏包装或使产品变形、损坏。

钢管塔构件装车应合理码放，设计的支撑点应能防止构件在运输过程中出现变形。构件的凸出部分在装车、运输和卸车过程中，应将其妥善固定，以免发生变形。

（2）运输及车辆的选择。由于大跨越高塔构件数量多且复杂、部分构件尺寸和重量大，根据工程产品的实际情况，运输前需明确运输质量要求和产品防护要求，应了解交通路线的路况，必要时需进行运输路线勘探。

根据每一批次货物的尺寸、重量、外形及数量，合理安排装车、配车，在安全、质量允许的范围内，尽可能紧凑，以充分利用车辆货箱空间，从而减少运输车辆来回次数。

运输车辆应证件齐全、技术状况良好，无故障，保持货箱清洁干净，以免化学物、污物破坏构件的镀锌或油漆表面。

（3）装卸注意事项。成品构件的装卸由专人负责，现场监督。装卸前对有关人员进行交底，明确要求。协调做好运输车辆、吊机和人员间的配合，确保装运过程人员、货物、车辆的安全无损。吊装一律采用吊带，堆码整齐，下面用木方支垫。先装大料、长料、重料，后装小料、短料、轻料，做到下重上轻、装载平衡。

在装卸过程中必须对成品采取防护措施，成品的层与层之间、排与排、工件与车厢栏板用木头或毡毯搁开，同时用绳索或吊带捆绑牢固。如果使用钢丝绳直接捆绑工件固定，需在钢丝绳与工件的接触部位垫上毡毯，严禁钢丝绳与工件直接接触。需特别注意对不规则的焊件进行防护，避免与其他工件的碰撞和挤压。

为确保运输过程中构件不与车辆直接接触，装车时，构件底部、构件与构件之间需垫一层木垫板，木垫板上加橡胶及化纤毯增加摩擦，车厢侧面也需加垫木、橡胶、化纤毯等保护，在构件的两侧要求用三角道木塞紧并绑扎牢固，防止运输过程中移动，同时预防构件的变形。

多构件装车时，应合理叠放，保持稳固，防止构件的相对移动造成构件间的碰撞。

（4）运输注意事项。运输前，应对成品的装卸和防护情况进行检查，确保满足运输要求。运输应按事先确定的路线进行，确保按时到达目的地。在运输过程应定时检查成品的牢固、防护状况，及时解决发现的问题。

车辆运输过程中驾驶速度不应过快，避免急刹急停而导致钢管滑移碰撞，转弯时也需控制车速，防止物件向一侧倾斜碰撞，从而导致构件的锌层破坏、变形等，影响构件的整体质量。

（5）交付。在材料到达材料站后，现场售后人员应配合施工项目部人员进行构件清点，同时检查构件的防护情况，双方确认后办理移交手续。

（6）文件控制。运输车辆及人员应证件齐全。

严格按照技术联系单和成品清册进行装车发货，构件必须与清册钢印一一对应。

装车清单及运输文件随车发运，到达目的地后确认签字。

7.10　质量控制及安全保障措施

7.10.1　质量控制

质量控制是产品生产的重中之重，针对工程特点应采取预控制为前，过程控制居中，质量验评控制断后的拉网式控制方法，道道把关，层层设防，力求将质量隐患消灭在萌芽状态，使工程质量始终处于受控状态。

7.10.2　安全保障措施

安全保障措施主要有以下 6 个方面：

（1）识别与控制加工生产过程中的主要危险源。

（2）人员安全保障措施。

（3）吊装工器具的安全保障措施。

（4）起重设备的安全保障措施。

（5）转序平板车/矿车的安全保障措施。

（6）电气设备/临时用电设备的安全保障措施。

参考文献

[1]　戴刚平，包镇回，王淑红，等. 舟山联网 370m 跨海高塔焊接施工难点 [J]. 焊接技术，2011，40（增）：28 – 30.

[2]　舒芳，于振江，戴刚平，等. Q345B 大型双拼钢管焊接工艺 [J]. 科学与财富，2017（11）：57.

[3]　舒芳，于振江，戴刚平，等. 大型钢管制作及其与平面法兰 T 形焊接技术研究 [J]. 焊接技术，2017，46（9）：9 – 11.

[4]　叶尹，郭勇. 焊接空心球节点在输电线路大跨越钢管塔中的应用 [J]. 钢结构，2008，23（11）：35 – 39.

［5］ 张建勋. 现代焊接生产与管理［M］. 北京：机械工业出版社，2005.

［6］ 栾公峰，程传松，刘欢云，等. 双法兰盘高强螺栓连接节点焊接变形控制技术［J］. 焊接技术，2017，46（9）：105-107.

［7］ 严亚飞，耿开通，刘清泉. 人工岛超大直径钢圆筒制作技术［J］. 焊接技术，2018，47（9）：42-45.

［8］ 付瑶，樊亚斌. 多层多道焊工艺开发与应用［J］. 焊接技术，2018，47（9）：131-133.

第8章
大跨越施工技术

本章结合大跨越工程的施工特点，就主要工序涉及的相关技术进行了介绍，包括施工准备、基础施工、跨越塔组立、大跨越架线等。

从施工策划、施工运输两方面，介绍施工准备涉及的相关技术要求；分岩石锚杆基础、水中基础两个类型，介绍基础施工的相关技术要求；结合常用的跨越塔组立方式，分别介绍流动式起重机、落地双摇臂抱杆、落地双平臂抱杆、塔式起重机等分解组塔作业方式的相关技术要求；按施工准备、张力放线、紧线、附件安装等工序步骤，介绍大跨越架线施工的相关技术要求。

8.1 施工准备

8.1.1 施工策划

从施工运输方式选择、施工道路修建、施工场地布置、基础施工技术方案选择、立塔施工技术方案选择、架线施工技术方案选择、各工序安全质量技术措施等方面进行全过程策划。

8.1.2 施工运输

结合各塔位所处的平地、海岛、山地、海涂、水中等各类地形条件，配设相应的运输设备，修建施工道路或水中栈桥、码头或装卸平台。

1. 山地或海岛塔基施工运输道路修建

山地或海岛塔基，所有材料及机械设备通过现有或修建道路，采用陆运方式运至塔位；对不通车的海岛塔基，通过修建码头与施工运输道路，采用海陆联运方式运至塔位。施工运输道路修建时，坡度、宽度、标高、路基平整等需满足安全通行要求。

2. 平地或滩涂塔基施工运输道路修建

平地或滩涂塔基，所有材料及机械设备通过现有或修建道路，采用车辆陆运至塔位最近位置，再通过修建运输道路，继续用车辆陆运至塔位。施工运输道路修建时，除坡度、宽度、标高、路基平整等需满足安全通行要求外，路基需结合地质、水文条件及行政审批要求合理选择。一般采用塘渣直接回填形成路基后再平整压实方式；对地质条件较差或行政审批有特殊要求的，也可采用打设钢管桩、架设贝雷架、铺设桥面板的钢栈桥方式。

3. 水中塔基施工运输道路修建

对水中塔基，结合塔基所处位置的水文条件、与岸侧距离、岸侧交通条件，塔基基础和铁塔的结构型式，综合考虑施工方案后，确定其材料、机械设备的运输方式。对水深条件较好，或远离岸侧陆地，采用全水上船机作业方式的塔基，相应的材料及机械设备一般也采用全水上船机运输方式，在水中塔基位置设置相应的作业船舶停靠平台及装卸料平台，满足运输要求。对水深条件较差或距岸侧陆地较近，或由于其他原因不能采用全水上船机作业方式的塔基，一般采用钢栈桥方案，由陆地至塔基搭设钢栈桥，满足材料、机械设备的运输要求。

4. 施工码头修建

施工码头一般采用登陆艇斜坡道与作业、卸料平台结合的组合型码头，如图 8.1-1 所示。水深条件需适应相应海运驳船及登陆艇停靠要求，登陆艇坡道坡度控制在 7° 以内。

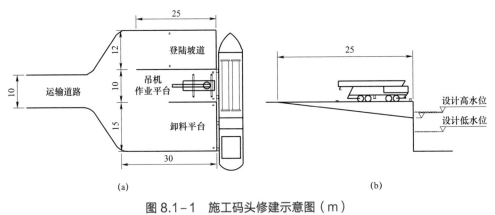

图 8.1-1 施工码头修建示意图（m）
（a）施工码头修建方案俯视图；（b）施工码头修建方案侧视图

5. 运输方法

根据大跨越塔所处地形条件，可采用全陆上汽车运输或全水上船舶运输或陆海车船联合运输方式，完成材料与施工机具设备的运输。

采取陆海车船联合运输方式时，先利用运输车辆将材料与设备公路陆运至岸侧的码头中转站，然后装船运输到各海岛码头或水中平台，最后再通过岛上运输车短驳到塔位。

按照运输货物的质量、结构尺寸、施工码头条件等情况，相应采取汽车吊吊装上岸、登陆艇车船滚装上岸、浮吊吊装上岸三种联运方式。

8.2 基础施工

8.2.1 岩石锚杆基础施工

岩石锚杆基础依靠锚固体与岩层的黏结力传递结构物的拉力，其主要应用于抗上拔、抗浮、抗倾倒、结构抗震、加固地基及抵抗地层临界面剪切破坏，能充分调用周围地层自身强度，节约工程造价。

以舟联工程西堠门大跨越 380m 高塔基础为例，设计采用承台式岩石锚杆基础，基础设插入钢管与铁塔连接，插入钢管通过地脚螺栓锚固于基岩中。基础插入钢管规格与跨越塔腿部主材相同，为 $\phi 2300\text{mm} \times 28\text{mm}$。插入钢管顶根开为 69.224m，基础承台底断面尺寸为 16m×16m，基础承台与立柱呈垂直布置，承台与立柱均采用斜置式，与 45°塔中心呈内低外高布置，倾斜角度 6.77464°（正侧面坡比均为 1:0.084），基础混凝土等级 C40，最大单腿混凝土体积为 1159m³。每个塔腿基础底部均设置抗拔锚杆，共 280 根，锚杆采用 HRB400 级 $\phi 36\text{mm}$ 钢筋，所有锚杆的锚孔直径均为 $\phi 120\text{mm}$，其中锚入中风化岩石中的锚固长度为 4.0m，锚杆与基坑底面呈垂直布置，基础结构及布置如图 8.2-1～图 8.2-5 所示。

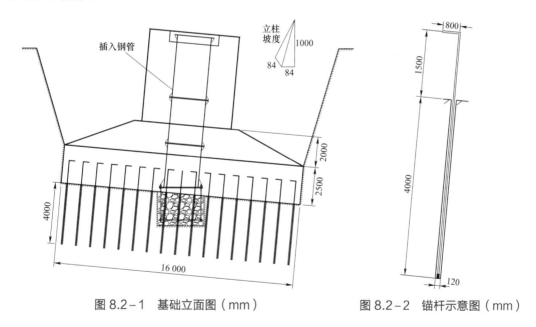

图 8.2-1 基础立面图（mm）   图 8.2-2 锚杆示意图（mm）

1. 总体施工方法

采用坐标定位法进行基础施工尺寸测量控制，采用光面爆破技术进行岩石基面及坑壁成型控制，研制锚杆定位器控制锚杆施工质量，研制整体式钢模板进行大断面立柱制模，采用集中搅拌、罐装车运输、泵送下料保证大体积混凝土连续浇筑，采用优化混凝土配合比、内部通水冷却、外部喷淋养护等措施保证大体积混凝土质量。

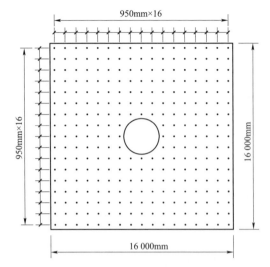

图 8.2-3　锚杆布置示意图

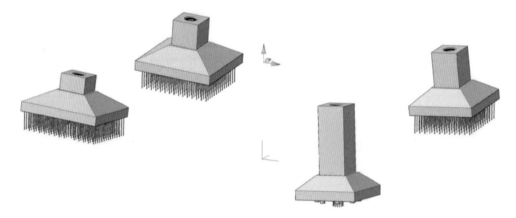

图 8.2-4　整基基础立体模拟图

图 8.2-5　单腿基础立体模拟图

2. 工序流程

根据高塔插入钢管承台式岩石锚杆基础结构特点，细分其施工工序流程如图 8.2-6 所示。

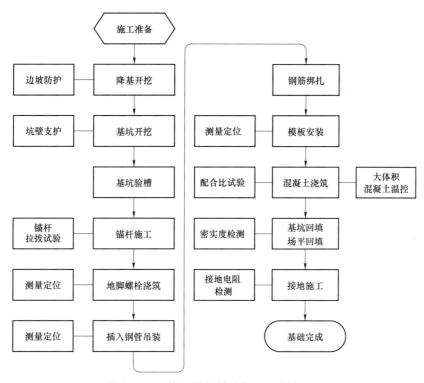

图 8.2-6　岩石锚桩基础施工工序流程图

3. 降基开挖

采用分层、分块开挖方式，分层高度按 10m 进行控制。大高差边坡的降基开挖，采用光面爆破技术，严格控制装药量、合理布置钻孔、选择微差顺序起爆，使边坡开挖面一次成形且表面平整。

4. 基坑开挖

采用先导井后扩挖的施工方案，基坑中心采用手风钻，钻斜孔掏挖后形成槽洞，再由槽洞开始进行四周扩挖，坑壁周边采用光面爆破。

基坑上部 4m 左右范围，采用挖掘机直接出碴。下部出碴时，在基坑外角修筑斜坡，以便挖掘机上下基坑，基坑内基本清碴完成后，挖掘机回至地面再清除余下石碴。挖掘机上下基坑示意图如图 8.2-7 所示。

5. 坑壁支护措施

基坑在开挖过程中，随时监测坑壁稳定情况，发现坑壁存在层间结合不良错动、局部坍塌等构成安全隐患时，采用锚杆及挂网喷浆等支护措施，保证基坑开挖安全。

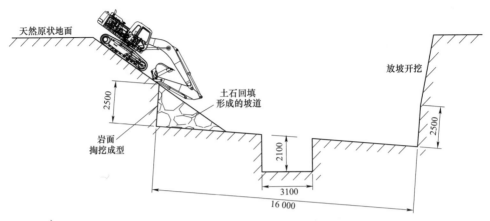

图 8.2-7 挖掘机上下基坑示意图（mm）

6. 锚杆施工

（1）施工准备。结合岩石锚杆孔径、深度、岩石硬度，选用履带式液压潜孔钻机用于锚杆钻孔。

（2）钻孔施工。利用测量仪直接观测法控制钻杆倾角，同时在钻杆上吊挂弦线及垂球、配合直角三角板的方法来核对测量，如图 8.2-8 所示。

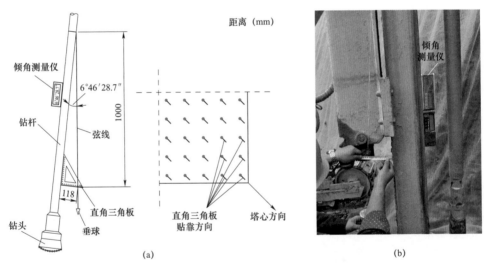

图 8.2-8 岩石锚杆钻杆定位倾角测量控制示意图（mm）

（a）示意图；（b）现场照片

（3）成孔检查。成孔后，应对锚孔成孔质量进行检查，检查要求见表 8.2-1。

表 8.2-1 锚孔成孔质量检查要求

项目	设计值	允许偏差	合格范围
锚孔直径	ϕ120mm	0mm~+20mm	ϕ120~ϕ140mm
锚孔深度	4000mm	不应小于设计值，也不宜超过设计深度 500mm	

续表

项目	设计值	允许偏差	合格范围
锚孔垂直度		小于设计锚孔深度的 1%	
锚孔间距	950mm	±100mm	850～1050mm

（4）锚杆定位器。研制锚杆定位器，用于锚杆在锚孔中心位置的定位控制。通过抗剪墩的作用，将定位器准确地固定于锚孔中心位置；通过定位螺栓的作用，将锚杆准确地固定于定位器中心位置。锚杆定位器结构示意图如图 8.2-9 所示。

（5）混凝土浇筑。每根锚杆灌注前计算混凝土理论灌注量，灌注时采用量筒计量，并记录核实灌注体积与锚孔实际体积符合性。

（6）锚杆抗拔试验。锚孔混凝土强度达到设计要求后，需进行抗拔承载力试验检测，试验利用液压加载装置进行循环加、卸荷。坑底岩石锚杆总体布置如图 8.2-10 所示，岩石锚杆拉拔试验如图 8.2-11 所示。

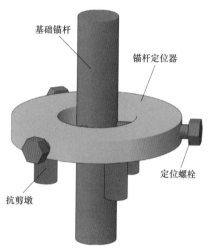

图 8.2-9　锚杆定位器结构示意图

图 8.2-10　岩石锚杆总体照片

图 8.2-11　岩石锚杆拉拔试验照片

7. 地脚螺栓组施工

在地脚螺栓组的上层定位板上预留定位控制标记，用于定位板本身的测量，如图 8.2-12 所示。

计算定位模板各定位标记点的三维坐标，并通过 CAD 绘制立体图模拟进行坐标核对，现场采用全站仪进行各定位点的测量控制。

8. 插入钢管安装

在每节钢管上法兰的四个边沿打上定位标记线钢印，用于测量定位控制。根据每一节插入钢管的长度，计算顶法兰各定位标记点的三维坐标，并通过 CAD 绘制立体图进行

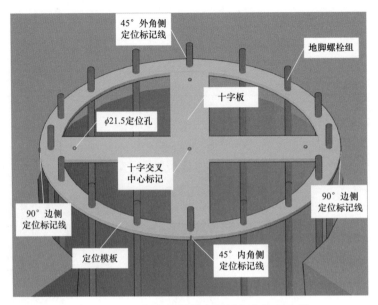

图 8.2-12   插入钢管地脚螺栓组定位示意图

核对，采用全站仪进行吊装就位过程中的坐标测量控制，如图 8.2-13 所示。

图 8.2-13   插入钢管现场安装照片

9. 钢筋绑扎

基础承台底板钢筋可利用底部锚杆做架立钢筋，承台面层钢筋可利用立柱钢筋做架立钢筋，侧面布置适当钢筋支撑，防止钢筋网片侧向位移。钢筋铺料绑扎按设计图纸要求进行，立柱支撑加固用型钢安装与钢筋绑扎同步进行，如图 8.2-14 所示。

图 8.2-14　钢筋绑扎现场成品照片

10. 模板制安

模板系统由模板、型钢支撑架等组成，地面以下部分采用钢木组合模板，其中承台上部斜面模板采用翻模施工，基础立柱部分采用定制整体式钢模板，如图 8.2-15 和图 8.2-16 所示。

图 8.2-15　模板安装及支撑现场施工照片

图 8.2-16　模板安装现场施工照片

11. 混凝土浇筑

为保证基础大体积混凝土一次性连续浇筑的顺利实施及浇筑质量，进行混凝土浇筑施工技术的专项研究。

（1）混凝土制备、运输、浇筑方式。混凝土拌制采用现场搅拌系统，设集中搅拌站，配备 1000 型强制式混凝土搅拌机，采用自动配料、电子计量系统。混凝土运输采用罐装运输车，从现场搅拌系统出料，直接进混凝土运输车，运至基础浇制现场，采用混凝土汽车输送泵下料，如图 8.2-17 所示。

（2）基础温度场的有限元仿真分析。为深入分析研究大体积混凝土的水化热影响，采取切实可行的温控措施，采用有限元软件对超大体积混凝土的温度场和温度应力进行模拟研究，如图 8.2-18 所示。

图 8.2－17　混凝土浇筑现场施工照片

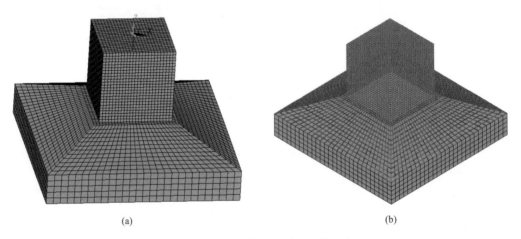

(a)　　　　　　　　　　　　　　　　　　　(b)

图 8.2－18　基础有限建模及加载示意图

（a）建模图；（b）加载图

　　根据混凝土边界存在热对流的情况，确定该瞬态热分析属于第三类边界条件，在实体模型的表面，将空气和混凝土热对流的边界条件作为面荷载施加，输入具体的对流系数和空气温度作为计算参数，对固体和流体间的热交换进行计算。实际工程施工过程中要求同时考虑对钢模板和混凝土的具体养护情况，选用合理的对流热交换系数，模型的计算时间定为 20 天，与现场实测时间基本一致。

　　利用有限元分析软件对模型进行瞬态热分析，如图 8.2－19 所示。

　　由图 8.2－19 可以看出：在第 3 天时，混凝土的最高温度达到 57.2℃，第 6 天时，混凝土的最高温度为 48.5℃。在对工程的实际检测过程中，第 3 天混凝土的实测最高温度为 55.2℃，第 6 天为 45.8℃。

　　另外，将混凝土的中心温度与其实测温度进行对比分析，可发现计算曲线与实测曲线具有一致的变化趋势，如图 8.2－20 所示。

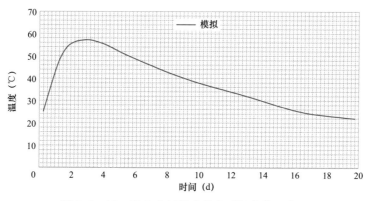

图 8.2-19　承台内部温度分布时间变化示意图

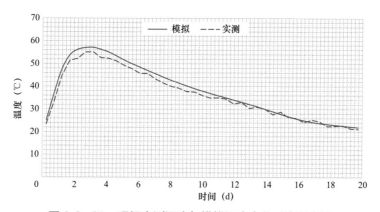

图 8.2-20　现场实测温度与模拟温度变化对比示意图

（3）大体积混凝土温控措施。

1）浇筑前控制。通过有限元仿真分析，结合温差计算，确定大体积混凝土施工防裂及温控措施。

在配合比设计时，充分考虑大体积混凝土施工特点，掺加粉煤灰减少水泥用量，降低水化热；掺加具有减水和缓凝效果的高效减水剂，改善混凝土的和易性，减少运输过程中的坍落度损失，延缓混凝土放热峰值出现的时间，使混凝土的凝结时间延长，降低混凝土的早期水化热及温升。

设计混凝土搅拌系统，准确控制混凝土生产过程中的计量、温度、湿度，保证混凝土生产的质量。

浇筑前在模板外包两层养护毯保温，减少混凝土表面的热扩散，缩小混凝土内部与表面温差。

2）浇筑中控制。采用"内排外保"，减少混凝土内外温差。

内排：尽快排出混凝土内部热量，降低混凝土内部温度。承台混凝土浇筑前，在混凝土内按层距 1m 水平环形布置薄壁钢管做散热管，混凝土浇筑中和浇筑后通冷却水散热，以降低混凝土温度，如图 8.2-21 和图 8.2-22 所示。

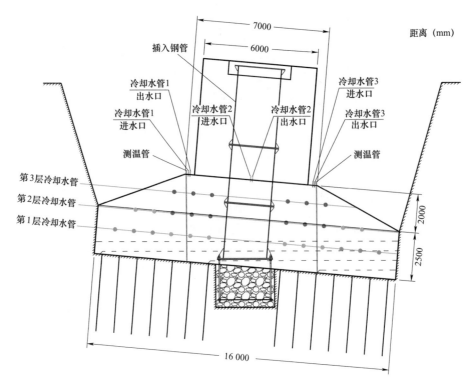

图 8.2-21 基础混凝土冷却管埋设立面图（mm）

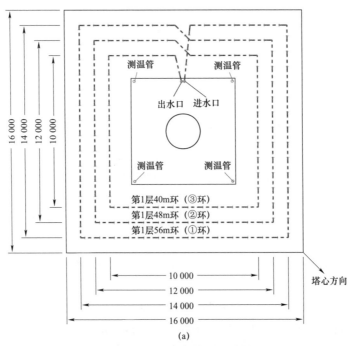

(a)

图 8.2-22 基础混凝土冷却管埋设平面图（mm）(一)

（a）第 1 根

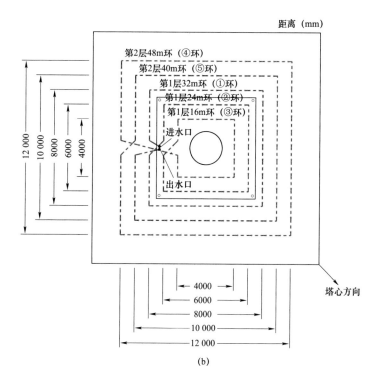

(b)

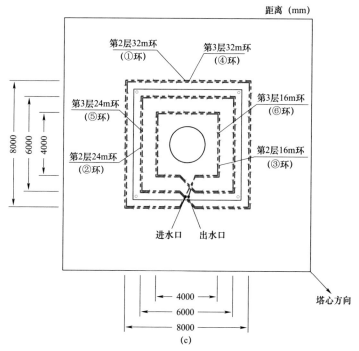

(c)

图 8.2-22　基础混凝土冷却管埋设平面图（mm）（二）

（b）第 2 根；（c）第 3 根

立柱保温：利用插入钢管内部空间，用风机接风管至钢管底进行吹风，将热气带出管内。

外保：在混凝土表面采取保温措施，控制混凝土内外温差及混凝土表面与空气温差，避免出现深层裂纹及表面裂纹。立柱混凝土表面采用一层塑料薄膜、两层包装毯保温养护，包装毯搭接压紧，承台混凝土采用两层包装毯保温养护。

12. 基础自动喷淋养护

设计开发基础自动喷淋养护系统，自动控制基础的喷淋作业，提高混凝土养护质量。

自动喷淋系统采用大功率水泵作为动力源，将自然水送到水箱，由水箱作为中转，为喷淋提供水源，再采用另一个水泵把水箱中的水以一定压力送到喷淋支管，并均匀喷洒。根据温度和湿度传感器反馈的数据，系统控制自动开启电磁阀进行喷淋。自动喷淋养护布置如图 8.2-23 和图 8.2-24 所示。

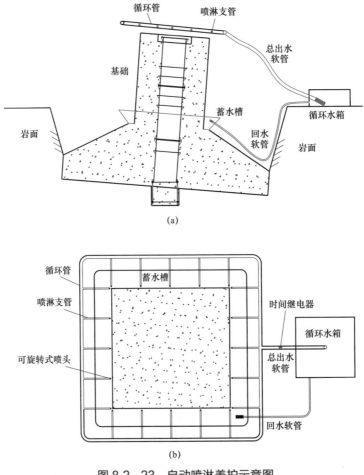

图 8.2-23 自动喷淋养护示意图

(a) 断面图；(b) 平面图

图 8.2-24　自动喷淋养护现场照片

8.2.2　水中基础施工

设置在江、湖、河、海中的铁塔基础，多采用二种桩基形式，一种为斜桩基础，桩型一般为钢管桩或 PHC 桩。斜桩基础形式与灌注桩基础形式相比，在上部土层柔软，下部持力层坚硬的地质条件下，有投资省、工期快等优点。但斜桩结构型式，必须满足施工作业所需的航道、施工水域面积和打桩船舶吃水深度的要求。

另一种为灌注桩基础形式，其水上施工技术成熟，无需大型起重设备，施工用钢护筒既作为施工期的工作平台支撑，又可起到加强桩基承载性能和防腐作用。

500kV 杭兰线钱塘江大跨越江中跨越塔基础、舟山螺头水道大跨越海中跨越塔基础、500kV 南雁—温东大跨越江中跨越塔基础均采用钻孔灌注桩高桩墩台基础，500kV 玉环变—乐清变大跨越海中跨越塔基础采用钢管斜桩高桩墩台基础。

以舟山螺头水道大跨越海中 199m 跨越塔基础为例，该基础位于外神马岛东侧约 450m 的海中，海底标高为 -2.30～-2.50m，水深在 2～3m，基础本体采用高桩承台结构，基础承台顶面高程为 $+9.50$m，厚 3.0m，其平面尺寸为 56.44m×56.44m，由四个 17.6m×17.6m 的方形 C30 钢筋混凝土墩台组成，墩台与墩台之间由钢筋混凝土梁板连接成铁塔平台，每个墩台下设 9 根桩径为 2.2m 的 C30 钢筋混凝土钻孔灌注桩，联系梁下设 17 根钻孔灌注桩，考虑灌注桩嵌入中等风化岩 3.3m。施工所需的 53 根 ϕ2500mm×20mm 钢护筒（44 根 35m，9 根 30.2～34.7m 不等）作为本体一并进行设计计算。海中高塔基础布置如图 8.2-25～图 8.2-27 所示。

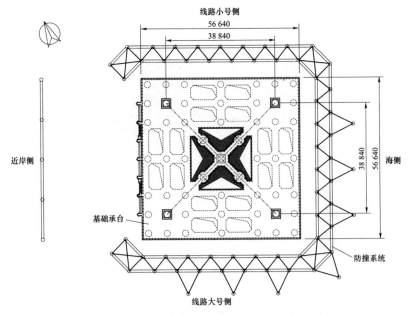

图 8.2-25 海中高塔基础平面示意图（mm）

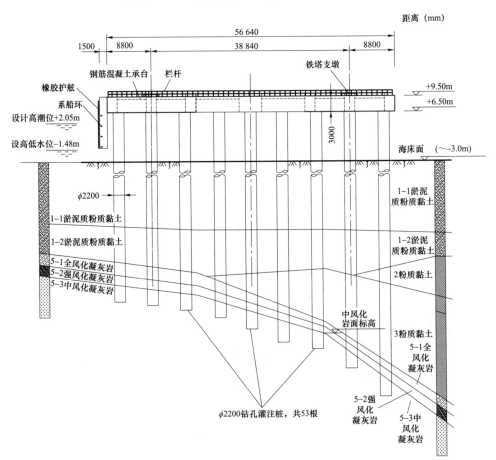

图 8.2-26 海中高塔基础承台结构断面图（mm）

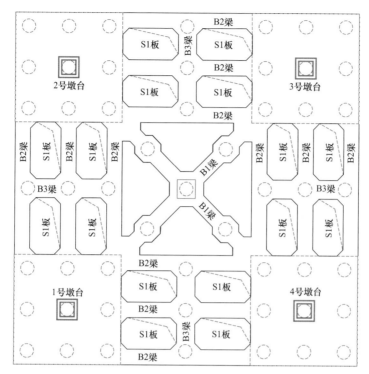

图 8.2-27　海中高塔基础承台梁板结构布置示意图

8.2.2.1　施工流程

根据海中高塔基础施工现场自然条件、工程特点等因素，采用全水上施工作业方式，所有设备及材料均由水路运至现场，由起重船吊至施工平台。

钢护筒及防撞钢管桩由专用驳船水运至现场，选用大型打船桩进行沉桩作业。

钢护筒沉桩完毕后，利用钢护筒外壁焊接的钢牛腿搁置钢箱梁及型钢，铺设钢板面层，搭设钻孔平台，再进行嵌岩灌注桩施工。

利用本体嵌岩灌注桩钢护筒，顶部搁置型钢连梁，悬挂吊筋形成反吊钢围图，进行上部承台、联系梁、板等结构施工，承台浇筑采用分层浇筑方案。

依附基础本体搭设高塔组立施工平台，采用预埋悬挑梁、利用防撞钢管桩加设钢立柱、打设临时钢管桩、搁置型钢、加铺钢板面层的方案，其搭设施工与基础本体施工同步进行。

海中高塔基础施工工序流程如图 8.2-28 所示。

8.2.2.2　钢护筒及防撞钢管桩沉桩

1. 沉桩工程量

工程采用 ϕ2500mm 钢护筒、ϕ1400mm 防撞钢管桩，采用打桩船进行沉桩施工，船上配置 GPS 定位系统，适用于无护岸远距离海上打桩。主要工程量见表 8.2-2。

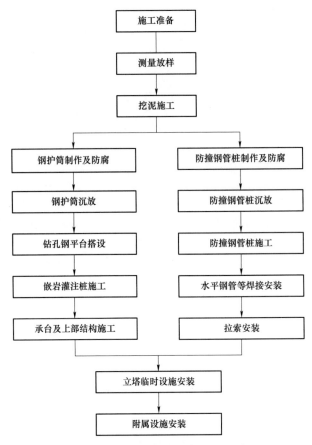

图 8.2-28 海中高塔基础施工工序流程图

表 8.2-2   主 要 工 程 数 量 表

序号	项目	规格	数量	备注
1	$\phi 2500mm \times 20mm$ 钢护筒	30.2～35m	53 根	水上桩船沉钢护筒
2	$\phi 1400mm \times 16mm$ 防撞钢管桩	23.375～40m	64 根	水上桩船沉钢管桩
3	合计		117 根	

2. 钢护筒、防撞钢管桩制作

钢护筒及防撞钢管桩根据施工要求进行组拼焊接，然后在出运码头上装驳，水运至打桩现场。

3. 沉桩施工船舶设备配置

（1）打桩船选用。沉桩施工选用打桩船，桩锤锤型选用 D100 型柴油锤。船上配置 GPS 定位系统，适用于无护岸远距离海上打桩。常用打桩船主要量度和性能参数见表 8.2-3，D100 柴油锤主要性能见表见表 8.2-4。

表 8.2－3　　　　　　　　常用打桩船主要量度和性能参数

总长	71.50m	桩架高度（距设计水线）	93.5m
型长	63.60m	桩架作业变幅	作业±14°
型宽	27.00m	沉桩最大桩长	80m＋水深
型深	5.20m	吊钩能力（t×数量）	120t×2＋80t
满载吃水	2.80m	设计排水量	4500t

表 8.2－4　　　　　　　　D100 柴油锤主要性能表

上活塞质量（kg）	每次最大打击能量（N·m）	打击次数（击）	作业于桩上最大爆炸力（kN）	斜桩最大倾斜度
1000	333 540	36～45	2600	1/5～1/2

（2）拖轮、驳船选择。根据钢管桩的长度及质量，选择驳船用于钢管桩的运输，钢管桩的装驳可在钢结构厂出运码头装驳，并选配拖轮协助驳船运输钢管桩。

4．沉桩定位测量

打桩船沉桩定位采用"海工工程远距离 GPS 沉桩定位系统"，结合打桩软件，进行实时船体的位置、方向和姿态控制。桩身的倾斜度由桩架控制，桩顶标高由摄像机及测距仪实时测定，同时由"锤击计数器"记录沉桩时的锤击数，自动进行沉桩贯入度的计算，并显示在系统计算机屏幕上。桩顶标高采用 GPS 和岸上设置的全站仪双重控制，确保设计桩顶标高的精确度。海中塔钢管桩沉桩现场施工如图 8.2－29 所示。

图 8.2－29　海中塔钢管桩沉桩现场施工照片

8.2.2.3　钻孔钢平台搭设

为满足钻孔桩施工要求，结合已沉放的钢护筒，搭设钻孔施工平台。

钻孔平台布置应考虑吊车通行作业要求及方便钻机移动，吊车行走区布置有专用通道。钻孔平台布置如图 8.2－30 和图 8.2－31 所示。

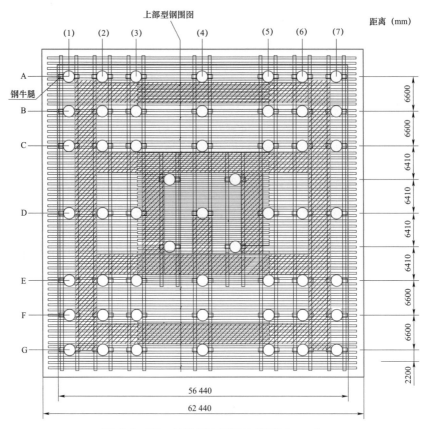

图 8.2-30 钻孔平台平面布置图（mm）

在钢管桩两侧焊接钢牛腿，钢牛腿上搁置钢箱梁，在箱梁上搁置 HM400 型钢（接触面点焊连接），形成平台面系，将施工荷载均匀传给钢箱梁的同时也作为钢箱梁之间的横向连接。

吊车、设备通道区域在 HM400 型钢上搁置 2cm 厚、宽 1.8m 钢板，其余区域用 6mm 厚拉格棱形网板形成平台铺面，局部根据施工需要在网板上再铺设 5cm 厚的木板。工作平台四周设围栏式封闭栏杆，悬挂安全网，栏杆符合相关的安全标准。钢平台搭设过程中钢箱梁等材料以及履带汽车吊上下平台的吊装工作由起重船协助完成。钻孔平台现场施工如图 8.2-32 所示。

8.2.2.4 嵌岩灌注桩施工

嵌岩灌注桩施工采用冲击成孔、水下灌注混凝土工艺。

1. 嵌岩灌注桩工程概况

共有 53 根桩径为 ϕ2200mm 的 C30 钢筋混凝土钻孔灌注桩，灌注桩嵌入中等风化岩 3.3m。钻孔灌注桩主要工程量见表 8.2-5，灌注桩施工现场平面布置如图 8.2-33 所示。

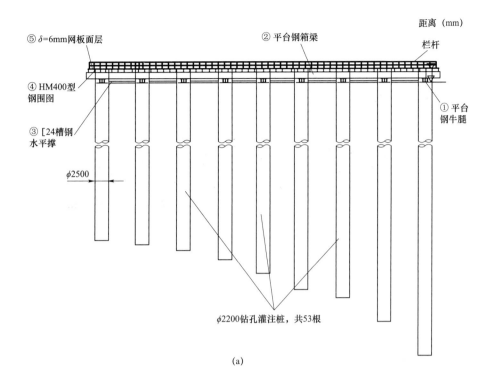

(a)

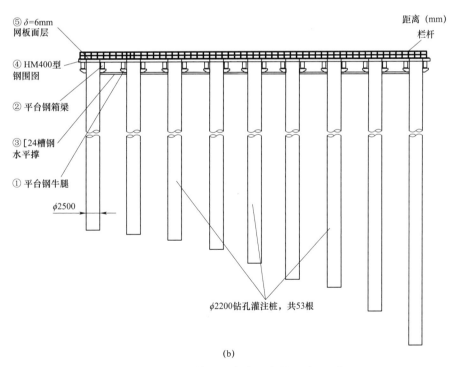

(b)

图 8.2-31 钻孔平台立面布置图（mm）

（a）断面图；（b）平面图

图 8.2-32 钻孔平台现场照片

表 8.2-5   钻孔灌注桩主要工程量

序号	项目	规格	数量	C30 混凝土方量
1	ϕ 2200m 钻孔桩	33.5～60m	53 根	53 ×（127.34～228.08m³）
2	合计	2503.5m	53 根	9517m³

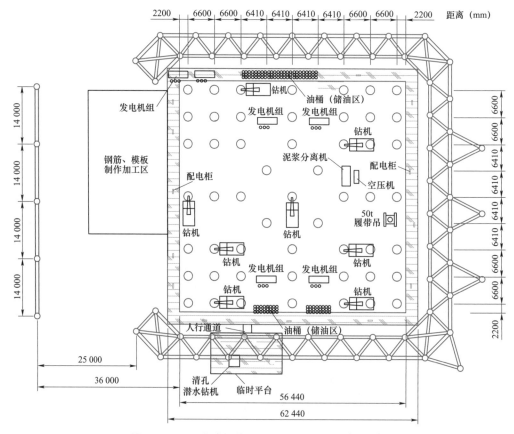

图 8.2-33 灌注桩施工现场平面布置图（mm）

2. 钻机设备及工艺选择

根据岩土工程勘测报告，海中塔位地质分布从上至下为（1-1、1-2）淤泥质粉质黏土层→（2、3）粉质黏土层→（5-1）全风化凝灰岩→（5-2）强风化凝灰岩→（5-3）中风化凝灰岩，桩基的持力层为中风化岩层，局部岩面起伏大，高差达 27.5m，岩面坡度较陡，达到 36°，且岩石坚硬，单轴饱和抗压强度达到 40MPa，嵌岩施工难度大、周期长。

根据施工经验和各类钻具的性能特点，综合考虑地质条件、钻机性能、施工条件及经济性等因素，嵌岩桩施工采用冲击钻机进行成孔施工，钻机选用 JK-8 型冲击钻机，同时配备其他附属设备。

3. 钻孔桩施工总体工艺

嵌岩桩基成孔施工采用泥浆护壁冲击成孔工艺，气举反循环二次清孔，使用泥浆净化器处理泥浆，导管灌注水下混凝土。用履带式吊机进行钻机移位、灌注混凝土、钢筋笼吊运安放等起重作业。

4. 水下灌注混凝土

钻孔桩混凝土强度等级为 C30，每根桩混凝土浇筑量为 127～228m³。配置两艘搅拌船进行混凝土供应，混凝土浇筑采用布料臂输送至浇筑部位。常用混凝土搅拌船主要技术参数见表 8.2-6，嵌岩灌注桩现场施工如图 8.2-34 所示。

表 8.2-6　　　　　　　　常用混凝土搅拌船主要技术参数

船名	满载吃水（m）	总吨（t）	船体尺寸（m）			生产能力（m³/h）	一次上料最大浇筑方量（m³）
			长	宽	深		
混凝土搅拌船	3.3	2649	82.43	19.5	4.5	100	1000

图 8.2-34　嵌岩灌注桩现场施工照片

8.2.2.5 承台施工

承台分层、分块浇筑，采用贝雷片反吊工艺作为底围图承重结构。

1. 承台工程概况

海中塔基由四个 17.6m×17.6m 的方形 C30 钢筋混凝土墩台组成，承台高度为 3.0m，其平面尺寸为 56.44m×56.44m，单个墩台钢筋混凝土方量为 931.52m³，承台钢筋混凝土总方量为 3726.08m³，承台为水上作业施工，混凝土浇筑属大体积混凝土施工。承台工程数量见表 8.2-7。

表 8.2-7　　　　　　　　　　承 台 工 程 数 量 表

序号	项目	规格	数量	C30 混凝土方量
1	墩台	17.6m × 17.6m × 3m	4 个	4 × 931.52m³
2	合计			3726.08m³

2. 承台施工工艺流程

承台分两次浇筑成型，承台施工工艺流程如图 8.2-35 所示。

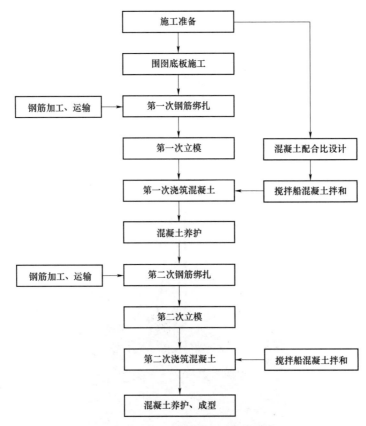

图 8.2-35　承台施工工艺流程图

3. 承台钢筋施工

钢筋在现场临时场地加工成半成品，运输到施工现场进行绑扎、安装，承台钢筋两次绑扎成型，如图 8.2-36 所示。

图 8.2-36　承台钢筋绑扎现场施工照片

4. 围图施工

承台、联系梁模板支撑体系采用反吊钢围图结构，局部结构使用立柱悬拉吊筋结构。围图结构示意图及现场安装如图 8.2-37 和图 8.2-38 所示。

5. 承台模板施工

模板分为侧模和底模两大类。

承台底模采用厚度 3cm 的木板，为保证承台的外观质量，承台侧模采用大型木框竹胶板。采用 1cm 厚海绵条和双面胶带相结合的方式进行模板止浆。底模与侧模连接四周钉设三角条设置倒角，三角条下面压海绵条止浆。模板外侧横夹条设置两道，采用双榀 [14 槽钢夹牢，横夹条上下使用 $\phi 20mm$ 螺杆固定。

6. 承台混凝土施工

本工程现浇承台采用 C30 高耐久性海工混凝土，采取水上混凝土浇筑方法，由混凝土搅拌船完成，如图 8.2-39 所示。

总体浇筑顺序：① 承台基础第一层；② B3 联系梁第一层；③ B2 联系梁第一层；④ B1 联系梁第一层；⑤ 承台及 B3 联系梁第二层；⑥ B2 联系梁第二层；⑦ B1 联系梁第二层；⑧ 面板。

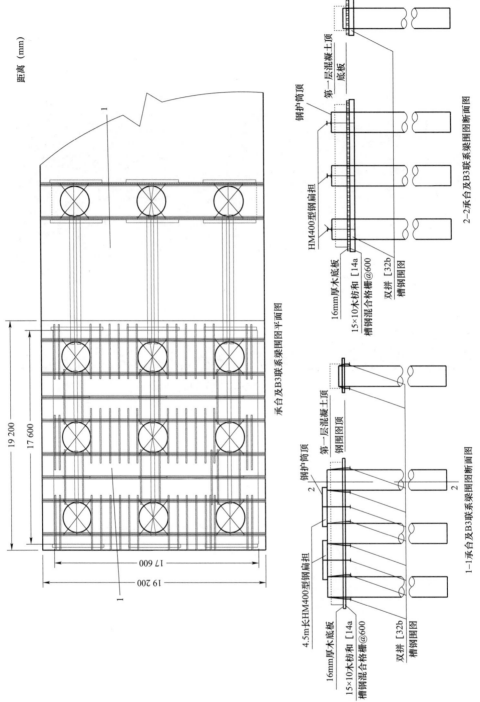

承台及B3联系梁围图平面图

距离（mm）

19 200
17 600

17 600
19 200

钢护筒顶
第一层混凝土顶
钢围图顶

2-2承台及B3联系梁围图断面图

16mm厚木底板
15×10木枋和 [14a
槽钢混合格栅@600

双拼 [32b
槽钢围图

HM400型钢扁担

钢护筒顶
第一层混凝土顶
钢围图顶

1-1承台及B3联系梁围图断面图

4.5m长HM400型钢扁担
16mm厚木底板
15×10木枋和 [14a
槽钢混合格栅@600

双拼 [32b
槽钢围图

图 8.2-37 围图结构示意图（mm）

图 8.2-38　承台围图现场安装照片

图 8.2-39　承台混凝土水上浇筑现场照片

8.2.2.6　立塔临时设施安装

海中高塔设计为双回路钢管塔，呼高为170m，全高为199m，铁塔根开为38.84m，塔头为双层横担布置，塔中心布置有带内旋梯的座地井架，全塔重1688t。结合铁塔结构参数及地形环境条件，铁塔组立采用坐地井架配双平臂抱杆分解组立，变幅利用设在平臂上的移动小车及井架上的变幅卷扬机在高空进行，起吊及抱杆提升在地面利用牵引机进行。

现有的基础承台尺寸不能满足立塔施工要求，需填充、延伸扩大，并增设堆卸料平台、动力平台、施工栈桥及施工锚桩。具体布置如图8.2-40和图8.2-41所示。该部分立塔临时工程，特别是立塔延伸平台及堆卸料平台，需与基础本体施工所需的临时设施充分结合，考虑合理的布设方案。

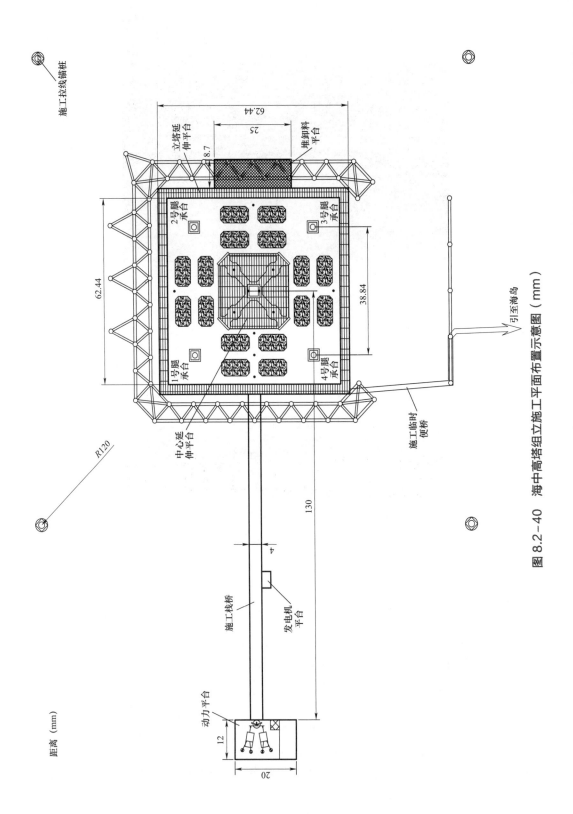

图 8.2-40 海中高塔组立施工平面布置示意图（mm）

（a）　　　　　　　　　　　　　　　　（b）

图 8.2-41　海中高塔组立施工临时设施现场布置照片

（a）侧视照片；（b）俯视照片

8.3　跨越塔组立

8.3.1　跨越塔分类

1. 按高度分类

（1）特高型跨越塔，指塔的全高在 200m 及以上的跨越塔。

（2）超高型跨越塔，指塔的全高在 150m 及以上且不超过 200m 的跨越塔。

（3）普通型跨越塔，指塔的全高在 150m 以下的跨越塔。

2. 按塔头形状分类

可分为酒杯形塔、羊字形塔、羊角干字形塔、蝶形塔等，如图 8.3-1 所示。

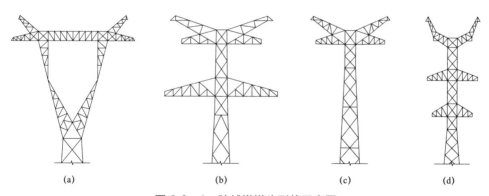

（a）　　　　　　　　（b）　　　　　　　　（c）　　　　　　　　（d）

图 8.3-1　跨越塔塔头形状示意图

（a）酒杯形塔；（b）羊字形塔；（c）羊角干字形塔；（d）蝶形塔

8.3.2　常用分解组立方法

跨越塔宜采用分解组立方法，常用分解组立方法主要有：流动式起重机分解组塔、落地双摇臂抱杆分解组塔、落地双平臂抱杆分解组塔、塔式起重机分解组塔。

8.3.3 施工准备

（1）根据确定的施工方法，选择相应型号的流动式起重机、抱杆或塔式起重机，确定现场平面布置及场地要求，并设计配套基础。

（2）跨越塔组立施工现场平面布置示意图如图 8.3-2 所示，图中所列的项目可根据不同施工方法和现场实际情况进行选择和调整。对位于水中的跨越塔组立，应根据实际情况，设置相应的栈桥或码头等设施。

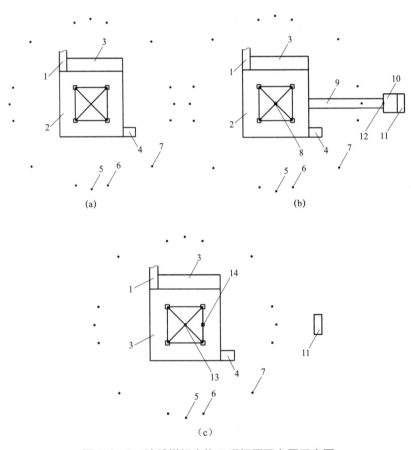

图 8.3-2 跨越塔组立施工现场平面布置示意图

（a）流动式起重机分解组塔现场平面布置；（b）落地双摇臂、双平臂抱杆分解组塔现场平面布置；
（c）塔式起重机分解组塔现场平面布置

1—进场运输道路；2—作业场地；3—材料和机具场地；4—履带式起重机组装延伸场地；5—侧面拉线地锚；
6—主材 90° 拉线地锚；7—主材 45° 拉线地锚；8—抱杆基础；9—施工辅助道路；10—起吊设备动力平台；
11—指挥控制室；12—提升总地锚；13—内附式塔式起重机基础；14—外附式塔式起重机基础

（3）跨越塔施工图设计时，应考虑设置便于施工、检修、运行的预留板或预留孔。

8.3.4　流动式起重机分解组塔

1. 一般规定

流动式起重机主要指汽车式起重机和履带式起重机，适用于地形、运输道路条件较好的跨越塔底部塔段分解组立或普通型跨越塔整塔分解组立。

2. 现场布置

包括进场运输道路、作业场地、材料和机具场地、锚桩设置等，对履带式起重机，应根据其组装要求设置组装延伸场地。

3. 主要工艺

（1）流动式起重机工况应根据吊装高度、吊件质量、吊装位置等因素配置，并应保证各工况下吊件与起重臂、起重臂与塔身的安全距离。

（2）塔身结构吊装时，应根据实际情况，采取打设外拉线等防内倾措施和就位尺寸调整措施。

（3）塔头吊装时，应结合塔头结构，采用整体、分段、分片或相互结合的方式吊装，保证结构完整性，方便施工吊装与就位安装。

8.3.5　落地双摇臂抱杆分解组塔

1. 一般规定

落地双摇臂抱杆适用于各种地形条件的跨越塔组立，当吊装酒杯形跨越塔塔头，且抱杆需采用外拉线方式时，塔高不宜超过 150m。抱杆应设置于跨越塔中心的基础上，宜使用内拉线。抱杆吊装时不平衡力矩不得超过其设计允许值，宜采用双侧平衡吊装方式。

2. 现场布置

落地双摇臂抱杆分解组塔吊装布置如图 8.3 - 3 所示。

3. 主要工艺

（1）抱杆组立宜采用流动式起重机组立，抱杆利用提升架提升的，提升架应结合抱杆组立同步安装，抱杆组立过程中，应根据其性能要求及时打设附着、拉线，并保持杆身正直。

（2）主材采用对角对称同步吊装方式，侧面构件可采用整体或分解吊装方式吊装。分解吊装时，应先吊装水平材，后吊装斜材。水平材吊装过程中，应采用打设外拉线等方式调整就位尺寸。塔身采用组片吊装方式时，组片结构应稳定，必要时采取补强措施。

（3）塔头吊装时，当抱杆最大吊装幅度不能满足边横担吊装要求时，可采用辅助人字抱杆的方式增加作业幅度。

（4）抱杆提升过程中，应根据其性能要求，合理设置附着数量及间距。采用地面液压提升套架进行抱杆首次提升时可设置一道附着，其余情况抱杆首次提升时其附着数量均不得少于两道。

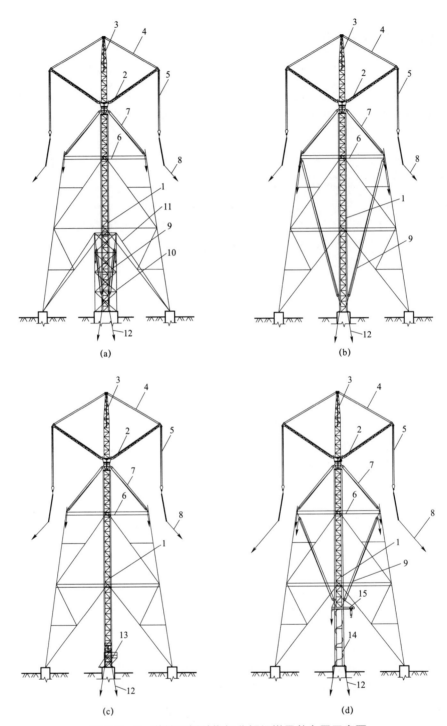

图 8.3-3 落地双摇臂抱杆分解组塔吊装布置示意图

（a）抱杆利用提升架提升的吊装布置；（b）抱杆利用塔体提升的吊装布置；
（c）抱杆利用地面液压提升套架提升的吊装布置；（d）抱杆利用塔体提升（杆身为电梯井筒）的吊装布置
1—标准节或旋梯井架；2—摇臂；3—桅杆；4—变幅滑车组；5—起吊滑车组；6—附着；7—抱杆拉线；
8—控制绳；9—提升滑车组；10—提升架；11—提升架拉线；12—起吊牵引绳；13—地面液压提升套架；
14—电梯井筒；15—电梯井筒辅助吊装系统

8.3.6 落地双平臂抱杆分解组塔

1. 一般规定

落地双平臂抱杆适用于地形条件较好的跨越塔组立,不宜用于塔窗高度超过抱杆设计自由高度的酒杯型跨越塔组立。抱杆应设置于跨越塔中心的基础上,不宜使用拉线,采用双侧平衡吊装方式。抱杆杆身段宜利用跨越塔的电梯井筒或旋梯井架,也可采用标准节。

2. 现场布置

落地双平臂抱杆分解组塔吊装布置如图 8.3-4 所示。

3. 主要工艺

(1)抱杆宜采用流动式起重机组立,抱杆利用液压提升套架或提升架提升的,液压提升套架或提升架应结合抱杆组立同步安装。抱杆组立过程中,应根据其性能要求及时打设附着、临时拉线,并保持杆身正直。

(2)吊件摆放及组装位置应满足垂直起吊要求,两侧吊件应按抱杆中心对称布置。

(3)抱杆采用地面液压提升套架倒装提升方式时,待安装杆身段为标准节或旋梯井架,加装标准节或旋梯井架的操作在地面进行。提升过程中,应根据其性能要求,合理设置附着数量及间距。附着打设过程中,应保持杆身正直。

8.3.7 塔式起重机分解组塔

1. 一般规定

塔式起重机适用于地形条件较好的普通型跨越塔和超高型跨越塔组立,内附式塔式起重机应设置于跨越塔中心的基础上,外附式塔式起重机应设置于塔身外顺线路方向的基础上。

2. 现场布置

塔式起重机分解组塔吊装布置如图 8.3-5 所示。

3. 主要工艺

(1)塔式起重机宜采用流动式起重机安装。高空液压提升套架应结合塔式起重机安装同步完成,内附式塔式起重机起重臂、平衡臂等的辅助拆卸系统安装也应结合塔式起重机安装同步完成。塔式起重机安装过程中,应根据其性能要求打设附着,并保持塔机塔身正直。

(2)应合理布置起重臂方位,吊件摆放及组装位置应满足垂直起吊要求。

(3)采用高空液压提升套架提升塔式起重机,加装标准节的操作应在高空进行,待加装的标准节宜利用塔式起重机起吊系统吊装。塔式起重机提升过程中,应根据其性能要求,合理设置附着数量及间距。附着打设过程中,应保持塔机塔身正直。

(4)外附式塔式起重机,应按提升逆程序将其降到基本高度后,采用流动式起重机拆除;内附式塔式起重机,可利用在塔式起重机上设置的人字抱杆等辅助拆卸系统将起重臂、平衡臂等先行分段拆除,然后按提升逆程序将塔式起重机降到一定高度后,采用流动式起重机或在塔身挂设滑车组的方式将其剩余部分拆除。

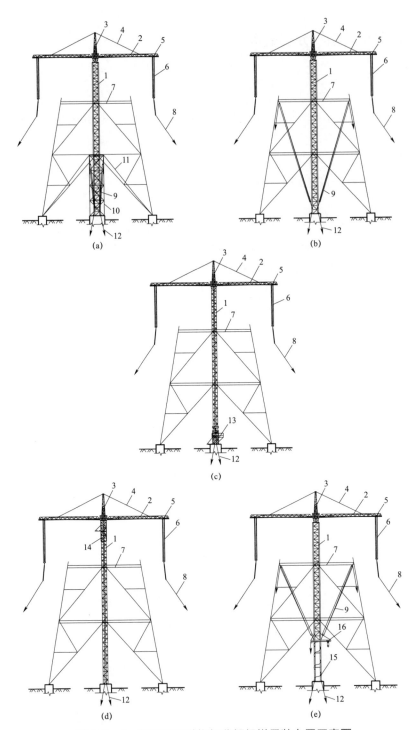

图 8.3-4 落地双平臂抱杆分解组塔吊装布置示意图

（a）抱杆利用提升架提升的吊装布置；（b）抱杆利用塔体提升的吊装布置；（c）抱杆利用地面液压提升套架提升的吊装布置；（d）抱杆利用高空液压提升套架提升的吊装布置；（e）抱杆利用塔体提升（杆身为电梯井筒）的吊装布置

1—标准节或旋梯井架；2—起重臂；3—塔帽；4—拉杆或拉索；5—变幅小车；6—起吊滑车组；7—附着；
8—控制绳；9—提升滑车组；10—提升架；11—提升架拉线；12—起吊牵引绳；13—地面液压提升套架；
14—高空液压提升套架；15—电梯井筒；16—电梯井筒辅助吊装系统

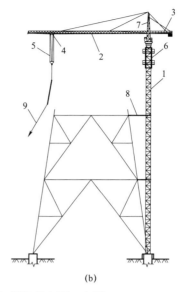

图 8.3-5 塔式起重机分解组塔吊装布置示意图

（a）内附式塔式起重机分解组塔吊装布置；（b）外附式塔式起重机分解组塔吊装布置

1—标准节；2—起重臂；3—平衡臂；4—变幅小车；5—起吊滑车组；

6—液压提升套架；7—塔帽；8—附着；9—控制绳

8.4　大跨越架线

8.4.1　基本规定

（1）大跨越架线施工前应根据选择的架线方法进行施工技术设计，施工技术设计时应对所用机具受力状况进行全面分析、计算，以受力最大值作为选择机具的依据。必要时，应对铁塔的塔体强度及稳定性进行校验。

（2）针对工程特点、放线张力、地形条件及气象条件等制定相应的施工方案，并根据施工方案选择合适的架线机具，编制施工作业指导书。

（3）在保证架线质量的前提下，根据工程具体条件和施工资源条件设计选择架线施工工艺流程、施工机械、施工组织及操作方法等。

（4）大跨越工程导线放线方式有一牵一、一牵二、一牵三、一牵四等放线方式，具体采用何种放线方式应根据工程特点、设备参数及导线放线张力而定。地线、复合光缆一般采用一牵一的放线方式。

8.4.2　施工准备

1. 机具准备

（1）机具准备前，应计算放线张力及紧线张力，确定放线方式。根据施工技术要求配备放线机具，成套放线机具应相互匹配。

（2）采用水面牵引初级导引绳的施工方法时，应调查跨越处水面宽度、航道宽度、水深、水流速度等参数，选择合适的牵引船。跨越点处牵引船不能直接靠岸的，可考虑采用设置趸船的方式作为牵引船牵引到岸后的停靠点。

（3）采用飞行器展放初级导引绳的施工方法时，需对拟使用的飞行器进行试飞，确认其满足展放要求。

（4）放线机具应配套使用，成套放线机具的各组成部分应相互匹配。配套放线机具的选择应符合"2. 放线滑车准备"。

2. 放线滑车准备

（1）放线滑车应与牵放方式相配合，放线滑车中轮的承载能力应满足滑车最大工作要求。

（2）牵引走板应与放线滑车相匹配，保证牵引走板的通过性。

（3）根据放线滑车的最大额定荷载、滑轮槽底直径、导线在放线滑车上的包络角等确定是否悬挂双放线滑车，双放线滑车间应用硬支撑杆间隔并进行强度验算。

（4）跨越塔挂双放线滑车时，可结合挂点结构，采用独立悬挂或复式悬挂方式，如图 8.4-1 所示。

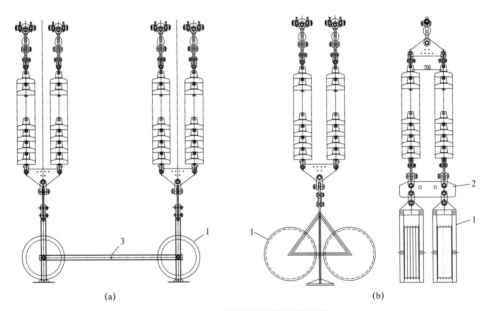

图 8.4-1 跨越塔放线滑车悬挂

（a）独立悬挂放线滑车；（b）复式放线滑车

1—滑车；2—滑车连接横梁；3—滑车支撑连杆

3. 初级导引绳牵引机具的选择及准备

（1）采用飞行器展放初级导引绳时，宜采用具有自主导航能力的飞行器时，地面控制基站应能在大跨放线段内对飞行器可控，并应具有切换到手工控制模式的功能。飞行器续航能力、最大起飞质量及最大牵引力等性能参数应能满足承载能力及放线张力要求。

（2）采用牵引船（拖船）展放初级导引绳时，牵引船的动力应能满足展放要求，牵引船的操作人员应熟悉和掌握大跨越工程初级导引绳牵放的特点及技术要求，牵引过程中，应保证船上与陆地通信畅通，根据水流及风向及时调整牵引船行驶路线。

8.4.3 张力放线

1. 牵张场布置

（1）牵引场、张力场的场地地形及面积应满足设备、导线布置及施工操作要求，牵引机、张力机进出口与邻塔悬点的高差角不宜超过 15°。

（2）钢丝绳卷车与牵引机的距离和方位、线轴架与张力机的距离和方位应符合设备使用说明书要求。

（3）牵引机、张力机、钢丝绳卷车、线轴架等均应按设备使用说明书要求进行锚固。

2. 导引绳、牵引绳、地线展放

（1）利用初导牵放二导、二导牵引三导，以此类推，逐级牵放，最终牵引出所需规格导引绳，所有的导引绳转换牵引均采用带张力展放方式。

（2）根据施工工艺特点，初级导引绳在逐级牵引各规格导引绳时，一般需要在牵引过程中进行空中分相及移位作业。导引绳移位时，应尽量减少水平移位，采取垂直移位的方式，尽量选取移较小规格的导引绳而不移大规格导引绳；以最少的移位次数完成各级引绳的移位。

（3）牵引绳展放应采用一牵一的放线方式，牵引绳与牵引绳的连接应使用能通过牵引机卷扬轮的抗弯连接器。

（4）架空地线、复合光缆均应采用张力放线方法展放，复合光缆放线区段长度应与复合光缆长度相适应。牵引场、张力场所在位置应保证复合光缆进出口仰角、水平偏角满足规范要求。

3. 放线施工操作

（1）导地线的展放应通过在其端头压接牵引管及旋转连接器与牵引绳连接，牵引管在使用前应做拉力试验，试验合格后方可使用。

（2）同相多根牵引绳或导线同步展放时，为防止多根牵引绳或导线在牵放过程中相互缠绕、鞭击，各牵引绳或导线的弧垂应错开。

（3）各相导线的展放顺序应按左右侧对称展放的顺序进行，并兼顾放线时期当地常规风向按先展放下风口再展放上风口顺序进行展放，以防止因风偏造成正在展放的导线与已展放的导线相互跳、绞。

（4）每根牵引绳、导地线放完后，应在牵、张机前进行临时锚固，锚线后牵引绳、导地线距离水面的高度应能满足通航要求。

（5）同相多根牵引绳、各子导线锚线张力宜稍有差异，使其空间位置错开，避免发生绳（线）间鞭击。

（6）为防止已展放的导引绳、牵引绳及未安装附件的导线、架空地线和光纤复合架空地线因风振而受到损伤，凡需过夜的均应会同设计单位采取临时防振措施。

8.4.4　紧线

（1）张力放线结束后应尽快进行紧线操作，同相子导线应对称收紧，宜先收紧位于放线滑车最外边的两根子导线，使滑车保持平衡，避免滑车倾斜导致导线滚槽。

（2）弧垂观测应至少采用两种不同的方法进行观测，当两种方式所观测的弧垂值均吻合时方可进行下道工序。

（3）画印时应在所有耐张塔及跨越塔同时进行，防止因初伸长等因素造成画印偏差。

8.4.5　附件安装

（1）耐张塔附件安装时，在非紧线端将导线在地面进行压接，软挂在耐张组装串上；在紧线端将锚绳端头用卡线器将导线锚好，锚绳后端通过卸扣与滑车组组连，滑车组另一端通过卸扣与耐张组装串上的近线端连接，地面收紧单头尾绳进行紧线，弧垂达到设计要求后，进行画印，将导线松线落地，对导线进行割线、清洗、压接。也可采用地面画印、地面紧线、地面压接作业方式。

（2）耐张塔挂线时，采用空中对接法，将压接好的导线与安装在耐张塔横担孔上的耐张组装串对接。

（3）直线塔附件安装，应根据计算的移印值在导线上画好护线条中心点、端点标记，进行提线操作，拆除放线滑车；每根子导线宜采用两点提线，提线工具宜用完全握紧式提线器，也可利用定制的悬垂线夹作为提线器，或采取其他防滑移措施。

（4）安装防振锤、阻尼线及间隔棒宜采用专用飞车安装，间隔棒安装位置宜用全站仪进行测量或采用定位器、导线长度测量滚轮等进行测定。

参考文献

[1] 程隽瀚，叶建云，石涛. 座地井架配旋转式四摇臂抱杆在组立长江高塔中的应用 [J]. 超高压送变电动态报道，2000（3）：22－25.

[2] 段天炜. 浅谈等截面主角钢斜插式基础的施工 [J]. 贵州电力技术，2001（10）：28－29.

[3] 国家电网公司编. 苏通长江大跨越工程关键技术研究成果专辑[M]. 北京：中国电力出版社，2018.

[4] 国家电网公司交流建设分公司组编. 架空输电线路施工工艺通用技术手册 [M]. 北京：中国电力出版社，2012.

[5] 国网浙江省电力有限公司组编. 跨海输电铁塔组立 [M]. 北京：中国电力出版社，2019.

[6] 赖建军. 角钢插入式基础施工工艺探讨 [J]. 浙江电力，1999（3）：50－51，53.

[7] 李立新. 初述高压输电线路主角钢插入式基础施工方法 [J]. 内蒙古石油化工，2005（6）：49－51.

[8] 刘志强. 输电线路插入式基础分坑及支模施工计算研究 [J]. 华北电力技术，2000（8）：20－22，30.

[9] 邱强华，徐敏建，叶建云，等. 输电线路370m 大跨越高塔组立施工技术 [J]. 电力建设，2011，32（8）：111－115.

[10] 邱强华，叶建云，黄超胜，等. 大型履带吊在高塔组立中的应用 [J]. 电力建设，2010，31（5）：122－125.

［11］申斌，傅剑鸣，李勇，等. 舟山与大陆联网大跨越工程施工关键技术［J］. 电力建设，2011，32（3）：24-28.

［12］孙伟军，段福平，彭立新，等. 舟山与大陆联网工程大跨越塔安全组立方案［J］. 电力建设，2011，32（4）：113-116.

［13］王建平. 转角塔插入式基础施工数据的分析与调整方法［J］. 电力建设，2004，25（3）：35-38.

［14］熊织明，钮永华，邵丽东. 500kV 江阴长江大跨越工程施工关键技术［J］. 电网技术，2006，30（1）：28-34.

［15］熊织明，邵丽东，吴建宏，等. 346.5m 输电高塔施工技术［J］. 特种结构，2004，21（3）：18-21.

［16］杨杰. 关于斜柱式插入角钢基础施工中的计算方法［J］. 贵州电力技术，2002（12）：45，5.

［17］叶建云，段福平，俞科杰，等. 斜置式插入钢管基础施工的定位测量与控制［J］. 电力建设，2012，33（9）：101-105.

［18］叶建云，黄超胜，段福平. 座地井架配双平臂旋转抱杆的结构型式与应用［J］. 工程与建设，2009，23（3）：399-401.

［19］叶建云，邱强华，段福平，等. 输电线路世界第一高塔钢管混凝土施工技术［J］. 电力建设，2010，31（12）：38-42.

［20］张弓，邱强华，叶建云，等. 舟山与大陆联网输电线路工程螺头水道大跨越架线施工方案［J］. 电力建设，2011，32（8）：116-121.

［21］钟善桐著. 钢管混凝土结构［M］. 3 版. 北京：清华大学出版社，2003.

［22］周焕林，叶建云，罗义华，等. 舟山大跨越抱杆现场试验［J］. 电力建设，2009，30（8）：63-65.

［23］周焕林，张国富，叶建云，等. 舟山大跨越抱杆型式试验方案［J］. 工程与建设，2009，23（1）：44-46.

［24］朱天浩，徐建国，叶尹，等. 输电线路特大跨越设计中的关键技术［J］. 电力建设，2010，31（4）：25-31.

第9章
大跨越专项施工技术

本章结合特大跨越工程的施工特点，就相关专项技术进行了重点介绍，包括特高塔组立、特大跨越架线、直升机跨海展放钢导引绳、钢管混凝土施工、斜置式插入钢管基础施工等。

以相关建设完成的特大跨越工程为实际案例，对各专项技术的核心内容，分工序步骤进行了重点介绍。

9.1 特高塔组立施工技术

舟联工程西堠门大跨越，新建跨越塔全高 380m，首次采用 500kV 与 220kV 混压的四回同塔设计。截至 2019 年 12 月底，塔高（380m）、塔重（7280t）、钢管混凝土灌注高度（262.3m）、钢管混凝土灌注方量（3200m）均为输电塔世界之最。

9.1.1 西堠门大跨越铁塔工程概况

380m 高塔采用 500kV 与 220kV 混压同塔四回路钢管自立塔，塔身主管、水平管及斜管等均采用法兰连接。塔身最大主管规格为 2300mm×28mm，塔身 281.5m 以下主管采用内外法兰连接，其余主管采用外法兰连接。

9.1.2 跨越塔组立施工难点分析

1. 新型抱杆研制

380m 高塔基础根开、塔头尺寸、主管规格、整体质量远超常规跨越塔，现有抱杆无法满足吊装要求。如何考虑地形环境条件，结合高塔结构参数，合理确定抱杆型式及参数，研制满足安全使用要求的新型抱杆，是施工难点之一。

2. 流动式起重机选配

380m 高塔根开 69.024m，主管规格 2300mm×28mm，吊装质量、幅度均要求较高。如何选用适宜规格的流动式起重机，完成高塔腿部段大质量、大幅度的吊装作业，适当降低高塔上部抱杆的吊装性能参数要求，是施工难点之二。

3. 抱杆提升方式

380m 高塔抱杆的总高度将超过 400m，采用抱杆中心落于地面的一次提升方式，提升整体质量将大大增加，提升操作安全风险较大。如何有效结合高塔结构设置高空平台，将抱杆的一次提升改为地面与高空结合的二次提升，有效减小提升质量，大幅减少抱杆标准节，降低施工安全风险，是施工难点之三。

4. 钢管混凝土施工

380m 高塔钢管混凝土灌注高度高，更兼有钢骨钢管混凝土与钢管混凝土两种结构。如何选择合适的灌注施工方案，采用有效的钢管内部混凝土防渗漏措施，保证灌注施工质量，是施工难点之四。

5. 施工安全风险控制

超高施工作业高度、大量频繁高处作业、众多施工人员、大规格钢管、大尺寸根开、封闭钢管内部空间、多大风天气海岛环境、复杂组塔施工工序，对施工安全管理提出高要求。如何精心策划组塔安全技术措施，保障施工人员和设备安全，是施工难点之五。

9.1.3　跨越塔组立总体方案

经过经济技术比较，确定采用 400t 履带吊、100t 汽车吊与新研制座地双平臂抱杆结合的分解吊装方案，进行 380m 高塔组立。0～112.8m 部分采用 400t 履带吊与 100t 汽车吊配合吊装组立，112.8m 以上部分采用新研制座地双平臂抱杆吊装组立。

新研制座地双平臂抱杆采用定制标准节作为抱杆杆身，在标准节顶部安装一副旋转式双平臂钢结构抱杆，双臂同步对称进行吊装作业。塔身 281.5m 以下吊装时，抱杆坐落在定制标准节上；塔身 281.5m 以上吊装时，220m 以下定制标准节更换为永久井筒，220m 以上仍采用定制标准节。抱杆采用钢结构套架液压下顶升方式进行提升，按铁塔高度分地面、高空两次分别进行。塔身 281.5m 以下吊装时，抱杆提升全部在地面进行；塔身 281.5m 以上吊装时，抱杆提升在高空 220m 平台进行。抱杆身部设置腰环，其四角配设腰环拉线连接于塔身主管，腰环拉线采用钢绞线（最顶部三道采用钢拉杆），用双钩收紧稳定，采用十二道防扭布置。两侧起吊绳从下支座导向滑轮架引出，分别引至地面，经地面转向滑车后引至动力设备。

西堠门跨越塔组立总体分三阶段进行，如图 9.1-1 和图 9.1-2 所示。

第一阶段（112.8m 以下）：履带吊、汽车吊配合吊装、双平臂抱杆组立。

第二阶段（112.8～281.5m）：双平臂抱杆吊装（抱杆座于地面）。

第三阶段（281.5m 以上）：双平臂抱杆吊装（抱杆座于高空平台）。

9.1.4　跨越塔组立专用抱杆

1. 专用抱杆主要技术参数

抱杆最大使用高度：398.9m（即平臂铰接点高度），回转塔身以上部分高 27.2m（从平臂铰接点到桅杆顶的距离），抱杆全高 426.1m。

（1）最大起重量：双侧各 30t（钩下质量），允许最大不平衡力矩 420t·m。

（2）工作幅度：5.0～42m。

（3）抱杆悬臂自由高度（钩下高度）：36m（250m 高度及以下）；32m（250m 高度以上）。

（4）腰环间距：15～40m。

（5）吊钩起升速度：0～20m/min。

（6）变幅速度：0～20m/min。

（7）单臂覆盖面角度：±120°（水平面内），回转速度0～0.4r/min。

（8）标准节：断面4000mm×4000mm（中心距），主材规格HM400（Q460C），单节长6m。

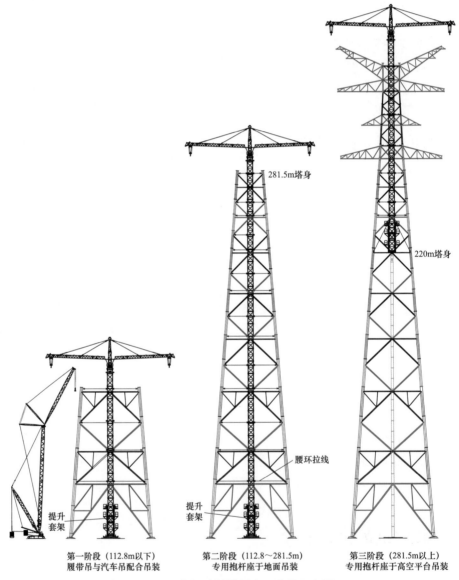

图9.1-1 西堠门跨越塔组立三阶段示意图

（9）设计最大工作风速：10.8m/s（离地10m高，10min平均风速）。

（10）设计最大非工作状态风速：35m/s（离地10m高，10min平均风速）。

（11）抱杆设有起重量限制器、力矩限制器、力矩差限制器、幅度限位器、回转限位器、高度限位器等安全装置；起重量限制器、力矩限制器、力矩差限制器、幅度限位器配置相应数据显示器；加装指示灯，根据起重量超载、力矩差等数值大小，实现分级报警。

（12）变幅系统、回转系统采用变频调速；电气控制、各项数据显示、报警信号全部在地面控制台集中，采用集中控制。

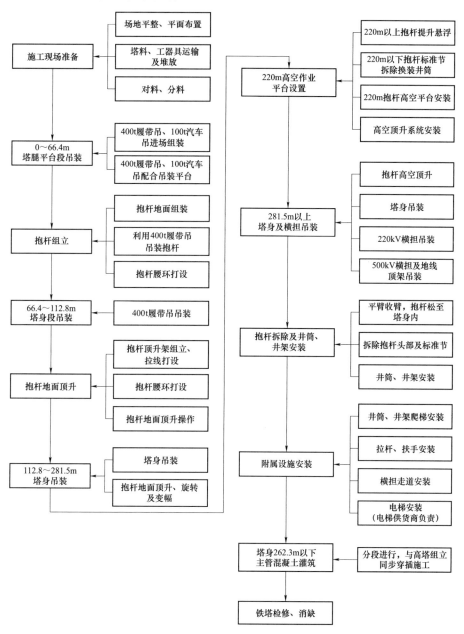

图 9.1-2　西堠门跨越塔组立工序流程图

2. 专用抱杆结构组成

整副抱杆由塔顶、平臂、内外拉杆、回转塔身、上支座、回转支承、下支座、过渡节、标准节、腰环、底座、起吊系统、变幅系统、顶升系统、监视及电气控制系统等组成，专业抱杆组成如图 9.1－3 所示。

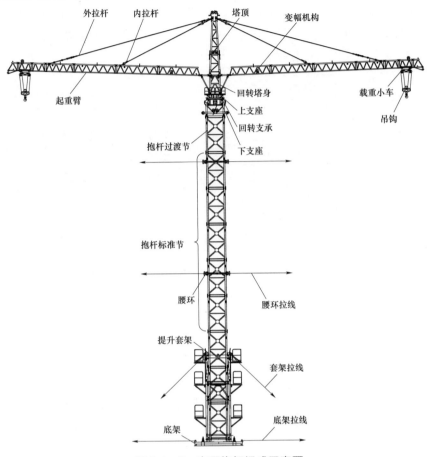

图 9.1－3　专用抱杆组成示意图

9.1.5　跨越塔组立现场布置

（1）结合组立施工特点，现场分区设置，设组塔施工作业区、钢管警示漆喷涂作业区、钢管混凝土搅拌作业区、现场办公生活区等，施工场地周围应设置围栏，实行封闭式管理，禁止无关人员进入施工现场，如图 9.1－4 所示。

（2）施工辅路及动力平台、控制楼布置完成，动力平台与塔中心的距离不小于 200m，控制楼布置在动力平台侧，正对铁塔，便于观测整个现场。

（3）现场各地面监控点应提前布置，由各监控点至控制楼的通信线布置完成。现场电源接设到位，各控制电缆布置完成。

（4）各锚桩应按施工平面要求，根据锚桩受力吨位并结合施工现场地质条件，进行受力计算后设置，锚桩位置应用经纬仪定位。

（5）施工现场设置控制楼，控制楼内设有休息室、电源通信室、控制室等，控制室专门用于布置集中控制操作台及各视频监视器，对现场包括高空各点的情况进行集中监视，同时实现起吊、变幅、回转各系统设备的集中控制操作。

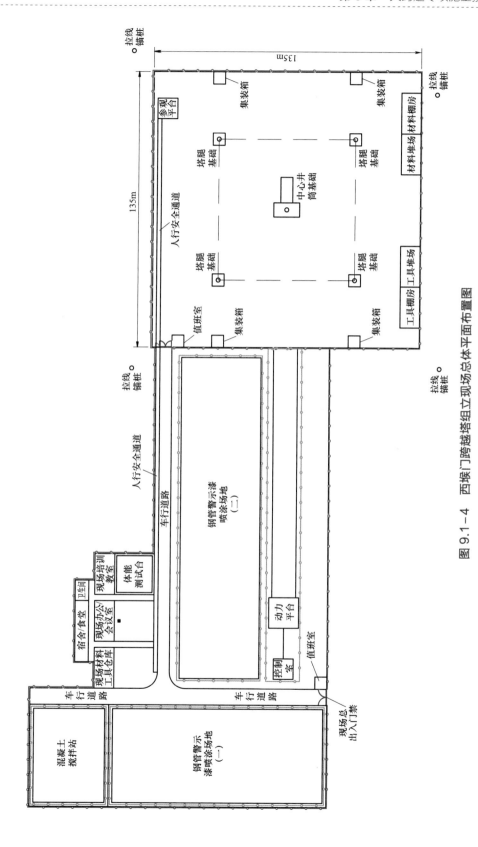

图 9.1-4　西堠门跨越塔组立现场总体平面布置图

9.1.6 专用抱杆腰环附着系统布置

抱杆杆身设置柔性附着，采用十二道防扭设置，附着框梁通过腰环绳（GJ-500）与塔身主管及抱杆连接，中间用 25t 双钩收紧，如图 9.1-5 所示；对于部分长度较短无法采用钢绞线的腰环绳，直接采用双钩收紧。每个塔腿的主腰环绳采用上下双道，防扭腰环绳采用单道。

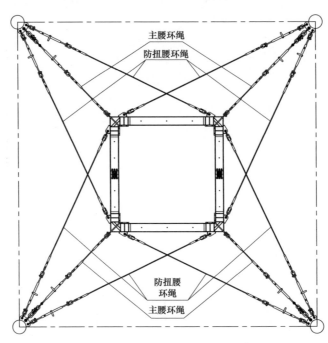

图 9.1-5 腰环绳布置示意图

9.1.7 专用抱杆安装、顶升及拆除

1. 专用抱杆安装

利用吊机，按由下向上的顺序依次吊装底架、身部标准节、套架、过渡节、下支座、上支座、回转塔身、抱杆塔顶、起重臂。其中，起重臂采用两台履带吊在两侧同步对称吊装，如图 9.1-6～图 9.1-8 所示。

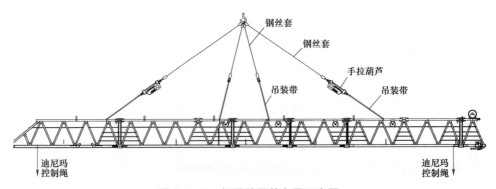

图 9.1-6 起重臂吊装布置示意图

图 9.1－7　专用抱杆起重臂现场安装照片

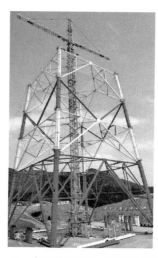

图 9.1－8　专用抱杆整体安装完成现场照片

2. 专用抱杆顶升

专用抱杆顶升采用液压下顶升方式，通过顶升套架，在最下节标准节与底座间加装标准节，以顶高抱杆。

跨越塔 281.5m 以下吊装时，抱杆底座直接坐于地面基础上，顶升套架也安装于地面基础上，抱杆顶升作业全部在地面进行。

跨越塔 281.5m 以上吊装时，在 220m 塔身隔面设置高空作业钢结构平台，抱杆底座及顶升套架全部安装于高空平台上，抱杆顶升作业全部在高空平台进行。

液压顶升采用 8 只顶升油缸，通过位移传感器、同步泵站、同步控制器的联系控制操作，实现 8 只油缸的同步顶升，如图 9.1－9 和图 9.1－10 所示。

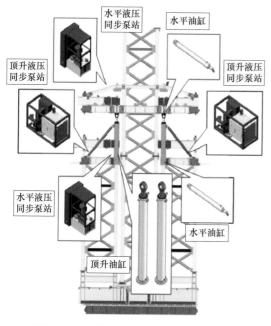

图 9.1－9　抱杆液压顶升结构示意图

图 9.1－10　专用抱杆现场液压顶升照片

3. 专用抱杆拆卸

专用抱杆在完成全塔吊装后开始拆卸作业，按下述步序拆卸抱杆：① 拆除起吊绳及吊钩；② 穿好收臂钢丝绳；③ 收起双臂并固定；④ 按抱杆提升逆序拆除 21 节标准节；⑤ 拆除两侧平臂（每侧平臂分两组拆除）；⑥ 拆除塔顶塔帽节；⑦ 拆除塔顶标准节；⑧ 拆除上支座（含回转支承）；⑨ 拆除下支座；⑩ 拆除回转塔身；⑪ 拆除过渡节；⑫ 拆除 5 节标准节；⑬ 拆除套架上承台及液压顶升油缸；⑭ 拆除最后 2 节标准节；⑮ 拆除上承台及套架节；⑯ 拆除抱杆底座。

拆卸时，先利用起吊绳穿引收臂滑车组，将两个大臂收成呈垂直状态后。然后采用液压顶升套架逆次序下降抱杆，将抱杆下放至塔身内侧后，在塔身顶部节点处预留的抱杆拆卸施工板上布置拆卸滑车组，按由上向下的次序，依次拆除各机构组件。

9.1.8 跨越塔吊装方法

9.1.8.1 跨越塔吊装通用工艺要求

1. 主管吊装

（1）主管内骨架安装。塔身 135m 以下主管内需安装角钢骨架，各主管内的角钢骨架及配件，按主管分段，在地面组装为整体，先将主管吊装呈直立状态，然后整体吊装角钢骨架，由主管上口插入主管内部，如图 9.1-11 所示。吊装到位后，人员进入主管内部进行骨架与主管内壁的支撑附件安装及固定。

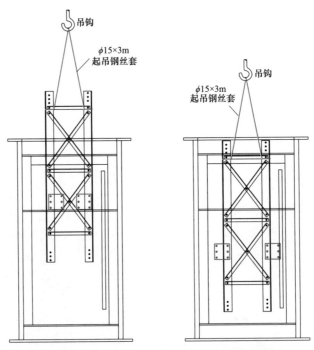

图 9.1-11 主管内角钢骨架吊装布置示意图

（2）主管吊装。主钢管吊装采用 4 副专用吊具，沿主管 45°对中方向左右各布置 2

副，起吊后主管应呈内倾状态，便于安装就位。起吊绳选用定长钢丝套，沿 45°对中方向左右各布置一根，钢丝套两端分别连于吊具，中间挂于吊钩上，如图 9.1－12 所示。

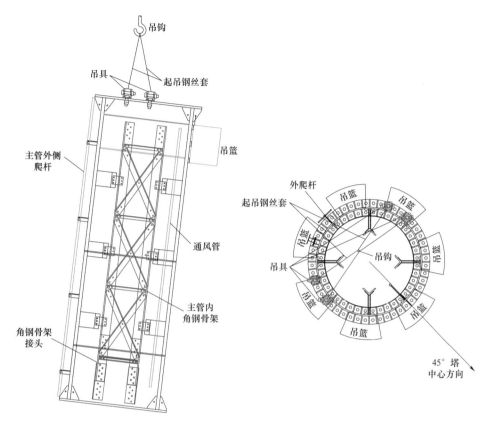

图 9.1－12　主管吊装布置示意图

2. 就位拉线控制形式

根据高塔结构尺寸及地形位置特点，采用不同的控制拉线形式。

（1）外拉线形式。两基高塔塔身 8 段（281.5m）及以下的主管，在外拉线锚桩距离满足要求的情况下，宜采用外拉线形式调整主管倾斜度。

外拉线采用钢丝绳连于主管顶部，引至塔身 45°方向外侧的地面直接收紧后调整。具体设置方法如图 9.1－13 所示。

（2）抱杆变幅式拉线形式。部分塔腿方向地形位置受限的塔身 14 段以上的主管，外拉线对地夹角偏大，主管倾斜度调整效果不明显。结合实际地形条件，采用变幅式拉线。

抱杆变幅式拉线借助已经组立好的平台或 K 节点（稳定结构）安装变幅式抱杆（主管外侧 45°方向上），并使抱杆与拉线基本垂直，再从抱杆头部与地面的地锚之间设置变幅滑车组，从而在地面进行拉线调整作业。拉线调整时，先通过地面机动绞磨预紧后，再采用链条葫芦进行调整，从而实现主管倾斜度的调整，如图 9.1－14 和图 9.1－15 所示。

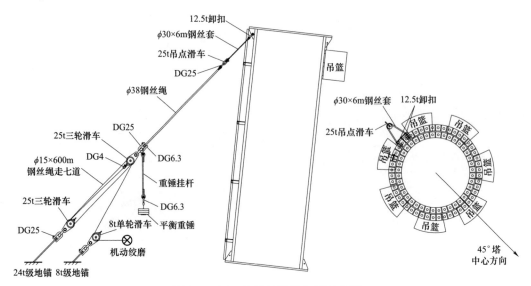

图 9.1－13　主管外拉线布置示意图

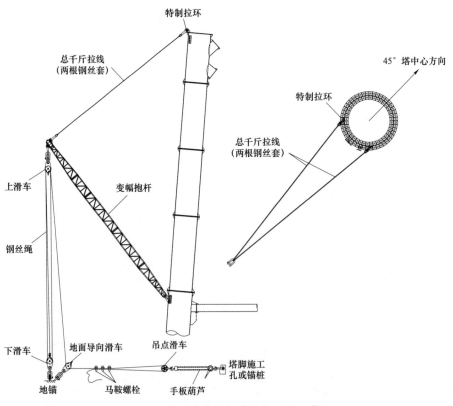

图 9.1－14　抱杆变幅式拉线工作示意图

图 9.1-15　抱杆变幅式拉线现场使用照片

（3）调节横梁形式。对于塔头（7～5段）部分的塔身主管，考虑到高度高及塔身断面根开相对较小，采用横梁形式调整主管倾斜度。在就位段的两相邻主管顶部安装一副钢构横梁，利用横梁上设置的顶撑双钩进行主管倾斜度调整。

调节横梁两端侧套于导套内，横梁可在导套内滑移，导套通过底座安装固定在主管法兰上，导套与横梁端头连接水平布置的顶撑双钩，通过双钩的顶撑作用直接调节主管间的水平根开，如图 9.1-16 所示。

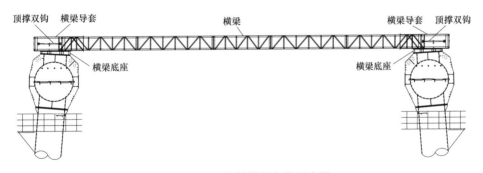

图 9.1-16　调节横梁布置示意图

9.1.8.2　跨越塔 112.8m 以下平台段吊装方法

1. 履带吊工况选择

跨越塔 112.8m 以下平台段，由 15 段、14 段、13 段下半段三部分组成，基于三部分塔段的结构特点及构件质量尺寸，按照各自然段依次吊装，由下向上先吊主管、后吊水平管、再吊八字管、最后吊内隔面管的吊装顺序，选用 2 台 400t 履带吊，履带吊的工况选择见表 9.1-1。

表 9.1−1　　　　　　　　　　　**400t 履带吊吊装跨越塔工况选用表**

段别	吊装高度（m）	吊装范围	履带吊工况选用
15 段	41	全部塔材	主臂（H）工况。主臂长度 78m，中央配重 40t，后配重 155t，选用 100t 吊钩（吊钩重量 2.8t）
14 段下半段	66.4	主管、水平管、八字管	
		隔面管及 V 面管	塔式（LJD）工况。主臂 72m＋变幅副臂 57m＋超起桅杆 30m，中央配重 40t，后配重 135t，选用 100t 吊钩（吊钩重量 2.8t）
14 段上半段	88.5	主管、倒八字管	
13 段下半段	112.8	主管、水平管、八字管	

2. 主管吊装

两台履带吊分别布置在塔腿连线中间，待起吊的主管放置在履带吊起吊作业半径内，逐根吊装。

3. 水平管及八字管吊装

水平管多节组成一体吊装，为防止水平管两端就位后中间下沉，在水平管两端螺栓就位后，需在中间位置用履带吊将水平管拉住，水平管就位后即用另一台履带吊安装八字管。水平管采用四点起吊方式，如图 9.1−17 和图 9.1−18 所示。

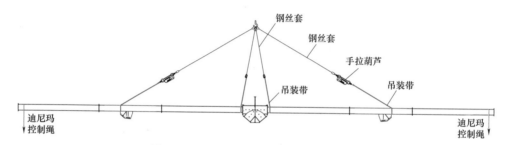

图 9.1−17　水平管四点起吊布置示意图

图 9.1−18　15 段水平管现场吊装照片

水平管两端法兰就位后，履带吊 A 吊钩继续保持受力，并将水平管中心向上抬起约100mm。履带吊 B 和汽车吊采用抬吊的方式相继吊装两侧八字管。每侧八字管均由多节组成整体，起吊离地时用汽车吊辅助。如图 9.1−19～图 9.1−21 所示。

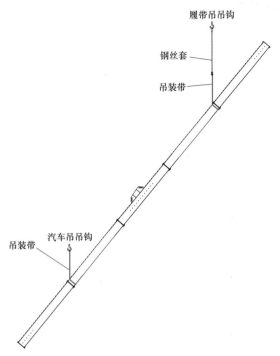

图 9.1-19　八字管吊装布置示意图

图 9.1-20　西堠门跨越塔 15 段吊装完成照片

图 9.1-21　西堠门跨越塔 13 段下半段吊装完成照片

9.1.8.3　跨越塔 112.8～365m 身部段吊装方法

跨越塔 112.8～365m 身部段，由 13 段上半段、12 段、11 段、10 段、9 段、8 段、7 段、6 段、5 段等组成，该部分铁塔全部利用专用抱杆分解吊装。其中，112.8～281.5m（13 段上半段～8 段）吊装时，专用抱杆座于地面，抱杆顶升在地面进行；281.5～365m（8 段～5 段）吊装时，专用抱杆座于 220m 高空平台，抱杆顶升在高空平台进行。

1. 地面吊件布置

专用抱杆采用双侧同步吊装，为保证抱杆两侧起吊过程中的受力平衡，要求两侧待吊装构件的地面摆放位置应位于吊钩作业半径的正下方，并对称布置在两侧起重臂的前后侧，使两侧待吊装构件的中心连线始终与抱杆平臂轴线的垂直投影线相重合，如图 9.1-22～图 9.1-24 所示。

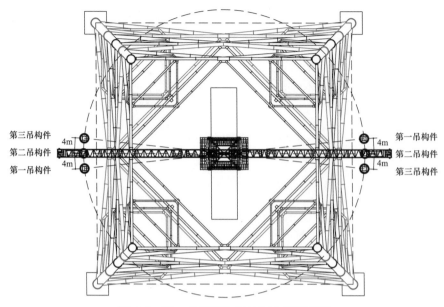

第三吊构件
第二吊构件
第一吊构件

4m
4m

第一吊构件
第二吊构件
第三吊构件

4m
4m

图 9.1-22　待吊装构件地面布置示意图

图 9.1-23　待吊装构件现场布置照片

图 9.1-24　专用抱杆吊装主管现场照片

2. 倒八字管吊装

倒八字管多节组为一体整体吊装，按吊装的两个对侧面，将倒八字管分别组装在两个平臂下方，并保证重心位于吊钩垂直正下方，采用两点起吊，如图 9.1-25 所示。

3. 水平管及八字管吊装

12 段、11 段的塔身水平管及下方八字管，采用由下向上的搭积木方式拼接吊装。先利用抱杆吊装下方八字管的下段，并打设好防倾拉线；然后将八字管的上段与水平管组为一体，利用抱杆采用四点整体起吊，如图 9.1-26 所示。

10 段及以上的塔身水平管与下方八字管重量相对较轻，采取组成一体成片吊装方式，如图 9.1-27 所示。

9.1.8.4　跨越塔塔头横担吊装方法

根据横担的结构分段及重量，结合专用抱杆的吊装特点，采用分段组成整体、分次吊装方式，按"由下向上、由内向外、左右对称、同步吊装"的原则，逐段依次进行。四层横担，共分为 9 个部分，分 9 次进行吊装，如图 9.1-28 和图 9.1-29 所示。

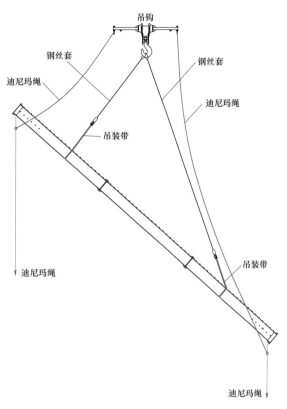

图 9.1-25　倒八字管吊装布置示意图

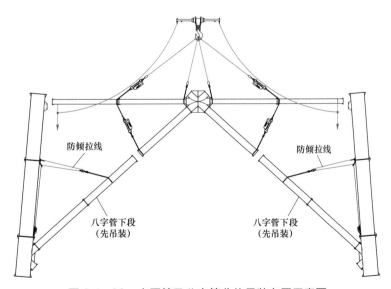

图 9.1-26　水平管及八字管分体吊装布置示意图

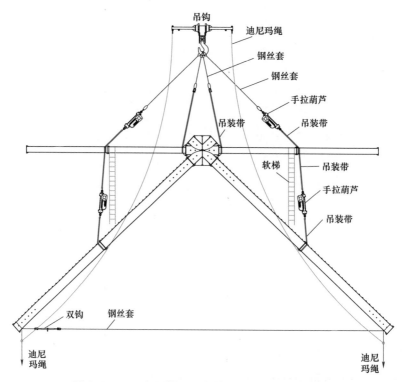

图 9.1-27　水平管及八字管组片吊装布置示意图

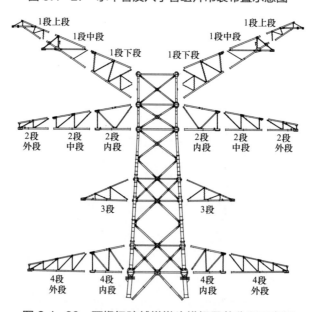

图 9.1-28　西堠门跨越塔塔头横担吊装分段示意图

图 9.1-29　西堠门跨越塔结顶照片

9.1.9　跨越塔 220m 高空作业平台设置方法

9.1.9.1　专用抱杆高空提升悬浮

铁塔完成第 8 段（高度 281.5m）组立后，将专用抱杆 220m 以上部分全部提升悬浮，然后拆除 220m 以下的标准节换装为永久井筒，在 220m 高度设置高空作业平台，在高空平台上进行抱杆的顶升操作。

1. 专用抱杆高空提升悬浮滑车组布置

采用四合一提升法，在高空布置四套提升滑车组，尾绳经地面滑车导向，通过四合二、二合一后合并，接上牵引滑车组，引入动力平台，通过牵引机牵引。

提升滑车组单腿 120t 级，下提升点采用一组 120t 九轮高速起重滑车，与抱杆杆身特殊节上的悬浮双拉杆联板相连，上提升点采用两组 65t 五轮高速起重滑车，与塔身预留的提升板相连，中间穿引 24 钢丝绳，形成 19 道磨绳，尾绳由 65t 五轮滑车引出，经 220m 高空平台导向后引向地面，具体滑车组连接方式如图 9.1-30 所示。

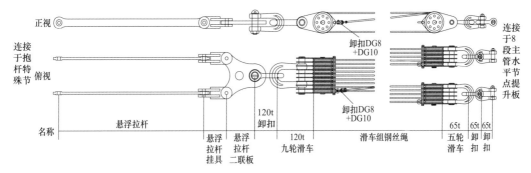

图 9.1-30　专用设备抱杆高空提升悬浮滑车组连接及穿绳示意图

2. 专用抱杆高空提升保险系统布置

抱杆提升悬浮到位后，布置有一套保险系统，保险系统四腿均设置，单腿为 100t 级，采用定长钢丝绳与拉杆，通过 4 只 25t 双钩调节，保证受力均匀。

（1）抱杆特殊节悬浮拉杆布置。抱杆特殊节上预留有双层悬浮拉杆，下层用于连接提升悬浮滑车组，上层用于连接提升保险系统，如图 9.1-31 所示。

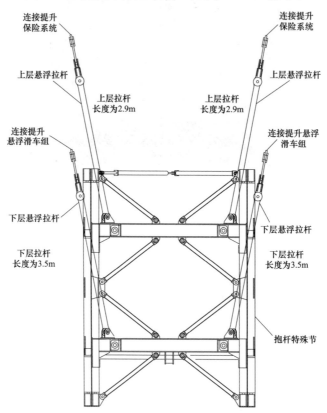

图 9.1-31 专用抱杆特殊节双层悬浮拉杆布置示意图

（2）提升保险系统连接方式。提升保险系统布置在抱杆特殊节四侧主材与塔身四侧主管 K 节点位置的提升板之间，每腿间各布置一组。每组按 100t 受力配置，主绳采用双道 $\phi60$ 钢丝绳，每道钢丝绳通过两只并联的 25t 双钩连接，以用于调节绳长。专用抱杆提升保险系统布置如图 9.1-32 所示。

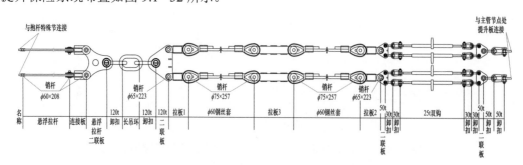

图 9.1-32 专用抱杆提升保险系统布置示意图

3. 专用抱杆高空提升地面牵引滑车组布置

（1）总体布置。提升悬浮滑车组的四根尾绳，从上提升点五轮滑车引出后，经 10 段高空平台四向定位滚轮引入地面一次转向滑车，再经地面二次转向滑车后，通过两次二合一后与地面提升牵引滑车组连接。总体布置如图 9.1－33 所示。

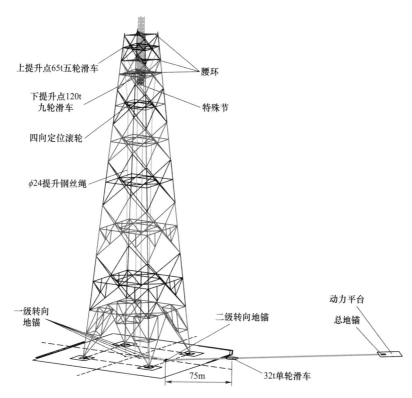

图 9.1－33　专用抱杆高空悬浮提升布置总图

（2）地面牵引滑车组布置。抱杆四根提升磨绳从地面转向滑车引出后，采用两两串接方式进行两次二合一。接地面牵引滑车、钢丝绳，形成 6 道滑车组磨绳后，尾绳经导向引入提升牵引机。

4. 专用抱杆高空提升悬浮

利用地面顶升套架下顶升方式，先将抱杆顶高 4m。

通过在提升滑车组系统的操作配合下，完成提升保险系统的安装，同步保留提升滑车组系统，在地面进行锚固保险后，完成抱杆的高空提升悬浮及保险。

9.1.9.2　220m 以下抱杆标准节拆除换装井筒

1. 专用抱杆井筒提升横梁安装

井筒提升横梁安装于抱杆特殊节下方，考虑安装便捷性，宜在抱杆未悬浮前利用抱杆吊装。

2. 专用抱杆 220m 以下标准节拆除

抱杆处于悬浮状态后，可利用提升横梁由上向下逐节拆除标准节；也可以按抱杆顶升逆程序，利用顶升套架，由下向上逐节拆除。

标准节拆至剩下 7 节（腰环剩两道）时，抱杆总高度仅 42m，可利用 100t 汽车吊拆除剩余部分杆身、套架及底座。

3. 220m 以下井筒吊装

提升横梁上的井筒吊装系统采用 24mm 钢丝绳，配专用吊钩，采用 2 道钢丝绳吊装，允许吊重 15t。布置如图 9.1-34 所示。

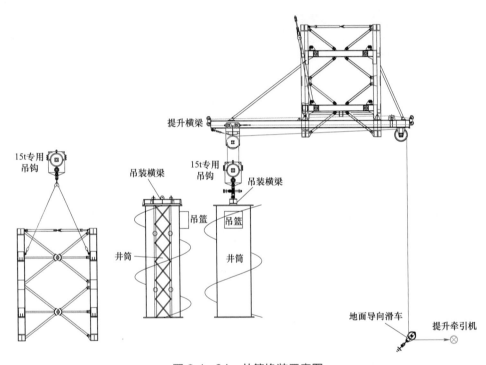

图 9.1-34 井筒换装示意图

9.1.9.3 220m 高空作业平台安装

高空作业平台采用钢管与角钢结合的桁架式结构作为受力主框架，桁架高度 3m。桁架主框梁上部安装主承重梁、分配梁、格栅平台、围栏扶手，形成宽度 12m 的高空作业平台，作业平台中间位置安装专用抱杆的底座，底座上方固定抱杆顶升套架、标准节等构件。在作业平台靠塔身隔面水平管的三角位置处预留孔洞，用于地面与高空平台间的抱杆标准节、腰环等构件的吊装通道；同时铺设轨道及小车等，用于抱杆标准节在高空平台的放置与移位。高空作业平台平面布置如图 9.1-35～图 9.1-38 所示。

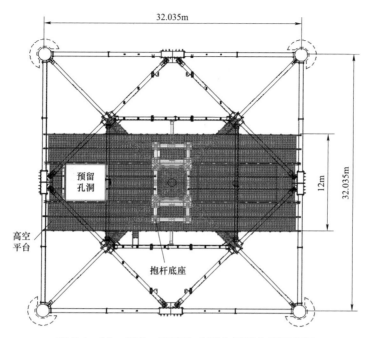

图 9.1-35 220m 高空作业平台平面布置示意图

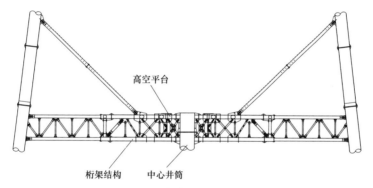

图 9.1-36 220m 高空作业平台立面布置示意图

图 9.1-37 跨越塔 220m 高空平台现场布置照片 1

图 9.1-38　跨越塔 220m 高空平台现场布置照片 2

9.1.10　跨越塔组立施工安全控制措施

1. 登塔设施

垂直爬杆：每个塔腿主管的 45°外侧方向均设置，并配设速差自控器、攀登自锁器，可供主管吊装就位时人员上下攀爬。

抱杆内旋梯：抱杆标准节内部配设有内旋梯，高处作业人员可由地面沿抱杆旋梯登至相应施工段后再沿主管垂直爬杆攀爬，提高安全保障。

斜管外脚钉：塔身斜管外壁及水平管、球节点等构件均设有脚钉，可供就位安装时高处人员攀爬，配速差自控器保护。

2. 施工就位平台

259m 以下塔身主管节点均设有主管外施工就位平台，可供该节点法兰螺栓就位安装时人员站位，还可兼作主管混凝土灌注操作平台，如图 9.1-39 所示。

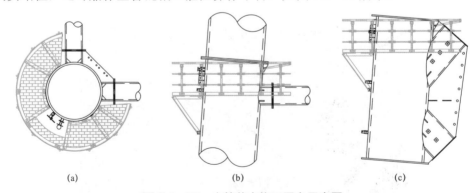

(a)　　　　　　　(b)　　　　　　　(c)

图 9.1-39　主管节点施工平台示意图

（a）节点施工平台俯视图；（b）主管水平节点施工平台正视图；（c）主管 K 节点施工平台俯视图

主管内法兰就位安装点下方约 1.2m 位置设置站位平台，站位平台沿内部角钢骨架采用四片分布，供内法兰就位安装时人员站位，同时连接布置安全网，并在主管内壁离站

位板上方 0.7m 处设有圆钢扶手，供就位人员手
扶用，如图 9.1-40 所示。

　3. 施工就位吊篮

　根据高塔结构特点，吊篮设计有三种形
式，一种适用于主管外法兰就位，另一种适用
斜管法兰就位，第三种适用于水平管法兰就
位，如图 9.1-41 所示。

　4. 高空移位保护

　高处作业时人员的移位保护，主要有水平
管扶手及腰环绳扶手两种，均采用钢绞线，
水平管扶手在塔身每根水平管上均设置，腰
环绳扶手设置于塔身各段水平管位置的腰环
绳上方。

　5. 高空平台安全网

　安全网设置三道，第一道设置在塔身 13 段
水平隔面（高 112.8m），第二道设置在塔身 10
段水平隔面（高 220.3m），第三道设置在塔身 7
段水平隔面（高 293m）。

　6. 钢管内作业

　由塔腿主管起直至 281.5m，在主管内部设
置通风管，其分段与主管对应一致，通风管在
地面引出后由鼓风机带动，负责管内空气流通。
人员进入管内作业时，设专人在主管上口监视，
并设报话机保持联系。管内作业人员配设头灯
及应急灯，供照明使用。

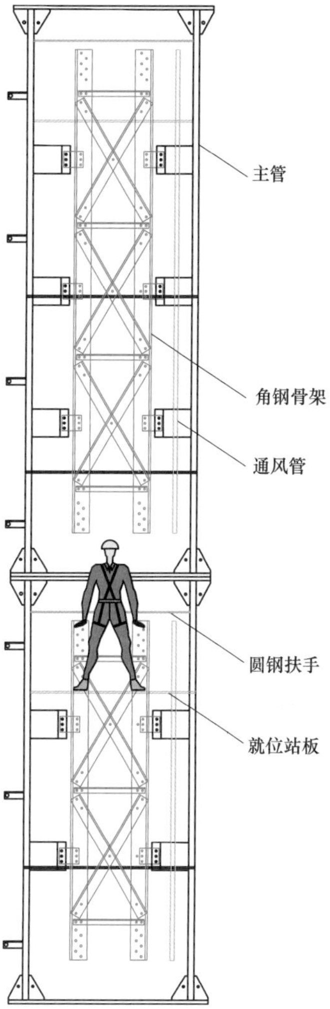

图 9.1-40　主管内站位平台示意图

9.1.11　跨越塔组立施工质量控制措施

　1. 结构倾斜控制

　设专职测量人员，在每段铁塔水平隔面吊装完成后，对正侧面的结构倾斜进行测量
记录，防止误差累积至塔顶，造成弯曲及倾斜超标。

　262.3m 以下主管混凝土灌注施工时，应按两对角主管先后浇筑，避免单侧浇筑。

　2. 钢管镀锌及防腐漆保护

　运输装卸及组装时合理支垫，防止磨损。与管件直接连接的起吊绳宜选用专用编织
吊带，不得将钢丝绳直接绑在钢管上。

　3. 螺栓紧固扭矩控制

　对法兰螺栓配设专用套筒及加长力臂扳手进行紧固，采用增扭器对紧固扭矩进行检
查复核。

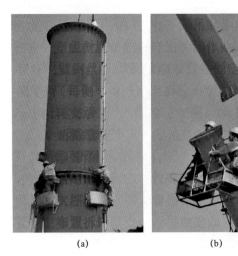
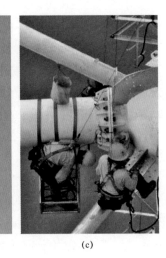

（a）　　　　　　　　（b）　　　　　　　　（c）

图 9.1-41　就位吊篮使用示意图

（a）主管外法兰就位；（b）斜管法兰就位；（c）水平管法兰就位

9.2　特大跨越架线施工技术

西堠门大跨越最大档距 2656m，仅次于挪威海峡大跨越及舟山螺头水道大跨越的 2756m，且采用了 500kV 与 220kV 混压的同塔四回路设计，同时跨越了 30000t 等级的宁波—舟山港进出主航道—西堠门航道，面临的施工风险高、技术难度大。

9.2.1　西堠门大跨越架线工程概况

西堠门大跨越，耐张段长 4.193km，跨越档距分别为 1016m-2656m-521m，500kV 及 220kV 线路部分的导线均采用 4×JLB23-380 铝包钢绞线，分裂间距取 500mm；2 根地线均采用 OPGW-300 复合光缆。

9.2.2　架线施工总体方案

采用"直升机牵放钢导引绳、2×（一牵二）同步展放导线"的总体方案，架线施工基本步骤为跨海展放初级导引绳，大型牵张设备张力展放牵引绳，2×（一牵二）同步带张力展放导线、一牵一带张力展放复合光缆，耐张塔地面划印法紧线、对接法全张力挂线，利用二线提升器安装跨越塔附件。

初级引绳跨海展放期间，下方跨越航道需进行交通管制。导引绳、牵引绳及导线、复合光缆张力展放期间，通过具备保持稳定张力功能的张力机与牵引机（或直升机）的配合，控制线缆对海面净高不小于 50m（最低点高程不低于 53.28m），同时进行交通管制，对不满足通航条件的船只严禁通行。

9.2.3　工艺流程

大跨越架线施工工艺流程如图 9.2-1 所示。

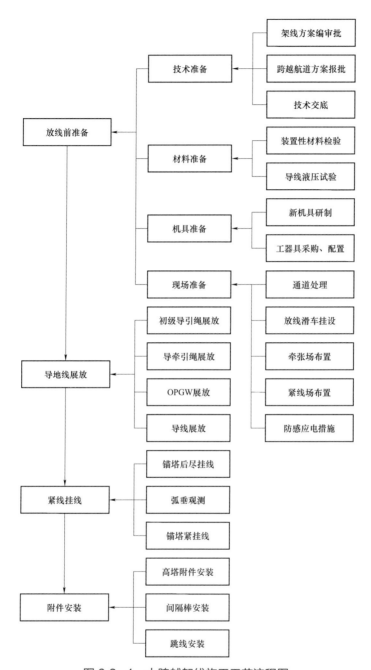

图9.2-1 大跨越架线施工工艺流程图

9.2.4 放线滑车挂设

1. 参数计算

金塘岛 2 号、册子岛 3 号两基高塔的垂直档距分别为 2716、3041m，其中 3 号高塔放线滑车最大垂直荷载为 18 468kg（两根方 28 钢丝绳），放线滑车的包络角为 53.32°，其大小号侧的悬垂角分别为 24.16°、29.16°，均小于 30°。

2. 滑车选配

两基高塔均挂设双滑车，增大一牵二走板的宽度，光缆及导线放线滑车均选用 200kN 五轮放线滑车，具体技术参数见表 9.2-1。

表 9.2-1　　　　　　　　　　200kN 五轮放线滑车技术参数表

额定负荷	200kN	总高/总宽	1700/780mm	轮宽	125mm
连接孔径	ϕ43mm	轮片材质	高强 MC 尼龙	轮径	ϕ1040/900mm
其他要求	（1）所有滑车带双开门装置，小门额定载荷 50kN，双门间隙 35mm；挂孔 43mm，挂板厚 42mm。 （2）中间轮为尼龙轮，其余为尼龙轮包胶。 （3）数量为 110 只，其中 8 只滑车带中轮横向防跳装置（中间内间隙 100mm），其余全部预留安装中轮横向防跳装置的孔位（防跳槽装置上插销，下滚杠）					

3. 挂设数量

两基高塔的地线顶架和导线横担均挂设双滑车，每相地线顶架挂设 2 只 200kN 五轮放线滑车，每相导线横担挂设 4 只放线滑车。

4. 挂设方法

放线滑车采用专用定制挂具连板进行挂设，挂设于高塔各横担挂点位置预留的施工挂孔上，如图 9.2-2 和图 9.2-3 所示。

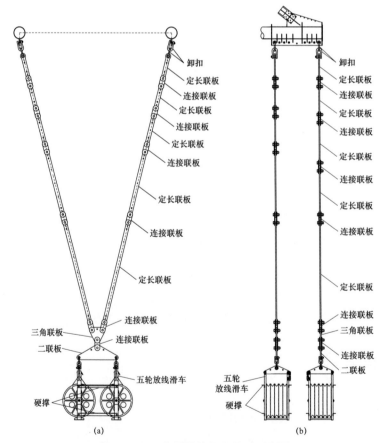

图 9.2-2　高塔放线滑车挂设示意图
（a）侧视图；（b）正视图

图 9.2-3　高塔放线滑车现场挂设照片

9.2.5　牵张场布置

大跨越架线张力场选布在金塘岛 1L 号和 1R 号耐张塔下方，整体场地大小约 90m×60m，所有牵张设备、线盘、锚桩及吊机在两基耐张塔基面范围内布置，场地高程约 50m。

牵引场选布在册子 4 号耐张塔下方，整体场地大小约 65m×60m，所有牵张设备、线盘、锚桩及吊机在耐张塔基面范围内布置，场地高程约 126m。

大跨越架线平面布置如图 9.2-4 所示。

9.2.6　初级引绳展放

1. 展放方式

大跨越初级引绳展放，采用直升机飞行牵引展放 13mm 钢导引绳。直升机飞行牵引展放钢引绳选择在白天进行，并尽量选择风速较小、能见度较高的时段，具体展放时间根据飞行报批情况确定。

2. 航道封航及警戒措施

西堠门航道来往船只稠密，为确保架线施工与航道船舶通行的双向安全，初级引绳展放期间对施工区域的西堠门航道进行全过程封航；后续引绳转换、导线（光缆）展放及紧挂线施工，根据海事通航公告要求，控制张力保证各类线绳对海面净空高度满足要求的前提下，配置警戒船进行通航管制。

9.2.7　放线流程步骤

完成所有导线、光缆的展放共需 40 次牵引，牵引流程如图 9.2-5 所示。

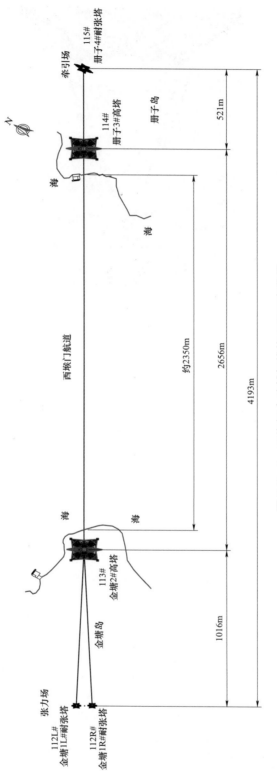

图 9.2-4 西堠门大跨越架线施工平面布置图

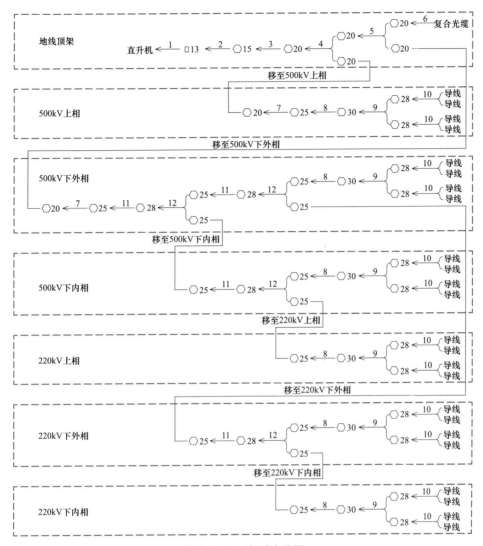

图 9.2-5　牵引流程图

以上为高塔一侧（1 个 500kV 与 1 个 220kV 回路）的放线流程，左右两侧放线流程相同，按一左一右、由上向下顺序依次进行。

9.2.8　牵张设备配置

根据牵张配置图，牵张两场的牵张设备型号、数量及牵张任务见表 9.2-2。

表 9.2-2　　　　　　　　　　　牵 张 设 备 一 览 表

牵张机型号	场地	数量	牵张任务	最大出力（kN）	允许线径×轮径（mm）	允许通过连接器直径（mm）
2×140kN 张力机	牵引场	1	张六方 15/六方 20×2/六方 25/六方 25×2/六方 28×2	140×2	51×1800	95
280kN 牵引机		2	牵六方 20/六方 20×2/六方 28/六方 30/复合光缆/导线×2	280	38×960	95

续表

牵张机型号	场地	数量	牵张任务	最大出力（kN）	允许线径×轮径（mm）	允许通过连接器直径（mm）
高速张力机	张力场	1	张 φ8 迪	10	—	—
90kN 牵引机		1	牵 φ18 迪/六方 15	90	21×540	60
2×140kN 张力机		1	张六方 20/六方 20×2/六方 28/六方 30	140×2	51×1800	95
2×140kN 张力机		2	张复合光缆/导线×2	140×2	51×1800	95
380kN 牵引机		1	牵六方 20×2/六方 25/六方 25×2/六方 28×2	380	38×960	95

9.2.9　走板连接

在进行一牵二展放导线和钢丝绳时，均采用相同形式、规格的走板，走板按 280kN 设计，牵引侧连接 320kN 旋转连接器，展放侧连接 2 只 250kN 旋转连接器，在主平衡锤两边对称布置 1 只副平衡锤，以增加平衡效果，降低走板翻身概率。用于导线牵引连接时，走板展放侧 250kN 旋转连接器后侧再增加 1 根六方 25mm×10m 钢丝绳及 1 只 250kN 旋转连接器，然后连接导线牵引管，以增加防扭性能，并保证走板及牵引管顺利过滑车。走板形式如图 9.2-6 所示。

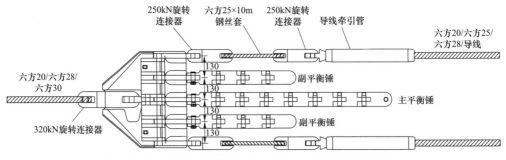

图 9.2-6　导线及钢丝绳一牵二展放走板牵引连接示意图

9.2.10　架线顺序

架线顺序自上而下进行，放一相紧一相挂一相，具体顺序依次为：① 左复合光缆；② 右复合光缆；③ 500kV 右上相导线；④ 500kV 左上相导线；⑤ 500kV 左下外相导线；⑥ 500kV 右下外相导线；⑦ 500kV 右下内相导线；⑧ 500kV 左下内相导线；⑨ 220kV 左上相导线；⑩ 220kV 右上相导线；⑪ 220kV 右下外相导线；⑫ 220kV 左下外相导线；⑬ 220kV 左下内相导线；⑭ 220kV 右下内相导线。

9.2.11　线绳移位

为简化牵引流程，大跨越架线采用了牵引钢丝绳多次一牵二作业，相应需进行钢丝绳的移位，包括不同相之间的移绳及同相内外串滑车间的移绳两类。其中不同相之间的移绳每侧需 6 次,同相间的移绳每侧需 6 次。

1. 牵引钢丝绳相间移位

(1)跨越塔牵引钢丝绳的相间移位顺序:① 地线顶架→500kV 上相;② 地线顶架→500kV 下外相;③ 500kV 下外相→500kV 下内相;④ 500kV 下内相→220kV 上相;⑤ 500kV 下外相→220kV 下外相;⑥ 220kV 下外相→220kV 下内相。高塔塔头结构及牵引钢丝绳相间转移顺序如图 9.2-7 所示。

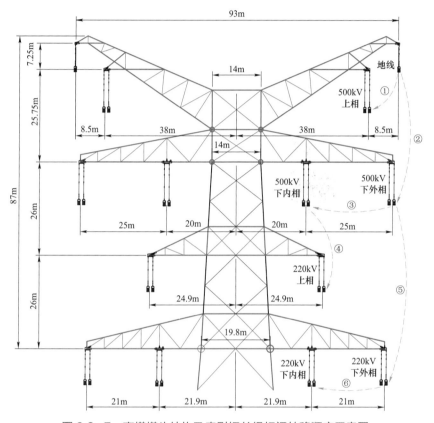

图 9.2-7 高塔塔头结构及牵引钢丝绳相间转移顺序示意图

(2)相间移绳控制原则。保持线绳弧垂最低点与海面净空高度不小于 60m,为保证线绳换相移位后与海面的净空高度控制准确,在移位前,牵引钢丝绳弧垂应利用仪器测量,调到准确高度后方可开始移位。

(3)相间移绳载荷。需进行相间转移的牵引钢丝绳有两种规格,分别为六方 20mm 钢丝绳和六方 25mm 钢丝绳,移位载荷考虑 10.8m/s 风速影响后的综合比载进行计算,两基跨越塔各相间移绳时的最大垂直载荷为 8689kg。为方便起重工器具的配置,两基跨越塔的牵引钢丝绳相间转移均按 10t 荷重考虑。

(4)移绳方法。在移出侧滑车横担及移入侧滑车横担分别布置提升滑车组,采用两套滑车组接力方式,如图 9.2-8 所示。

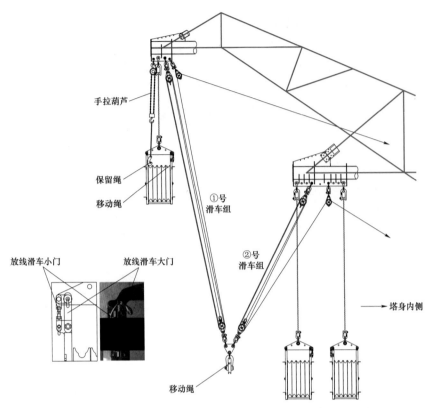

图 9.2-8 高塔相间移绳（地线顶架→500kV 上相）布置示意图

2. 牵引钢丝绳同相移位

（1）同相移位载荷。需进行同相移位的牵引绳均为六方 28mm 钢丝绳，经计算最大荷载为 9115kg。

（2）同相移位布置。移位时配置 4 副二线提升器，分别挂于横担前后施工孔，布置如图 9.2-9 所示。

9.2.12 过渡引绳的展放

放通初级引绳后，需经过反复多次的牵张转换，直到展放好六方 28mm 牵引绳，由牵引绳牵引两根导线，中间过渡引绳有六方 15mm（直升机展放初级引绳）、六方 20mm、六方 25mm、六方 28mm、六方 30mm 等多级引绳，各级引绳在展放过程中，按设定的控制档最低点净空要求进行张力控制。

9.2.13 导线张力展放

1. 导线展放程序

按前面章节所述，一相牵好 2 根六方 28mm 钢丝绳，即可同步进行 2×（一牵二）展放导线。

当一相导线牵引完毕后需用下一相导线跟出，最后一相导线用六方 25 钢丝绳跟出。在张力机前侧，布置滑车组，利用滑车组辅助松出导线。

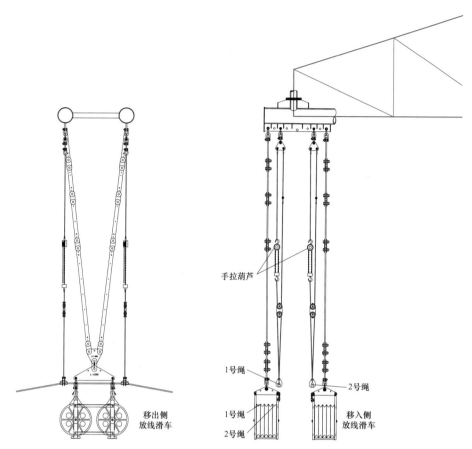

图 9.2-9　高塔同相移绳布置示意图

2. 导线临锚

导线牵到场地后，进行临锚，锚线系统按 100kN 配置，根据锚点位置的不同，可分别选用滑车组临锚方式或包胶线直锚方式，如图 9.2-10～图 9.2-12 所示。

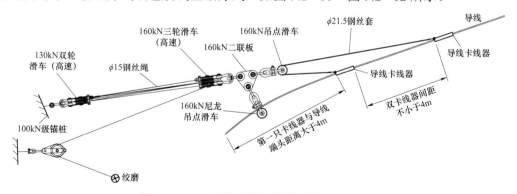

图 9.2-10　导线滑车组临锚方式布置示意图

3. 导线后尽塔挂线

（1）导线选择在册子 4 号耐张塔进行后尽挂线操作。经计算，导线的紧线张力为 9.6t，后尽塔挂线按 100%紧线张力考虑，紧挂线系统工器具按 100kN 级配置。

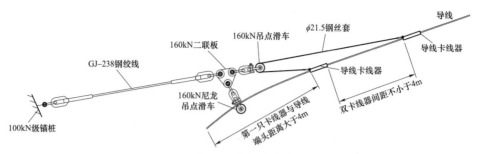

图 9.2-11 导线包胶线临锚方式布置示意图

图 9.2-12 导线临锚现场照片

（2）后尽塔挂线采用空中对接法，挂线系统逐步收紧，同时锚线系统同步松出，待锚线系统完全松弛后继续收紧挂线系统滑车组，完成挂线。布置如图 9.2-13 和图 9.2-14 所示。

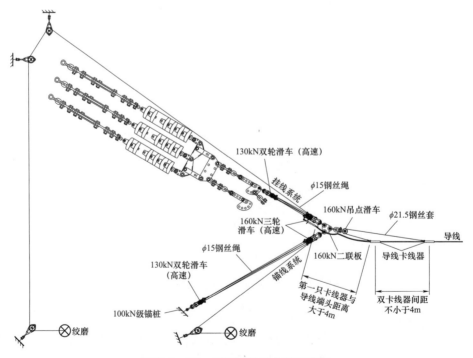

图 9.2-13 后尽塔挂线布置示意图

图 9.2-14　后尽塔挂线现场照片

9.2.14　复合光缆展放

复合光缆一牵一展放牵引连接如图 9.2-15 所示。

图 9.2-15　复合光缆一牵一展放牵引连接示意图

一相复合光缆牵引完毕后需用第二相复合光缆跟出，第二相复合光缆用六方 25 钢丝绳跟出。

9.2.15　放线弧垂监测

为加强线绳净高监测效果，采用两种监测方法结合。

其一是直接观测法，在金塘岛、册子岛两基高塔距海面垂高 60m 的塔身相应位置安装大变倍透雾摄像机，并在对侧高塔相同高度位置的主管上进行明显标识，通过摄像头水平观测，进行 60m 水平等高线的直观监测；其二是经纬仪计算法，在金塘岛高塔位处架设经纬仪，通过测量牵引绳、导线（光缆）的弧垂，反算最低点高度。线绳弧垂监测布置如图 9.2-16 所示。

根据测得的对侧塔滑车悬挂角 ψ、线绳弧垂角 θ，及仪器塔的 α 值，可求得线绳的弧垂值 f，计算式见式（9.2-1）。

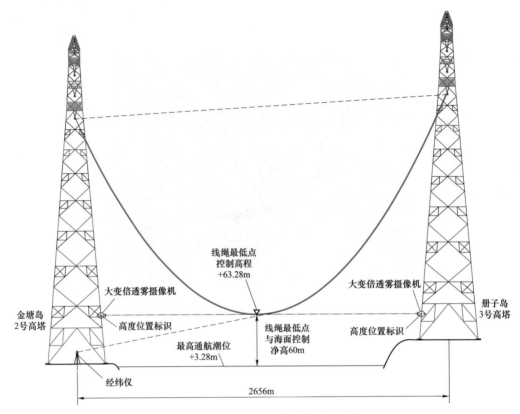

图 9.2−16　线绳弧垂监测布置示意图

$$f = \frac{\left[\sqrt{\alpha} + \sqrt{l\left(\tan\psi - \tan\theta\right)}\right]^2}{4} \qquad (9.2-1)$$

式中：f 为线绳的弧垂值，m；α 为观测塔线绳挂点与仪器镜头的高差，m；l 为档距，m；ψ 为对侧塔滑车悬挂角，(°)；θ 为线绳弧垂角，(°)。

根据求得的线绳弧垂值 f、观测塔的滑车高程 h_a、对侧塔的滑车高程 h_b，考虑最高通航水位+3.28m，可求得线绳最低点对海面的净空高度 h_j，计算式见式（9.2−2）。

$$h_j = \frac{h_a + h_b}{2} - f - \frac{\left(h_a - h_b\right)^2}{16f} - 3.28 \qquad (9.2-2)$$

9.2.16　临时防振措施

架线施工过程中，悬空的导线（复合光缆）及已悬空处于受力状态的牵引钢丝绳过夜锚固时，均采取安装防振锤的临时防振措施。

9.2.17　紧线施工

1. 弧垂观测

弧垂观测档选择金塘岛 2 号—册子岛 3 号高塔档，利用经纬仪采用档端角度法观测，观测方法如图 9.2−17 所示。

$$b = \left(2\sqrt{f} - \sqrt{a}\right)^2 \qquad (9.2-3)$$

$$\theta = \arctan\left(\tan\psi - \frac{b}{l}\right) \qquad (9.2-4)$$

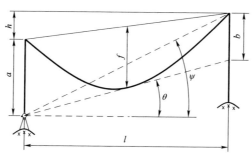

图 9.2-17　档端弧垂观测法示意图

2. 导线（复合光缆）紧挂线

（1）导线紧线。紧线场选于金塘岛 1 号耐张塔，采用地面紧线、地面划印方式。紧线滑车组采用 160kN 三轮高速滑车、130kN 双轮高速滑车，配 ϕ15mm 钢丝绳形成 2-3 滑车组走 6 道绳，采用双卡线器，动力采用 50kN 双磨筒绞磨，导线地面紧线布置如图 9.2-18 所示。

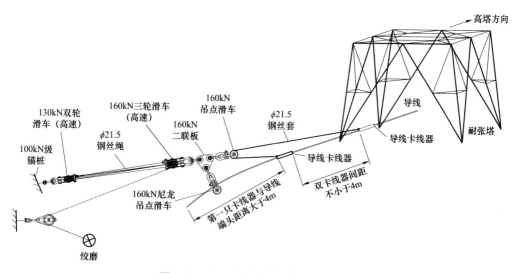

图 9.2-18　导线地面紧线布置示意图

（2）复合光缆紧线。复合光缆紧线与导线的方法一致，其现场布置及工器具配置与导线基本相同，除配置专用紧线预绞丝外，不另行配置光缆锚线工器具。

9.2.18　附件安装

1. 导线附件安装

用二线提升器采用双点提升法，在横担前后两侧的施工孔内装挂二联板及二线提升器，用 100kN 手拉葫芦提升，即每相附件用 4 副提升器提升。提升钩外侧临时安装导线卡线器，以阻止提升钩向两滑车中间滑动，两侧葫芦受力应力求均衡。高塔导线附件安装布置如图 9.2-19 和图 9.2-20 所示。

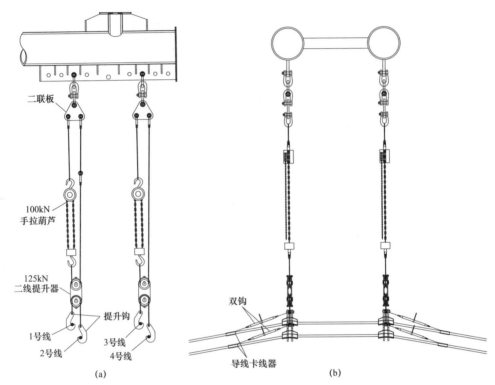

图 9.2-19 高塔导线附件安装布置示意图

（a）正视图；（b）侧视图

图 9.2-20 高塔导线附件安装现场照片

2. 复合光缆附件安装

复合光缆悬垂线夹采用紧线预绞丝及 90kN 手扳葫芦将两侧复合光缆同时收紧的方法安装，安装提升布置如图 9.2－21 所示。

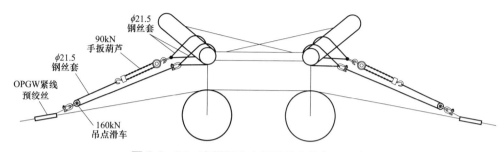

图 9.2－21　高塔复合光缆附件安装布置示意图

9.2.19　架线施工安全控制措施

1. 导线、光缆展放

（1）展放初级导引绳前详细查阅施工海域水文、气象等资料，并实测风速、潮流流速，确认具备条件后，才能开始展放。

（2）在初级引绳跨海展放期间，主航道布置警戒艇对航道进行全过程封航。

（3）相间移绳时由于线绳挂点高度发生变化，为控制档内的线绳最低点高度，按耐张段总线长量保持不变进行张力及弧垂计算，移绳前精确控制好弧垂。

（4）钢丝绳移位过程中，应进行保险。相邻铁塔同相钢丝绳不得同时进行移位操作。

（5）原则上不允许导线、复合光缆牵至中途停机过夜，若出现此情况，必须在牵张两场地面处设置可靠的临锚措施，不得将导线、复合光缆直接锚固在牵（张）机上过夜。导线、复合光缆临锚后按要求安装好临时防振措施。

2. 紧挂线施工

（1）操作人员需上导线、复合光缆作业时，应查明导线、复合光缆两端是否有可靠临锚；紧线过程中严禁登上导线、复合光缆。

（2）挂线时，高空作业人员应先站在耐张塔塔身内的安全位置，对挂线过程绝缘子串及滑车组受力情况进行监视，发现异常及时汇报发出停机信号。

（3）导线、复合光缆均采用地面紧线，地面划印，有效减少高空作业量。

（4）导线、复合光缆紧挂线动力装置采用双磨筒绞磨，以提高可靠性。

3. 附件安装

（1）作业人员通过井筒外旋梯、井架内旋梯上下高塔，由井架旋梯至横担及地线顶架各挂线点时，沿横担水平走道及爬梯走道通过。

（2）附件安装时，应使用速差自控器。速差自控器应挂在横担主管上，不得与瓷瓶串缠绕。

（3）附件安装时采用高强度圆环形吊装带双道（大小号各布置一道）进行保险，保险绳应打设在横担主材上。

9.2.20　架线施工质量控制措施

1. 导线、光缆防磨措施

（1）导线、光缆展放过程中的，在保证航道净空高度满足要求前提下尽量减小放线张力，牵引机操作要平稳，避免大起大落，防止分裂导线混绞。

（2）临锚操作导线、光缆时，可能与临锚钢丝绳接触的部位均应套上胶管。导线卡线器采用多片式卡线器，配铝合金内衬。

（3）紧线完毕后，尽快进行附件安装、安装防振措施，避免导线因在滑车中受振和在线档（档距）中的相互鞭击而损伤。

2. 防止多分裂导线相互鞭击措施

（1）张力放线临锚时，各子导线弧垂应基本相同，并按设计要求采取临时防振措施。

（2）架线施工过程中导线（光缆）悬空后，不得在无防振措施的情况下过夜。在永久防振措施安装完成之前，需按设计要求做好导线（光缆）的临时防振措施。

3. 导线防跳槽措施

（1）加强导线牵引过程中的监控。采用高变倍透雾摄像机、经纬仪对各跨越档内的导线进行实时观测，重点观测导线是否存在缠绕，发现异常时及时汇报现场总指挥。

（2）设专人在高塔横担位置观测放线滑车，重点观测放线滑车靠张力场侧（即进线侧）的导线情况，防止导线缠绕后通过滑车引起跳槽。

4. 弧垂观测质量控制措施

（1）大跨越选择跨越档金塘岛 2 号—册子岛 3 号为观测档，用仪器操平子导线间的高差。

（2）弧垂观测采用"粗调→细调→微调"的方法进行，采用微调器进行弧垂的精确控制，确保导线和光缆弧垂满足设计和规范要求。

9.3　直升机跨海展放钢导引绳施工技术

直升机具备其他飞行器无法实现的垂直起降、空中悬停和低速机动能力，能够在地形复杂的环境进行起降和低空飞行。用直升机放线速度快、工作可靠，可免除或减少砍伐放线通道、封江断航等代价高昂的作业，大幅度缩短准备时间，经济效益和社会效益都比较好。应用直升机，可选择"铺放"或"牵放"两种方式进行初级导引绳的展放。所谓"铺放"，是指直升机通过专用挂架挂载初导绳绳盘，沿放线段飞行，连续将初导绳从绳盘上放出，逐塔放入滑车中或横担顶部，以完成区段初导绳展放的施工；所谓"牵放"，是指直升机通过机下所挂的重锤牵引初级导引绳，沿放线段飞行，初级导引绳逐基进入各塔悬挂的导杆式放线滑车，以完成放线段初导绳的展放。"铺放"方式将直升机承受的初导绳区段张力变成一个档距内的张力，适合于应用中、小型直升机进行迪尼玛绳的展放。"牵放"方式后续绕牵层级少，采用导杆式滑车实现初导绳自行入槽，无需人工辅助，可大幅度提高效率，适用于较大挂载能力的直升机牵引跨度大、张力大、初导绳为钢丝绳的大跨越引绳展放施工。

9.3.1 工艺流程

直升机牵放钢导引绳的工艺流程如图 9.3-1 所示。

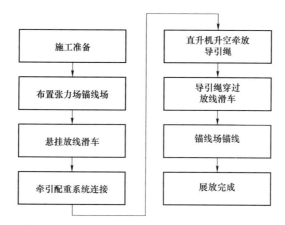

图 9.3-1 直升机牵放钢导引绳的工艺流程图

9.3.2 施工准备

1. 技术准备

施工前应进行现场调查和资料收集，根据现场条件、直升机性能及初导绳参数等，编制施工技术方案。施工前应组织机组、施工等相关人员接受技术培训和安全技术交底。

2. 施工计算

直升机牵拉导引绳时，须在主吊索与导引绳连接处加挂配重，以利于飞行操纵和飞行安全。直升机在 i 号档上空牵拉导引绳时的索具受力如图 9.3-2 所示。

根据张力放线的通用公式，导引绳牵引端的张力计算见式（9.3-1）。

$$T_i = \varepsilon^{i-1}(T_T + \omega h_1) + \omega(\pm\varepsilon^{i-2}h_2 \pm \varepsilon^{i-3}h_3 \pm \cdots + h_i) \qquad (9.3-1)$$

式中：T_i 为牵引端导引绳的轴向张力，N；T_T 为张力机对导引绳的制约张力，N；ω 为导引绳单位长度的自重力，N/m；ε 为放线滑车钢轮对导引绳的阻力系数；h_1，h_2，h_3，$\cdots$，h_i 为 1，2，3，$\cdots$，i 号档导引绳悬挂点高差，牵引侧悬挂点高于张力侧悬挂点时，其前的"±"号只取"+"号，反之只取"−"号（m）。

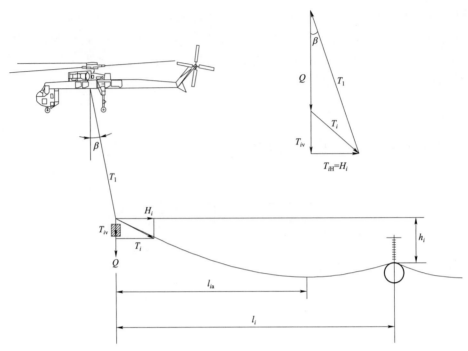

图 9.3-2　直升机在 i 号档上空牵拉导引绳时的索具受力

配重体的重力计算见式（9.3-2）。

$$Q = \frac{H_i}{\tan\beta} - H_i \mathrm{sh}\left(\frac{l_i\omega}{2H_i} + \mathrm{sh}^{-1}\frac{h_i}{\frac{2H_i}{\omega}\mathrm{sh}\frac{l_i\omega}{2H_i}} \right) \qquad (9.3-2)$$

式中：Q 为配重体的重力，N；H_i 为直升机在 i 档上空牵引时导引绳的水平张力，N；β 为直升机主吊索后偏角，(°)；l_i 为第 i 档的档距，m；ω 为导引绳单位长度的自重力，N/m。

主吊索承受的轴向张力计算见式（9.3-3）。

$$T_1 = \sqrt{H_i^2 + \left[Q + H_i\mathrm{sh}\left(\frac{l_i\omega}{2H_i} + \mathrm{sh}^{-1}\frac{h_i}{\frac{2H_i}{\omega}\mathrm{sh}\frac{l_i\omega}{2H_i}} \right) \right]^2} \qquad (9.3-3)$$

式中：T_1 为主吊索承受的轴向张力，N。

3. 起降场设置

（1）作业前应选择合适的直升机起降场和备降场，起降场地要求平坦坚硬、无砂石、净空条件良好，起降区域面积适于直升机起降，直径不应小于旋翼长度的 1.5 倍。

（2）直升机运行区域应保持清洁，无散乱物体，无易吹起物，起降场、锚线场、张力场处应采取洒水或其他降尘措施。

（3）起降场附近 30m 范围内不得有树木、架空线路、建筑物、构筑物等影响飞行安全的障碍物。

4. 直升机准备

（1）直升机应确保处于适航状态，与直升机连接的用于展放初导绳的相关吊挂件应通过适航认证。

（2）施工前直升机宜空载沿放线段试飞，熟悉施工现场飞行路径和作业环境。

5. 机具准备

（1）机具准备之前，应计算施工段的放线张力，经计算分析确定放线方式及配套机具。

（2）施工前应对主要机具进行检查，应按照产品技术文件要求使用、保养、维护牵张设备。

6. 飞行准备

（1）用于电力作业的国内注册的直升机应取得由民用航空行政主管部门颁发的适航证、国籍登记证、电台执照等。

（2）航务人员应了解飞行航线或飞行区域内的航行通告，核对所飞航线或飞行区域的航行、通信、导航资料。在施工前必须向飞行作业线路途经地区的空军、民航相关部门申请航线报批。获得当地空管部门下达的放飞许可后，机组方可起飞开始作业飞行。

7. 人员准备

（1）直升机牵放初导绳施工人员组织一般由飞行作业人员和施工配合人员组成，飞行作业人员包括指挥、飞行员、高空飞行监护、航管人员、机械师、地勤配合人员等，施工配合人员包括现场负责人、安全监护、技术质量员、高空人员、地面人员等。

（2）高空作业人员应持证上岗，并应具有一定的高空作业经验。

8. 通信设备准备

（1）应根据岗位需要设置不同人员的联络沟通方式，飞行员应配备具有对讲功能的航空头盔。

（2）直升机起降场、张力场及锚线位置应配备电台，放线段内各塔位、跨越架、初导绳接头处等重点监护部位应配置通信设备。

9.3.3 布置张力场、锚线场

1. 张力场

直升机牵放导引绳施工时的张力场平面布置与传统的张力放线场地的布置基本相同。场地宜平坦开阔，四周无障碍物。

高速张力机布置在张力场，不宜放置在线路正下方，应偏于线路中心线一侧，以保证导引绳与直升机的空间安全距离，提高直升机作业的安全性。待展放线盘摆放在张力机后侧，绳头引出线盘，做好接续准备，提高直升机的施工效率，尽量缩短直升机空中悬停时间。张力场布置如图 9.3-3 所示。

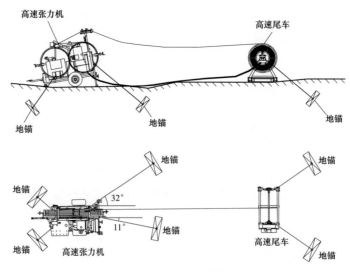

图 9.3-3 张力场布置示意图

2. 锚线场

锚线场设置应考虑方便锚线操作，直升机接近地面悬停时四周无任何障碍，尽量为直升机悬停、脱钩提供方便。锚线点与铁塔最近距离应不小于 40m。

9.3.4 放线滑车悬挂

直升机放线专用滑车与普通放线滑车在外形结构上有所不同。主要是它有一个进线的"活门"和一支导向杆。其原理是当直升机张力牵引导引绳穿越该滑车的导向杆引入滑车的"活门"，靠绳索的自重和张力的联合作用压开活门自动进入滑轮槽内。直升机专用放线滑轮的轮槽结构和材料与普通放线滑轮基本相同。

（1）放线滑车宜选用导杆式单轮放线滑车，设置防跳槽圆弧形护板，防止导引绳跳槽被卡。导杆可拆卸，便于改装和运输。导杆式放线滑车示意图如图 9.3-4 所示。

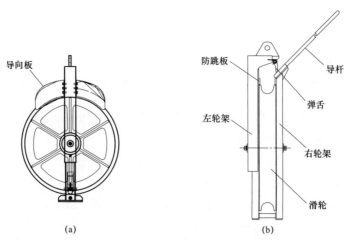

图 9.3-4 导杆式放线滑车示意图

（a）侧视图；（b）正视图

（2）放线滑车宜采用专用钢丝套成 V 形挂设，在每侧需展放的初导绳侧挂设单滑车，导杆式放线滑车挂设示意图如图 9.3-5 所示。

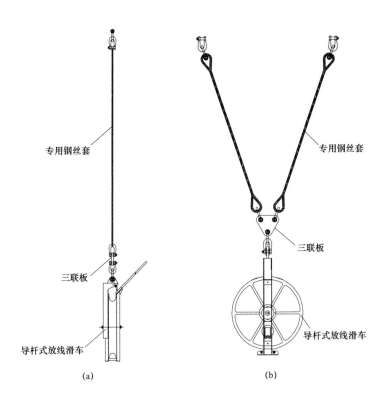

图 9.3-5　导杆式放线滑车挂设示意图
（a）正面；（b）侧面

（3）放线滑车悬挂方式应确保滑车在自由状态下导杆朝向初导绳向下滑落一侧。

9.3.5　牵引、配重系统连接

直升机吊索、导引绳、配重之间采用卸扣与三眼板的连接方式，连接方式如图 9.3-6 所示。

9.3.6　导引绳的连接

将导引绳从尾车线盘引出后，在高速张力机的张力轮盘缠绕，从张力机的出线口引出至与直升机的接线点位置，置于地面。直升机飞到张力场上空，在预定位置降低高度，悬停。地面人员将导引绳端头与重锤相连。导引绳与直升机连接如图 9.3-7 所示。

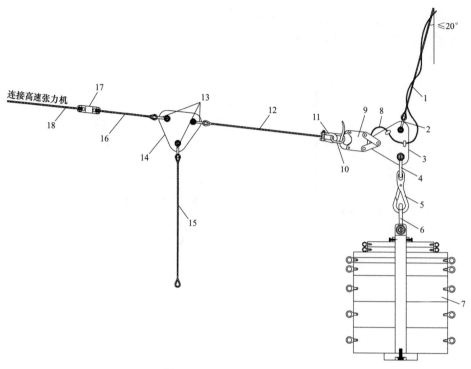

图 9.3-6　配重连接示意图

1—12t 吊装带，长度 15m；2—15t 卸扣；3—三眼板；4—10t 卸扣；5—12t 手动钩；6—DG8；7—配重（4100kg）；
8—电动钩控制线；9—12t 电动钩；10—12t 封闭环；11、13—DG6.3；12、16—ϕ15×3.5m 钢丝绳；
14—三眼板，LV-200；15—ϕ22×2.5m 镀锌压制钢丝套；
17—80kN 旋转连接器（涂红，便于空中识别）；18—□13×5000m 钢丝绳

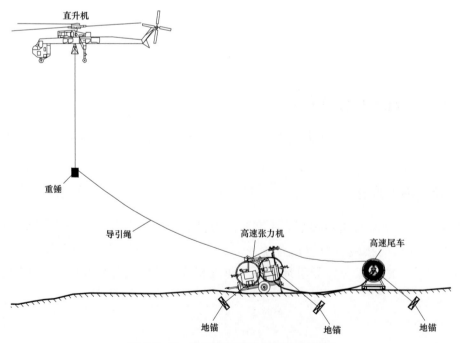

图 9.3-7　导引绳与直升机连接示意图

9.3.7　直升机升空牵放导引绳

1. 导引绳牵放顺序

（1）根据现场起降场位置，直升机在牵引导引绳时按照先右后左的顺序进行展放，可以为直升机的起飞和降落提供方便的同时，也为直升机驾驶员提供更大的安全操作空间，减少引绳之间的互相干扰，避免空中交叉作业。

（2）考虑施工操作的方便，应结合跨越塔的结构特点，以及张力场和锚线场所在的位置，选择合适的放线顺序。原则上导引绳牵放是按由左向右或由右向左顺序进行。

（3）飞行员在进行直升机的起飞、牵引、降落、悬停等系列操作时，必须要保证直升机与铁塔以及塔上已架设线绳的安全距离不小于 20m。

2. 牵放飞行与飞行方向、高度控制

（1）直升机将导引绳线端与重锤相连后，提升高度，正对前方铁塔相应放线滑车方向飞行。直升机的飞行高度示意如图 9.3-8 所示。

（2）飞行的方向控制，按直升机从铁塔横担头外侧上方越过，所牵放的导引绳与铁塔构件保持最小水平安全距离（不小于 5m）进行控制。

（3）直升机在任意两塔之间飞行时，应注意按规定的速度（约 250m/min，即 15km/h）匀速飞行（最大瞬时速度不大于 330m/min，即 20km/h），并保持飞行高度。

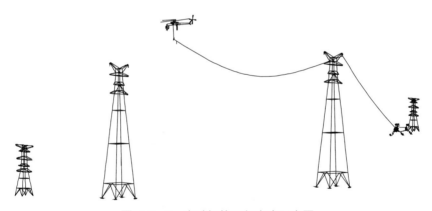

图 9.3-8　直升机的飞行高度示意图

3. 张力机张力控制

根据大跨越的设计参数，适时控制牵放导引绳所需张力在计算值范围之内，以保证导引绳和海面的净空高度符合通航净空要求。

9.3.8　导引绳穿过放线滑车

（1）直升机带导引绳从塔侧面略高于放线滑车高度，越过适当位置悬停，如图 9.3-9 所示。

（2）待导引绳稳定后，飞行员判定导引绳所处的空间位置以便观察和监视导引绳入轮的情况。

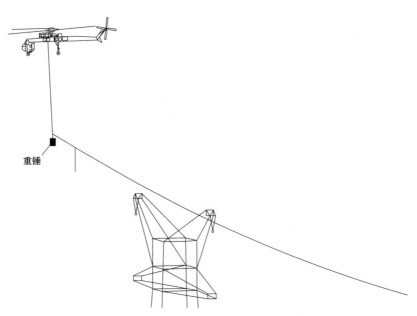

图 9.3-9　导引绳穿入放线滑车时飞行动作

（3）微调直升机的悬停高度，使导引绳的水平位置逐渐贴近导杆式放线滑车的悬垂临时挂索，导引绳落入滑车轨迹示意图如图 9.3-10 所示。

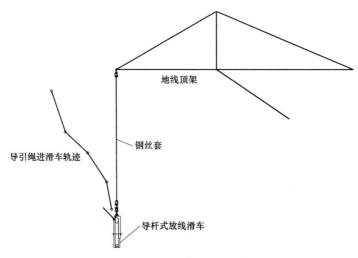

图 9.3-10　导引绳落入滑车轨迹示意图

（4）继续使导引绳缓缓下落，直至导引绳落入滑轮为止，保持或降低直升机的飞行高度，飞行一段距离，然后直升机继续向前牵放，以防止直升机爬升造成导引绳上扬，而从滑车轮槽中滑出。

9.3.9　锚线场锚线

（1）直升机在接近锚线场时，适当降低飞行高度。当直升机配重系统正处该导引绳临锚系统垂直上方时，再继续降低高度，直至配重落地后悬停，如图 9.3-11 所示。

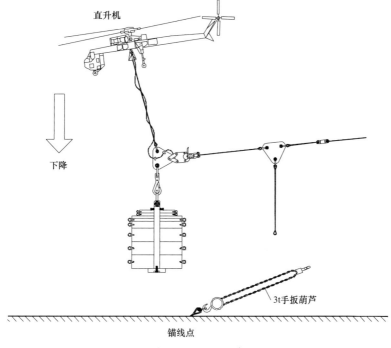

图 9.3-11　下降

（2）将悬挂在三联板上的临锚绳拉住，绳端与锚线场预先连接地锚套的 3t 手扳葫芦连接。直升机此时仍处于悬停状态，且承担约 80% 的荷载，如图 9.3-12 所示。

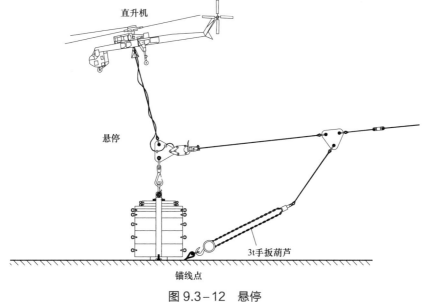

图 9.3-12　悬停

（3）迅速收紧手扳葫芦，临锚绳受力后逐渐拉紧，直至张力全部转移至临锚绳上，如图 9.3-13 所示。

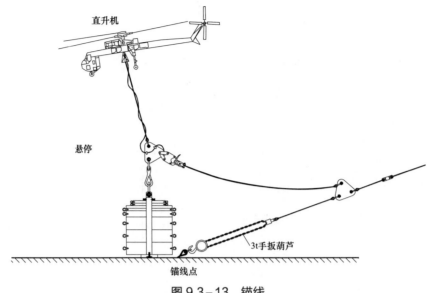

图 9.3-13 锚线

（4）直升机稍微下降，卸下全部荷载，与三联板连接的电动钩动作，将导引绳头与配重脱开，如图 9.3-14 所示。

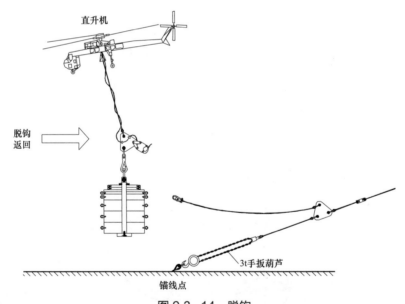

图 9.3-14 脱钩

（5）直升机慢慢起飞，返场，牵放第一根导引绳整个过程完成。导引绳展放完成后，要求对海面保持一定的净空距离，因此在张力场和锚线场（牵引场）都需临时锚固，同时完成两侧场地的移线工作，做好第二根导引绳的牵放准备。

9.3.10 应用情况

以西堠门大跨越为例对直升机展放导引绳进行说明。

1. 直升机展放导引绳方式选择分析

经适用性条件对比分析，参照六方型 13mm 防扭钢丝绳的参数条件要求，以及沿海地区特有的复杂气象条件，特别是 11 月份作业期间内大风频繁出现带来的影响，以及本工程技术特性（如大档距、大高差等），考虑各类工况复杂的客观条件下，确定用大型直升机牵放六方型 13mm 防扭钢丝绳的方案更具合理性，该方案具备不封航架线施工实施技术条件。六方型 13mm 防扭钢丝绳，其外径 13mm，破断力为 121kN，单位长度重量 0.5kg/m，钢丝绳通长 5000m，中间无接头。

2. 直升机选型策略研究

根据直升机"牵放"导引绳工艺要求，地面张力控制选用高速张力机，设计最大放线速度 25km/h，最大张力 30kN，最大容绳为六方型 13mm 防扭钢丝绳 5000m。经计算，六方 13 钢导引绳的牵引力最大控制在 25kN 以上，配重锤质量在 50kN 以上，对直升机外载荷能力要求在 65kN 以上。

经调研，世界范围内民用直升机只有 S-64F 直升机可以在满负荷条件下以 8～15km/h 的慢速进行稳定飞行，是能够完全满足西堠门大跨越钢导引绳展放作业要求的合适机型。

3. 专用设备及工器具研究

（1）高速张力机研制。为配合直升机牵放六方 13 钢丝绳，专门研制了高速张力机，配置高速尾车。设计最大持续放线速度 25km/h，最大张力 30kN，最大容绳为□13 钢丝绳 5000m。高速张力机如图 9.3-15 所示。

图 9.3-15　高速张力机示意图

（2）导杆式放线滑车研制。选用 ϕ822 单轮导杆式放线滑车，额定载荷 60kN，匹配放线速度 25km/h。导杆式放线滑车如图 9.3-16 所示。

（3）重锤研制。重锤按照直升机牵引导引绳作业时主吊索最大允许偏角 20° 进行配重设计，配重总质量 4100kg。重锤采用金属材质，质量以 100kg 为单位进行调节，呈圆盘形设计，高度 1.2m。重锤结构如图 9.3－17 所示。

图 9.3－16　导杆式放线滑车示意图　　　　图 9.3－17　重锤结构示意图

4. 张力场布置

直升机展放导引绳的张力场设置在册子岛侧 4 号耐张塔。高速张力机布置在张力场。受现场地形条件限制，高速张力机设置在 4 号耐张塔小号方向靠近 1 号腿位置，张力机出口朝向册子岛高塔中心方向，高速尾车设置在张力机后方约 15m 位置。张力机和高速尾车地锚均采用 4 点锚固方式。张力场布置图如图 9.3－18 所示。

图 9.3－18　张力场布置图

5. 锚线场设置

根据耐张塔所处的地形情况，将锚线场设置在金塘岛侧 1 号耐张塔附近，尽量为直升机悬停、脱钩提供方便。

6. 放线滑车的挂设

跨越塔放线滑车采用专用钢丝套挂设。在两基西堠门跨越塔左、右两侧地线支架上分别悬挂直升机放线专用导杆式放线滑车，每侧挂设 1 只滑车。滑车钢丝套选用两根

ϕ22mm×2.5m 镀锌压制钢丝套，与铁塔挂点处前后主管下的施工板 V 形连接，下方的单滑车通过二联板以卸扣单点连接方式与 V 形钢丝套连接。放线滑车挂设示意图如图 9.3-19 所示。

图 9.3-19 放线滑车挂设示意图

7. 实施过程

2018 年 11 月 9 日上午 9 时 14 分，随着指挥人员的起飞口令，直升机第一次升空进行右相钢导引绳的架设，飞机下降悬停，导引绳连接，导引绳入册子岛滑车、入金塘岛滑车、飞至锚线场，至 9 时 42 分重锤落地，第一根导引绳展放完毕，首次实现了国内直升机跨海架线作业。牵引飞行作业过程概括如下：

（1）在直升机主吊索下方悬挂重锤。直升机在起飞场携带重锤起飞，如图 9.3-20 所示。

图 9.3-20 直升机携带重锤起飞示意图

（2）直升机飞至册子岛 4 号耐张塔张力场，在高速张力机前悬停，将导引绳与直升机下悬挂的配重系统连接，直升机带张力牵引着钢丝绳，沿预定的线绳展放通道上空飞行，如图 9.3-21 所示。

图 9.3-21 直升机牵放导引绳示意图

图 9.3-22 导引绳进滑车示意图

（3）操作张力机按规定的张力数值对导引绳施加控制张力，使导引绳在牵放过程中始终能保持与海面的净空安全距离不小于 60m。

（4）直升机以 15km/h 的速度，稳定姿态飞行前进，先后飞至册子岛侧 3 号塔、金塘岛侧 2 号塔两基 380m 跨越塔上空，使挂于重锤上的导引绳，沿放线滑车导杆滑入到放线滑车绳槽内，如图 9.3-22 所示。

（5）直升机飞至放线段末端的金塘岛 1 号塔锚线场，缓缓下降、悬停，将导引绳锚于地面。然后摘开导引绳与重锤的连接，直升机吊挂重锤飞离。

（6）如此反复，进行下一根导引绳的展放，共飞行两次，合计展放左、右两根初级导引绳，当天全部完成直升机跨海飞行牵引导引绳作业，左、右侧分别用时 28、25min。

8. 优势及成效

（1）实现不封航施工。采用直升机牵引钢导引绳跨海施工，配合高速张力机带张力控制，能有效控制钢导引绳牵放过程中对海面的净空高度，减少通航安全影响，缩短施工时间，提高施工效率。

（2）直升机载重量比较大，能够直接展放钢导引绳，其抗风稳定性也远高于迪尼玛绳，可以在风力较大时使用，抗风稳定性较好。其抗干扰性、稳定性明显优于动力伞。

9.4 钢管混凝土施工技术

西堠门大跨越工程两基 380m 跨越塔，钢管混凝土灌注总高度达 262.3m。针对高塔结构特点进行了各种灌注方案的比较分析，最终确定采用泵送导管浇灌法，并对该施工技术进行了详细介绍。

9.4.1　西堠门大跨越高塔钢管混凝土工程概况

跨越塔全高 380m，塔身结构为四方形，塔脚水平根开 69.024m，塔身 0～293m 主管正侧面坡比均为 1/0.084。塔身 262.3m 以下主管内灌注混凝土，其中 154.9m 以下配置角钢骨架。

混凝土强度等级 C50，采用微膨胀自密实混凝土，粗骨料粒径不宜大于 20mm，14天限制膨胀率为（150～200）$\times 10^{-6}$，坍落度为 200～240mm，自密实性能应满足 JGJ/T 283—2012《自密实混凝土应用技术规程》的 SF1 性能等级要求，混凝土氯离子含量不大于 0.1%，严禁使用含氯化物类的外加剂。单基高塔 C50 混凝土灌注总方量为 3200m。

9.4.2　灌注施工方法选定

钢管混凝土在工业、民用建筑工程中有较广泛的应用，目前常用的施工方法有：泵送顶升浇灌法、立式手工浇灌法和高位抛落无振捣法。

泵送顶升浇灌法：该方法需在钢管接近地面的适当位置安装 1 个带闸门的进料支管，直接与泵车的输送管相连，由泵车将混凝土连续不断地自下而上灌入钢管，无须振捣。该方法适用于内壁光滑、无阻隔的钢管结构，一般灌注高度在 50m 之内。而对于西堠门跨越塔，因主管内焊有大量横向隔板并布置有角钢骨架，结构复杂，混凝土灌注密实度难以保证，且最大顶升高度达 262.3m，泵送顶升压力极大，可靠性和安全性无法保证。

立式手工浇捣法：该方法是将混凝土由钢管上口灌入，采用内部振捣器（振捣棒或锅底形振捣器），一次浇灌高度不宜大于 2m。该方法仅适用于小方量钢管混凝土灌注，对于西堠门跨越塔，因其最大管径达 2.3m，钢管节点间最大分段高度达 41m，单节混凝土方量达 177.1m，如采用该方法，将造成管内混凝土的人为分节，不仅无法满足设计要求，且人员需进入管内狭窄密闭空间长期作业，安全性较差，施工进度缓慢。

立式高位抛落无振捣法：该方法是利用混凝土下落时产生的动能达到振实混凝土的目的。该方法适用于管径大于 350mm，高度不小于 4m 的情况，且要求钢管结构内壁光滑、无阻隔。对于西堠门跨越塔，由于钢管节点间最大分段高度达 41m，且管内安装有角钢骨架、主管内焊有大量横向隔板，结构复杂，高位抛落过程中混凝土易离析，密实度难以保证，且混凝土抛落冲击力会对管内钢构件造成损伤。

综上所述，现有方法无法满足西堠门跨越塔钢管混凝土施工要求。根据西堠门跨越塔钢管混凝土结构特点，结合高塔组立施工，参考灌注桩水下混凝土施工原理，提出了泵送导管浇灌法及抱杆吊装导管浇灌法。

泵送导管浇灌法：采用高流态自密实高性能混凝土，先由布置在地面的泵车经主管外侧的泵管泵送至主管上口，再通过软管灌入布置在钢管内部的导管，利用混凝土自重实现其在主管内的不间断自动顶升，无须振捣。在保证一定埋深前提下，适时拔拆导管，同时提升、拔拆导管过程也起到一定的振捣作用，确保主管内混凝土浇灌的密实性。

抱杆吊装导管浇灌法：该混凝土灌入方式与泵送导管浇灌法基本相同，不同的是混凝土运送方式,抱杆吊装法采用高塔组立吊装时的起重抱杆,利用专用吊斗将混凝土吊至待浇灌主管上口,然后再灌入导管内。

从适用性、质量、安全、进度及机具设备投入多方面对该 2 种创新方法比较分析,见表 9.4-1。

表 9.4-1 泵送导管浇灌法与抱杆吊装导管浇灌法分析比较表

方法	泵送导管浇灌法	抱杆吊装导管浇灌法
适用性	适用于内部允许插入导管的钢管结构	适用于内部允许插入导管的钢管结构,受吊斗大小及起吊速度限制,一般用于 30m 以下高度
质量	利用混凝土自重顶升式不间断充填,免振捣,自密实性能好	利用混凝土自重顶升式充填,免振捣,自密实性能好;混凝土输送采用吊装方式,速度较慢,从搅拌好至灌注完成有一定间隔时间,特别是超过 30m 以上高度,混凝土坍落度损失大
安全	混凝土泵送,大部分施工操作在灌注施工平台进行,有施工防护平台保护,安全性较好	混凝土由起重抱杆吊运,起重吊装及高空作业量大,安全风险较大
进度	混凝土泵送、下管连贯施工,灌注进度快	混凝土运送受起重抱杆运行速度及运送高度限制,灌注进度较慢,随灌注高度增加,进度下降更为明显
机具设备	需配置泵车、水平及垂直泵送管、主管内导管,机具设备投入较多	无需配置泵送车、水平、垂直泵送管,仅配置主管内导管、吊装吊斗,利用起重抱杆配合,机具设备投入相对较少

通过综合分析,泵送导管浇灌法在灌注质量、施工安全及进度上均有较好保证,为此最终选用泵送导管浇灌法。

9.4.3 灌注施工总体布置

在现场设置混凝土集中搅拌站,混凝土运输采用罐装车,混凝土泵车布置在离塔腿 30~50m 处,沿高塔主管外侧布置泵管,在灌注段主管顶部布置灌注施工平台,在主管内布置导管,沿主管内的导轨下放至灌注段主管底部,如图 9.4-1 所示。结合高塔结构特点,将塔身主管混凝土灌注分为 8 段,如图 9.4-2 所示。

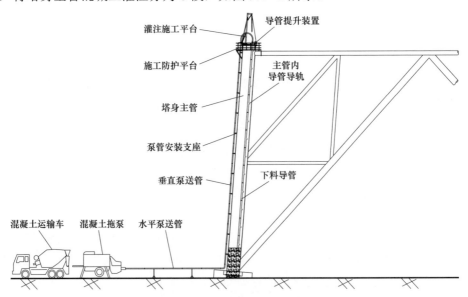

图 9.4-1 钢管混凝土泵送导管浇灌法施工布置示意图

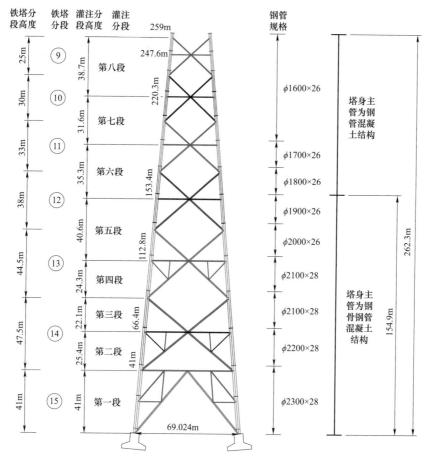

图 9.4-2 钢管混凝土灌注分段示意图

9.4.4 主要施工方法

9.4.4.1 施工准备

1. 混凝土原材料选用及配合比设计

根据钢管混凝土参数性能要求,粗骨料选用 5~20mm 连续级配碎石,砂料选用河砂,水泥选用 P.O 42.5 级水泥,粉煤灰选用 Ⅱ 级灰,外加剂选用高性能减水剂,膨胀剂选用高性能膨胀剂。钢管混凝土配合比设计结果(单位 kg/m³)为水泥(398)、粉煤灰(80)、砂(780)、石子(915)、水(175)、高效减水剂(7.96)、膨胀剂(53)。

2. 混凝土泵的选型

混凝土泵的选型是完成西堠门跨越塔钢管混凝土灌注的关键所在,根据 JGJ/T 10—2011《混凝土泵送施工技术规程》提供的计算公式进行混凝土泵的选型,计算式见式(9.4-1)~式(9.4-4)。

$$L_{max} = P_{max} / \Delta P_H \tag{9.4-1}$$

$$\Delta P_{\text{H}} = \frac{2}{r}\left[K_1 + K_2\left(1 + \frac{t_2}{t_1}\right)v_2\right]a_2 \quad (9.4-2)$$

$$K_1 = (3.00 - 0.1S_1) \times 10^2 \quad (9.4-3)$$

$$K_2 = (4.00 - 0.1S_1) \times 10^2 \quad (9.4-4)$$

式中：L_{max} 为混凝土泵的最大水平输送距离，m；P_{max} 为混凝土泵的最大出口压力，Pa；ΔP_{H} 为混凝土在水平输送管内流动每米产生的压力损失，Pa/m；r 为混凝土输送管半径，m；K_1 为黏着系数，Pa；K_2 为速度系数，$(\text{Pa}\cdot\text{m})/\text{s}$；$S_1$ 为混凝土坍落度，cm；$\dfrac{t_2}{t_1}$ 为混凝土泵配阀切换时间与活塞推压混凝土时间之比，一般取 0.3；v_2 为混凝土拌合物在输送管内的平均流速，m/s；a_2 为径向压力与轴向压力之比，对普通混凝土取 0.90。

混凝土输送管直径为 125mm，半径 r 为 62.5mm，混凝土坍落度 S_1 为 20cm，混凝土在输送管内的平均流速 v_2 为 1.13m/s（按普通混凝土的平均泵送速度为 50m/h 取），计算得 1.13×10^4Pa/m。

西堠门跨越塔混凝土设计最大灌注高度为 262.3m，取最大垂直泵送高度为 265m，混凝土泵至垂直泵送起点水平距离取 50m，2 根 90° 弯管，1 根软管，换算成最大水平输送距离为 1154m，相对应混凝土泵的最大出口压力 11.9MPa，考虑混凝土泵启动内耗 2.80MPa，则所选混凝土泵输送压力不应小于 14.7MPa。

根据计算结果，选用型号为 HBT105.21.286RS 的混凝土泵，其输送压力为 21MPa，满足工程使用要求。

9.4.4.2 泵管、灌注施工平台、导管安装

1. 泵管安装

高塔每根主管均设置 1 套输送泵管，布置在主管 45° 外侧靠爬杆位置。为方便泵管安装固定，在主管外侧按 2～3m 高度间隔设计了安装支座及连接件，如图 9.4-3 所示。

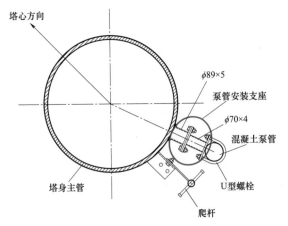

图 9.4-3　泵管附着安装示意图

2. 混凝土灌注施工平台安装

为保证高空作业人员安全，在高塔相应灌注分段节点的主管四周设计了施工防护平台，如图9.4-4所示。

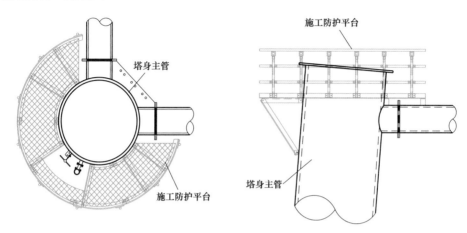

图 9.4-4　高塔主管节点施工防护平台布置示意图

考虑导管安装、提升、拆除及混凝土泵送作业需要，在主管法兰上口单独布置混凝土灌注施工平台，如图9.4-5所示。

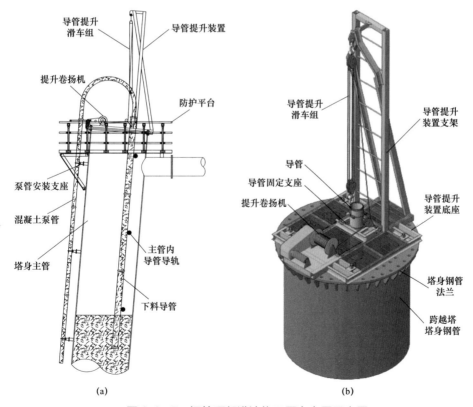

(a)　　　　　　　　　　　　(b)

图 9.4-5　钢管顶部灌注施工平台布置示意图

（a）施工平台总体布置示意图；（b）导管提升装置布置示意图

3. 导管安装

高塔主管内的角钢骨架与主管对应分段，骨架中间设计了下管、拔管用的导轨，如图 9.4-6 所示。为防止导管安装、提升时与导轨发生阻碰，全部接头均设有导角，保证导轨能够顺利地上下移动，减小摩阻力。安装、提升、拆拔导管利用电动卷扬机，通过滑车组进行。

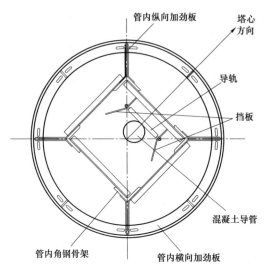

图 9.4-6 高塔主管内导轨布置示意图

9.4.4.3 混凝土搅拌、运输与泵送

在现场设置搅拌站，采用自动计量配量，实现混凝土的集中搅拌，再利用罐装车运输至泵车进行泵送。

1. 混凝土制备

所有进场材料必须检验合格方可使用，每次灌注前必须储料足够。认真监控搅拌站微机控制系统及自动计量系统，确保计量准确。严格控制水灰比，根据砂石含水率及时调整配合比。加强混凝土和易性、坍落度检测，防止堵管或混凝土泌水离析。

2. 混凝土输送

混凝土搅拌后由运输车运至现场，送入混凝土泵。泵管选用高强耐磨型（全部为新购）。泵送应连续进行，如必须中断时，其中断时间不得超过混凝土从搅拌至灌注完毕所允许的延续时间。泵送混凝土的运送延续时间不宜超过混凝土初凝时间的 1/2，同时以混凝土保持塑性状态进行控制。

9.4.4.4 混凝土灌注、导管拆除

导管下管安装时，按底部与已浇筑完成的混凝土顶面保持 30～50cm 高度为宜，以确保混凝土顺利扩散且不发生离析。灌注时管内不得有杂物和积水，灌注前管内应先灌注 1 层 100～200mm 厚同强度等级砂浆。钢管混凝土应连续灌注，必须间歇时，间歇时间不得超过混凝土初凝时间。灌注过程中，需根据钢管内混凝土灌注方量，准确计算出导管的埋深，以保证拔除导管时，导管的埋深不小于 0.8m。导管提升速度应与钢管内混

凝土上升速度相适应，避免提升过快造成混凝土脱空，或提升过晚造成拔管困难。当导管内的混凝土不畅通时，可将导管上下提动，但上下提动的范围应控制在 300mm 以内。每个分段接点处的钢管混凝土，其灌注高度应按在清除表面带浮浆面层后比钢管法兰盘低约 1.2m 进行控制，以便于高塔组立时主钢管吊装及螺栓就位安装。

9.4.4.5　混凝土防渗漏措施

主钢管采用内外法兰连接，大直径法兰盘由于焊接变形或安装原因，其上下法兰盘间贴合存在一定间隙，由此可能造成浆水外漏，影响混凝土质量，也对塔身造成污染。为防止混凝土砂浆渗漏，采取了以下措施。

（1）主管吊装时，即在上下主管法兰贴合面位置，沿主管壁厚位置，打设 2 圈连续贯通的密封胶，形成一道严密的阻隔墙，作为防渗漏的最直接措施。选用 JS-2000 型耐候性硅碉密封胶，打设在每节主管上法兰上顶面的主管壁厚区域，打设宽度不小于 10mm、高度不小于 5mm，并保证沿主管壁厚区整体圆周连续，不间断、不漏打，如图 9.4-7 所示；考虑密封胶打设后 1.5h 左右即开始干化，要求打设时间不宜过早，一般控制在上节主管吊装就位前半小时以内打设完成，打设前应对法兰表面进行清理，保证表面清洁、干燥。

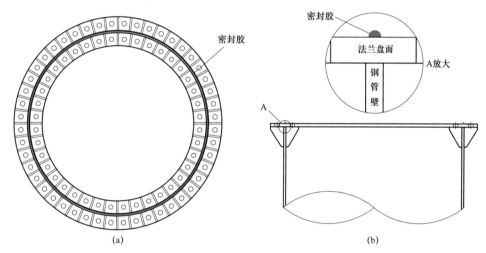

图 9.4-7　主管上法兰密封胶打设示意图
（a）俯视图；（b）侧视图

（2）灌注施工前，逐段紧固主管的内外法兰螺栓并进行验收，保证螺栓紧固到位，法兰间隙不超规范要求。

9.4.4.6　混凝土养护与顶面处理

混凝土灌注完成后，清除表面浮浆，在主管混凝土顶面覆盖养护毯进行保湿养护，待混凝土终凝后，即对结合面进行凿毛处理。凿毛完毕，在钢管内混凝土顶面少量蓄水，进行蓄水养护。

9.4.4.7　混凝土浇灌质量检测

按每个灌注施工段每 1 个塔身主管腿别分别抽取混凝土强度试块，取样数量不少于 1 组，以检验混凝土强度是否符合设计要求。对钢管内混凝土的灌注质量，采用敲击钢管外壁听取声音的方法进行检查，以判定管内混凝土是否存在空鼓现象。

9.5 斜置式插入钢管基础施工定位测量技术

斜置式插入钢管岩石锚桩基础，很好地结合了跨越塔基础受力要求高、岩石地基承载力强的特点，充分利用岩石地基特性，满足跨越塔荷载要求。以西堠门大跨越高塔为例，进行斜置式插入钢管基础施工定位测量技术介绍。

9.5.1 西堠门大跨越高塔基础工程概况

西堠门大跨越两基 380m 高塔，地处舟山海岛，设计采用了斜置式插入钢管岩石锚桩基础，并根据具体地形及地质条件选择不同的基础埋深，承台底部设置了抗拔锚桩。

9.5.2 插入钢管基础结构简介

西堠门跨越塔基础结构自下而上依次为锚杆、承台及立柱，插入钢管布置于承台及立柱的中心位置，钢管底部设有定位地脚螺栓组。基础顶根开为 69.024m，基坑开挖深度为 9.5～11.5m，断面为 16m×16m，立柱断面为 6m×6m，立柱高度为 5～7m，基础立柱与插入钢管均为斜置式，坡度一致为 1:0.084，基础承台与立柱垂直布置，坑底抗拔锚杆采用 ϕ36mm 螺纹钢，锚入岩石 4m，单腿锚杆数量为 280 根。基础混凝土采用 C40 等级，最大单腿混凝土体积为 1223m³。

基础插入钢管规格与铁塔主管相同，为 2.3m×28mm，最深基坑插入钢管共由 3 节组成，总长 11.987m，总质量为 41.8t，单节钢管最大长度为 4.837m，最大质量为 17.9t。

西堠门跨越塔基础结构及总体布置如图 9.5－1 所示。

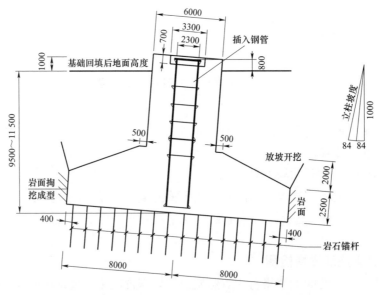

图 9.5－1 西堠门跨越塔基础结构及总体布置示意图（mm）

西堠门高塔基础具有大根开、深基坑、基坑不等深、大体积混凝土、基础斜置式、插入钢管结构等多项特点，面临深基坑开挖、大体积混凝土浇筑、斜置式基础及插入钢管的定位测量等多项施工难点，特别是斜置式基础及插入钢管的定位，精度要求高，无法采用常规方法进行，控制难度极大。

9.5.3　施工定位控制方法选定

目前国内普通送电线路铁塔一般采用地脚螺栓直柱式或插入角钢斜柱式基础，而大跨越高塔则普遍采用地脚螺栓直柱式基础。

普通线路铁塔基础根开相对较小，一般采用钢卷尺直接丈量法或钢卷尺结合经纬仪方向控制及竖直角配合的计算法进行施工定位测量，该方法操作较为简单，精度也能满足验收规范要求；采用地脚螺栓直柱式基础的大跨越高塔，虽然基础根开相对较大，但其基础立柱及地脚螺栓均为垂直布置，施工时通过钢卷尺、经纬仪及垂球的简单配合，也能有效保证地脚螺栓组的定位精度，操作方便。

西堠门跨越塔的大根开、深基坑、斜置式、插入钢管结构特点，决定了常规的钢卷尺、经纬仪直接测量或配合计算法已无法满足施工要求。为此，根据西堠门跨越塔基础结构特点，利用 CAD 软件的三维绘图功能，结合电子全站仪的强大测量功能，创新提出了坐标定位法进行施工定位测量控制。

9.5.4　定位坐标计算

为方便坐标计算及测量观测，建立以铁塔中心桩为坐标原点、横线路右方向为 x 轴、顺线路前进方向为 y 轴、高程方向为 z 轴的相对坐标系。册子岛西堠门跨越塔基础中心桩降基后的高程为 $+33\mathrm{m}$，故取原点坐标为（$0\mathrm{m}$，$0\mathrm{m}$，$33\mathrm{m}$）。各基础定位控制的关键目标点为插入钢管法兰顶面的中心，由基础设计顶根开 $69.024\mathrm{m}$，可推出各基础插入钢管法兰顶面中心的坐标分别为 1 号腿（$-34.512\mathrm{m}$，$-34.512\mathrm{m}$，$33.8\mathrm{m}$）、2 号腿（$-34.512\mathrm{m}$，$34.512\mathrm{m}$，$33.8\mathrm{m}$）、3 号腿（$34.512\mathrm{m}$，$34.512\mathrm{m}$，$33.8\mathrm{m}$）、4 号腿（$34.512\mathrm{m}$，$-34.512\mathrm{m}$，$33.8\mathrm{m}$）。

取册子高塔 3 号腿基础，进行各部位定位测量点坐标的计算示例（为控制篇幅，仅对各控制部位的近点进行坐标计算示例），其基坑深度 $h=9.5\mathrm{m}$，$B_1=16\mathrm{m}$，插入钢管共由三节组成，由上至下各节钢管长度 l_1、l_2、l_3 依次为 4.837、3.0、4.15m。

9.5.4.1　基础各部位测量定位点坐标计算

由基础插入钢管法兰顶面中心坐标，根据基础斜置坡度及结构尺寸，按建立的相对坐标系，进行各部位测量定位点的三维坐标计算，基础各部位测量定位点如图 9.5-2 所示。

1. 承台

下近点，点 T_{X1} 的坐标计算公式见式（9.5-1）。

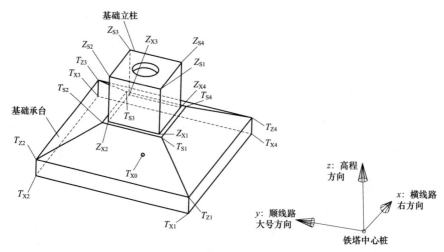

图9.5-2　基础各部位定位测量点示意图

$$
\begin{cases}
x_{TX1} = \dfrac{L}{2} + (h + h_4) \times \eta - \dfrac{B_1 \times \cos\left[\arctan\left(\eta \times \sqrt{2}\right)\right]}{2} = 27.433\,(\text{m}) \\[4mm]
y_{TX1} = \dfrac{L}{2} + (h + h_4) \times \eta - \dfrac{B_1 \times \cos\left[\arctan\left(\eta \times \sqrt{2}\right)\right]}{2} = 27.433\,(\text{m}) \\[4mm]
z_{TX1} = H - h - \dfrac{B_1 \times \sin\left[\arctan\left(\eta \times \sqrt{2}\right)\right]}{\sqrt{2}} = 22.165\,(\text{m})
\end{cases}
\tag{9.5-1}
$$

式中：x 为 x 轴坐标，m；y 为 Y 轴坐标，m；z 为 Z 轴坐标，m；L 为基础顶根开，m；h 为基坑深度，m；h_4 为钢管顶面法兰中心露出地面高，m；η 为基础正侧坡坡度；H 为塔基地面高程，m；B_1 为承台下断面尺寸，m。

2. 立柱

上近点，点 Z_{S1} 的坐标计算公式见式（9.5-2）。

$$
\begin{cases}
x_{ZS1} = \dfrac{L}{2} + (h_4 - h_3) \times \eta - \dfrac{b \times \cos\left[\arctan\left(\eta \times \sqrt{2}\right)\right]}{2} = 31.516\,(\text{m}) \\[4mm]
y_{ZS1} = \dfrac{L}{2} + (h_4 - h_3) \times \eta - \dfrac{b \times \cos\left[\arctan\left(\eta \times \sqrt{2}\right)\right]}{2} = 31.516\,(\text{m}) \\[4mm]
z_{ZS1} = H + h_3 - \dfrac{b \times \sin\left[\arctan\left(\eta \times \sqrt{2}\right)\right]}{\sqrt{2}} = 33.497\,(\text{m})
\end{cases}
\tag{9.5-2}
$$

式中：h_3 为立柱顶面中心露出地面高，m；b 为立柱断面尺寸，m。

9.5.4.2　插入钢管各部位定位测量点坐标计算

根据基坑深度的不同，插入钢管由多节不同长度的钢管分段组成。测量定位点选择在每节钢管顶部法兰的上平面，具体为 45° 对中线及垂直线上的四个法兰边点，插入钢管各部位定位测量点如图 9.5-3 所示。实际测量时，近点 G_1、远点 G_3 需控制三维坐标，而两个边侧点 G_2、G_4 仅需控制高程与中心点 G_0 相同即可。

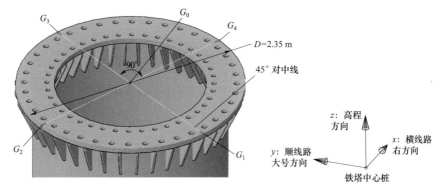

图 9.5-3　插入钢管各部位测量定位点示意图

1. 第 1 节钢管

上法兰近点，点 G_{11} 的坐标计算公式见式（9.5-3）。

$$\begin{cases} x_{G11}=\dfrac{L}{2}-\dfrac{D\times\cos\left[\arctan\left(\eta\times\sqrt{2}\right)\right]}{2\times\sqrt{2}}=34.189(\text{m}) \\[2mm] y_{G11}=\dfrac{L}{2}-\dfrac{D\times\cos\left[\arctan\left(\eta\times\sqrt{2}\right)\right]}{2\times\sqrt{2}}=34.189(\text{m}) \\[2mm] z_{G11}=H+h_4-\dfrac{D\times\sin\left[\arctan\left(\eta\times\sqrt{2}\right)\right]}{2}=26.545(\text{m}) \end{cases}$$

（9.5-3）

式中：D 为钢管法兰盘直径，m。

2. 第 2 节钢管

上法兰近点，点 G_{12} 的坐标计算公式见式（9.5-4）。

$$\begin{cases} x_{G12}=\dfrac{L}{2}+(l_1)\times\eta\times\cos\left[\tan^{-1}\left(\eta\times\sqrt{2}\right)\right]-\dfrac{D\times\cos\left[\tan^{-1}\left(\eta\times\sqrt{2}\right)\right]}{2\times\sqrt{2}}=33.938(\text{m}) \\[2mm] y_{G12}=\dfrac{L}{2}+(l_1)\times\eta\times\cos\left[\tan^{-1}\left(\eta\times\sqrt{2}\right)\right]-\dfrac{D\times\cos\left[\tan^{-1}\left(\eta\times\sqrt{2}\right)\right]}{2\times\sqrt{2}}=33.938(\text{m}) \\[2mm] z_{G12}=H+h_4-(l_1)\times\cos\left[\tan^{-1}\left(\eta\times\sqrt{2}\right)\right]-\dfrac{D\times\sin\left[\tan^{-1}\left(\eta\times\sqrt{2}\right)\right]}{2}=29.524(\text{m}) \end{cases}$$

（9.5-4）

式中：l_1 为第一节钢管长度，m。

上法兰两侧点，点 G_2、G_4 的坐标计算公式见式（9.5-5）。

$$Z_{G2} = H + h_4 - (l_1) \times \cos\left[\tan^{-1}\left(\eta \times \sqrt{2}\right)\right] = 29.679\,(\text{m}) \tag{9.5-5}$$

3. 第 3 节钢管

上法兰近点，点 G_{13} 的坐标计算公式见式（9.5-6）。

$$\begin{cases} x_{G13} = \dfrac{L}{2} + (l_1 + l_2) \times \eta \times \cos\left[\tan^{-1}\left(\eta \times \sqrt{2}\right)\right] - \dfrac{D \times \cos\left[\tan^{-1}\left(\eta \times \sqrt{2}\right)\right]}{2 \times \sqrt{2}} = 33.584\,(\text{m}) \\[4mm] y_{G13} = \dfrac{L}{2} + (l_1 + l_2) \times \eta \times \cos\left[\tan^{-1}\left(\eta \times \sqrt{2}\right)\right] - \dfrac{D \times \cos\left[\tan^{-1}\left(\eta \times \sqrt{2}\right)\right]}{2 \times \sqrt{2}} = 33.584\,(\text{m}) \\[4mm] z_{G13} = H + h_4 - (l_1 + l_2) \times \cos\left[\tan^{-1}\left(\eta \times \sqrt{2}\right)\right] - \dfrac{D \times \sin\left[\tan^{-1}\left(\eta \times \sqrt{2}\right)\right]}{2} = 33.644\,(\text{m}) \end{cases}$$

$$\tag{9.5-6}$$

式中：l_2 为第二节钢管长度，m。

4. 钢管底部地脚螺栓组

插入钢管最底节的下法兰为水平布置，底部采用 20 颗 M56 地脚螺栓进行定位，螺栓铅垂布置，上方有一块外圆直径为 2.92m 的定位模板。20 颗地脚螺栓组成一体后，通过定位模板控制定位，定位测量点选择在定位模板的上平面，具体为 45° 对中线及垂直线上的四个模板边点，插入钢管底部地脚螺栓组定位测量点如图 9.5-4 所示。实际测量时，近点 Q_1、远点 Q_3 需控制三维坐标，而两个边侧点 Q_2、Q_4 仅需控制高程与中心点 Q_0 相同即可。

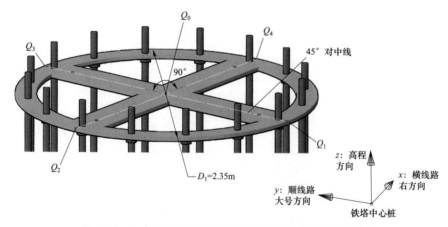

图 9.5-4 插入钢管底部地脚螺栓组定位测量点示意图

定位模板近点，点 Q_1 的坐标计算公式见式（9.5-7）。

$$\begin{cases} x_{Q1} = \dfrac{L}{2} + (l_1 + l_2 + l_3) \times \eta \times \cos\left[\tan^{-1}\left(\eta \times \sqrt{2}\right) \right] - \dfrac{D_1}{2 \times \sqrt{2}} = 34.312\,(\text{m}) \\[2mm] y_{Q1} = \dfrac{L}{2} + (l_1 + l_2 + l_3) \times \eta \times \cos\left[\tan^{-1}\left(\eta \times \sqrt{2}\right) \right] - \dfrac{D_1}{2 \times \sqrt{2}} = 34.312\,(\text{m}) \\[2mm] z_{Q1} = H + h_4 - (l_1 + l_2 + l_3) \times \cos\left[\tan^{-1}\left(\eta \times \sqrt{2}\right) \right] = 23.897\,(\text{m}) \end{cases}$$

$$(359.5-7)$$

式中：l_3 为第三节钢管长度，m；D_1 为定位模板直径，m。

按上述方法，计算出其他各腿基础、插入钢管及地脚螺栓的定位测量点坐标。计算时需注意，除 3 号腿 x、y 轴的坐标值均有正值外，其余各腿 x、y 轴的坐标值均有正负，需区分清楚。

根据 DL/T 646—2021《输变电钢管结构制造技术条件》，钢管塔构件长度允许偏差为（$+L/1000$，0），由于插入钢管由多节组成，考虑加工长度偏差客观存在，如某一腿的钢管全部为正偏差上限，而计算仍按设计长度取值，将对基础高差产生较大影响，造成高差超标。为此，各节钢管的长度需进行实际测量，取实际长度值进行坐标计算，并做好相应标识。

9.5.4.3 CAD 三维绘图核对坐标

根据基础根开及结构尺寸图，利用 CAD 软件，绘出各腿立柱、承台及插入钢管的三维立体直柱布置图，然后按立柱及插入钢管的斜置坡度，以插入钢管法兰顶面中心为原点，对塔中心 45°方向旋转，得到与设计图相符的斜置式基础三维立体布置图。按最底节钢管的下法兰中心，补充铅垂布置的地脚螺栓组及定位板，绘出完整的基础三维立体图，选择合适的视觉样式，即得到了形象、立体的基础图。令铁塔中心桩坐标为（0m，0m，33m），即可方便地直接点击、查看三维立体图中各定位测量点的坐标，并与理论计算数据进行一一核实，双向核对确认无误后，即可用于施工测量控制，基础三维立体图及坐标如图 9.5-5 所示。

9.5.5 定位控制步骤

施工测量仪器采用电子全站仪，配一副单棱镜、对中杆及支架，同时另行加配一副微型棱镜。

1. 测量定位桩布置

工程开工前，根据线路中心桩及线路方向桩在顺线路、横线路方向分别布置方向控制桩，基面开挖平整完成后利用控制桩恢复中心桩。考虑西堠门跨越塔基础的大根开、深基坑特点，为方便测量，在四个基坑口靠塔中心的 45°内侧约 1m 位置均钉立基础定位桩，用于各腿基础的定位控制测量，如图 9.5-6 所示。各桩均布置在稳定位置，并采用混凝土浇筑保护。

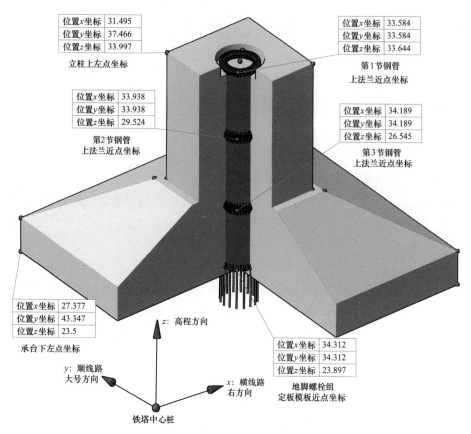

图 9.5-5　基础三维立体图及坐标示意图

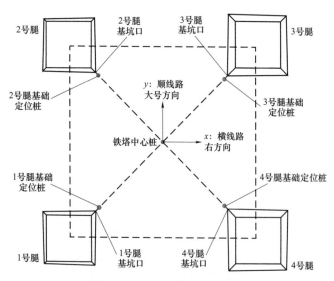

图 9.5-6　定位桩布置示意图

2. 基坑开挖测量

基坑开挖前，在线路中心桩布置全站仪，按立柱坐标点进行基坑开挖爆破导井的放样，按保证承台底掏挖净深不小于 1.5m 进行基坑开挖控制线放样。随基坑开挖深度，及时布置好各基础的定位桩，进行基坑开挖尺寸的过程测量控制。基坑开挖至坑底后，在坑底合适位置，补钉临时测量点，按计算坐标，进行承台各定位点的测量，以控制底部掏挖尺寸符合设计要求。

3. 坑底锚杆及抗滑墩测量

基坑底承台开挖到位后，用红漆标示出坑底的五个定位点，根据锚杆间距、抗滑墩尺寸用钢卷尺直接测量，定出各锚杆及抗滑墩位置，进行锚杆及抗滑墩施工。

4. 钢管底部地脚螺栓组安装测量

地脚螺栓组由 20 根 M56 地脚螺栓及定位板组成，作为基础插入钢管的底支座，其定位精度直接关系到上部钢管的安装，是整基基础定位控制的第一步。

地脚螺栓基础施工分 3 个步骤：预留定位标记、地脚螺栓组安装、混凝土浇筑。

（1）预留定位标记：根据插入钢管的结构特点，在基础设计阶段即充分考虑施工时的定位控制措施，经与设计沟通，在地脚螺栓组的定位板上预留定位控制标记。定位模板采用中间预留十字板并加定位孔及对中印记形式，十字板上预留有四个 21.5mm 的定位孔（用于最底节钢管吊装后对孔位安装 M20 螺栓），定位模板中心（即十字板中心）刻有十字钢印标记线，中心 21.5mm 范围涂刷荧光漆（用于最底节钢管吊装后定位观察）。同时定位板沿塔中心 45°方向及垂直方向的边缘（顶面及侧面）均刻有钢印标记，方便定位测量及安装时的上下对正。

（2）地脚螺栓组安装：在地面将地脚螺栓组组为一体，各间距核实符合要求后，采用小箍筋焊接成稳定的整体构件，用汽车吊吊入基坑内就位。在地脚螺栓基础坑外侧搭设三脚架，利用手拉葫芦进行二次吊装定位调整，全站仪架设在基坑口附近的基础定位桩，结合棱镜测量地脚螺栓组定位板上定位控制点的测量。实测坐标调整至与计算坐标一致后，用型钢将地脚螺栓组焊接固定。

（3）混凝土浇筑：地脚螺栓组基础混凝土在拌和场拌和，用混凝土运输车运抵现场，采用汽车吊及料罐下料至地脚螺栓基坑内进行浇筑。浇筑前，对地脚螺栓组坐标尺寸进行再次复核；浇筑过程中，进行实时跟踪复核，发现坐标发生误差时及时进行修正及加固，确保定位精确。

5. 插入钢管安装测量

插入钢管采用分节吊装、分节定位控制方式，吊装前需核对钢管编号、长度，确保与坐标计算时的长度相一致。钢管吊装选用 100t 汽车吊，采用 4 副专用吊具连接于钢管上法兰，通过钢丝绳吊装，吊具采用偏位布置方式，保证钢管吊起后与设计坡度基本一致，利于安装就位。

最底节钢管下法兰中间预留十字板并加定位孔及对中孔，其结构与地脚螺栓组的定位板一致，吊装到位后，钢管下法兰与地脚螺栓组定位板间随即安装四颗 M20mm 螺栓，保证最底节钢管的下部定位准确，然后通过全站仪测量复核钢管上法兰的定位坐标。

后续节的钢管安装，可利用钢管法兰沿塔中心 45°方向及垂直方向的边缘（顶面及侧面）上刻有的钢印标记，方便地进行定位测量及安装时的上下对正。每节钢管吊装到位后，均需拧紧全部连接螺栓，保证法兰贴合紧密，并通过全站仪复核钢管上法兰的定位坐标，同时在 45°外侧方向打好防倾拉线。

6. 模板安装测量

基础底部承台侧面不立模，与掏挖岩面浇筑为整体，承台斜顶面采用木制翻模，翻模按承台上部及中部测量定位点的坐标进行定位安装。基础立柱部分采用定制大型组合钢模板，按计算坐标值控制测量完成模板的定位安装。钢模板安装后，采用槽钢围图及钢管支撑形式保证安全牢固、尺寸稳定，并用全站仪再次核实插入钢管及立柱模板的定位坐标。

7. 混凝土浇筑过程中的监测

混凝土采用集中搅拌、泵送下料方式，分层铺料、逐层推进浇筑，严格控制分层厚度不超过 0.5m，保证插入钢管及立柱模板四侧受力基本均匀。浇筑过程中，全站仪全过程同步监测，保证各定位尺寸受控。

8. 基坑回填过程中的监测

由于基础立柱采用斜置布置，为防止基坑回填不当，造成定位尺寸偏移，采用逐层环式回填方式，严格控制分层厚度不超过 0.5m，并进行监测控制。

9.5.6 结论

采用坐标定位法进行施工定位测量控制，经过西堠门大跨越两基跨越塔基础施工的实施应用，得到了充分验证，基础根开最大偏差仅 16mm，高差仅 3mm，根开误差率仅 0.23‰，大大低于验收规范允许的 0.7‰。该方法密切结合了斜置式插入钢管基础的结构特点，有效综合了 CAD 软件与电子全站仪的优势功能，实现了输电线路基础施工测量方法的技术创新。

参考文献

[1] 蔡绍怀. 现代钢管混凝土结构 [M]. 北京：人民交通出版社，2003.

[2] 陈囡，马杰，黄修林，等. 自密实微膨胀高强钢管混凝土的施工工艺 [J]. 混凝土，2009，3：76-78.

[3] 程隽瀚，叶建云，石涛. 座地井架配旋转式四摇臂抱杆在组立长江高塔中的应用 [J]. 超高压送变电动态报道，2000（3）：22-25.

[4] 窦忠孝，李宏涛. 南昌生米大桥钢管混凝土泵压工艺 [J]. 桥梁建设，2006，A01：88-90.

[5] 段天炜. 浅谈等截面主角钢斜插式基础的施工 [J]. 贵州电力技术，2001（10）：28-29.

[6] 国家电网公司. 苏通长江大跨越工程关键技术研究成果专辑 [M]. 北京：中国电力出版社，2018.

[7] 国家电网公司交流建设分公司.架空输电线路施工工艺通用技术手册[M].北京:中国电力出版社,2012.

[8] 国网浙江省电力有限公司. 跨海输电铁塔组立 [M]. 北京：中国电力出版社，2019.

[9] 韩林海著. 钢管混凝土结构-理论与实践 [M]. 3 版. 北京：科学出版社，2018.

[10] 赖建军. 角钢插入式基础施工工艺探讨 [J]. 浙江电力，1999（3）：50-51，53.

[11] 李立新. 初述高压输电线路主角钢插入式基础施工方法 [J]. 内蒙古石油化工，2005（6）：49-51.

[12] 李琰. 沈阳茂业中心 ϕ1300mm 钢管 C80 混凝土的高抛法施工技术 [J]. 建筑施工，2009，31（9）：770-772.

[13] 刘志强. 输电线路插入式基础分坑及支模施工计算研究 [J]. 华北电力技术, 2000 (8): 20-22, 30.

[14] 马雪英, 彭春强, 杨欣, 等. 高抛自密实钢管混凝土的配制与工程应用 [J]. 建筑技术, 2009, 40 (1): 45-47.

[15] 邱强华, 徐敏建, 叶建云, 等. 输电线路370m大跨越高塔组立施工技术 [J]. 电力建设, 2011, 32 (8): 111-115.

[16] 邱强华, 叶建云, 黄超胜, 等. 大型履带吊在高塔组立中的应用 [J]. 电力建设, 2010, 31 (5): 122-125.

[17] 申斌, 傅剑鸣, 李勇, 等. 舟山与大陆联网大跨越工程施工关键技术 [J]. 电力建设, 2011, 32 (3): 24-28.

[18] 孙伟军, 段福平, 彭立新, 等. 舟山与大陆联网工程大跨越塔安全组立方案 [J]. 电力建设, 2011, 32 (4): 113-116.

[19] 王建平. 转角塔插入式基础施工数据的分析与调整方法 [J]. 电力建设, 2004, 25 (3): 35-38.

[20] 熊织明, 钮永华, 邵丽东. 500kV江阴长江大跨越工程施工关键技术 [J]. 电网技术, 2006, 30 (1): 28-34.

[21] 熊织明, 邵丽东, 吴建宏, 等. 346.5m输电高塔施工技术 [J]. 特种结构, 2004, 21 (3): 18-21.

[22] 徐建国, 叶尹, 钱晓倩, 等. 自密实混凝土在大跨越输电高塔应用中的试验研究 [J]. 电力建设, 2008, 29 (7): 20-24.

[23] 杨杰. 关于斜柱式插入角钢基础施工中的计算方法 [J]. 贵州电力技术, 2002 (12): 45, 5.

[24] 叶建云, 段福平, 俞科杰, 等. 斜置式插入钢管基础施工的定位测量与控制 [J]. 电力建设, 2012, 33 (9): 101-105.

[25] 叶建云, 黄超胜, 段福平. 座地井架配双平臂旋转抱杆的结构型式与应用 [J]. 工程与建设, 2009, 23 (3): 399-401.

[26] 叶建云, 邱强华, 段福平, 等. 输电线路世界第一高塔钢管混凝土施工技术 [J]. 电力建设, 2010, 31 (12): 38-42.

[27] 张弓, 邱强华, 叶建云, 等. 舟山与大陆联网输电线路工程螺头水道大跨越架线施工方案 [J]. 电力建设, 2011, 32 (8): 116-121.

[28] 钟善桐. 钢管混凝土结构 [M]. 3版. 北京: 清华大学出版社, 2003.

[29] 周焕林, 叶建云, 罗义华, 等. 舟山大跨越抱杆现场试验 [J]. 电力建设, 2009, 30 (8): 63-65.

[30] 周焕林, 张国富, 叶建云, 等. 舟山大跨越抱杆型式试验方案 [J]. 工程与建设, 2009, 23 (1): 44-46.

[31] 周卫平. 无站台柱雨棚钢管柱泵送混凝土顶升施工技术 [J]. 铁道科学与工程学报, 2008, 5 (2): 71-74.

[32] 朱天浩, 徐建国, 叶尹, 等. 输电线路特大跨越设计中的关键技术 [J]. 电力建设, 2010, 31 (4): 25-31.